Heibonsha Library

火器の誕生とヨーロッパの戦争

Weapons and Warfare in Renaissance Europe

凡社ライブラリー

WEAPONS AND WARFARE IN RENAISSANCE EUROPE
Gunpowder, Technology, and Tactics
by Bert S. Hall

Published by arrangement with Johns Hopkins University Press, Baltimore, Maryland,
through Tuttle-Mori Agency, Inc., Tokyo.

Heibonsha Library

火器の誕生とヨーロッパの戦争

Weapons and Warfare in Renaissance Europe

バート・S・ホール著
市場泰男訳

平凡社

本著作は、一九九九年一一月、平凡社から刊行されたものです。

まえがきと謝辞

この本のルーツは二つある。一つはずっと以前からのもので、二五年ほど前、私が大学院の学生だった時期にさかのぼる。そのころ私は初めて、火器がどのようにしてヨーロッパの戦争の中に組みこまれたのかについて当時なされていた説明に、納得のいかないものを感じたのだった。本書を書くきっかけとなったもう一つの刺激を受けたのは、もっとあとの一九八七年のことである。トロント大学で教鞭をとるようになってから一〇年たっていた私は、終身身分保証（テニュア）[☆1]を得たいのなら、その前にかなりの分量の本をもう一冊書くようにと言われたのだった。私はルネサンスの技術の一般社会史を、社会史の観点から見た軍事技術論を含めて書こうと思い、おおよその計画を立てた。そしてまず軍事関係から手をつけることにした。結局のところ、軍事史なら相当大量の文献がそろっているから、兵器がどのように発展し採用されたのかを総合的に描くのはそう難しくないはずだと考えたのである。そうした文献は私が大学院の学生だったころよりさらに豊富になっていたが、目を通し調べていくうちに、かつての納得いかなかった感じがまたもや私につきまとうようになった。私はこのあとのページを注ぎこむことになる問題にますます深く引きこまれていった。疑問に対する解答を見つけようとあがくうちに、計画した著作のバランスはいよいよ私の関心から遠ざかっていき、兵器が唯一の主題になってしまった。つまりはじめは第五章にするつもりだったものが、それだけでまるまる一冊の本になった。

研究を進めこの本を書いていくうちに、はじめ予想もしなかったほどたいへんな年月がかかってしまった。大学の同僚はこの本の初期の草稿に目を通して、寛大にも終身身分保証を認可するにあたっての評価基準を満たしていると認めてくれた。それに対して心から感謝している。とはいえ、まだいくつかの疑問が答えられずに残っているという私の気持は満たされないままだった。足を踏みこんだこの歴史上の問題に納得できる解答を得ようと努力しているうちにさらに数年が過ぎ、とうとう二つ目の研究休暇[☆2]も使ってしまった。

このような長期にわたるプロジェクトでは、うっかりすると受けた恩義の記憶が薄れがちだから、しっかり思い出して感謝の意を表明する必要がある。リストの冒頭には二つの組織をあげねばならない。第一はトロント大学のすばらしい図書館システムで、それなしではこのような性格の本はけっして仕上げることができなかったろう。この図書館の蔵書の豊富さと、図書館員が快く多くの助力をしてくれることには、いつもびっくりさせられる。とりわけロバーツ図書館のジョン・ワークマンと、図書館間貸出事務室のジェーン・リンチに厚く感謝したい。「発射薬と爆薬」といった特殊な関係の出版物を調べたいという申込みを受けても、ジェーンはびくともせずに、私ができっこないと思った、帽子からウサギを取りだす芸当をやってのけた。

二つ目の組織は「科学と技術の歴史・哲学研究所」である。ラビ・アキヴァと同様に、私は先生たちから多くのものを学んだが、それより多くを同僚から、そして最も多くを私の学生から学んだ。アカデミックな生活の中では、知性と探究心にあふれた大学生と毎週行なうディスカッションから得る刺激に匹敵するような体験は、まずありえないだろう。その学生たちの大なり小なりの貢献は、このあとのあらゆるページに反映されている。以下の学生は特に名をあげるだけのことをしてくれた。ピーター・バークホルダー、ジェフ・コーツワース、ゴードン・コールマン、レズリー・コーマック、ケリー・デヴリーズ、フランク・クラーセン、アンドルー・ライアル、ウィルフ・ロケット、エリック・ランド、デヴィッド・マギー、マイケル・オスマン、ニコル・ペトラン、イアン・スチュアート、テッド・スウェイコフスキー、スティーヴン・ウォルトン、メニヤ・ウルフ。トロントの同僚で、この本の一部を読むか聞くかして意見を述べてくれたのは次の方々である。ブライアン・ベイグリー、ジェッド・ブフワルト、ウルスラ・フランクリン、クリス・インウッド、ジャニス・ランギンス、トレヴァー・リーヴァー、ポーリン・マズンダー、ポリー・ウィンザー。

ほかにも多くの方々がこの著作を生みだすのに手を貸して下さった。有益な示唆をよせてくれた人もいれば、進行中の作業を手伝ってくれた人もおり、さらに批判的な洞察によって私を正しい道にのせてくれた人もいる。この関係で思い浮かぶのは次の方々である。ジョー・ブラックモア、ブレンダ・ブキャナン、ポール・チェヴェデン、ロバート・ハワード、デヴィッド・ハウンシェル、セイモア・マウスコップ、ウォーレス・マクラウド、ジョン・マンロー、ネッド・レーダー、ムナ・サルーム。ロバート・スミスとルース・ブラウンは、ロンドンへの調査旅行の際特別親切に手助けしてくれた。セーラ・バーター＝ベイリート王立兵器庫の全スタッフもそうだった。カレン・リースがこのプロジェクトの初期の段階で支持・激励してくれたことに感謝したい。同じくデヴィッド・バーケンにも感謝する。また本書の草稿を読んでくれた匿名の書評家にも感謝する。マリアンヌ・フェドゥンキフ、ポール・シュトルツ、エレン・ウォーウィックは原稿を読み、誤りを正してくれた。ロバート・プリチャードは草稿の数章を論評し、この本の進行に並々ならぬ関心を示した。地図とグラフはスティーヴン・ウォルトンが作った。しかしこういった人々の努力にもかかわらず、この著作に誤りがまだ残ったとしたら、もちろんその責任はすべて私にある。ゲルハルト・W・クラーマーとベルトナルト・シュワルツの研究『十五世紀における化学と兵器技術』(ミュンヘン、一九九五)は私の目に止まったのがおそすぎて、この本に含めることはできなかった。いつものことだが、最も古くからの仲間に最も深い恩を受けている。カリフォルニア大学ロサンジェルス校での師リン・ホワイトの知的な勇気は、今なお私にとって励ましになっており、私はこの本を彼に捧げた。妻ダーリーンは、どんなに感謝しても足りないほど私の力の源になってきたし、彼女の支えが私にとってどれほど重要だったかはぜひ彼女に知ってもらいたい。この本がとうとう出来上がったことに対して、いちばん感謝されてよいのは彼女ではないかと私は思う。

歴史家が自分の扱っている主人公に似てくることがよくある。それは、知らずしらずのうちに、自分が研究している人物の態度や考え方をますます多く吸収・同化してしまうからだ。この点から見ると、戦争を研究することは歴史家に対して精神上の深刻な危険を及ぼす可能性がある。この仕事全体を通じて私は、兵器の第一の目的は破壊すること、殺すこと、不具にすることであって、たとえ破壊や殺人によってほかのどんな目標に貢献するにせよ、それは変わらないのだということをいつも忘れまいと努めた。私は若いころ、「軍事科学」と火器の扱い方について初歩の訓練を少し受けたけれども、私の世代の人間の大部分と同じく——ということは、私の父の世代とはちがって——軍の組織に勤務したことは一度もない。とはいえ私は病院で働いたので、死や外傷についてはよく知っている。これらの体験は私を平和主義者にはしなかったものの、そのおかげで私は、兵器や戦力の適用をめぐる話にともすれば埋めこまれている盲点やら安易な弁解やらの大部分について、深刻な疑惑を抱くようになった。

歴史家は、これまで戦争は私たちの歴史にとってどれほど重要だったか、そして今日もどれほど重要かをいつも意識していなければならない。暴力的行動へ向かおうとする人類の集団的性向は、今後私たちが地球上にどんな未来をもつにせよ、その未来にとってやはり重大な脅威になると私は確信する。世界は自らの資源のぞっとするほど大きな量を兵器のために消費しつづけており、どの社会も、紛争がおこったときはあまりにも安易に組織化された暴力に訴えがちである。思慮深い歴史家は、暴力の研究が暴力の祝福になるようなことは、けっして許してはならない。これまで兵器技術が引きおこし、今なおおこしつづけている巨大な人類の苦難に思いをいたすなら、だれもが次の言い古された祈願をくり返すほかあるまい。「神の子羊〔キリストのこと〕よ、この世から罪悪を除くお方よ、平和を高貴なものになしたまえ」(Agnus dei, qui tollis peccata mundi, dona nobis pacem.)

目次

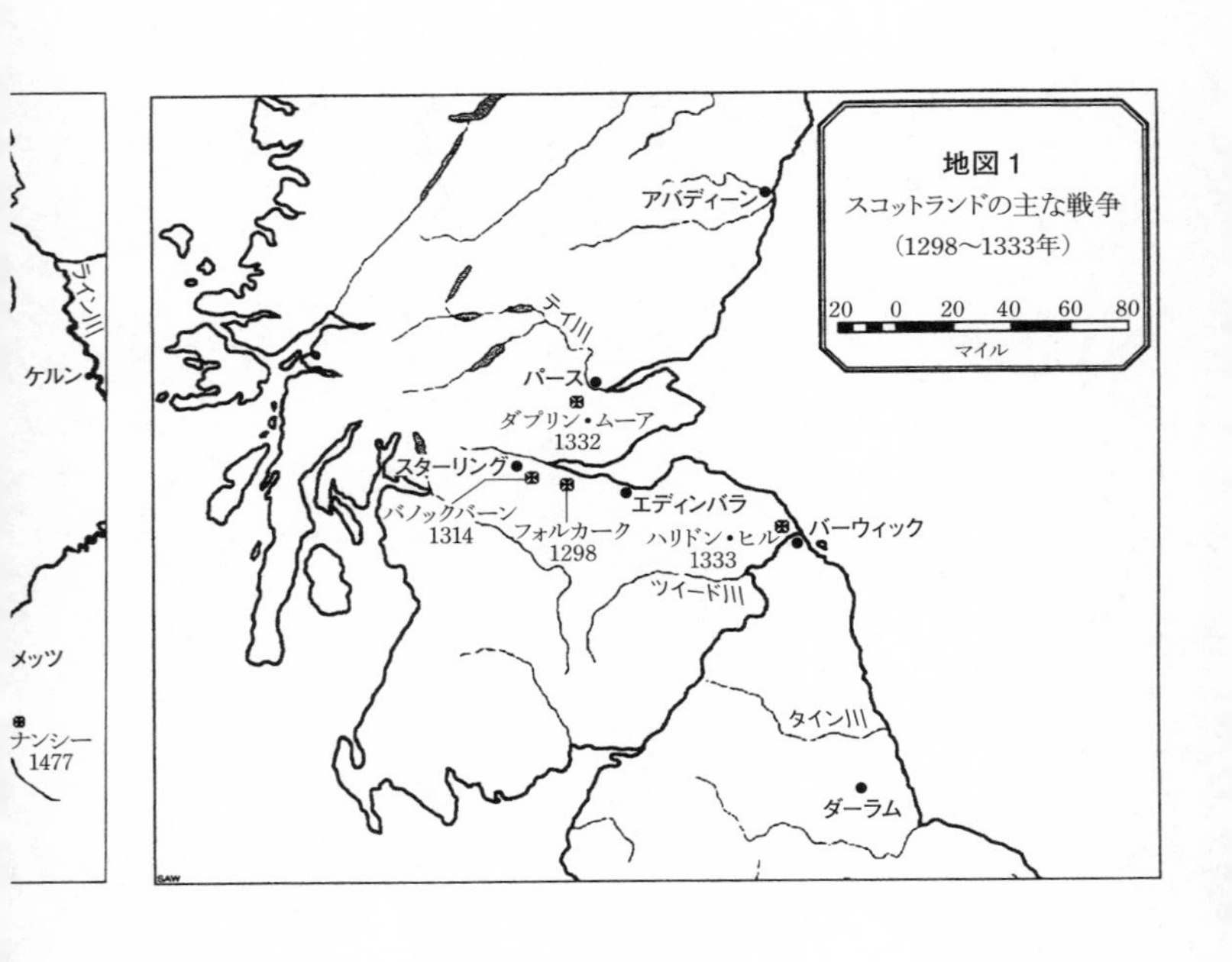

地図 1
スコットランドの主な戦争
（1298〜1333年）
20 0 20 40 60 80
マイル
アバディーン
テイ川
パース
ダプリン・ムーア
1332
スターリング
バノックバーン
1314
フォルカーク
1298
エディンバラ
ハリドン・ヒル
1333
バーウィック
ツイード川
タイン川
ダーラム
ライン川
ケルン
メッツ
ナンシー
1477

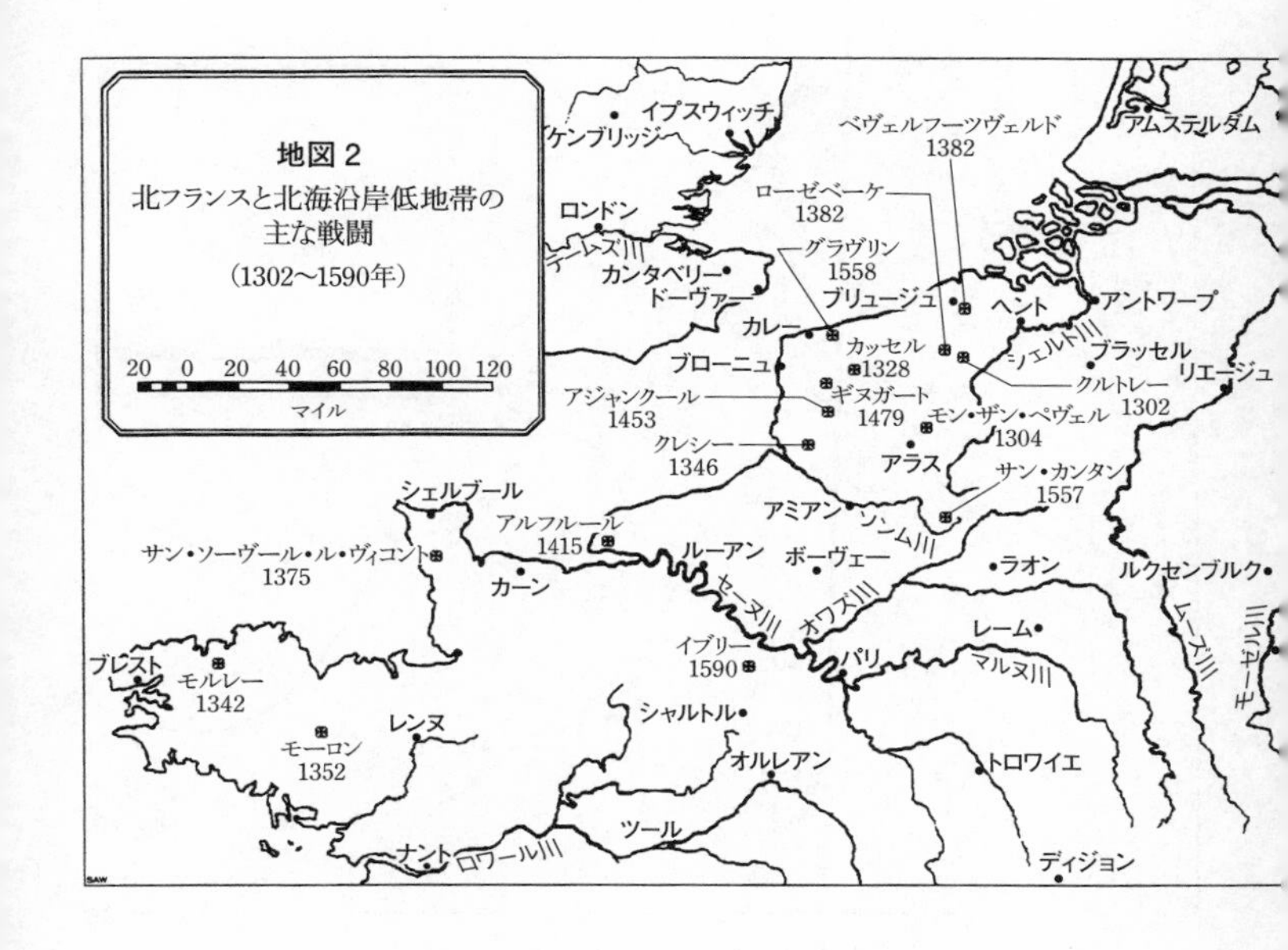

地図 2
北フランスと北海沿岸低地帯の主な戦闘
(1302〜1590年)
20 0 20 40 60 80 100 120
マイル
イプスウィッチ
ケンブリッジ
ロンドン
テームズ川
カンタベリー
ドーヴァー
ベヴェルフーツヴェルド
1382
アムステルダム
ローゼベーケ
1382
グラヴリン
1558
ブリュージュ
ヘント
アントワープ
カレー
カッセル
1328
シェルト川
ブラッセル
ブローニュ
クルトレー
1302
リエージュ
アジャンクール
1453
ギヌガート
1479
モン・ザン・ペヴェル
1304
クレシー
1346
アラス
サン・カンタン
1557
シェルブール
アミアン
ソンム川
アルフルール
1415
ルーアン
ボーヴェー
ラオン
ルクセンブルク
サン・ソーヴール・ル・ヴィコント
1375
カーン
セーヌ川
オワズ川
ムーズ川
モーゼル川
レーム
イブリー
1590
パリ
マルヌ川
ブレスト
モルレー
1342
シャルトル
レンヌ
モーロン
1352
オルレアン
トロワイエ
ツール
ナント
ロワール川
ディジョン
SAW

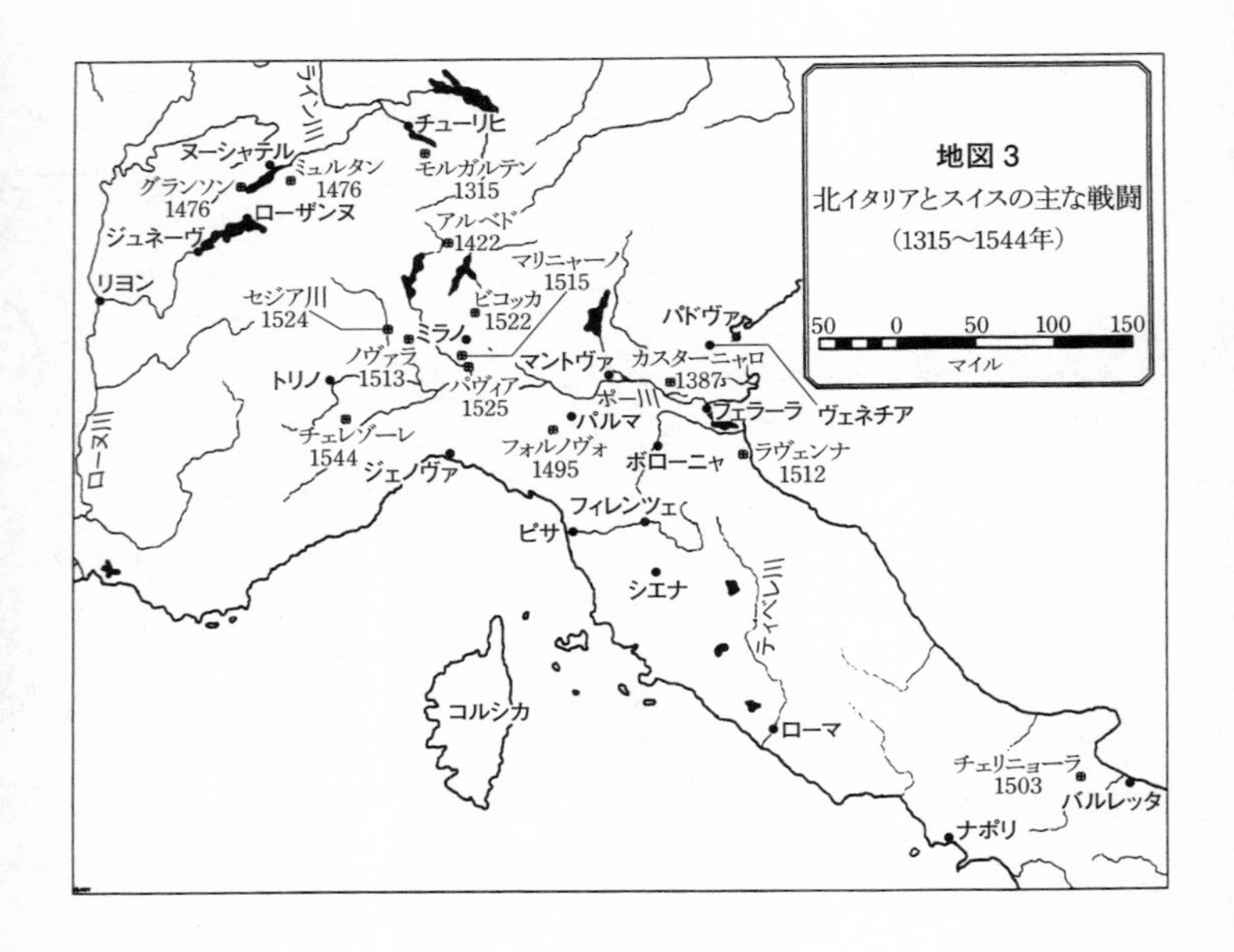
地図３
北イタリアとスイスの主な戦闘
（1315〜1544年）
50 0 50 100 150
マイル
ライン川
チューリヒ
モルガルテン
1315
ヌーシャテル
ミュルタン
1476
グランソン
1476
ローザンヌ
ジュネーヴ
アルベド
1422
リヨン
マリニャーノ
1515
ビコッカ
1522
セジア川
1524
ミラノ
パドヴァ
ノヴァラ
1513
マントヴァ
カスターニャロ
1387
トリノ
パヴィア
1525
ポー川
フェラーラ
ヴェネチア
パルマ
チェレゾーレ
1544
フォルノヴォ
1495
ボローニャ
ラヴェンナ
1512
ローヌ川
ジェノヴァ
フィレンツェ
ピサ
シエナ
ティベレ川
コルシカ
ローマ
チェリニョーラ
1503
バルレッタ
ナポリ

序論

戦争とは、政治思想を別種の書き方または言語で表わしたものにすぎないのではないか？　それは実際独自の文法をもっているが、論理は独自のものではない。
（クラウゼウィッツ『戦争論』）

このクラウゼウィッツ〔一七八〇～一八三一。プロイセンの将軍、主著『戦争論』〕の有名な格言とは反対に、技術はいつも論理（解読するのはひどく難しいかもしれないが）をもつけれども、文法つまり技術を使うのに必要な特有の規則の体系をもつことはめったにない。このため、技術と戦争の接点を考察する歴史家たちの間に仕事の分離が生じることになる。技術史家は技術そのものを、それの論理を用いて解明することに専念する。一方軍事的な事柄にかかわる歴史家は、経済史家や社会史家にならって、技術を「ブラック・ボックス」、つまり入力と出力は知ることができるが内部の働きはそれ自体何の関心も引かないシステムとして扱うほうを選ぶ。これは技術に対する一つの文法を生みだすものの、その代償として、技術の論理を否定してそれを背景へ押しこめるため、なぜある出来事がそのように展開したのかという技術的理由はかくされてしまう。この微妙な分離は、技術史と、技術史が奉仕しなければならないもっと大きな歴史との間の現実的な相互作用を、いっさい妨げる効果をもつ。私の研究の目標は、火薬兵器の初期の歴史、および銃砲に依存する軍事行動の歴史のさまざまな様相を明らかにすることにある。この研究では技術の論理と文法を結びつけるよう努める。技術史または軍事史の最近の研究に通じている人ならだれもが知っているように、おそらくこれは、関連することがらがきわめて複雑に組み合わさったものになるだろう。

火薬はもっと研究する必要があるといったら、驚く人もいるだろう。フランシス・ベーコンは一六二〇年の著書の中で、火薬は羅針盤と印刷機と並んで「世界全体の姿と状態を変化させた」[*1]と述べた。これはその前の世紀から常識になっていた考え方だった。火薬の重要性はきまり文句のように時代から時代へと語りつがれるだけで、論争がおこることもなかったし、意見の不一致が原因で分析が加えられることもなかった。ヒューム、マコーレー、カーライル、さてはアダム・スミスでさえ異口同音に、火薬こそ中世の終りと近代の始まりをしるしづける革命的変化の動因であったという考えに賛成した。[*2]軍事史の専門家は概して火薬の影響の評価ではもっと控えめだったが、第一次世界大戦が終わって軍事研究の多くの学派が、当然のことながら兵器こそ戦争遂行に何より重要なものだとみるようになると、大きな変化が生じた。[*3]二十世紀の軍事科学の内部で生まれたこの傾向は、必ずしもルネサンス史の書き方には影響を及ぼさなかったものの、軍事史家は（科学史家と同じく）伝統的な歴史学の限界を乗りこえるときでさえ画一的な解釈をとりたがる傾向がある。その結果、軍事史家と政治史家は、火器の重要性については口をそろえるようになってしまった。今日では、現役の学者の間ではけっして一般的な見方ではないにせよ、[*4]「ルネサンスの火薬革命」といったものが存在したと考える著述家は少なくない。[*5]

技術史と軍事史

軍事面での変化の動因としての火薬の伝統的な役割を再評価するため、技術史家がほかのどんな技術についても問うであろう以下の質問を、火器について投げかけることから始めよう。いちばんもとになる材料（火薬）はどのようにして作りだされたか？　道具（火器）はどのようにして作りだされたか、そしてだれによって、どのくらいの費用をかけて？　だれがこれらの道具（兵器）を使ったか？　労働者（兵士）は道具（銃砲）を使うためどのような訓練を受けたか？　これら新しい技術がもたらした結果は何か？　その結果はどれくらい速く感じとられたか？　そのような質問を手がかりにして、火薬と火器に、どんな種類の道具や機械にも適用できる調査が施される。いろいろな想定に疑問を投じることによって、歴史家は当然いくらか異なった答を手に入れる。軍事史家自体は以前から、長大な歴史時代にわたる兵器と戦争の間の相互関係を、かなり共通した用語を用いて分析することを始めているが、[*6]ルネサンスにおける火薬を技術的視点から扱った特定の研究はまだ存在しない。

一つの特別な問題が私の研究の形をきめた。ヨーロッパでは火薬兵器（火薬そのものとは別）の始まりは一三二〇年代にさかのぼるが、この兵器が戦争の遂行において中心的役割を果たすのは、主に十六世紀に入ってからである。技術史家にとってはこの種のおくれは何の不思議もない現象だが、技術革新の進み具合（タイミング）をめぐる問いにはいつも納得のいく答が要求される。なぜ火薬兵器はあんなふうに進化したのか、そしてそのような漸進的変化には何が影響したのか？　たいていの歴史家にとってこのような疑問はたいして重要でないらしい。技術とは本来「進歩的」なものだと理解されており、私たちはたいていの装置は時とともによくなっていくと考えている。兵器の場合、この連続的向上というモデルは、軍事組織は技術変化に適応するという思いこみ、すなわち兵器はその「有効性」が証明されたならすぐさま採用されると予想する考え方につながっている。けれども、この時代を扱った一般向き著作の多くがやっているように、火器の有効性が徐々に向上してついに目に見えない閾（しきい）をなんとか越えたのだと主張するだけでは十分でない。そういう閾をさがし出す必要があるし、もしも見つからなかったら、十六世紀に軍事組織がなぜあのように変化したのかを改めて問わねばならない。

技術史家は進歩を当り前とみることはできない。私たちは少なくとも、この進歩がどんな形をとったかと尋ねなければならない。実をいえば、たいていの技術史家にとって進歩は疑わしい構成概念で、アマチュアにまかせたほうがよいものだ。私たちはそのかわり、なぜある道具や技法がそのように変化したのか、これらの変化の進み具合をきめたのは何か、有効性を構成するものは何か、それは相異なる使用状況とどのように関連するのか、と尋ねる。ひとたびこのような疑問に答を出そうとあくせくしだすと、ほかの問題も次から次へ押しよせてくる。たとえば、中世の終り近くに、戦争のパターンに数多くの変化が生じたが、そのうちどれが火器に関係し、どれがほかの要因に関係していたのか？　こんなふうに問題にアプローチすれば、さまざまな戦い方の伝統に火器はどのように適合したか、または適合できなかったかを見きわめることができるし、さらに進んで、この急激な変化の時代に火器とより古い兵器の間にどんな相互作用があったのかを、もっとはっきりと知ることができる。今日たいていの技術史家は、技術的変化について、単純な置き換えモデルをあまり信用していない。新しい機械や道具には、ほとんど必ずといってよいくらい、より古い同類と共存する時期があるし、その期間がじつに長いこともあるのだ。だから、技術そのものが歴史家の目の前に姿を見せるとき、そのときの状況を形作っているのは複数の技術の混合なのである。何もかもをただ一つの新しい存在物のせいにしてしまいたいという誘惑にはいつも用心しなければならない。フェルナン・ブローデルが言ったように、「技術史は人類史のありとあらゆる多様な面を含む歴史である。だからこそ技術史の専門家は、その全体を手中に握ることができたためしはまずないのだ」[*7]。

話を軍事組織に移すと、軍事組織がどのようにして技術に関する決定を下すのかを説明する理路整然としたモデルはない。近代史に限ってみると、私たちは一種のダーウィン進化論を前提にしているようにみえる。軍隊を創設し雇用する国家は、永遠の生存競争ともいうべき止むことのない角突き合い状態にあると考えられている。新しい軍事技術を採用することによって国家の戦闘能力を高めることは、生物体の適応的変異に相当するものとみられ、これが有機体としての国家に、止むことのない競争の中でライバルをしのぐ有利な立場を与えるとされる。だからこの枠組においては、研究と開発のプログラムを財政的に援助し、たえず新しい兵器システムの価値を検討し、有効性・費用・使いやすさ、その他さまざまな理由からして最も適当だと思われるシステムを採用し配置するのは、すべての国家にとって理にかなっていることになる。

この近代的モデルには、中世、ルネサンス、あるいは近世初期の国家にあてはまるものはほとんど何もないことは明らかである。規格化された軍需品といったような、国による軍事技術の支配の中ではささいな初歩的な要素でさえ、十八世紀より前には出現しなかったのだ。もっと以前の時代には、国家は民間の供給者か、地方の備蓄組織を通じて、可能なかぎりの兵器を手に入れた。近代システムにあっては全く当然の前提となっているものが、近代以前の世界には完全に欠けている。国家はどれか特別なタイプの兵器が自分が生き残るためには決定的に重要だとみなすことはなかったようだし、武装した軍隊を徴募するためには、伝統的にそういう兵力を供給すると期待されていた社会的グループに呼びかけた（兵士が使う武器も同じようにそういうグループが「国家」のため調えるのが伝統だった）。旧制度（アンシャン・レジム）の国家にあっては、必ずしも他国との競争で優位に立つために技術変化が求められたわけではない。技術変化が否応なしに押しかぶせる費用が大きすぎるため抵抗を受けることもあったにちがいないのである。しかし、古い伝統的なタイプの武装兵力がまだ求められている一方で、新しい武器（およびそれを使うため新しく訓練された兵員）を調達するための努力が行なわれていたというほうが、それ以上にもありそうなことである。

近代国家の軍事組織と、それ以前の時代の国家の軍事組織との間にはこのように際立ったちがいがあったのだから、軍事面での技術変化のプロセスが両者で似ているだろうと考えてよい理由はほとんどない。近代以前の状況のもとでは、変化は時間を要するだけでなく、根本的にちがった形でおこる。近代国家は権力と暴力を用いる権利を特定の専門集団、主として兵士と文民警察に付与するが、彼らの権力を用いる権限は国家への奉仕を誓うことが条件となっている。近代以前の社会もまた王冠または旗に忠誠を誓うというような儀式を用いたが、この社会では通常——私たちは絶対にそうは思わないが——暴力を用いる権利はある意味で人の家柄によってきまると思われていた。つまり上流（エリート）グループは、自分たちがある種の武器を使えること、あるいは武器の使用に際して他の人を指揮する権利をもつことで、自分自身を規定し、また国家に対する関係を規定したのだった。

そのような状況のもとでは、多くの場合新しい兵器が、権力階層（ヒエラルキー）の中で軍上流層が占める優位を脅かすものとみなされるようになったのは、全く自然だった。古くから確立されていた技術は、社会の中のあれやこれやの上流グループによって正当に「所有される」か支配されていると感じられる。たとえば騎士は馬に乗って戦うものだった。それに引きかえ、新しい技術は、新しい兵器だろうと何かの生産のための新しい器具だろうと、必ずしも確立された社会グループのどれかには「属さ」ない。これは、それらがいつも社会全体の共有財産になるというのではなく、新技術はその新しさのために、もっと古い方法を包含・制約していた古いカテゴリーに必ずしも適合しないということを言っているのだ。新しい兵器をだれが使うのが正当か、またこれら新しい使い手は古い権力と権威の階層秩序（ヒエラルキー）とどんな関係に立つかは、緊張を発生しうる問題であり、これらの緊張がこんどは、技術的変化を受け入れてそれに適応するプロセスのまさに一部になるのである。

技術は人間に関することではいつも複雑な役割を演じる。私たちは技術を、物質世界の姿形をきめ、以前は不可能だった人間の行動を可能にする――言いかえると、能力と力を与える――ものとみることになれている。私たちは、技術はまた、何ができるかに限界をおくということになかなか思い至らない。技術はこれ以上行動を組織することも企てることもできないといういわば天井を表わすのである。だから完全な技術史は、新しい可能性を確立した変化だけでなく、完成した技術的「システム」あるいは集合体が、それを使う人々に否応なく課した制限をも記述しなければならない。[*8]

「制限」というとき私は、ある時代の技術はもっと後世の技術ほど速くもなく、強力でなく、融通性も少ないかもしれないというわかりきった（そしてたいていは取るに足りない）事実をさしているのではない。そうではなくて、ある特別な技術上の問題の解決が、その技術を使う人々にある行動パターンを押しつけるようになることを言っているのだ。たとえば、マスケット銃は粒にした火薬を使うためにつくられたという事実は、噴き出すガスがマスケット銃手の顔に当ったり目に入るのを防ぐために銃尾を密封しなければならなかった（実際には鍛接された）ことを意味した。このため、そういう銃を使う人はすべて、弾丸込め操作を銃口からしなければならなくなり、そうなるとこんどは射手は再装塡操作の間突っ立っているという戦術をとらされることになった。この事情からして、横隊（ライン）になった歩兵の大部分はマスケット銃が使えなくなった。歩兵の横隊のような近世初期の戦術の特色は、火器の設計と製作という技術的側面と密接なつながりをもっている。技術に由来する似たような制限は、ルネサンスの軍事行動の形をきめるのに重要な役目を果したのだった。

資料と問題点

本書のようなよりどころになる資料は、数も種類も多い。戦争はたぶん人類が行なう営みの中で、いちばん錯綜していて混乱させられるものだろう。戦争のある局面、とりわけ戦闘と一部の攻城戦は、当時の著作家の注意を引き、彼らを刺激して物語的な叙述を生みださせた。とはいえ、歴史家の間では広く意見が一致していることだが、今日まで伝えられてきた当時の戦争物語の多くをどこまで信用するかは、よくよく用心してかからなければならない。[*9] 物語が描きだす戦闘の姿は、割合単純なものでさえ、それぞれの作者が当の事件をどのくらい近くから観察したか、作者が肩入れする側が勝ったか負けたか（戦争の年代記を書く人は必ずやひいきする側をもっているものだ）、作者の好みで英雄的な個人の行動の物語へ走ったか、それとももう少しあっさりした集団行動の叙述になったか、によって大幅にちがってくる。しかしながら、結局のところ戦闘と攻城戦の物語は必要な資料なのであり、ある戦闘の物語がどれほど信用できるかは、歴史家が、懐疑的で用心深い職業では当り前になっている抑制と注意のすべてに従いながらケース・バイ・ケースで確認するものである。

信頼性の問題は、兵器の性能や生産方法の領域ではもっとずっと深刻である。歴史の文献と考古学の文献には、ルネサンスと近世初期の兵器が実際にどのように働いたか、あるいはどのようにして生まれたかについては、ごくわずかの情報しか含まれていない。じつは、古典的な火薬

（花火関係の文献では「黒色火薬（ブラック・パウダー）」と呼ばれているもの）の振舞いについては、現在も比較的わずかしかわかっていないが、それは単に、黒色火薬が現代の工業、建設、鉱業などではささやかな役割しか演じていないからである。また、球状の飛翔体についても、銃砲身の内部と外部での弾道学が同様な問題をかかえている。現代の銃砲弾の弾道学はよく理解されているけれども、これらの銃砲弾とは、腔線（ライフル）のついた銃砲身から射ち出されて放物線を描いて飛ぶ飛翔体である。腔線のない銃砲身から射ち出される球状の飛翔体についてはまだろくに調べられていない。同じように、当時の兵器の生産プロセスも部分的にしかわかっていない。この本では、生産の問題を、戦争の道具の作り方が戦場でのそれの操作に影響を及ぼしたかどうかという疑問に重点をおきながら調べることにする。

これらの研究目標のすべてを実際に達成するのは、けっして容易でなかった。この研究の間、私は何度も次のような一見初歩的な事実を調べる必要に迫られて進行を妨げられた。マスケット銃の弾丸の速度はどれくらいか？　大砲の砲身の内部圧力はどれくらいか？　十六世紀の鋳鉄砲の化学組成はどうか？　現代の文献の中に確実な根拠のある答が出されている場合には、それを提示するよう努めた。けれども、この種の疑問に現代の科学的、技術的、あるいは考古学的文献の範囲内で答えることのできない場合が少なくない。そんなときには、ベンジャミン・ロビンズ、チャールズ・ハットン、あるいは尊敬すべきトマス・ジェファーソン・ロドマンと彼を広く知らしめたJ・G・ベントン大佐といった人々による十九世紀、さては十八世紀の研究著作に立ち返らねばならなかった。[*10]ふつうなら歴史的研究の対象になる人々を典拠として引用するのは非常識にみえるかもしれず、そういう資料からとったデータを使うときはいつも用心してかからねばならないことは言うまでもない。

この研究で扱う年代の上限と下限について言えば、考察の対象に選んだ時期、一三〇〇〜一六〇〇年は、よくルネサンスと呼ばれる時代であるだけでなく、火器が西ヨーロッパの人々によく知られるようになって、戦争のありきたりの特色となった時期でもある。研究が進むにつれて私には、火薬の歴史の本質的な特徴は、年代表の狭い流路の中に安易に詰めこむことのできるものではないことがはっきりしてきた。多くの他の技術の場合なら、小さいけれども代表的な局面のいくつかを研究すれば、その歴史的進化のもっと大きなパターンについて多くを明らかにすることができるけれども、火器の歴史にあっては、こういう微視(ミクロコスミック)的なやり方では重要な特徴を表現することはできない。銃砲の変化はきわめて徐々にしか進行しない場合が多く、その速さも一様でないのが常だったから、単一の戦闘または出兵の中には変化はごく不完全にしか現われてこないのがふつうだった。

それればかりでなく、この主題の現在の取りあげ方の中には反論の余地があると思われるものが時に見られるが、その大部分は、中世の戦争を風刺的に描き、その複雑な実態を少数の単純な概括——ルネサンスの（つまりは黒色火薬の）戦闘描写の格好の引立て役——の中に押しこんでしまおうという動きから生じたものである。十六世紀におこった変化を、背景を十分論議することなく提示すれば、必ずや誤った結論へ導かれることがはっきりした。同時に、軍事科学の教科書で扱う形而上史学的なカテゴリーはますます納得のいかないものになった。スペインのマスケット銃手を働きの面ではペルシアの弓の射手に等しいものだと言ったり、スイスの槍兵をギリシアの重装歩兵の最新版になぞらえたりするのは、過去の豊富な要素を利用して現代の学生を教育したり楽しませたりする場面やらシナリオやらを作りたがる人々にとってはお手のものである。だが過去をこのように扱うことは、歴史家の良心の中にある何かを深く傷つけるし、はじめて火器が使用されたころの特徴的かつユニークな事実をすべて消し去って、材料を面白味のない単調なものにしてしまう。結局のところ、そのようなパターン作りは、それに情報を提供する史料編修以上の価値はほとんどない。

だから、戦争のいろいろなパターンには歴史的なまとまりを作る性質があることを認め、この性質をもとにして適当な年代的境界を決定することが必要である。しかしこれによって、火薬以前の兵器が概して使われなくなっているか、重きをおかれなくなった場所での以前の戦争の形態を議論する必要があることは説明されるかもしれないが、議論を十七世紀初めで終わらせて、三十年戦争を取り上げないという決定は、同じほど正当とは認められないかもしれない。[*11] 十六世紀にすでに確立されていた戦術を、三十年戦争がどれほど深刻に変化させたのかを問わねばならない。これはいつも論争を引きおこす質問だが、主として十七世紀に、それ以前の時期に開拓されていた戦術が普及するようになったと主張することができよう。一六九〇年代に着脱式の銃剣が出現するのに先立って、戦争の指揮官たちの商売道具ともいうべきさまざまな問題とその解決は、全部とはいわないまでも大部分がすでに以前の時代にそろっていたのだ。このような考察の結果として、エドワード一世のスコットランド戦争から三十年戦争の二、三〇年前までの期間は、議論のために(かろうじて)使える一つの枠組の中におさまるようにみえたのである。

ほかに二つの制約についてもふれる必要がある。この研究では西ヨーロッパの陸戦を対象とする。海戦には手を伸ばさないし、東ヨーロッパにもかかわらない。十六世紀におこった海上での戦法の変容は、「革命的」という形容詞に値するものである。この時期に——じつは北ヨーロッパではもう少し早いが——火薬を使う大砲は、船を破壊したり、破壊の脅威を与えて降伏させることのできる最も有力な手段となった。船の設計そのものも、古典古代以来役に立つことが証明されてきた型から変化した。新しい型が、帆そのものが終わる時代まで広く採用された標準的なものと同じであることは、一見すればすぐ分かる。すなわち、船体は長くて船幅はむしろ狭く、速力はオールと帆にたより、操船性のよさを主な強みとする以前の船は、船体は四角ばって帆だけで動力を得、舷側に据えつけた火薬兵器に戦闘力を依存する船にとってかわられたのである。船の設計におけるこの変化と、新たに火器に依存したことがもたらした結果はきわめて大きかった。ジェフリー・パーカーによれば、「西欧は［そのような兵器を］海で無慈悲な手練をもって使い、海上のライバルをことごとく征服するか滅ぼした——アメリカから始まり、アフリカと南アジアを通って日本と中国まで」。[*12] カルロ・チポラが四〇年近く前に指摘したように、ヨーロッパの海軍の成功は、ヨーロッパ人が火器を作り、使うわざにすぐれていたおかげだった。[*13] とはいえ、この期間の陸戦と海戦がどれほど異なっていたかを認識すること、そしてどちらの行動領域でも必然的に同様な発展のパターンが特徴になっていると考えるのを避けることは重要である。十六世紀の海戦で火器が果たした役割は、陸戦で同じ兵器が演じた役割とたいして関係はないのだ。

この研究のもう一つの限界は、焦点を当てた国々にかかわることである。この本の議論は西ヨーロッパだけに向けられている。これは一つには、私自身の語学力の限界ゆえなのだけれども、東ヨーロッパと西ヨーロッパの間に深いちがいがあることをも反映している。多くの学者が、近世初期の東西ヨーロッパで発展の道筋に表面的には差異があることを指摘してきた。西ヨーロッパがより資本主義的、帝国主義的、都会中心的になったのに対し、東ヨーロッパはより田舎風、圧制的になったようにみえるのである。リチャード・ヘリーは、少なくともモスクワ大公国の場合には火器がこの過程で重要な役割を演じたと弁じ、近世初期のロシアで火薬がもたらした深刻な結果は、「カーストに近いほど高度に階層化した、強直的な社会的身分」を法制化したことだったと主張した。[*14]

けれどもヘリーの仕事はきびしい批判を受け、ストレルチー〔十六、十七世紀のロシアの近衛兵〕はロシアに火器が出現したために生まれたと考えるべきか、そうでないのかという疑問にはまだ決着がついていない。この議論の価値がどうであれ、東ヨーロッパにおこった事件を分析することはこの研究の範囲を超えているし、異なった社会における火器の比較分類を含むような包括的な世界史的展望を立てることもそうである。これらは面白い問題だが、その解明には他日を期さねばならないだろう。今私たちがしている議論がもたらすたぶん唯一の意義ある貢献は、火器がいわば完全に成熟して大量に入手できる段階にあり、かつどう使えばよいかを示す一群の戦術上の教義もすでに存在していて両者が一緒に提示されるときと、新兵器の成長が始まったばかりで、その意味するところが少しずつ理解されつつある社会の中に提示されるときとでは、兵器に対して異なった受けとめ方や反応が示されることがありうるのである。

第一章　中世後期における火器以外の兵器と戦術

人は習わないかぎりけっして上手に射てないだろうから。
（ヒュー・ラティマー主教［一五四九］）

火器がヨーロッパに出現したのは、野戦での戦術が著しい変化をとげつつあった時代だった。ここ二〇年間に軍事史家は中世に対する見方をすっかり変えてしまい、今では十四世紀は、困惑を覚えるような相反する傾向を含む過渡期だったとみられている。この世紀は、単一の明確な、あるいは首尾一貫した発展の道筋を全く示しておらず、少なくともはっきりと未来を指さすものは何一つ見られない。この定めない流れは、安定した動きの乏しい中世の戦争の形態という観念を危ういものにし、火薬がもたらした結果について自信をもって意見を述べたいと願う人々にとって重大な困難を生みだす。火薬という新しい爆発物質がなくても、戦争の多くの局面は甚だしく変化しつつあったのである。火薬が出現する前に使われていた兵器の技術を考察することは、攻城戦や戦闘の状況を理解する助けになるし、火薬がどんな舞台に呼びだされて、すでに書かれていた台本によりいくつかの役目を演じることになったのかを理解するのに役立つ。最終的には、火器がどのようにして、またいつ採用されるようになったのかという問題に取り組まねばならない。これに関連して、ある社会がこれから使う兵器としてどれを選ぶか、あるいはある兵器を使うことを許すのか許さないのかを決める上では、兵器の技術的な性能こそ唯一の因子だと考えたのでは、いやいくつかの因子の中の第一のものと考えるのでさえ、誤りに導かれることになる。だから私たちの課題は、火器がどのようにして戦闘や攻城戦の中に最初の足がかりを見出したのかを把握するために、十四世紀ョーロッパの軍事技術の状況を評価することである。

火器はよく、多くの人が中世に広く行なわれた戦闘方式だと信じているもの、つまり馬に乗った騎士が行なう急襲戦とは本質的に相いれないものだと言われている。また火器が中世の戦闘の中にたやすく組みこまれることができなかったのは、生活手段をおびやかされる貴族階級から抵抗を受けたからだという。これもまた誤りへ導く入口になる。火器はそもそもおびやかすような役割を演じはしなかった。なぜかというと、第一に、中世の騎兵は以前に考えられていたような独立した軍勢ではなかったし、第二には、彼らは飛び道具を含む他の兵科と密接に協力して働く習わしになっていたからである。騎兵と歩兵が戦術的に協調して行動したことが、火器が戦場で演ずべき役割——人々がそう考えたもの——を決めた。火器が否定的な目で見られるようになるのは、ずっと後になってからだった。とはいえこの研究の手始めには、十四世紀の戦術の変化に見られるいくつかの対立する傾向をざっと眺める必要がある。時間枠は実際にはより広く、十三世紀末のエドワード一世によるウェールズ戦争とスコットランド戦争から、十五世紀後半の百年戦争とフランス＝ブルゴーニュ戦争の終了までにわたる。

戦術の進化と騎兵の役割

歴史関係の論説では、新しい技術、特に新しい兵器技術は特別扱いされるのがふつうである。火薬兵器についていえば、最もありふれた二分法は、貴族階級の騎士の保守主義と、火器を装備した平民の歩兵の上流階級身分に対する挑戦――彼らの技術的進歩主義に特有のものだった――を対置し、「騎兵の死」[*1]という語句に要約されるよく知られた言い回しを使って、何かの物語をでっち上げる。公平を期するために付け加えると、十六世紀の詩人と兵士、つまり火器こそは兵士の名誉と栄光を台なしにする邪悪な汚らわしいもの、悪人に勝利を与えることのできる道具、武勇自体を否定するものと弾劾した有名なアリオストの宣言[*2]をおうむ返しにくり返した人々も、そんな言い回しをたびたび使ったものだった。セルバンテスがドン・キホーテに次のように火器を非難させたとき、彼は火器を断罪したペトラルカ以来の世代の著述家を代弁した――しかしたぶんそれには皮肉も込められていた――のだった。

この兵器を発明した人は今、地獄で自分の悪魔的な発明に対する応罰を受けつつあると私は信じて疑わない。この発明は卑劣な臆病な手に勇敢な騎士の命を奪うことを許す。そんなとき、騎士はなぜ、どうしてかを知ることなく、雄々しい心臓は荒々しい勇気に満ちみちているというのに、ある盲射ちの弾丸――たぶん射った男はその呪われた機械が発砲のとき発した閃光におびえて逃げ出しただろう——がやってきて、一瞬のうちに多年にわたって生活を楽しんでしかるべきだった人の意識を終わらせてしまうのだ。[*3]

けれども、中世または近世初期の軍事史を批判的に読んでみるならば、こういう「文学的な」見方は支持しにくい。[*4] これまで貴族階級は保守的な技術恐怖症患者だったと何度か言われたことがあるが、じつはそんなことはなかった。ヨーロッパの上流階級（エリート）は実際には、技術的なものであれ社会的なものであれ、自分の地位に対する多くの挑戦にたいへん巧妙に対処してきたし、火器もはじめのうちは圧倒的な困難を押しつけることはなかったのである。

変化のプロセスを理解するためには、中世の戦争の中で騎兵が演じた役割と、騎兵戦を主として実行した人々の心理を理解する必要がある。西ヨーロッパで馬上から戦った男たちはふつう「騎士（ナイト）」と呼ばれるが、ここでもこの語を使ってよいだろう。騎士道の社会学は複雑だが、それは中世の終りごろになると、騎士道のもともとの前提であった根本的な単純さ、つまり封建領地およびその領地に依存する経済活動と引きかえに忠誠と軍役を誓約するという形が、ずっと前から多くの異なった形に変化していたからである。中世後期の陸軍で、重騎兵隊（フランス語でジャンダルム gens d'armes 英語では men-at-arms）の集団を構成した人々には、自由民である貴族の騎士だけでなく、傭兵、奴僕、平民（下士官であることが多い）なども含まれた。これらの戦士は、自分たちを特殊な兵器の使い方に熟練した専門家だと考えており、実際にもそのように行動した（ただし自負に比べて実地の行動はずっと見劣りがした）。騎士階級が武器を用いるすぐれた技量に基づいて形成されたのかどうか（たぶんそうではないだろう）[*5]についてはここでは立ち入って論議しないけれども、戦士＝貴族という理想が、上流グループが自分たちについて描く心像の中心にあったことを理解するのは重要である。この階級の一員であることを示す表徴が、伝統的な騎士の武器の使用に熟達していることなのだった。このグループのほとんどのメンバーも、またメンバーに入りたいと熱望するどの人も、これら伝統的な武器をきわめて大切なものとみなした。もちろん人と武器をのせて戦に加わることのできる馬も重視された。

武器と技術の象徴としての機能は重要だが、ここには不用心な歴史家がはまりやすい罠がある。中世の記述は騎士とその武勇を強調するあまり、戦場での騎兵の実際の役割をあいまいにしてしまう傾向があるのだ。かつては、中世の戦は概してろくに訓練を受けていない騎士の集団の間の野蛮な喧嘩にすぎなかったという考えが根強かったが、今では騎士の役割の全く別の側面、つまり戦略、後方補給、調整された戦術に重点をおいて、戦争における騎士像を描いたものにおきかえられつつある。[*6]

それでも西ヨーロッパでは、中世後期の軍隊のほとんど全部が、重騎兵を指揮と戦術遂行の中心に据え、そういう戦士を十分に供給するために、当時の経済と政治制度の両方を最大限に利用することもあった。[*7]騎兵を戦に適した状態で戦線へ送りこもうと思ったら、後方補給の方策にかなりの投資をしなければならなかった。[*8]馬には最小限一日二五ポンド（一一キログラム）の飼料が必要で、そのうち半分は穀物でなければならない。こういう必要は事前の準備によって満たさねばならず、現地調達にたよってはならない。一三三八年六月から一三四〇年五月にかけてのエドワード三世による北フランス出兵は、イングランド国王をほとんど破産に追いつめた。この出兵には、一万二〇〇〇頭の馬が動員されたが、この作戦での戦利品が少なすぎて馬の維持費を埋め合わせることができなかったため、その費用が財政破綻を促すきっかけになったのである。[*9] 中世後期の戦争を新たに見直す中では、そのように大きな費用のかかる部隊はどう評価されるだろうか？

　機能だけを重視する立場をとるならば、重装備の騎士を正当化しようとしてもうまくいかないことは目に見えている。騎兵の究極の価値は単なる戦術的役割をこえたところにあるのだ。とはいえ、中世が進むにつれて騎兵の戦術、装備、訓練が進歩したという証拠があり、世紀を経るとともに戦闘での騎士の有効性は増していったようにみえる。鐙(あぶみ)は紀元七〇〇年ごろヨーロッパに入り、馬の制御を改善する第一歩となったが、これに九世紀に蹄鉄、十一世紀に拍車が加わった。背板と前橋(ぜんきょう)をともに高くした鞍は十一世紀後半に生まれ、詰め物をした鎧(よろい)の背当てとともに十二世紀に普及した。これらによって騎座は改良され、よりしっかりした台に支えられて槍や剣をふるえるようになった。[*10] 軍馬そのものもちがった血統を交配することによって改良され、大きさも力も増したが、それによって速力と敏捷さが損なわれたようにはみえない。[*11] 身体を守る鎧は防護力を増し、もともとは状況に応じていろいろに使える多目的の道具だった騎兵の槍は、[*12] 十三世紀になると、騎士が右の脇の下にかかえるもっと特殊化した武器になった。十五世紀初めには、槍は胸甲にとりつけられた特別な支え具、ラレー・ド・キュイラス〔フランス語で、「胸甲の支え具」の意〕の上におかれた。[*13] これらの変化は、戦闘での騎士の役割がより専門化し、いわゆる急襲戦術(ショック・タクティクス)

が主体になったことを示している。この戦術では、槍が馬と騎手の両方の運動量を合わせ持って第一撃を加えることになる。

これらの発展の裏にある戦術的ねらいは、敵の隊形を崩して混乱させ、軽騎兵と歩兵の突入口を作って、あわよくば全軍を潰走させることだった。古典古代からこのかた、まとまった隊形を維持することは、戦闘の中で協調を保って奮戦するためには絶対必要な前提条件だった。それは、何らかの命令を伝えるには、命令を出す士官の声しか使えず、もっと遠くまで届く通信手段は何一つ存在しなかったという単純な理由からである。戦士が集中してその横列があまりひどく変形すると——横隊が敵の力によって破られた結果そうなることもあれば、敵の隊形の中へ突入することに成功したためかえって乱れることもある——武装した男たちの無統制な集団になる危険があった。隊形がめちゃめちゃになると、こんどは無傷で残っていた大隊の攻撃にさらされた。整った隊形の戦術的利点は戦争の基本だったから、敵の整った隊形を崩すのが戦場での指揮官の主目標になることが多かった。

甲冑を着こみ重武装した騎兵の最も基本的な目標は、敵軍の隊列を崩して混乱状態におとしいれることだった。これをなしとげるために騎兵は、緊密に隊形を整えたまとまった集団となって、できるだけ速く移動した。コンロワ（conrois）は、一にぎりの戦士から時には数百人を含む騎兵の部隊で、管理上の単位であるとともに戦術上の単位でもあった。コンロワには複雑な機動作戦に従事することが期待された。つまり実際に物理的に不可能でないなら、無秩序が発生しえないほど密集した隊形で馬を進めるのである。[*14] 騎兵はふつう最後の五〇ヤードほどしかギャロップで突撃しなかった。部隊はもっとゆっくり動いて有利な地点に達してから、（理想的には）隊形を保ったまま急速に前進した。あまり長い距離をギャロップで駆けると、攻撃が成功するのに絶対必要な隊形そのものを損なう危険があったのである。[*15] コンロワは、その構成員が訓練されていたとおりに戦術的行動をとることができた。つまり側面攻撃を試みる、偽りの退却をする、一〇人程度の小さな戦術単位に分散する、立ちふさがるものすべてを突破すべく努めるといったことを、時には動く集団の力だけで、しかし多くは力の巧妙な使用によって実行するのだった。[*16] 戦闘で騎兵が名声を博したのは数が多かったからとかの数量的要因のせいではなかった。騎兵が重要視されたのは敵の隊形を崩すことができたからだった。これは、英雄文学が馬をあやつる上流人士（エリート）の行為になぜあんなに注目を集めるのかの理由の一つである。彼らは戦闘のかなめとして行動したのだ。彼らは歌や物語に描かれているような荒々しい一匹狼的な戦士ではなかった。騎兵が成功したのは、個々の乗り手が、英雄文学がほめたたえるような特異な強がりを避けたときだけだったのである。騎兵は訓練を重ねた戦士として、戦闘の中心にあって勝敗を分ける戦術的役割を独占し、ほかの兵科では試みることさえできない任務を成しとげたのだった。

中世後期に重騎兵が重視されたからといって、それがほかのすべての兵科をしのぐ絶対的な「戦場での優位」のようなものをもっていたと考えるのは誤りである。ヨーロッパ人がドリラエウム（一〇九七年）またはティールト（一一二八年）であげたような勝利――これらの戦では騎兵の突撃はそれだけで決定的な成果をあげた――は、中世の戦争では全くの例外だった。騎兵がほかの部隊の支援に依存した場合のほうがはるかに多く、だからタンシュブレー（一一〇六年）

やブーヴィーヌ（一二一四年）の戦のように、ほかの兵科と共同行動をとる必要があった。[*17] 騎兵の突撃は決定的（デサイシブ）（このあいまいな語を軍事史家はとても好んで使う）だったかもしれないが、その前にきわめて多くの予備的な戦術作戦や協調行動がなされてはじめて、活動の舞台がしつらえられたのだ。この協調行動の必要を満たすのに、訓練や模擬戦のような現代の訓練方法にたよることはできなかった。このことは私たちを、騎兵部隊の社会＝政治的起源と機能という問題へ引き戻す。騎士が軍の部隊の一員としてどんな働きをしたのか、またこれらの部隊がもっと大きい軍隊の一部としてどんな働きをしたのかは、その騎士の経済的・政治的・社会的職能の重要度によってちがっていたのである。[*18]

この時期の軍隊は、非常に多くの面でそれを生みだした社会の縮図（ミクロコスム）になっていた。人々は「市民」生活の中で習い覚えた技能を使って戦った――このことは歩兵にも騎兵にも一般にあてはまる。戦場で指揮をとるのは、平和時には一家を支配する人々だった。彼らの命令は暴力を合法化し、平時に行なったなら当然彼ら自身が処罰しただろう行為をも戦のさなかでは正当だとした。指揮をとるのはまた馬に乗った人々であり――少なくとも理想上は――戦で先頭に立ち、したがって最大の危険を負ったという事実は、そういう人々が物心ついて以来得ようと努めてきた優越感を強めるばかりだった。騎兵が大きな機動性をもつ唯一の兵士だったという事実は彼らの優位を高め、ほかの兵科を従属させることになった。なぜならゆっくり移動している部隊が攻撃を受けたとき、守ってくれると期待できるのは騎兵だけだったからである。

防御における騎兵の役割を考慮するならば、その重要性はいっそう明らかになる。十六世紀をすぎてからは、騎兵は防御行動をとることを期待されなかった（反撃を先導するときは別）ため、後世の軍事評論家はしばしば、中世の騎兵は攻撃的役割だけでなく防御的役割も演じたという事実を見落としてきた。中世の賢明な指揮官の多くは、自軍の騎兵に馬から下りて徒歩で攻撃を迎えうつよう命じ、それによって防御戦を戦うほうを選んだ。タンシュブレー（一一〇六年）、ブレミュール（一一一九年）、ブルグテルールド（一一二四年）の戦はみなある程度までこの方式で戦われ、後世のもっと有名な百年戦争のいくつかの戦もそうだった。[*19] 正規の訓練を受け、飛び道具をもった徒歩の部隊は、士気が十分高ければ、戦場では防御の役に使うのが効果的だった。[*20] 歩兵部隊の士気を高める最良の方法の一つは、下馬した十分な数の騎兵で彼らの横列を補強することだった。そのような部隊は機動性がきわめて限られていたから、攻撃には使えなかった。防御部隊の集結が機能するのは、まさに集結しているがゆえであって、そうした限定からして機動作戦はあまりできなかったからである。機動性と、それを用いて攻撃的役目を果たす能力は、騎兵のものだった。横列の中では下馬した騎兵は、歩兵の力と士気の両方を増強し、市民生活と同様戦闘でも指導者として行動した。この点でも、またほかのいくつかの戦術上の役割でも、ほとんどいつも貴族か貴族になりたいと熱望している人々で構成されていた騎兵は、当時の人々がもっと大きい政治や軍事の世界で自然の秩序とみなしていたものを反映したにすぎなかった。防御を効果的にするために必要だったこういう心理的要素を提供することは、これら軍の「生まれついての」指導者に課せられた仕事だった。

中世の用兵術は城や要塞に大幅に依存し、それゆえ、攻城戦、フランス語で la guerre obsessive

〔執念深い戦争〕と呼ばれるものは、侵略に次いでもっともありふれた軍事行動の一つだった。攻城戦に耐える要塞を建設するには莫大な資金が必要だった。[21]すべてを考慮すれば、城は、どんな技術や機械が要塞を攻撃するために考案されようと、それにかなりよく対抗できる設備だったといえる。最初の三回の十字軍は、簡単な木造の砦から石造の巨大な構造への転回点（ターニングポイント）を示しているが、それにともなって攻城戦の技術も発達した。[22]十二世紀の半ばには石が木に代わって要塞建設の主材料になり、このため攻撃側では焼夷兵器がまるで役立たなくなった。より重い弾丸の発射装置と急増した弩（いしゆみ）に対する防御のため、どこでも城壁は高く厚くなった。防御工作物は、城壁への特定の接近路を守る弩や弓の射手が、体をさらすことなく斉射できる場を生みだすべく設計されるようになった。攻城戦はますます長びくようになり、[23]地下から掘り進むというような時間をかけた攻撃方法がより大きい役割を演じるようになった（寝返り——特に賄賂を用いるもの——と計略は相変わらず誘降の最良の方法だったが、単純な兵糧攻めが攻撃側が使える武器の中で最も強力だったようである）。攻城戦が長びいたことと侵略が必要だったことは、中世の戦争が主として消耗戦で、クラウゼヴィッツの言う「決戦」のようなものを求めるよりはむしろ敵の資源を枯渇させようとしたことを意味している。[24]

　中世の戦争の現実が、それが後世に残した通俗的なイメージとまるきり異なっていたとすれば、一つのはっきりした「はみ出し」、つまり馬上武術試合（トーナメント）が説明されずに残っている。馬上試合は、実践的な領域と感情的な領域の間の、つまり騎士が戦争で現実に果たした役割と騎士階級が抱いた自己像との間のギャップから生じたとみることができる。馬上試合そのものは全く戦争同様であることが多く、偶然の事故と遺恨の決着との間の境界線が消えるほど薄くなることがありうる闘技の場だった。馬上試合では名声も幸運も得られることもあれば失われることもあり、あっぱれな業（わざ）が披露されお世辞がそれにふさわしく表明されることもあった。馬上試合はまた、感情的には重要だった戦争の小さな部分を正面に押しだした。穂先を鈍くした槍が補強された楯に突きあたるガツンという音、刃先を鈍くした剣が詰め物をした楯を打つドスンという音に包まれつつ、騎士階級は自分たちのファンタジーを一つの競技（スポーツ）のなかで演じたのである。その競技は、たぶんすべての競技がそうであるように、一つの芸術形式であり、歴史家が戦争を再構成しようと試みるとき用心なしで使ってはいけない現実のまがいものなのだった[*25]。

　馬上試合のこのような限定と、ゲームとしてのその役割とは、自己像を維持するためには制限がどれほど重要かを思い出させる役をする。一つの階級は、それがもつ技能によって規定されるだけでなく、行動規範にそむく恐れのある行為を避けなければならない。中世全体とルネサンスの大部分を通じて、騎士は合戦では刃物だけを使い、飛び道具はふつう、貴族以外の者の手にゆだねて補助的な役割へ追いやった。刃物には剣と戦棍（メース）、槍（ランス）があった。弓と弩は飛び道具の例である。そもそも貴族のプライドからすれば、身分の低い人間が刃物——歩兵の槍（パイク）または斧槍（ハルバード）——で戦うのはかまわないが、貴族が飛び道具を使えば必ずや不名誉を背負いこむことになるのは自明であった。この点でヨーロッパの戦士＝貴族は、弓が武器としてもシンボルとしても大きな役目を演じていたトルコ、中国、日本の戦士＝貴族とは大いに異なっている。西欧の貴族にとっては、名誉ある人の殺し方または殺され方はただ一つ、殺す相手または殺される相手に手が届くほど近い距離でやり合う場合だけだった。

ヨーロッパの貴族が伝統的に刃物の武器を好んだこと[*26]――その理由は今なお説明されていない――は別にしても、戦闘でそれらを使うことには実質的な利点があった。飛び道具は誰でも無差別に殺す。実際これは、代々の貴族文学が弩、弓、おしまいに火器に対して訴えた苦情である。これに反して刃物は、傷つけるだけでたぶん必ずしも殺さず、また槍の場合には、敵を落馬させるが必ずしも一時的なダメージ以上のものは与えないなど、使う人が手加減することを可能にした。そのようなちがいは、中世後期からルネサンス初期にかけての大部分に見られる戦争の仕方の二つの重要な側面の生みの親だった。つまり一つにはそれは戦士に度量の広さを誇示する機会を与え、二つにはかつての敵を適当な身の代金が払えるまで捕虜にしておくことによって収入を大幅にふやすことを可能にした。無差別殺害は戦争へ行った者にふりかかる可能性のある運命だったが、そうたびたびはおこらず、ふつうは暴力の標的となった者が身の代金を提供できないとき（たとえば反乱を起こした農民や、宗教上の異端者）だけだった[*27]。しかしそういう戦闘は当時の戦争文学の中で教えられる理想とは程遠いもので、社会秩序を保つためには必要だったのかもしれないが、騎士の武勇を発揮するか金をもうけるか、いずれかのための貴重な機会をほとんど提供しなかった。これに反して同等の人間の間の戦争では、刃物の武器は道徳的目的と経済的利益の両方を満足できる程度まで合わせ実現することができ、それによって暴力が是認され制御されていく社会的過程の中で決定的な役割を演じたのだった。この役割はどんな種類の飛び道具も容易にまねできないものだった。

飛び道具

ほとんどすべての新技術は、より古い技術の代用または補完として生まれ育っていくものであり、それゆえ新技術はほとんど必然的に古い技術の観点で考察される。新しい道具を初めて目にした世代が、その新奇なものを物事のやり方としてすでに確立されていた方法に適合させられると考えた理由を理解するには、技術史家は、古い道具が自らのために確立していた役割、つまりそれらが占めていた「生態学的地位（ニッチ）」に目を向けなければならない。兵器もほかの技術とよく似た傾向をたどるようにみえる。すべての証拠は、十四世紀のヨーロッパ人が、火器の働きはギリシア火[☆1]のような焼夷兵器やすでによく知っていた飛び道具——弩（クロスボウ）、長弓（ロングボウ）、投石機（トレブシェット）——と大差ないと予想したことを示唆している。これら以前の道具は単なる火薬兵器の前ぶれではなかった。まさにその反対で、それらは当時の人々が火器の価値を判断するための基準となったのである。

弩は手にもつ武器で、弓を台木または木製のビーム上にとりつけてあり、使い手はふつうの弓でねらって矢を放つとき使うのとはちがう筋肉群を使って弦を引くことができる。最古の弩は紀元前五〇〇～四〇〇年ごろ中国と西欧で開発されたという証拠が存在するが、弩をずっとつづけて使用し改良したのは中国人だけだったようだ。古典古代の西欧の博学の注釈家、たとえばアレクサンドリアのヘロンは弩を、攻城戦や野戦で使うための台枠や台座を必要とするもっと強力な兵器の単なる前ぶれとしか扱っていない。時がたつうちにそういう大形の兵器が、ひもをより合わせた弦を推進の手段とする単純な弓にとってかわった。歩兵が手にもつ武器としての西欧の弩は、いったんすたれていたのが十世紀に再び出現したもののようで、[*28]第一回十字軍（一〇九六〜九九年）でははっきりと重要な役割を演じている。十一世紀の末以降は弩が使われた証拠が、攻城戦や戦闘を描いた絵画や彫刻、建築（出現しつつあった石造の要塞には弩の攻撃を防ぐための穹窖（きゅうこう）が設けられていた）、軍事行動の記述の中に豊富に存在する。弩が急激に広まったのは、近距離なら鎖帷子（かたびら）式の胴鎧を貫くことができたかららしい。

弩は、騎士に対する挑戦を表わし、また闘いはこうあるべきだという騎士固有の意識を侮辱するものであり、それゆえ、戦闘に不可欠なものになったが騎士たちの目から高い地位を与えられたことはけっしてなかった。ジャン・ド・ジョワンヴィルの古典的な『聖人王ルイの歴史』は、上流階級の戦士が弩に対して抱いていた両面感情（アンビバレンス）の一例を提供する。ジョワンヴィルは第五回十字軍でおこった事件を物語る中で、マンスラの戦（主な戦闘は、一二五〇年の二月八日火曜日と、二月一一日金曜日の二度におこった）を記述している。いくつかのシーンがキリスト教徒軍と「サラセン」軍との白兵戦を詳しく描きだす。しかしヨーロッパの弩兵は少なくとも二度主役を演じたようにみえる。一度は火曜日の戦で、このとき彼らはキリスト教徒軍が前進するため不可欠な橋頭堡を守りぬいたし、もう一度は金曜日の戦で、フランドル伯に対するサラセン軍の突撃を撃破した。[*29]どちらの場合もイスラム教徒軍は馬に乗っており、弩兵は徒歩だった。ジョワンヴィルの記述は、イスラム教徒軍が西欧人の弩をこわがるようになっていたことを示唆している。というのは、火曜日の戦闘で「サラセン人は［弩兵が］足を弩の足かけの中におくのを見たとき、私たちから逃げ去った」からである。[*30] この言が誇張であることはまちがいないが、弩と、イスラム教徒が好んだ後方へ反った弓との貫通力の差といったものを示唆しているのかもしれない。ジョワンヴィルはもっとあとで、自分は一人の死んだサラセン人から長いキルティングのコートをはぎとって身にまとい、トルコ式の矢（ピレス。「太矢（ボールト）」〔弩で射る矢〕と訳されるが、短い投げ矢（ダート）のような矢を意味することはたしかである）の雨を防ぐのに使ったと主張している。彼はそのコートを捨てるとき、数えてみると二〇本の投げ矢が突きささっていたと言っている。[*31] キルティングすなわち詰め物をした服はヨーロッパ人にとってイスラム教徒の飛び道具（矢）に対する十分な防護になったが、イスラム教徒をヨーロッパ人の飛び道具（弩の太矢）から守るには十分でなかったことは明らかである。

　弩兵の行動が形勢を逆転させて絶望的な事態を救ったのは明らかだったが、ジョワンヴィルは弩兵とその手柄にはろくに目もくれない。弩兵が散開し、矢を射、敵を敗走させる様子はそっけなくわずか数行で語られ、そのスペースはせいぜい事実だけを述べるのに必要な分量しかない。敬意と語り手の注目は、もっと身分にふさわしく、刃物武器を使って接近戦を戦う人々にとっておかれる。ジョワンヴィルは白兵戦を扱ったもっと以前の文章の中でこの点を非常にはっきりさせる。その白兵戦を彼は「とてもきれいな武芸のわざ」と呼んでいる。「なぜなら弓または弩で射る者は一人もなく、闘いにはトルコ軍もわが軍もすべて戦棍と剣を用いたからである」[*32]。

　貴族の軽蔑と宗教上の理由に由来する禁止にもかかわらず、弩は十三世紀には欠くことのできない戦争道具になっていた。リチャード獅子心王（ライオン・ハート）その人も一一九九年シャリューの攻城戦で弩の太矢で射殺され、ほぼ一九年後にはギュイ・ド・モンフォールがトゥルーズの攻城戦で同じ目にあって瀕死の重傷を負った。十三世紀には弩は海上に、要塞の中に、都市の市民軍の間に、おびただしい数で出現し、馬上ですら用いられた。[*33] ディーンの森に住むド・マルモール一族は弩の太矢または角矢の生産を専門にしていたようで、一族の記録は、一二二三年から一二九三年までの間に一〇〇万本近く——一年当り一万四〇〇〇本以上——が生産されたことを示している。[*34]

弩の広まりは騎士に劇的な影響を与えたようにはみえない。少なくとも初めのうちはそうだった。弩を騎士の急襲戦術をくじくために役立てようという目論見はあったかもしれないが、たとえそうだったとしても、大きな成果をあげた例は容易に見つからない。その一方で、騎士が飛道具一般のこわさをいっそう強く感じるようになるにつれて、身体をもっと完全におおうようにデザインされたより重装甲の鎧で対抗するようになった。それがこんどは、そういう鎧をも貫く能力を維持しようとして、いっそう重くいっそう強力な弩が生産されるようになった。弩に最も大きな変化がおこったのは十四世紀後半で、それまで木、角、腱を使っていたのが鍛鋼製の弓に変わったのである。この変化は、ほぼ同時期に冶金技術全般のレベルが向上したのに対応しており、その技術変化は弩を改善しただけでなく鎧をより強くより軽くしたのだった。多くの後世の技術と同じく、弩もまさにほかのもの、この場合は火器によっておきかえられつつあったときに、その絶頂期に達した。弩と火器がこのように共存していたため、鎧の改良に対してどちらがより強力な刺激になったのかを判断するのは難しい。典型的な鶏が先か卵が先かの形で、基本的な技術的変化が攻撃能力と防御能力の両方を刺激し、技術的改善と費用増加の両面でつねに追いつ追われつらせんを描いて上昇していったのだと見ることができよう。

こうした発展の過程は結果として、弩の射手をますます不利な状況に直面させることになった。弩を発射したあと弦を引いて二の矢をつがえるのに必要な時間、つまり命の危険にさらされる時間が長くなったのである。弓の長さが増すたびに、それによって強くなった弓の弦を張るのにより精巧な仕掛けが必要になり、そのためふつう弓を巻き直すのにかかる時間が増し、したがって「発射」速度〔単位時間当りの発射数〕は小さくなった。野戦では弩兵の実際の戦術的効果は、弓が強力になったからといってその分高まったようにはみえない。これに反して攻城戦では、複滑車とクラヌカン（弩の台にとりつけたクランクつき減速歯車）および「ヤギ足てこ」や車に乗せた一種の偏心カムを使ったいくつかのメカニズムを利用して好結果をあげることができた（図1を参照）[*35]。このちがいはすべて使用状況から生じる。攻城戦なら一分につき太矢一本の発射速度

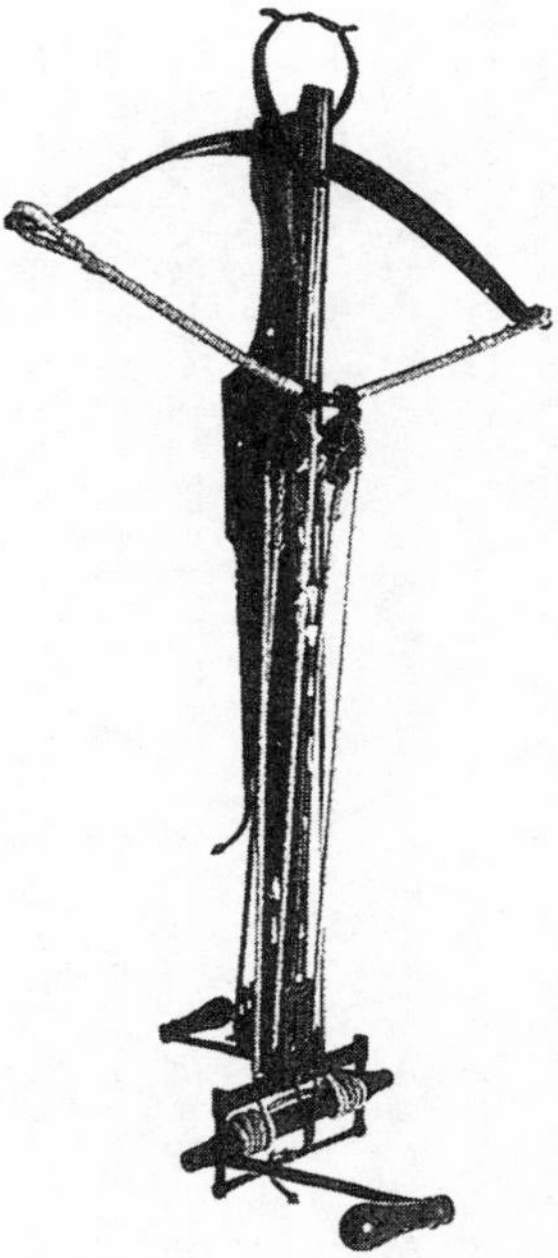

図1　15世紀後半の鋼鉄製弩．弦を引っ張るための巻取り装置がついている．弓の強さが増すにつれて弦を引くための精巧な装置がつくようになった（ストックホルムの王立兵器庫の許可を得て使用）．

でもなんとか間に合ったが、野戦では問題が生じた。フェルブルッゲンはこう書いている。「平らなさえぎるもののない田舎では、［騎兵は］トロットなら分速二五〇メートルでやってくるし、ギャロップではその約二倍の速度になった。だから防御する弩兵は、騎兵が近づいてくるとき、一発射るのに一五〜二四秒しか使えなかった。そして彼らはひどく神経質になったため標的の頭の上や足の下に向かって射ることもあった」[*36]。個々の弩兵が二の矢を射る希望をもてたのは、一の矢を一二五〜八〇メートル離れた標的めがけて射るときだけだった。彼の武器はそれぐらいの射程があることはほとんど確実だったが、命中精度ないし貫通力はほとんどゼロだった。ひとたび突撃の隊列が作られ前進しはじめたとき、それを乱し破る希望がもてるのは、弩兵の大部隊が何らかの防護物の背後にいる場合（つまり攻城戦［の防御側］で演じるのと同じ役割をつとめるとき）だけであった。一般には、弩兵は騎士が突撃の態勢を整えようとするのを、遠矢で混乱させて妨げようと努めたが、突撃が始まってしまったらもう立ち向かおうとはしなかった。

弩は、その引き金と弓の製造を熟練職人の組織に依存した都市的な兵器だったように思われる。ふつうの弓と矢は、ヨーロッパの大部分で農民生活の一部になっていたようで、防衛にも狩猟にも使われた[*37]。ふつうの弓を使う兵士は中世の大部分を通じて、特にヨーロッパ大陸では、きわめて従属的な役割しか演じなかったようにみえる。技術の面でいえばこれは、ヨーロッパ人が中央アジアの弓作りのスタイル、つまり異なる材料を組み合わせて後方に反った弓を作るのをずっと知らなかったことを意味する。ヨーロッパの弓はほとんどみな一本の木で作られ（つまり後方に反らせていない）、異なる材料を組み合わせたものは多くなかったようである。アジアの弓は反った弓に蓄えられるエネルギーを最大にするよう設計されており、それでいて馬に乗って使えるよう弓全体の長さを短くしていた。後方への反りがなければ、強力な弓は長くなる傾向がある。余分の材料をつけ加えなければ弓に十分大きなエネルギーを蓄えることができなかったからである。十二世紀後半の著作家ギラルドゥス・カンブレンシスは、ウェールズの長弓の効力について、初期の記述に見られる標準的な文言を呈示しているが、その中には、これら強力な武器の矢によって重い楯が貫かれたとか、射抜かれた騎士が自分の馬にはりつけられてしまったとかの物凄い話も含まれている。[*38] これらやもっと後の所見から現代の著者たちは、長弓の弦を十分うしろ、射手の耳のところまで引くには、約四〇〜五〇ニュートンの力を要したと推論している。[*39] 長弓はたぶん長さが約二メートルで、はじめはきわめて固いニレ、後にはスペインから輸入したイチイで作られた単材の弓だった。[*40] 長弓で射る矢は事実上ほかのどの弓の矢よりも長かった。

長弓は弓の両端のところの弦に、約一八〇キログラム（四〇〇ポンド）に等しい瞬間張力を生みだすことができた。この力に耐えるためには、弦の破壊強度をたいへん大きく、二七〇キログラム（六〇〇ポンド）以上にしなければならなかった。[*41] そのような弓から射出される三六インチ（一布(クロス)ヤール）の矢は長すぎて空気力学的にはあまり有効でなかった。もっと短い矢なら、同じ初期力によって推進されればもっと遠くまで飛ぶだろう。これは、たいていの場合、長弓は多くのアジアの弓や強弩よりも実際には全射程がいくぶん短かったことを意味する。[*42] この問題はよりどころになる定義がないためはっきりしたことは言えないが、戦闘状態にあってさえ、ふつう長弓による攻撃は一五〇メートル以上の距離では嫌がらせ以上の効果は期待されていなかった。長弓の絶対的射程、つまり最良の条件下でその矢が飛ぶ距離は、四〇〇メートルにも達したらしい。しかし戦術的には最大射程よりも、長弓のもっと近距離での貫通力のほうがずっと重要だった。約六〇メートルからたぶん一二〇メートルまでなら、空気力学的抵抗は矢からそうたくさんの運動エネルギーを奪わなかった。この距離では長弓の矢は大きい質量のおかげで、鎖帷子、皮革、さらに低級の板鎧でさえ貫くことができた。*43

弩と同様に長弓も、戦術的価値はまさにこの貫通力にあったのだが、長弓には弩をしのぐ一つの重要な長所があった。つまり長弓のほうがずっと発射速度が大きく、弩が一分間に四発しか射てなかったのに対し、たぶん毎分一〇発かそれ以上に達したのである。*44 とはいえ、イングランドの長弓兵が実際に戦闘状態のもとで、いつもこの驚くべき速さをかなりの時間維持したと想像してはいけない。たとえ最強の筋肉であってもすぐに疲れるし、矢はけっしてそんなに豊富ではなかった。たとえばクレシーの戦で、弓兵は五〇万本近くの矢を射たと見積もられているが、これでは弓兵一人当り九〇本弱にしかならず、戦闘は約六時間つづいたから平均の発射の割合は一時間につき約一四本だった。*45 だがそれでもなお、短時間発射速度とでも呼べるものは、野戦ではなかなかの利点をもっていた。決定的な瞬間に矢の発射を集中することができたからである。発射の速さが、ほかのどんな特徴をもさしおいて長弓戦術を形成したのであり、弩も火器も長弓の発射速度には全くかなわなかった。

長弓の短所は、すべての弓矢のシステムと同じく、維持するためには農民文化全体に依存しなければならなかったことである。弩の使い方は、数週間かせいぜい数カ月で学ぶことができた。

後の火器の場合でも同じくらいだった。そして必要とされる割合低レベルの熟練はきわめてわずかな練習によって達することができた。しかし弓兵、特に軍事目的に使えるほど十分優良な弓兵は、子どものうちから訓練しなければならないし、彼らはしばしば人間の能力の限界に近いことをやってのける（一五四五年に「メアリ・ローズ」号とともに沈んだ弓兵の中の一人に病理学的検査を施したところ、左の前腕、上部の背骨、右手の最初の三本の指――矢を放つのに使う指――に変形が生じていたのが明らかになった）[*46]。長弓の弓術を実行する者にはきわめてきびしい要求が課せられたという事実は、なぜ長弓が、戦場での成功にもかかわらず、西ヨーロッパ全体に広がることはけっしてなかったのか、そしてなぜ長い年月がたつうちに衰退してその誕生の地でさえ衰え消え去ることになったのかを説明する一助となる[*47]。

機械式投石機

最も初期の火器は、弩や長弓のような個人が使う飛び道具になぞらえられただけでなく、石造の要塞に損害を与えることをねらったもっと大きな飛び道具、とりわけ「投石機（トレブシェット）」（図2を参照）と呼ばれる不等な腕をもつ機械[*48]にもなぞらえられた。投石機の初期の歴史もまた中国が中心になっていたようで、そこでは漢朝あるいはそれ以前でさえ、高い支点、長さの等しくない腕、振り投げ器をもった機械が小さい石弾を投げつけるのに使われていた[*49]。中国の投石機は、一団の人間が天秤の短いほうの腕にとりつけられた綱を引くことによって駆動された。この牽引式投石機がいつ西欧に達したのかはわかっていないが、アラビアの文献には七世紀後半かたぶんもっと早くから登場しているのは確かである。[*50] 牽引式投石機は中世には攻城戦の道具として広まっていたようで、密集した部隊、城攻めのための塔や破城槌に対して石弾を矢つぎ早に雨あられと投げつけることから特に高く評価されていた。年代記によれば、リスボンの包囲攻撃では、それぞれ

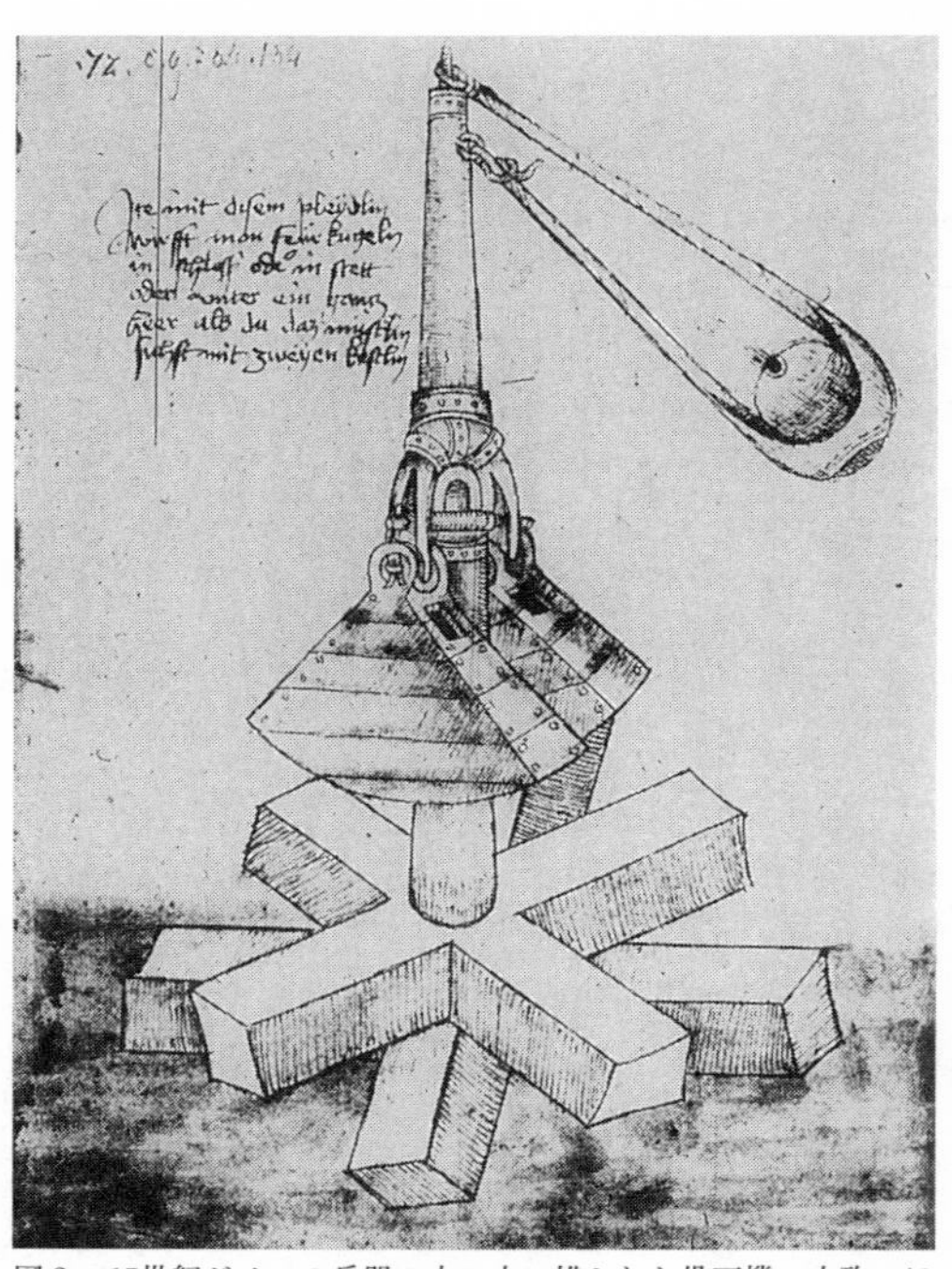

図２　15世紀ドイツの兵器の本の中に描かれた投石機．大砲のほうが火力はまさっていたにもかかわらず，投石機は焼夷弾や毒物を投げこむといった特殊な目的にはなおも使われた（ミュンヘンのバイエルン州立図書館の許可を得て使用）．

一〇〇人の人間によって動かされる牽引式投石機二台が一〇時間で約五〇〇〇発の石を発射したという（機械一台につき一分間に四・一七発の割合、つまり一台から一四・四秒ごとに一発）。一九九一年四月にトロント大学で比較的小さい機械を使って行なわれたテストの結果から、この発射速度を維持するのは困難ではなかっただろうということが明らかになった。[*51]

十二世紀に投石機に根本的な変換がおこった。綱を引っ張っていた一群の人々の代わりに重い釣合錘が用いられるようになったのである。強力なウィンチが長いほうの腕を引きおろし、釣合錘を予めきめられた高さに上げる。引金を引いて支えを外すと釣合錘が急激に落下し、機械の振り投げ器中の石弾をきわめて正確に標的めがけて投げつけることができた。釣合錘式投石機の長所は要塞に対して使えることだった。それは申し分のない城壁破壊機械であり、材料と人力が手に入るならいくらでも大きなものを作ることができた。

中世の資料は、たぶん重さが一四〇〇キログラムもある本当に巨大な石弾がそのような機械を使って射ち出されたと語っている。実際、近年になって中世には入手不可能だった材料を使って機械を作ってみたところ、まさしく一四〇〇キログラムの重さのものを射ち上げることができた。[*52] 釣合錘式投石機が放った石弾の平均的な重さをもっと控え目に見積もれば、標準はたぶん一〇〇〜一五〇キログラムではなかったかと思われる。[*53] これでもなお、古代の攻城戦で要塞に対して使われた代表的な石弾に比べれば、約五倍から一〇倍の重さだったろう。[*54] しかしこうした機械が達成できた射程はかなり限られていて、たぶん最小で一五〇メートルから最大約二四〇メートルの範囲だったと思われる。[*55] もしも石弾を四〇〜四五度の角度で発射するならば（そして空気の抵抗をいくらか考慮するならば）衝突のときの弾道はたぶん水平線から約三〇〜四〇度上になっているだろうし、衝突のときのエネルギーは、適当に補強した石造の防壁によって吸収することができる。

十三世紀に釣合錘式投石機が広まるにつれ、要塞の設計もそれに対応していったようである。すなわち、城壁、塔、その他傷つきやすい箇所を補強して、受けると予想される破壊攻撃に耐えられるようにしようとしたのだった。投石機はこの攻防の競争の中で一つの利点をもっていた。その唯一のエネルギー源は変化することのない重力だったから、強化された城壁を高い命中精度で襲うことができたのである。十三世紀半ばになると投石機の弾丸は丸い球の形で生産されていた。たぶん弾丸の重さと、あわせて空気の抵抗も規格化するためだろう。[*56] 古い岩石は簡単に手に入ったかもしれないが、加工せずそのまま投げることは、これらの機械を使いこなす人々がもっている精密な射撃の基準とは全く相いれなかったのだ。鉛はひどく高価だったけれども、石の代わりに釣合錘としてよく使われたらしい。これは精度への関心が高かったことを示すもう一つの特色である。[*57] 投石機は十四世紀全体を通じて使われ、さらに十五世紀に入っても使われつづけた。カール五世の治世のころの行政記録文書は、投石機の石の弾丸は「何百発もある」と述べている。[*58] 一四〇五年にフランス軍はモンターニュの包囲攻撃に投石機を使った。[*59] クリスチーヌ・ド・ピザン[☆2]はヴェゲティウス〔四世紀ローマの軍事著述家〕をフランス語に訳したものの中に投石機を登場させている。[*60] 投石機は一四二〇年にオルレアンに、一四二一年と一四二二年にパリ、トゥーレーヌ、ピカルディーに姿を現わし、一四六〇年代まで備品目録にのせられていた。[*61] さらにこれ以降も、投石機はブルゴス（一四七五～七六年）、ロードス（一四八〇年）の攻城戦で使われ、マラガ（一四八七年）ではめざましい成果をあげたことがわかっている。

騎兵戦術と長弓戦術の統合──ウェールズ戦争とスコットランド戦争

中世の戦術の多くと同様に、長弓を重騎兵と調整させて用いる用兵術は徐々にしか発展しなかった。オレウィン橋の戦（一二八二年一二月一一日）では騎兵と弓兵の協調を伴う戦術はまだ発展途上にあったようにみえる。イングランドの重騎兵は自軍の弓兵がウェールズ軍の陣地を矢で縦射するにまかせておき、彼らがウェールズ軍の横列を相当激烈に減らしたあと、突撃して征服を完全なものにした。*62 これが単なる特異な偶発事ではなくて、ある種の熟慮された方針が生んだ結果だったことは、コンウェイの戦（一二九五年一月二二日）ではっきりした。この戦ではイングランド軍はウェールズ軍を攻めたてて、外周に槍を立て並べてその中にこもる隊形──全くの防御隊形──をとらざるをえなくさせた。イングランドの弓兵（たぶんこのころでもまだ弩と長弓の混合だったろう）*63 にウェールズ兵めがけて弓を射る許可が与えられ、彼らが隊列を弱体化させたあと重騎兵が敵本体に突撃したのである。*64

弩兵と長弓兵が混ざっていたことは、この用兵術がまだ実験段階にあったことを示唆する。飛び道具部隊の一般的価値については意見が一致していたものの、それをどのように構成するのがいちばんよいかについてはまだほとんど意識されていなかったようである。けれども数年後、イングランド王国がスコットランドへ注意を向けたころには、弓兵戦術は完全に長弓に依存するようになっていたらしい。高齢のエドワード一世自身がイングランド侵略軍の指揮をとったフォルカークの戦（一二九八年七月二二日）では、スコットランド軍は防衛戦で対応した。[*65] 手はじめに試みたイングランド兵の突撃は、不利な地形のために身動きがとれなくなったが、二度目の突撃ではスコットランドの弓兵と騎兵を追い払った。スコットランドの歩兵が自分たちの大きなスキルトローム（schiltrom「槍の壁」）の中で持ちこたえていると、エドワード一世は自軍の弓兵に、三度目の突撃準備が完了する前にスコットランド軍の横列に矢を射こむよう命令した。スコットランドの側にはすさまじい死傷者が生じた。スコットランド軍の指揮官ウィリアム・ウォーレスは辛うじて逃れたが、無傷だったのは全軍のうちの三分の一にすぎなかったらしい。[*66]

教訓は明白だった。弓兵と重騎兵が協調して行動すれば、歩兵の緊密な防御隊形、ふつうなら重騎兵に攻撃されても持ちこたえるようなものでさえ、破ることができるのである。スコットランド人がスキルトロームと呼んでいたものは多くの資料の中にさまざまな名で言及されているが、いつも同じ一般的な目的、つまり馬が突入できないような互いに補強する槍の森を作りだすという狙いをもっている。そういう隊形の主要な弱みは、言うまでもなく、機動性がひどく限られていることであり、まさにこのせいで矢の攻撃による損耗をこうむりがちだったのである。長弓は素早く射ることができるし短距離では貫通力が強大なので、この戦術上の課題にたいへんよく適しており、エドワード一世のような賢い野戦指揮官がそれを理解していたことはまちがいない。

他方で、弓兵そのものも敵を壊滅させるような連射を行なうためには、ほぼ一定の位置を占めていなければならず、そのため騎兵による反撃にさらされることになった。

この弱点がイングランド人に、バノックバーンの戦（一三一四年六月二四日。地図1を参照）で大きな犠牲を払わせることになった。[*67] ウォーレスのあとをついだスコットランドの指揮官ロバート・ザ・ブルース［ロバート一世］は、エドワード二世に、地形がイングランド軍の長所を帳消しにしてしまうような場所で戦端を開くように誘いをかけた。注目すべきことにザ・ブルースは、自軍のスキルトロームに進軍を命じ、イングランド軍を攻撃させた。スコットランドの副官の一人、モレー伯トマス・ランドルフは、主要な戦の前日に行なわれた予備的な交戦で、スコットランドの槍兵を集中させたスキルトローム隊形を、スコットランド軍の陣地を側面攻撃しようとしていたイングランド騎兵の一軍に対する攻勢的作戦に用いて成功していた。この斬新な戦術の成功には、スコットランド兵の士気と訓練が大きく貢献した。なぜなら彼らは予め選んで準備しておいた陣地から戦うのでなくて、開けた戦場で、相互にいつも助け合うことが決定的に重要な場所で戦ったからである。彼らの思いがけない勝利はスコットランド軍の抵抗を強固にし、戦闘全体にとってきわめて重要なものとなった。スキルトロームを動かす戦術は、あくる日ザ・ブルースがイングランド軍をせまい前線での交戦へ引きずりこんだとき、真価を発揮した。しかも実際には騎兵の突撃を待って受けるのではなく、用意の整っていなかったイングランド兵に積極的攻撃をしかけたのだった。

エドワード二世は、密集して押しよせるスコットランド兵の横列に対して、自軍の弓兵ではなく重騎兵によって反撃に出た。騎兵が失敗し、死傷者がふえつつあったときになってはじめてイングランド軍は弓兵を使うことにした。今度はスコットランド側の用意ができていた。イングランドの弓兵がスキルトロームを攻撃しはじめると、すぐさまスコットランドの予備の騎兵の一小隊が彼らに向かって突撃した。スコットランド兵の急襲がイングランド弓兵を打ち破り、後者は命からがら自軍の隊列へ逃げ帰ったことからすると、イングランド軍は自軍の弓兵が攻撃されたらどうやって守るかについて、何の計画も持ち合わせていなかったらしい。バノックバーンでのエドワードの手ひどい失敗は、歩兵、騎兵、弓兵を連携させることができなかったことである。弓兵が敗走したあとは、戦闘はまたもやスキルトロームの縁(ふち)で重騎兵と槍兵がしのぎを削る形になった。騎士は自分たちだけでは密集したスコットランド槍兵を突破することはできなかった。そしてエドワード二世が逃げると、それはイングランド兵が全面的に退却し、ついで潰走となる合図になった。

スコットランド戦争の戦術的教訓は、当時の人々にとってかなり吸収しにくいものだったということが明らかになった。エドワード二世の二回目のスコットランド出兵（一三二二年）は、一回目の出兵よりさらに失敗が大きかったのである。それは一つには彼が、地方の州から人員を徴募して主として槍兵から成る一部隊を編制し、出兵に参加する弓兵の数を極力減らすよう主張したからである。[*68] スコットランド軍は戦場でイングランド軍を悩ませただけでなく、バノックバーンの戦以降多年にわたってまんまとイングランド北部の諸州に侵入し略奪をしていた。これは海上の「私掠(ゲール・ド・クロス)」の陸上版ともいうべきものだが、その中で独自のタイプの兵士が生みだされた。それは軽騎兵つまり馬に乗った歩兵で、ホベラー（hobelar）またはホビラー（hobilar）と呼ばれた（軽騎兵が乗る軽量馬ホベリン〔hobelin〕に由来する）。軽騎兵は侵入者として、強力な敵軍と戦うことなく地方の市民からできるかぎり多くのものを強奪することを期待された。彼らはたいへんなスピードで移動したので、追いつくことはほとんど不可能だった。

以前の長弓の場合と同じく、イングランド人はほかの手段をもってしては対抗できないときは、進んで敵のまねをした。一三二七年のエドワード三世の第一回スコットランド出兵（いわゆるウェアデール出兵）では、イングランド兵の約半分は依然として徒歩で移動したが、軽騎兵が隊列の中に数多く加わっていた。これは改善ではあったが十分ではなかった。スコットランド兵は卓越した機動力によって、一三二七年七月四日にスタンホープ・パークにあるイングランドのキャンプを襲撃し、エドワードは恥と無念の中でただ泣くしかなかった。[*69] 軽騎兵はその後数世代にわたってイングランド陸軍の一部になっていたが、それより重要なことに、軽騎兵部隊を扱った経験は若いエドワードに、機動性の大切さ、特に馬に乗った弓兵の重要性を強く印象づけたらしい。騎馬弓兵はすべての部隊の中で最も重要なものの一つになり、一三三四年以後ずっとイングランド軍の基本的な構成要素だった。[*70] 一三三三〜三四年の冬の出兵と、そのあとの夏のロクスバーグの出兵はこの移行の証拠を提供する。その冬の「出兵」（じつは一連の仕返しの襲撃）のためにエドワードは八三八名の重騎兵と七七一名の騎馬弓兵を集めた。ロクスバーグ攻撃では、騎馬弓兵は参加した弓兵総数のほぼ半分、六七一六名中三二二三名を占めた。[*71] そのわずかあとで、エドワードはチェシャーの騎馬弓兵を王の護衛隊として雇い、特別な給与の支払いと独自の緑と白の制服を認可した。さらに後になると、百年戦争では事実上イングランド陸軍のすべてが主として騎馬弓兵で構成され、これにごく少数の重騎兵が加わることになる。

中世後期の「統合」戦術の最後の重要要素は、下馬した重騎兵を防御隊形で使ったことだった。これ自体は革新的なものではなかったが、そういう下馬した重騎兵は弓兵と協力させると、戦闘でまず敗北を喫することのない働きをすることができた。このことを裏づける最初の証拠は、一三三二年八月九日、ダプリン・ムーア（あるいはミューア）の戦から得られる。イングランド人と密なつながりがあったため領地を奪われたスコットランド貴族たちが、スコットランド国内でエドワード三世の手先となって働いた。「相続権を奪われた人々」The Disinherited と呼ばれた彼らは、ほとんどイングランド人だけで構成されイングランド流儀の戦い方になれた一つの軍隊をもっていた。けれども彼らの兵力は相手のスコットランド抵抗部隊に比べてひどく小さく、たぶん五〇〇名の重騎兵と主として弓兵からなる約二〇〇〇名の歩兵しかいなかった。[*72]「相続権を奪われた人々」が戦闘でスコットランド兵と会戦したとき、スコットランド兵ははじめバノックバーンのときと同じように攻撃的なスキルトロームの隊形で前進した。「相続権を奪われた人々」の側の重騎兵は約四〇名を除いてみな馬から下り、前進するスコットランド兵から見て少し高くなったところに堅固な集団を作った。イングランドの弓兵は展開し、下方に向かって湾曲した二本のごく薄いまばらな横隊となってわずかに前進した。そんなわけで防御隊形は三日月のような形をとったが、これが大きな意味をもつことになった。

散開した弓兵を無視したことは明らかで、スコットランド軍の本隊は侵入軍の中心部に襲いかかった。やっとのことだったが、侵入軍は最初の突撃に耐えることができた。坂を上って進みつつあったスコットランド軍は、側面に回ったイングランド弓兵が自軍の隊列に矢を雨あられと射はじめると、足踏み状態になってしまった。この時点でスコットランドの指揮官マー伯ドナルドは、すでに兵士でびっしりになっていたのが攻撃を受けて縮まり、身動きもできない全くの人間の塊になっていたところへ、さらに人員を増強した。このような状態では、圧死（窒息）が深刻な脅威になりはじめる。人間の塊は無秩序で、統率者もなく、混乱し、後ろから前へ押し、両側から内側へ押し、前面では立ち往生する。当時の年代記の一つでさえこの危険を認識していた。その筆者が簡潔に述べているように、「剣で倒れるよりも押しつぶされて倒れることのほうが多かった[*73]」。

スコットランドの十九世紀の王室歴史家J・H・バートンにとっては、ダプリン・ムーアの戦は永遠の謎だった。「この出来事は戦争のミステリーの一つだ」と彼は言った[*74]。しかし「相続権を奪われた人々」に勝利をもたらしたからくりは単純そのものだった――あまりに単純だったので、百年戦争全体を通じて多くの戦場でくり返されることになった。これらの衝突を想像する際、前線がひどく大きくはなく、数でまさっている軍が後に「柱状隊形」と呼ばれるようになる隊形で攻撃したと仮定するなら、ある瞬間に実際に相接して交戦している人々の数は、全体の数のほんの一部にすぎないことを思い起こさなければならない。前進しようとあがいている人々の前線の背後では、単なる集団は突撃の衝撃を強めるにはほとんど役立たなかったが、集団は防備を固めるには役立った。一つの横列の背後に一〇もの横列が並んでいるような状態では、向きを変えて逃げることは難しかったからである。これに反して、攻撃側では、後方の横列は主として前線で倒れた人員の補充を提供するために存在した。だからダプリン・ムーアでも、またもっと後の戦でも、より大きい攻撃側の数の優位は、「小さい」前線に攻撃を集中せざるをえないときは、減じてしまったのだった。

だから白兵戦がおこる前線の長さを縮めることが弓兵の第一の役割であり、弓兵を前方と両側に展開させた隊形はそれを達成するための手段だった。弓兵の矢による攻撃は、襲撃する側の側面に沿って、現代の軍事用語では「殺傷地帯（キリング・ゾーン）」と呼ばれる地域を生みだした。これはある兵器が最も効果的に働く地域である。近代以前の兵器では、そういう地帯は概して幅が相当細く、一列か二列の縦深であり、剣がとどく範囲、あるいは矢が貫通できる範囲にとどまっていた。とはいえ、弓兵の横隊が前方へ曲がっていることは、その分だけ、攻撃軍の側面が弓兵による有効射の範囲内に入ることを意味した。比較的軽装甲の鎧を着けている人々の側面に沿って矢を雨あられと射こむならば、どの矢も何らかの標的に当たるだろう。もちろんはじめのうちは、弓兵はちょっと煩い存在ぐらいにしかみえなかったにちがいない。攻撃軍の主目標は中心部を破ることにあったからだ。けれども矢によって負傷したり殺されたりして犠牲者が出はじめると、側面での減損が増し、生き残った人々は本能的に死と負傷の源から離れようとしはじめた。いくつかの年代記は、死んだ人と死にかけている人々は戦場に、槍一本分の高さほどの丘をいくつか作ったと主張している。*75 これは全く文字どおりに受けとるなら年代記作者の誇張であることはほとんどまちがいないが、一方で実際におこったことに対して生き残った人が抱いた心的イメージの一部を表現しているのかもしれない。

パニックが高まると、攻撃軍は、混乱して動きまわっている集団の内側、すでに圧縮されていた中心部へと密集していった。その結果はまさに防御側の思うつぼだった。攻撃側は弓兵を攻撃したり側面に回りこもうとしたりはせずに、ますます中心に集まり、混乱を増していった。こうして人間の集団が自身をますます中のほうへ密に圧縮していくにつれて、攻撃側は着実に完全な麻痺状態に落ちこんでいった。防御側の中心部が持ちこたえることができたと仮定すれば、攻撃側はもう反撃する力もなく矢の猛射のただなかで身動きもできなくなった。防御側の抵抗がつづくと、攻撃側の生き残った人々は勇気をなくし、うしろのほうから散りぢりになりはじめた。彼らは仲間がはっきりした目的もなしに死んでいくのを見ており、殺傷地帯にとどまって自分が殺される番を待たねばならない理由はないと思った。退却の波が集団全体を通りぬけるにつれて、それは前線への圧力を減少させ、戦闘の最終相、遁走と追跡へ移行する合図の役をした。

ダプリン・ムーアでの戦術は、一三三三年七月一九日にハリドン・ヒルでもっと大規模に実行された。イングランド軍は、スコットランド軍にとってどうあっても失うことのできない都市、ツイード川の河口を守っているバーウィックを包囲攻撃していた。イングランド軍は釣合錘式投石機を有効に使ってこの市に大きなダメージを与えたので、市民は守備隊に迫って休戦を乞わせた。そのあとはイングランド軍は、必ず現われるはずのスコットランドの救援軍を待つだけであり、だからスコットランド軍はイングランド軍がすっかり準備を整えた陣地に向かって攻撃するほかなかった。[*76] ダグラスは準備された陣地で待ち構えるイングランド部隊に対し、上り坂を進んで攻撃しなければならなかった。現存する資料からは、イングランド軍がどんな隊形をとっていたのかははっきりしないけれども、エドワード三世が自軍——その大きさ自体もまるで明らかではないが——を、伝統に従って三部隊（バトル）に分けたことは確かである。彼は重騎兵を下馬させ、たぶん正規の歩兵とともに横隊に陣をとらせた。そこでは三つの部隊のそれぞれのわきに、弓兵が翼（ウィング）つまり突出部を形成していたらしい。弓兵を、主力横隊からわずか前方へ翼状に突きだした隊列の中に配置することは、後にはだれでもやるようになった。三つの部隊が単一の横隊に配置されたときには、翼状に突きだしたそれぞれの弓兵の線が出会って、中空の楔形を形作る。エドワード三世がハリドン・ヒルで自軍を実際にそのとおり配置したかどうかはっきりとしたことはわからないが、似たような配置をとったことは確かである。[*77]

この大きな隊形は、それ自体は斬新なものだったけれども、ダプリン・ムーアの戦で使われたもっと小さい隊形を意識的にまねたものらしく、「相続権を奪われた人々」の首領ヘンリー・ボーモントがハリドン・ヒルに居合わせたので、この人の献策もいくらか物をいったのではないかと思われる。スコットランド軍が攻撃すると、矢が彼らに向かって「日光にただよう細かいほこりのように密に」飛んできた。[*78] スコットランド軍は弓兵からこのような猛射を受けて立ち往生し、側面で死傷者が続出したため攻撃隊形が崩れはじめた。自軍の攻撃が弱まると、スコットランドの三部隊は中心に集まって一つのはっきりした塊になりはじめた。たぶんダプリン・ムーアであれほど多くのスコットランド兵の命を奪った窒息させる圧力を再現しようとねらったイングランドの戦術が効果を奏したのだろう。ところが今度はスコットランド兵はただ隊形を崩し、膨大な死傷者を出して散りぢりになっただけだった。

ハリドン・ヒルとダプリン・ムーアでのスコットランド軍の敗北は、イングランド対スコットランドの血にまみれた歴史の一章にとどまらなかった。それはまた、イングランドの戦術の発展の中で、一連の革新が一つの首尾一貫した戦場での行動様式になった時点でもあった。ダプリン・ムーアの戦が例証し、ハリドン・ヒルの戦が確証したのは、イングランドの野戦「システム」の主要な輪郭であって、これをエドワード三世は欲すればどこでもくり返すことができたのである。そんなわけでそれらは、後の百年戦争でイングランドがフランスに対して用いてあれほど成功をおさめることになる軍事技術が実際にはじまったことを示している。[*79] もちろん長弓の使用はイングランドの勝利にとって決定的に重要だったが、弓がどんなふうに使われたかについては誤解が多い。弓兵は自分たちだけで戦に勝ったのではない。彼らの主な役目は下馬した重騎兵といっしょにして考えなければ理解できない。弓兵は攻撃軍の隊形を崩し、彼らがイングランドの防衛力の強い場所に集中するように追い立てた。重騎兵は重歩兵のように行動し、攻撃してくる縦隊を足止めして、弓兵が側方から射る矢の射程内にとどめた。すると今度は弓兵が、重傷を負わせて戦闘力を失わせる、押しつぶされて圧死するような状況に追いやる、さらにまた矢で本当に殺すことによって、攻撃側の損害をふやし、ついに攻撃を失敗させた。イングランドの戦術「システム」は各種の兵科の戦闘力を最大にし、それが生みだした死をもたらす協同作業においては、実際、個々の合計よりもはるかに大きなものが得られたのだった。

百年戦争

百年戦争[☆3]の中のきわめて有名な戦闘はみな、イングランド軍がすでに確立していた戦術モデルに合致する。クレシー（一三四六年八月二六日）、ポワチエ（一三五六年九月一九日）、アジャンクール（一四一五年一〇月二五日）の戦は、イングランド軍が守勢を保持して、その横列に下馬した重騎兵を配置し、両翼にはどんな攻撃にも縦射を浴びせることができるよう弓兵を並べた例だった。[*80] 国家主義的な歴史記述は当然にもこれらのイングランドの勝利を称えてきたし、一般の人たちはそれらをひとえに長弓のおかげだととらえているが、百年戦争の戦術上の位置はもっと深い考察を加える価値がある。

戦術革新者としてのエドワード三世の名声は、戦端が開かれる前からもう確立されていたことは明らかである。早くも一三三九年一〇月二二日、フィリップ六世〔フランス王〕とその同盟国の軍隊にラ・フラマンジュリーで脅かされたとき、エドワードはハリドン・ヒルのときの隊形を採用している。[*81] ここで両軍は完全な戦闘態勢で数時間、戦を交えることなく互いににらみ合ったという事実は、フランス軍は同盟国のスコットランド軍がかつてあれほど潰滅的な敗北を喫したのと同じような状況のもとで戦をしかけるのには当然ながら慎重になっていたことを示唆する。他方でまたこの膠着状態は、この時期における長弓戦術の一面性といったものを示唆している。イングランド軍の主な利点は弓兵が防御位置で効果的に矢を射かけることであり、この利点を放棄して攻撃に回ることはまだできなかったのだ。結局両軍は何もせずに退いた。
長弓の発射速度がどれほど重要かは、次の二つの戦——それほど有名ではないが——で明らかになった。まず、モルレーの戦（一三四二年九月三〇日）でイングランドの指揮官ノザンプトンは、またもや重騎兵を馬から下ろし、その両翼に弓兵を配置する策略を採用した。弓兵の攻撃はブルターニュの攻撃軍をひどく苦しめたが、明らかに攻撃軍のほうがイングランド防御軍より数ではるかにまさっていたので、イングランド兵が側面を迂回され包囲されるのを弓兵たちは防ぐことができなかった。この時点でブルターニュの指揮官シャルル・ド・ブロワは、自軍の弓兵に命じて窮地におちいったイングランド兵に縦射を浴びせ、イングランド兵が弱り果てるまでは騎兵を使わず残しておけばよかったのだろう。ところが彼には弩兵しかなく、だからイングランド側の発射速度に匹敵できる弓兵部隊は手もとになかった。それがわかったので、シャルルは自分の兵力がこれ以上減らされるよりも、むしろただ戦場から退くほうを選んだのだった。*[82] もう一つ、一三四六年六月九日、シャルルがサー・トマス・ダグワース指揮下のイングランド軍とモルレー近くのサン・ポル・ド・レオンで会戦したとき、イングランド軍はまたもや数でまさるブルターニュ軍に包囲されたが、このときもイングランド軍は矢を十分密に射つづけることができ、そのためおしまいにブルターニュ軍は戦場から逃げ去った。*[83]
フランス軍はいくつかの方法によって、防御姿勢にあるときのイングランド軍の強さに対抗しようと試みた。たとえばクレシーの戦では、彼らははじめてジェノヴァ人傭兵の弩兵を戦に投入した。ジェノヴァ兵の数は約六〇〇〇と言われ（イングランドの弓兵と同程度の数）、もしも弩がほかの弓より遠くまで届くことを利用したなら、戦術的目標を達成できたかもしれない。ところがフランス兵の隊列が混乱したため弩兵はあまりにもイングランド兵の近くまで、たぶん二〇〇メートル以内まで前進してしまい、イングランド兵は突然矢の雨を浴びせてそれに応えた。ジェノヴァ兵はよろめき、退却しはじめた。たぶん自分の武器をもっとよく使えるような有利な地点をさがしたのだろう。この時点でしびれを切らしたフランス騎士が退却するジェノヴァ兵の間をぬって急速度で前進しはじめたが、結局これがイングランド側が持ちこたえた何回もの突撃の最初であった。*84

戦術の点からみると、クレシーの戦は、確保されている陣地への正面からの襲撃は、たとえ攻撃側が膨大な犠牲に耐える意志があろうと、互いに支援する複数の兵科というイングランドのシステムが防御側に授ける利点にはどうしても勝てないことを証明した。もちろんこのことは、イングランドの防御上の利点が絶対的なものだったことを意味すると受けとってはならない。たとえば、一三六七年三月にアリネスで、サー・トマス・フェントン率いる約四〇〇名のイングランド人の分遣隊がトラスタマラのヘンリーに仕えるスペインとフランスの騎士によって全滅させられている。*85とはいえ大規模な会戦では、イングランド人は難攻不落ともいうべき方法を完成したと思われたにちがいない。フランスの重騎兵はスコットランドの歩兵と同様このイングランドの方法には歯が立たなかったようにみえるが、それは馬が人間よりさらによい標的だったからである。騎兵の攻撃に対する防御としては、弓兵はたぶん馬を無力にしようと狙ったときいちばん成果が上がったろう。ジェフリー・ル・ベーカーは、ポワチエの戦でイングランドの弓兵は「馬の後軀を射ろ」と命令されたと言っているが、[*86] これは馬を守るために考案された装甲の仕方の弱点につけ入ることを狙った戦術だった。攻撃してくる騎士から乗馬を奪うことによって、イングランド兵は優劣の差を大幅に縮めた。というのは、馬から下りた騎士はなおも果敢に戦うことができたとはいえ、その攻撃は本質的に歩兵の攻撃と変わらなかったからである。騎士を側面から攻撃するというイングランドの戦術が、重騎兵が馬から下りて攻撃するのが通例だったスコットランド戦争での経験から全く自然に発展したことは、容易に理解される。

クレシーでの手痛い教訓を吸収しようと努めるなかで、フランス人はますますイングランドの弓兵が示す脅威に関心を集中するようになった。一三五一年サン・ジョルジュ・ラ・ヴァラードで、フランス軍ははじめて下馬した重騎兵を襲撃部隊として使ってイングランド軍を攻撃しようとした。[*87] モーロンの戦（一三五二年八月一四日）ではフランス側は、馬から下りた重騎兵をふつうの騎兵が支援する連合攻撃を試みた。[*88] このときはじめてフランス軍はイングランド弓兵の一部隊を蹴散らすことができ、馬から下りた重騎兵の一横隊を退却させることさえできたが、イングランド軍は二次的な防備陣地——森林地域を選ぶことが多い——を予め慎重に用意しておくのが常で、この場合もそうしていた。フランスの攻撃軍はイングランド弓兵の別の突出部からの矢の雨にさらされ、それがすぐに形勢を逆転させた。ポワチエの戦ではフランスの攻撃の重要部分は徒歩で行なわれることになっていて、重騎兵は馬を下り、自分の槍を短く切り縮めていたことはまちがいない。フランス王ジャン二世は、馬を下りて攻撃するよう決定したことに対しきびしい非難を浴びせられてきたが、彼には確かな理由があったのだ。つまり徒歩の兵士は密集した状況では騎兵よりはるかに容易に作戦行動をすることができるし、イングランド兵はすべて馬から下りていたから、同じ者同士が戦った場合は数でまさっている側が勝利をおさめるのは当然の成り行きだったろう。ジャンの計画が多数の死傷者が出るのを予想していたことは確かだが、それは成功の見込みのまるでないものでもなければ全くの無分別でもなかった。ジェフリー・ル・ベーカーは、フランスの作戦会議にサー・ウィリアム・ダグラスのようなスコットランドの騎士が出席していたことが、フランス人に影響を与えてスコットランド歩兵の戦術行動に似たものを試みさせることになったのかもしれないと示唆している。[*89]

イングランド軍自身も後に一三六七年のスペイン出兵のとき、ナヘラの戦で下馬攻撃を選んで成功している。[*90] フランスの決定への非難は、甲冑を全身に着けた人は徒歩ではたいして遠くまで行かないうちにへたばってしまうという誤った思いこみに基づいている。しかしこれは、中世後期の戦争についてよく言われている誤解の一つにすぎない。ジャン王の不運な決定はむしろ、十四世紀半ばの戦争で矢をまともに射かけられると人も馬も比較的傷つきやすかったということを語っているとするほうがよさそうだ。たぶん彼はフランス兵から、戦術上の長所ではあるがもっとも傷つきやすいものを取り除こうと試みていたのだろう。とはいえ彼は、攻撃側が混乱におちいって、やっと接近したとしてももうたいして突撃の効果もないといった状態になったらどうするかという、もっと深刻な問題を生みだした。しかしたとえそうだとしても、フランス攻撃軍は個人個人ではイングランド兵を大いに殺傷した。だからイングランド兵は備えをしておいた自軍の陣地の防衛に全力をあげるほかなく、これはフランス軍がこの戦闘全体を通じて巨大な予備軍を維持していたことを考えれば、戦術的に危険な事態だった。これらの予備軍が有効に使われていたなら、結果は大いに異なっていただろうことはまちがいない。

イングランドのやり方をフランスの戦争に適用することには、それ自体の特別な問題と危険がないではなかった。フランスの重騎兵はスコットランドの歩兵よりずっと重装備だったから、たぶん矢で傷つけられる恐れはずっと少なかったと考えなければならないことは確かである。実をいうと、確かなことはわからないのだが、実際に弓兵が甲冑を身にまとった者を直接射殺す数はそう多くはなかったろう。それでも、絶え間なく飛んでくる矢の雨が与える恐怖感はそれにもかかわらず非常に大きかったのである。ハリドン・ヒルで攻撃隊形をとっていたスコットランド兵と同じように、フランス兵はイングランドの弓兵の攻撃を受けてぎっちり密集せざるをえなくなり、またイングランド軍の隊形のどちらかの端を包囲するため横方向に動くこともできなくなった。もしも、いちばん密集した場所で戦っていた人々の死体をいくつか検視して直接の死因を明らかにすることができたなら、圧迫による窒息が主たる原因の一つに並んだかもしれない。弓兵は連射をさせられたが精いっぱい働いたことは確かなようである。「両翼にいた弓兵たちは……素早く、降雨より繁く射た」とチャンドス・ヘラルドは言う。[*91] ジェフリー・ル・ベーカーによれば、弓兵は手持ちの矢をあまりにも数多く射たため、「急いで半死半生の哀れな犠牲者から矢を抜き」とらねばならなかった。[*92] もっと後になると弓兵たちは攻めてくるフランス兵に側面攻撃して白兵戦を演じた。そのころには矢がほとんどなくなってしまったからしい。百年戦争の初期の段階に、弓兵は攻めてくる重装備の騎士隊を、倒しやすい烏合の衆に変えてしまえることがはっきりと証明された。フランスの攻撃軍は側面攻撃におびえて中心に集まり、たぶん互いが邪魔になって刃物を有効に使うことができず、攻撃に必要な物理的運動を展開し、心理的団結を発揮すべきまさにそのときに、お互いをよろめかせ、倒れさせさえしたのだった。

フランス側はポワチエの戦の戦術的教訓を無駄にはしなかった。教訓の中で主なものは、会戦を避けて攻城戦を重視することと、フランス領内でのイングランドの政策の弱点、つまりイングランド人が占領した領土をしっかり把握しておく力が限られていることに乗じてそこを急襲することだった。実際、百年戦争の中期、つまりブレティニーの和約（一三六〇年）からヘンリー五世による戦争行為の再開（一四一五年）までは、大まかにいってイングランドの保有地が徐々に侵食されていった時期——そしてフランス人が概して会戦を避けた時期——と特徴づけることができる。しかし十五世紀初めになると、古い世代の教訓は色あせていたようで、フランスはアジャンクールで、以前イングランド兵を負かしそこねたパターンにのっとりながら少しちがった作戦を試みたのだった。

アジャンクールの戦の準備をしている間にヘンリーは、捕らえたフランスの斥候を問いただして、フランス人はイングランドの戦術の中で弓兵の果たす役割をゼロにするためにまず弓兵を攻撃し、それによってヘンリーを負かそうと計画しているのを知った。このことはフランス人がイングランド軍にとって弓兵がどれほど重要かを本当に把握していたことを示唆する。[*93] ヘンリーのそれに対する対応は、弓兵はすべて両端をとがらせた杭を一本もって行き、それを自分の前の地面に突き立てよという有名な命令だった。彼の命令は、イングランド軍にいつでも欠けていたもの、つまり、騎兵の襲撃に耐えられる機動力のある槍部隊（ないしはそれに近いもの）を軍に与えようと試みたのだと理解すべきである。戦の日にこの間に合せ的な対策は決定的な効果を上げることになった。

フランス軍はイングランド軍が強力な防衛陣地を占拠するのを、手出しもせずほうっておいた。この陣地を攻撃できるルートはただ一つしかなかったが、イングランド軍はそれを横切って比較的せまい防衛線を設置した。これはフランスがアジャンクールで敗北した主な原因だった。なぜならこの配置はフランス人から、攻撃を完全に展開するためにもイングランドの陣地を側面攻撃するためにも必要なスペースを奪ってしまったからである。フランス軍は午前中の大部分を、イングランド軍を攻撃することなしにその場で待機した。フランス軍は若いイングランド王の軍勢がじりじりして攻撃に転じ、その主たる戦術的利点を失うようになるのを期待していたことは明らかである。これに対するヘンリーのしっぺ返しは、隊列を組んだまま自軍をゆっくり前進させて、両軍の間隔を、初め九〇〇メートルだったのを二〇〇メートル以下にしたことだった。この距離ならフランス軍の密集した隊列は矢の届く範囲内にあり、イングランド側の最初の斉射とともにフランス軍は攻撃を開始し、騎兵は弓兵めがけて突進した。

なぜフランス騎兵のイングランド弓兵に対する攻撃が失敗したのか、その理由ははっきりしない。[*94] 攻撃軍がぬかるみにはまって速く動くことができず、矢の「つるべ射ち」の中を進む間に手ひどい損害をこうむったことは確かである。イングランドの前線に近づくことができた重騎兵は、前述の杭にさえぎられ、馬の脚がのろくなると、弓兵にとって格好の標的になった。弓兵を全滅できないかぎり、フランスの攻撃は困難におちいらざるをえなかった。結局のところこれがこの戦の物語である。以前の多くの場合と同じように、フランス軍は負ける運命にあり、その過程ですさまじい損害をこうむる羽目になった。

槍兵——北海沿岸低地帯

戦術上、飛び道具に肩を並べられるものは、主として槍兵（パイクマン）からなる部隊の発展とともに生じた。その槍（パイク）は、投げ槍（スピア）を長くしたものにすぎないけれども、けっして投げることはなかった。槍はぎっしり密集した集団隊形で構えられ、そのため槍兵の防衛線を騎兵戦術で突破することはたいへん困難だった。槍戦術はよく古代の歩兵戦争のシステム、特にヘレニズム時代のファランクス〔楯や槍をもった重武装歩兵の密集方陣〕になぞらえられるが、実際槍のような武器は非常に古くから用いられた。しかし中世初期には槍戦術と認識できるものは概して存在しない。これは槍が存在しなかったからではないことは確かである。というのは、投げ槍をもつ兵士はたいていの中世の部隊で多数を占めていたからだ。槍戦術が見られないことは、むしろそのような単純な武器を使って戦うことになる人々を徴募し訓練することが難しかったことを反映している。槍兵というものは、全体の完全な形を維持するためには隊列の一部をも犠牲にする覚悟がなければならず、もしも彼らが失敗すればその結果全軍がバラバラになるのが通例だった。英雄的な剛勇の持主として名を後世に残すためではなく、名も知られず誉れもなく、ただ仲間たちのために自らを犠牲にする——ふつうの兵士にそんな意志を植えつけることが果たしてできたのだろうか？槍部隊の指揮官が直面した最大の障害は、部下の意識・心理をそのように準備させることだった。フェルブルッゲンがある架空の合戦（クルトレーの戦に驚くほど似ている）を叙情的に描いた次の文章は、まるごと引用する価値がある。

中世の重騎兵の突撃に雄々しく立ち向かうことはけっして子どもの遊びではなかった。なぜなら十三世紀の騎兵は徒歩の兵士から一〇〇メートル以内に、傷つけられることなく近づくことができ……そしてその間の距離を可能な限りの速さで駆けぬけることができたからである。鉄を着こんだ騎兵は密集隊形をつくり、わき腹を接する彼らの馬は互いの信頼度を増し、勇気の劣るものを容赦なくわきへ押しだした……重い馬と甲冑を着た乗り手はすごい力で突進したので、その衝撃は槍の木の柄をやすやすと折ることができた。一〇人の騎兵は力学的には一〇〇人の歩兵に匹敵し、ギャロップで駆ける騎兵一人は防御する歩兵一〇人に等しい力を発揮したと計算されている。この理論的計算があてはまるのは、騎士が突撃を完遂して最後のすさまじい衝突を引きおこしたときだけである。歩兵の横列が少しでもゆらいだなら、騎兵はまともに槍に向かって突っこむかわりに、槍と槍との間の隙間に馬を乗り入れることができた。

敵の騎士は相手を恐れさせるとともに自分自身の勇気をふるい立たせるために、鬨の声をがなり立てた。おしまいには歩兵が自分の陣地を捨て、パニック状態になって飛んで逃げることを期待したのだった。馬は当然、歩兵の列の中へ飛びこんで彼らを蹴倒すなどちっとも望んでいなかった。しかし騎兵は義務感から、勇気から、個人または集団の名誉という高尚な観念から、あるいは単にほかの人がそうしているから自分も勇敢な人間として振る舞わねばならないということから、自分の軍馬を駆り立てて突撃させた。すさまじい衝突がおこり、重武装した隊列が歩兵の壁にぶつかったときの喧噪は地獄のようだった。

人々は仲間が、敵の軍馬に踏みつけられ、あるいは騎士の槍に突かれて倒れるのを見た。あるものは死んで倒れ、あるものは重軽傷を負い、彼らの血は戦場の草を染めた。重い武器と戦うのは極度に疲れることだった。……だれもかれもがすさまじい試練を通過させられたのだった。[*95]

槍兵は恐ろしい騎兵の突撃に直面させられてもひるんではならなかった。なぜなら戦線の強度(したがってまた個々の兵士の安全)は隊列の結びつきの強さにかかっていたからである。槍を使う部隊は、(たぶん何らかの訓練の結果だろうが)隊形を保って速く移動することができなければならず、また整然として戦闘配置につくことができねばならなかった。十四世紀の槍隊の指揮官が、攻撃を受けたとき――たとえば騎兵隊から側面攻撃を受けたとき――に部下に隊形を変えることを求めたという証拠はほとんどない。指揮官たちはそのかわりに、どんな方角からの攻撃にも耐えると思われた固定した正方形または円形の隊形をとるほうを選んだ。槍隊の最大の限界は、戦い方が防御を過度に重んじることにあった。槍兵部隊は攻撃することも可能だったし、特に突撃が失敗して疲れ切った騎兵に対して戦うことができたが、彼らは敵に対抗する横隊を組んで自陣から出撃するようなことはしたがらなかったし、それを行なうには個人の手練と部隊の訓練がきわめて多く必要だったから、多くの指揮官は防御の隊形を棄てることは用心しすぎるほど用心したほうが賢明だということをさとった。

槍戦術は、国籍でなく階級が紛争のもとになっている地域、特に北海沿岸低地帯とスイス[☆4]で最もはっきりした形をとって現われた。一三〇二年七月一一日のクルトレー（コルトリーク）の戦は十四世紀の最も早い例を提供する（地図2を参照[*96]）。フィリップ美王〔四世〕率いるフランス軍は、ブリュージュ市が中心となって引きおこしたフランドル伯に対する〔フランドル人の〕反乱を鎮圧しようとした。[☆5] ユーリヒのウィレムとノミュールのギュイが率いるフランドル軍がクルトレーの要塞に駐留するフランスの部隊を包囲攻撃していたとき、アルトワのロベール率いるフランスの援軍が駐留部隊を救おうとやってきた。フランス軍のほうが数では劣勢で、フランドル軍約八〇〇〇〜一万に対して約二五〇〇名しかいなかったが、戦術的にすぐれているというフランス軍の名声と、フランス軍が重騎兵をたよりにしていることから、数の差にもかかわらず優劣はほぼ互角とみられた。フランドル軍は地形を利用して要塞の前に陣をとったが、その前にはいくつかの小さい川が横切っていた。沼地は概して騎兵の行動に適さなかったから、フランドル軍はフランス軍が川を渡ったあと隊列を整えて突撃の準備をするのがうまくいかないような位置を選んだのだった。またフランドル軍は戦闘の前日に運河工事をして川に余分の水を送りこみ、戦場がいっそうぬかるむようにしたらしい。

フランスの歩兵隊が先に攻撃し、フランドル軍の陣地を襲ったが成果はほとんどなかった。いくつかの混乱した戦闘の物語を読むと、フランスの騎兵はそれと無関係に攻撃を開始し、その突撃がたちまち彼らを危険におとしいれたようにみえる。騎兵はその場所の状態から制約を受け、急襲戦術に威力を与えるスピードを十分展開できないまま、フランドル軍の武器つまり槍、フレイル〔殻竿状の武器〕、ゲーデンダーク〔農民の棍棒〕に面と向かった。フランドルの動かない防御陣は大部分が持ちこたえ、フランス軍はフランドル軍の隊形を乱すことができず、ひどい損害をこうむりはじめた。フランス軍が中心へ向かって後退しつつあるようにみえたとき、フランドル兵は自軍の横隊を崩して後退するフランス兵に攻めかかった。これはほとんど致命的な誤りだった。というのは、フランスの援兵が反撃したとき、持ち場を離れたフランドル部隊はそれを押しとどめることができなかったからである。パニックのためフランドル防衛軍の隊列がまばらになりはじめたが、素早い援軍がやっとのことでこの事態を救った。川とフランドル軍の横隊との間のスペースが殺傷地帯となり、ここで侵入軍の中の主だったフランス騎士の大半が死んだ。戦闘は正午ごろから午後三時ちょうどまでしかつづかなかったが、西欧の基準からみれば例外的なほど多くの血が流された。少なくとも一〇〇〇名のフランス騎士が命を失った。フランドル側の損害はずっと少なかったらしい。戦闘がつづく間は略奪は許されなかった。これは隊列の完全さを保つために必要なことだった。しかし殺戮が完了したあとでは勝ちほこったフランドル兵は戦死者から金の拍車を約五〇〇個もぎとった。これはフランス騎士道の華が本当に北海沿岸低地帯の市民や農民の手に落ちたことを示している。当時の人々はほかの何よりも戦闘のこの側面に強い印象を受け、「金の拍車の戦」（de Guldensporeulag）[*97]は今もフランドルの愛国的民話の中に、平民が圧制と戦って勝利したシンボルとして残っている。だがもっと冷静に検討すれば、クルトレーでの流血の勝利は、たいていの戦闘方式で死者数はたぶんこれよりは少なかっただろうこと、十四世紀に出現しつつあった新しいスタイルの戦争の致死率は当惑させられるほどすさまじいものだったことを示唆している。その理由ははっきりしている。歩兵の戦闘では、騎兵の戦ほどには身の代金目当ての生け捕りがおこりにくいのだ。

クルトレーの戦は、槍戦術に特有の可能性、つまり槍は防御に使えばどんなに恐るべきものになりうるか、しかし攻撃で使うとどれほど困難なことがおこりうるか、その両方を実証した。これらの教訓はモン・ザン・ペヴェールの戦（一三〇四年八月一八日）によってさらに強められることになった。[*98]このときのフランドル軍の陣地は一〇〇〇メートルかそれ以上にもなる長い前線だったが、どちらの翼にも確実な防護がなかった。フランドル軍の背後は三列にぎっしり並べられた車両によって守られていた。各車両は隣と鎖でつながれ、それぞれ車輪を一つ外して動けなくしてあった。この戦車の砦を通りぬけるせまい通路がいくつかあいているだけで、それを守るのは容易だった。フランドル軍の前線には一万二五〇〇～一万五〇〇〇の兵士が配置されていたが、すべて歩兵で、弩兵がふつうに使うような大きな楯（paveses）で身を守った。フランドル軍の主戦術は、クルトレーでの成功の再現を期待して、フランス軍を誘発し強固に守られた陣地に総攻撃をしかけさせることだった。けれどもフランス軍はフランドルの陣地が強力なのを知ると、弩兵の散開線で敵を悩ませるだけで満足した。フランス軍はフランドルの備品置場への側面攻撃や、見せかけだけの主力部隊への正面攻撃を含め、一連の戦術行動を試みた。しかしどう手をつくしても、フランドル部隊を陣地から引っぱりだすことはできなかった。

そのあと中世の戦争ではめったにおこらない出来事の一つがおこった。午後いっぱいぎらぎらする太陽の下で、両軍が完全な戦闘隊列を保ったまま、全くの小ぜり合いしかしなかったのである。休戦の噂さえ流れた。夏の暑さは損失をもたらした。どちらの側でも人々は日射病のため衰弱した。日没が近づくと、フランドル軍は自分たちの防御専門の戦術姿勢に特有の矛盾に直面した。彼らは際限なしにその場にとどまっているわけにいかなかった。備品置場が襲撃されたため、もはや後退できる基地はなかった。フランス軍がどうしても攻撃してこないから、彼らがフランス軍を攻撃しなければならなかったのだ。フランス兵がたるんでしまっており、フランス側の最も重要な指導者たちの多く（フィリップ王自身も含めて）は暑さを逃れるため自分のテントへ引っこんでいるのを知って、フランドル軍は協調を保ちながら全軍を前進させることにきめた。一般的にいってこれは歩兵部隊にとっては、動かず防御態勢にあるよりも実行が難しい作戦行動である。なぜなら兵士の集団は敵の抵抗を受けつつ前進する間、隊形を一貫して整然と保たなければならないからである。フランドル軍はこの勇敢な努力をたいへんよくやってのけた。彼らはほとんど勝ちをおさめかけた。けれどもおしまいに致命傷になったのは、彼らが長い前線を効果的に統制できなくなったことだった。極度の混乱と大量の人命喪失で特徴づけられる、戦闘の最終相のさなかで、フィリップ美王は自分が戦場を支配しているのを見出した。形式的には――それ以外ほとんど何もないとしても――彼は勝者だった。結果はあいまいだったとはいえ、モン・ザン・ペヴェールの戦は初期の歩兵部隊の能力がどれほど限られていたかを明らかにする。もしも攻撃側が、よく準備され強力に防護された陣地を早まって攻撃するのを避けることができたなら、防御する歩兵はおしまいには安全な陣地を離れて自分から攻撃を開始するほかないだろう。

そのように防御ばかりに偏った戦術の苦い教訓は、カッセルの戦（一三二八年八月二三日）でくり返された。[*99] フランドル軍は襲撃が困難な丘の頂上に防御陣を設けた。まるで彼らが、モン・ザン・ペヴェールで自分たちに降りかかった災難をくり返すまいと決意し、そのかわりに、地形が許すかぎりクルトレーでの成功の土台になった条件を再現するように努めたかのようだった。フランス軍はそれに対応して、まわりの畑や村――その中にはまちがいなく反乱軍の家や財産だったものもあった――を組織的に破壊することに着手した。三日間略奪をつづけたが、用意された陣地からフランドル軍を引っぱりだすことはできなかった。そこでフランス兵はさらに接近し、陣地を取り囲み、補給を断った。八月二三日の朝早くフランス軍はフランドル軍を外へ引っぱりだすための連携作戦計画を実行に移しはじめた。散開している兵がフランドルの横隊にいかにも応戦したくなるような弱い攻撃をくり返す一方で、ほかの小部隊がわざと目につくような仕方で田舎をさらに荒らした。戦況は一日中膠着したままで、フランス軍は甲冑を着けたまま夏の暑さに打たれ、ますます疲れ弱っていった。

夕暮が近づいたころ、いら立ったフランドル軍は、フランスの指揮官の多くが夕食と気晴らしのため自分のテントへ引っこんだとき、これぞ好機とみた。彼らは音を立てずに、自分の前のフランス軍の部隊分けに対応するように部隊を分けて攻めかかった。彼らは不意をつかれたフランス軍の横隊をほとんど突破しかけたが、いくつかのフランスの重騎兵部隊が協力しながら一連の防御活動を行ない、フランドル軍の主力部隊をさえぎった。戦闘はすさまじく、死傷者もおびただしかった。フランス兵は徒歩で戦い、彼らの楯と槍はフランドル兵の集団を押し、しめつけた。これは後のポワチエでのフランスの戦術を先取りするものだった。おしまいに、フランス軍は一つの単純なトリックによって優位に立った。彼らはフランドル軍がやってきた方向に横列を二つに分けて、包囲された反乱軍がその間を通って戻っていけば、攻撃を開始する前に陣をとっていた安全な丘の頂上にたどりつくチャンスが得られるかのように見せかけた。一部のフランドル兵がバラバラになって逃げだすと、フランス兵は残った歩兵集団めがけて突っこみ、そこで四〇パーセントにものぼる損害を与えた。一方フランス兵はほんのわずかの犠牲、たぶん全部で二〇人以下ですんだらしい。

カッセルでのフランス軍の振舞いは、封建制軍隊も適切な指導があれば戦場で協調のとれた行動ができること、また自分の失敗から学ぶこともできたことを示している。フランス軍がフランドル軍を陣地から引っぱりだそうと努めたことは、二六年も昔のクルトレーでの大失敗の記憶がいまだに彼らにいかに行動すべきかを教える力をもっていたことを示している。彼らは、「農民の棍棒(ゲーデンダーク)」で武装した市民と農民が守る、強力でよく整った陣地をまともに攻撃しようとはしなかった。フランドル軍の行動もまた、防御だけに限られた戦闘方法につきものの戦術上の知恵と弱さの両方を示している。どれほど強い誘いをかけられたにせよ、防衛軍は積極的に攻撃に出たなら必ずや自分の戦術上の利点の大部分を失ってしまう。フランス側が一時弱ったように見えたため、フランドル側は、自分たちのディレンマを避けるためのチャンスを手に入れたと思ったが、そのチャンスはじつはにせものだったのだ。フランドル軍は防御から攻撃に移って負けた。フランスの覇権に対するフランドルの抵抗の終了を告げるカッセルの戦は、クルトレーの「金の拍車の戦」ほどには有名でないが、北海沿岸低地帯の都市の歩兵が開拓した戦闘スタイルの戦術的限界をはっきりと示すものだった。

槍兵――スイス

スイス人は十五世紀末――じつは彼らの歴史のなかではむしろもっと前からだが――には、槍戦の実行者として最も有名になっていた。十四世紀、スイス人がハプスブルク家から独立しようとして戦っていた間に、彼らは歩兵としてたいへんな名声を確立した。とはいえ彼らの成功の多くは、モルガルテンの戦（一三一五年。地図3を参照）のように、スイス・アルプスの凹凸の激しい地形を巧みに利用したおかげだった。一三〇〇年代を通じてスイス歩兵の主な武器は斧槍（ハルバード）、つまり戦斧（バトル・アックス）を大きくしてそれに長い柄をつけたものだった。[*100] 斧槍はごく近縁の長柄の矛（ビル）と同様、有効に使うには振り回すか弧を描くように動かさねばならず、これは槍が必要とするような密集隊形の維持ができないことを意味した。これが根本的に変わったのは、一四二二年アルベドの戦で、山地出身の農民兵がミラノの騎兵の手にかかってほとんど敗北しかけてからだった。当時の記録の一つは、スイス軍に槍がなかったせいで攻撃してくる騎兵を防ぐことができなかったと指摘している。[*101] アルベドの戦は槍の採用を含めスイス歩兵の全面的改革を促進した。スイスの槍隊は、弩（時には少数の手持ち銃さえ）を備えた散兵を含み、利用できる場合は騎兵部隊をも伴ったが、一四四三〜五〇年のチューリヒ戦争のころになると、スイスの武装軍隊は主として槍兵で構成されていた。

スイス兵の軍事的名声を確立した出来事は、スイス連邦がブルゴーニュ（フランス東部の公爵領）との戦争に巻きこまれたときおこった。グランソンの戦（一四七六年三月二日）でスイス兵の方陣は、ブルゴーニュ騎兵による急襲戦術、および弩兵、弓兵、さらには少数の火器による攻撃をも撃退した（地図3を参照）。[*102] グランソンでブルゴーニュ軍が潰走した理由は現代の歴史家にも十五世紀の評論家にもあまりはっきりわかっていないようだ。そのわずか三カ月後、ミュルタンの戦（一四七六年六月二二日）で、スイス軍はブルゴーニュ軍がまだ軍勢を再結集できずにいるうちにその防御を打ち破った。[*103] またもやブルゴーニュ軍はパニック状態におちいって逃げ、前のときよりもさらに多くの人命が失われた。ブルゴーニュ軍の最後の総崩れは六カ月後、ナンシーの戦（一四七七年一月五日）でおこった。このときスイス軍の攻撃はブルゴーニュ軍の防御を圧倒し、またもやブルゴーニュ軍を潰走させた。今度はヴァロワ家のブルゴーニュ公まで殺された。この事実はヨーロッパの政治史の進路を根本から変えてしまった。一四七七年以後スイス人に対して傭兵としての需要が大いに増したことはほとんど驚くにあたるまい。

スイス槍兵の成功はスイス社会の特異な条件が大きな原因になっていたことは明らかである。槍兵として戦闘に加わるには、特別な心理状態が必要だった。各個人の安全はひとえに戦闘隊形の堅固さにかかっていた。戦闘中のスイス人の冷静さと、攻撃を受けても簡単には隊形を崩さなかったことは、危険の感覚が個人的でなく集団的なものとして発達していたことの証拠である。スイス槍兵の隊列は、その完全性を失うことなしに損耗に耐えなければならなかった。スイス人がもった決定的な属性は本当は不可解なもので、それは彼らが個人としての安全を顧慮することなく首尾一貫した行動をとることを可能にした「スパルタ的」な心理状態だった。証拠からみると、十五世紀には軍事訓練が非公式ながら州の生活の一部になっていたことがわかる（やっと一四九五年になってベルンのある剣術学校で槍戦術を正式に教えているのが見出される）。槍の訓練はまた思春期直前の少年たちを含んでいたらしいし、熟年になってさえ引きつづいて課せられる教練を意味していたようだ。

スイス人は隊形の中で、都市の市民の横列と地方の属領からきた地方の住民の横列とを混合し、それによって高度の個人的・社会的・政治的忠誠心をもった人々をいわば組み合わせた。市民の横列の内部では人々はギルドごとに集められ、地方出身者の横列の中では人々は村ごとに集められた。もちろん村とは家族を意味する場合も多かった。士官は、少なくとも中隊長（ハウプトマン）の階級より下は選挙で選ばれた。中隊長は市会が任命した。スイスの歴史には、スイス人が自分の市または州に感じた愛着や、貴族特にハプスブルク家に対する消えることのない軽蔑感を示す物語がおびただしく含まれている。一つの軍隊の道徳的秩序が、伝統的な中世後期の武装集団の中の社会秩序を映しだしたように、スイスの部隊（ハウフェン）の中の横列内部でも、道徳的秩序と社会秩序の間の密接な対応がやはり保存されていた。いうまでもなくそのちがうところは、手本にされた秩序が、封建世界の秩序ではなくて、原始的で、比較的民主的で、小規模で、おもに農業的な社会の秩序だったことである。

部隊(ハウフェン)の物理的完全さは、捕虜をとるとか負傷者の世話をするとかいったことによって損なわれてはならなかった。略奪は、攻撃される危険がなくなって部隊長が許可を与えるまでは禁じられ、略奪したものは隊列の全員によって平等に分けられることになっていた。身の代金でさえ個人でなく地域社会のものとして処理された。このことは、ルネサンスの戦争の一般的パターンとは対照的に、戦士はスイスの隊列に面と向かったときにはほかのどんな敵とぶつかったときよりも殺される可能性が高かったことを意味した。これは、同時代の人の多くがスイス人を恐怖と畏敬の目で見るようになった大きな原因だったし、スイス人が携わった戦争では敵も味方も残酷さが目立った理由を説明するものである。

火薬以前の戦術

火薬兵器を使わなかったころの戦争の発展をふり返ってみると、技術とそれを基礎にした戦術からどれを選ぶかは、支配者たちが何の制約もなしに自由にやれることではなかったのは明らかである。それどころか、君主たちはその社会が作りだした軍事的技能の種類にしっかりと束縛されており、これらの技能の基礎が君主たちの戦争の仕方をほとんど完全に決定するほどだったのである。イングランド人は、弓術に長けた農民に依存でき、それを幸運と考えることができた。

ほかのどのヨーロッパの君主も、この才能をもつ集団を徴募することはとても期待できなかったのだ（少数を傭兵として集めるのは別にして）。軍事的技能が完全に輸出可能な世界にあっては、ほかの君主たちは長弓兵の軍事的役割に匹敵する部隊を作りだそうと試みてもよかったのだろうが、それは不可能だった。軍事的人材の国際市場が提供できるものの中で長弓兵に最も近かったのは傭兵の弩部隊だったが、これは弩を生産し、海軍のためと海上貿易を保護するために使っていた南ヨーロッパの都市環境が生みだしたものだった。*104 弩は、フランス人が知ったように、単純な長弓が達成できる発射速度に太刀打ちできず、イングランドの長弓兵を向こうに回した戦いではあまり成功をおさめなかった。会戦での弓兵の大集団の使用を本気で考えることができたのはイングランド王だけだったのである。

槍に目を向ければ、戦場でこれを使えるかどうかは、この危険で報酬もわりに低い戦争形態に進んで従事する人をいかにして徴募し訓練することができるかどうかに、いっさいがかかっていたことは明らかである。反乱をおこしたフランドルの都市国家の領域内では、主として槍兵から成る軍隊を徴募することは可能で、時には彼らはたいへんよく戦うことができた。しかし単純な槍戦術には明らかな限界があり、そのためこれら市民軍はやすやすと意志強固で訓練を積んだ騎兵隊のえじきになった（ついでにいうと、防衛戦での槍の限界は、それとの対照で、長弓兵が攻撃部隊を包囲できることが実際上どれほど重要だったかを際立たせる）。フランドルとスコットランドと両方の例で紛れもなく露呈された槍歩兵の限界をのりこえる手段を発見したのはスイス人だけらしく、それは主として、スイスの部隊（ハウフェン）を構成する緊密に結びついた社会グループに根ざしたものだったようである。スイス人が槍を使う実戦向きの傭兵に進化したこと——これは何にしてもようやく十五世紀になっておこった発展である——は、もしもスイス人の数がいつも限られており(したがって彼らの値段はそれだけ高かった)、そして彼らの雇用は長い間フランス人がほとんど独占的に支配していたという事実がなかったら、ヨーロッパの紛争の多くに戦術的不安定という要素をもちこんでいたかもしれない。しかし現実はちがったので、成功する槍戦術は主としてフランスの軍事的冒険を通して、そして十六世紀における小火器の隆盛と結びついて、ヨーロッパの戦争の中に導入されたのだった。

十四世紀の長弓については、特に重騎兵の運命に対してそれがもつ意味と関連させて、これまでに多くが書かれている。目的論一点張りではない立場から見、また十五世紀を通じて騎兵部隊が占めた地位から判断すれば、長弓または弩が及ぼした衝撃は伝統的戦闘方法に特別脅威を与えるものではなかった。多数の長弓兵に守られたイングランドの横隊を直接攻撃しても成功するようにはみえなかったこと、フランス人がどれほど多くの死傷者をも進んで耐える気があったとしてもやはり成功しそうもなかったことは事実である。だがそうはいっても、イングランドの弓兵が、依然として馬に乗った貴族が支配する軍事状況の中にがっちりと組みこまれたままだったことも、やはり事実だった。騎兵は弓兵が示す脅威に適応した。つまりポワチエの戦からアジャンクールの戦までの間に、鎖帷子(かたびら)と楯は完全な板金鎧にかわった。この発展は同じ時期に弩の威力が増大したことによっても促進されたし、騎兵の槍(ランス)に対する防御としても意味があった。しかしついに騎兵と弓兵の立場に差異が生じることになったのは、騎士よりも馬のほうが傷つけられやすかったせいだった。長弓の戦術的効用を分析する場合、いつも変わらずイングランドの抵抗の中核となった、下馬した重騎兵の重要性をけっして見逃すことはできない。この戦場での決定的な役割は、完全な甲冑を着けた、士気旺盛な、よく訓練された人々でなくてはどうしても遂行することのできないものだったのだ。

身分卑しい弓兵がややもすれば騎士に認められた社会的・政治的地位をおびやかしたと主張するのは、とかく歴史家が採りたがる特殊な弁論の一形式である。フロワサールがかつて評したと言われているように、イングランドは矢で戦に勝った、イングランドの騎士は勝利の獲物のいちばんうまいところをとった、というのは本当かもしれない。サー・ジョン・ファストルフ（シェークスピアのファルスタフはこの人物をモデルにした）の経歴はこの論点を例証し、戦争がもつ経済的・社会的可能性を利用する能力をもった人にとっては戦争が時にどれほど儲かるものかを明らかにする。[*105] ファストルフは一三八〇年に、エドワード三世に仕える郷士の息子として生まれ、一四〇一年に年に四六ポンドしか総収入の上がらない小作地を遺産として受けついだ。一四〇九年にかなりうまい結婚をしたが、フランスで一〇年をすごした後、一四二二年になってもまだ王の顧問として年に一一〇ポンドの収入しかなかった。彼はベドフォード公の家政官長やマーンやアンジューの知事を含め二〇以上の役職についた。一四二四年にヴェルヌーイでアルナオン公を捕虜にし、これによって個人的な身の代金約一三〇〇ポンドをせしめた。彼のノルマンディーの所有地はさらに一四四五年に年間約四〇一ポンドをもたらし、フランスで儲けてイングランドで使ったとはいえ、一四五九年になっても彼のフランスの所有地は年間約一四五〇ポンドを提供した。三五歳のとき（一四一五年）は単なる一郷士にすぎなかったが、一四五九年に死んだときにはガーター勲爵士、フランスの男爵であり、間もなくイングランドの男爵の称号を受けるはずだった。全体としてみれば彼の経歴は、不運な時代おくれの階級の一員に期待できるような経歴ではとうていなかったのだ。

第二章　火薬の第一世紀——一三二五年ころ〜一四二五年ころ

しかしよい砲手になるにはそれを実地に学ばねばならぬ。
（海軍大佐ジョン・スミス『海の文法』）

人類が発明した最初の化学的爆発物である火薬は、中国の錬金術と、それが硝酸化合物に向けた関心が生みだした副産物だった。文字による最古の火薬の処方は、中国の宋王朝、紀元一〇四四年の日付があるが、その本質的な成分はそれより少なくとも一世紀前——たぶん二世紀前という方が近いだろう——から知られていた。硝石は中国では非常に古くから、少なくとも漢王朝から知られ、不十分ながら精製されており、唐朝の錬金術の研究では多様で重要な役割を演じた。中国の抽出技術は徐々に改良されて、九世紀には最古の火薬混合物には十分使える硝石が生産されていた。[*1] ヨーロッパでは火薬は、その名「砲の粉（ガンパウダー）」が示すように主に火器に使われたが、中国では資料が「火薬」と呼んでいるものは、装飾的な花火にも、本物の砲以外の軍事的な「火」の兵器にも広範な用途があった。

実際多くの学者は、火薬は東アジアで九世紀よりもかなり前に生まれたと確信しており、中国では火薬を長い間花火としてのみ使ってきたが、おしまいに軍事的にも使えることを発見したのだという一般的な考えでまとまっている。ニーダムらは、中国では漢代あるいはたぶんもっと早くから、祝いや儀式のときに、竹の幹を二つの節の間に空気が閉じこめられるように切り、それを火の中へ投げこんでポンと弾ける音を出させたことを明らかにしている[*2]〔火薬を使う今日の爆竹（北宋以降）の祖型で、爆竿と呼ばれた〕。色や香りのついた煙とともに、これら火薬を使わない「火」の細工は中国の暮しの重要な部分だった。それほど重要だったから、火薬は発明されるとすぐに音や煙を出す仕事を与えられた。この新しい技術はいわば古い技術の歴史と記憶を吸収し、そのため火薬は中国にたいへん古くからあったという伝説が生まれることになったのである。

中国における火薬の歴史のこのような伝説的側面を訂正することは、ヨーロッパの歴史にとっても微妙な重要性を持っている。昔から中国人は独自に火薬を発明したと考えられてきた。けれども、どのような経路を通ってこの混合物の知識が西欧へ伝えられたのか、はっきりしたことはまだ突きとめられていない。しかし私たちが東洋の年代学を正しく理解するならば、どのようにして西欧が火薬の知識を獲得したのかはもっとわかりやすくなる。つまり中国はヨーロッパ人とアラビア語圏の国々へ、火薬の「秘密」だけでなく、火薬を使う軍事機械の大部分と、「火の槍」（原始的な火炎放射器）、破裂弾と焼夷弾、および大砲そのものの知識を与えたらしいのだ[*3]。その伝播は主として十三世紀、つまりキリスト教圏とイスラム教圏、およびオリエントが人、品物、思想の並外れて自由な交流を行なった時期に生じたにちがいない。火薬は古代の神秘として渡ってきたのでなく、よく発展した近代技術として、二十世紀の「技術移転」プロジェクトによく似た形で伝えられたのだった。

この新技術を吸収することがヨーロッパの課題だった。ある技術がその生まれた状況の中で何らかの公式的な形をすでに与えられてしまっている場合には、別の場所に伝えられたときにはその地域の必要に合わせて形を変えられねばならないのがふつうである。材料（この場合は硝石といろいろな金属）は大陸ごとに異なるし、意図する使い方もちがう。ヨーロッパ人は、中国人が火薬をさまざまな用途に使ったのをけっして完全にまねすることはせず、むしろそれの応用の中で最も好戦的なもの、つまり銃砲に集中するほうを選んだ。このことは一つの重要なちがいを生んだ。つまり中国人は広い範囲の硝石含有率（したがって大ざっぱにいえば硝酸含有率）をもつ火薬を使ったが、西欧人は他のなによりもかなり硝石含有率の高い火薬を使ったのである。火薬は硝石の量が驚くほど低くても燃える（たぶんたった三〇パーセントでも）のだが、丸い物体の推進剤としての効果を生じるのは硝石をずっと高度に、六〇〜七〇パーセントかそれ以上含むときだけである。十四世紀以前の中国の火薬は硝酸含有率がかなりまちまちだが、テキストを見れば、処方はかなり高い硝酸含有率をもつものを中心としてせまい範囲に集まっているのがわかる。むしろ硫黄と炭素の比のほうが、硝石と他の成分との比より変動幅が大きい（ニーダムらはこの事実だけでも、西欧が火薬の知識を中国からもらったことを十分証明するだろうと主張する。そうでなければ、人々が広範囲にわたる実験をまるでしなかったのに、より強力な処方をうまくさぐり当てたことを、どう説明できようか？）[*4]

火薬の知識を最初に明らかにしたヨーロッパ人はロジャー・ベーコンだった。著書『芸術と自然の秘密の業(わざ)についての手紙』（一二六七年）[*5]には、硝石、硫黄、木炭を混合した低硝酸塩混合物の処方が記録されている。使用可能な軍用火薬の処方を記録した最古の著作はその少しあとに現われた。それは「マルクス・グラエクス」著とされる『未知の燃焼物を使った火の書』で、このマルクス・グラエクスとはあるイスラム・スペインの編纂物（そのいちばん古い部分は八世紀にさかのぼる）につけられた筆名である。火薬の処方はその中のいちばん新しい一二七五～一三〇〇年と推定される部分の中に現われる。含まれている処方は四種で、そのうち三つは硝酸塩含有率が六六・五パーセントから七五パーセントにわたる。[*6] 十五、十六世紀になると、西欧の火薬の処方は銃砲の口径と砲身の壁の強さによって硝酸塩含有率を変えるようになる。たとえばヴァンノッチョ・ビリングッチョは大きい大砲に対して硝石含有率五〇パーセント[☆1]の火薬を推奨したが、中くらいの砲には六六・七パーセントの火薬、アルケブスやピストルのような小火器には八三・三パーセントのものを指定した。[*7] もっと以前でさえ、ほかのタイプの火薬に対して同じように含有率を変えるよう勧めている例がある。[*8] とはいえ硝石含有率が六六パーセント以下になることはめったになかったし、五〇パーセント未満になることはけっしてなかった。十七世紀になると、軍用火薬の硝酸塩含有量は、現代の理論が示す最適レベル（おおよそ七五パーセントの硝酸カリウム［KNO3］）のあたりに安定したようにみえ、もっと低い硝酸塩含有率は爆薬、ロケット、非軍用目的のための処方の中にしか見出せない。[*9]

ヨーロッパ人が一貫して硝石含有率の高い混合物を偏重したことは、ヨーロッパの硝石生産能力とうまく適合しなかった。特に火薬が使われはじめたばかりのころはそうだった。ヨーロッパの地質は天然の硝石層に恵まれていなかったし、中国南部や南アジアの一部とちがって、土中で有機廃棄物が分解をおこして硝石が「天然に」出現するのに適した気候ではなかった。その結果ヨーロッパ人は、ごみを腐らせてその分解生成物から粗硝石を抽出する方法を学ばねばならなかった。これに関連する化学変化は次章でもっと詳しく論じよう。さしあたりは、ヨーロッパの硝石の「醸成場(プランテーション)」の最も古い記録は、一三八〇年代にさかのぼるということだけ覚えておけばよい。これは、火器の発展の最も初期の段階では、火薬の供給は極度に困難だったろうということを意味する。なぜなら、ヨーロッパの火薬の六〇パーセント以上を構成する硝石が、とうてい大量には手に入らなかったからである。[*10] ヨーロッパの初期の供給の多く、たぶんほとんど全部は輸入品で、とんでもない高値だった。このことは、一三四六年に見出される奇妙なほどアンバランスなパターンを説明する。この年エドワード三世はロンドンで、「国王の砲に使うために」硝石九一二ポンドと硫黄八八六ポンドを購入した。[*11] ふつうなら硫黄の四倍から六倍の硝石を必要とするのだが、明らかにそんな大量の硝石は手に入らなかったのだ。この事情がヨーロッパで火薬兵器が採用されるのをどの程度まではばんだかをはかるすべはないけれども、明らかなのは、十四世紀後半に有機起源の硝石が現われてからは、火薬の値段は下がり、火器の使われ方が目に見えて変化したことである。

術語とその適用範囲

火器が西欧にいつ出現したのかは今なおかなり議論の余地ある問題だが、[*12] 一三二〇年代にはありふれたものになりつつあったことは全く疑いを入れない。一三二六年二月一一日にフィレンツェの主権者（シニョーラ）は市の行政官の二人に、市を防衛するため、「金属の大砲」と「玉［あるいは槍］あるいは鉄の弾丸の供給を確保する」仕事を託した。[*13] 同じ年に作られた、ミリミートのワルターの『注目すべき、賢明なる、巧妙なるものについて』の英訳の手写本には、大きなびんのような大砲が架台の上に据えられ、その砲口から矢らしいものが突きだしている図がのっている。[*14] その少し後に、同じ設計の大砲が同じ矢のようなものを射るところを示す細密画（ミニチュア）が『秘密の中の秘密』の手写本の中にのっている。[*15] そしてエクス・ラ・シャペル［ドイツのアーヘンのフランス語名］は一三四六年に、それが「雷矢を放つための鉄のびん」と呼んだものを所有していた。[*16] これらの例はすべて、火薬推進剤を使って角矢（pilae）または矢（sagitta）を射ち出す習わしがあったことを証明している。このことは、これらの武器がどれほど効果のないものだったかを示唆するだけでなく、火薬の装塡がきわめて少量で（または硝石の量が少なすぎて）、そういう武器がせいぜい何とか作動する程度だったにちがいないことをも示している（火薬の装塡量をもっと多くしたら、射ち出す弾丸や矢をバラバラにするか、もっと悪ければ大砲そのものを粉々にするだけだったろう）。それ以上にも重要なのは、この新しい推進剤が従来の弾丸や矢と組み合わせて使われたことは、より新しい技術が最初どのようにして古い戦争機械のパターンの中へ同化されたのかを、全く明確に示していることである。

敵の隊列または要塞に弾丸や矢を投げつけるための「兵器（エンジン）」はすでに数多く存在しており、大砲は新しく加わった一つにすぎなかった。術語でさえ過去の尾を引いていることを暴露している。英語で火器を意味するのにガン（gun）という語を使った最初のテキストは一三三九年に現われたが、攻城用の機械兵器をさす gunne, gonne, gunna（英語）、gunnum（アングロ・ラテン語）という語は、その少し前から使われていた。[17] 英語のガンはマンゴネル（mangonel 投石機（カタパルト）を意味する一般用語の一つ）を縮めたものから生まれたのではなくて、[18] 攻城用の機械兵器に古代スカンジナヴィア語の女性名の語根 Gunn- を使った名をつける習慣（たとえば Gunhilda というように）からきている。一三三〇〜三一年のある英語の記述には、「大きな角（つの）の弩砲、これらを彼らはレディー・グニルダ（Gunilda）と名づけた」とある。gunn-r も hild-r も古代スカンジナヴィア語ではともに「戦争」を意味したから、そういう命名は適切だった。けれども時がたつにつれて gun という語は gin（engine に由来）という語と混用または混同されるようになったらしく、あらゆる種類の攻城用兵器、たとえば攻城槌、投石機、さては火器そのものまで含む総称的な用語として使われたようにみえる。[19] カノン（cannon）という語はフランスに一三三九年に現われたが、英語に出現したのはおくれて一三七八年だった。[20] すでに gonne という語が使われていたから、急いでヨーロッパ大陸の用語を採用する必要はなかったのだろう。むしろこのカノンというフランス語は、火器の中の下位範疇をさすために採用されたらしい。たとえば一四五七年から六〇年にかけて成立した、ヴェゲティウスを英語に書き直したものの中では、“the canonys, the bumbard, & the gunne”〔現代英語では “the cannon, the bombard（射石砲）, and the gun”〕と、なおもカノンとガンを区別している[21]〔現在は両者はともに火器一般を意味するが、ガンのほうが主に使われる〕。

火器のもっと細かい分類の中には、イギリス海峡の両側で共通の名を与えられたものもある。特にラテン語でリバルディ（ribaldi フランス語でリボードカン［ribaudequin］）と呼ばれたグループ〔車両に積んだ砲〕がそうだ。英語ではリバルド（ribald）で、その名が意味する〔現代英語では下卑た冗談を言う人、現代フランス語のリボードは放蕩者、淫売婦をいう〕ように下等の兵器で、王の召使の中で最も卑しく最も消耗品的な階級にちなんで名づけられた。資材記録の中では、それは「リバルドと呼ばれる小さい兵器（エンジン）」と記されている。[*22] ラテン語をもとにした全世界的（コスモポリタン）な術語も現われた。有名なパリの哲学者ジャン・ビュリダンのような巨匠の講義の中にそれを見ることができる。この人にとってガンはカナル（canale）つまり「管（チューブ）」あるいは「アシの茎」だった。一三五八年著と推定される彼の『アリストテレスの気象学書に関する疑問集』の中で、ビュリダンは、大砲のはたらきから例示されるように、単なる風でもじつは大きな力をもつことができることを証明している。「そのような風の力は管と呼ばれる装置の中に示される。それから、わずかな火薬によって生みだされた風により、大きな矢または鉛の弾丸がどんな鎧も耐えられないほどの力をもって放出されるのだ」。[*23] この新しい戦闘技術は、あらゆる身分のヨーロッパ人の意識の中に新奇なものとして取りこまれたが、根本的な変化として受け入れられたのではなかったことは確かである。

火薬戦争――クレシーからローゼベーケまで

新兵器は費用が高くつくにもかかわらず急速に広まったが、これをその効果がすぐれていたためと受けとってはいけない。まちがいなく戦争で最初に大砲が使われた例は一三三一年のフリウリ〔イタリア北東部〕のチヴィダーレ攻城戦で、これから一三四六年のエドワード三世のクレシー＝カレー出兵（ここでは両軍とも火器を使った）、さらに一三五〇年代の教皇領への出兵へと、火器は会計簿や戦争年代記の中に姿を見せはじめる。[*24] 火器の人気は急速に広まったけれども、実戦でどれほど効果があったかは今もって疑問が残る。一三四六年にエドワード三世は、出兵――クレシーの戦につながる――に際して火器を携えて行き、戦闘にもそれをもちこんだらしい。しかしクレシーの戦で実際にそれを使ったかどうかという疑問にはまだ納得のいく答は出ていない。実際に使ったという主張を支持する最も有力な証拠はジョヴァンニ・ヴィラニの言だが、この人はその戦に居合わせず、一三四八年に黒死病で死んでいる。彼と同じことを著者不明の『ピストイアの歴史』〔ピストイアはイタリア北部の都市〕も述べているが、こちらの著者もまた戦闘には居合わせず、ヴィラニと同じ伝染病で死んだらしい。この二人の人物の説明はほかの点でも不正確で、イタリアへ帰った傭兵たちが語った話をもとにして作ったように思われる。『フランス大年代記』はイングランド軍が「三門の大砲（カノン）」を発射したと述べているが、一方フロワサール[☆2]は、彼の最も古い版で大砲のことは何も言っていないし、目撃者の話をもとに本を書いたジャン・ル・ベルも、これまた大砲に全くふれていない。フロワサールの後の版には大砲の話がつけ加えられているが、この部分は『大年代記』をもとにしていると思われる。[*25]

そのクレシーの戦の戦術的ないきさつについてはすでに詳述した。イングランド兵は馬から下りて防御陣地を占拠していた。フランス兵は組織も整わず協調もとれていない状態で狭い前線へ攻撃をしかけた。攻撃の先頭を切ったのはジェノヴァの弩兵の分遣隊だったが、イングランドの長弓兵と短時間矢を交わしたあと崩れて逃走した。イングランド側が大砲を射って、ジェノヴァ兵の退却を潰走に変えたのはまさにそのときだったとヴィラニと『大年代記』は主張する。T・F・タウトは、疑問を解決しようと試みる中で、あの二番煎じの記述の中に出てくるのはリバルドにちがいないことを突きとめ、それの供給は必ずしもエドワードのクレシー＝カレー出兵に間に合ったとは限らないことを認めているけれども、クレシーではリボードカンに似た何らかの砲が使われたらしいと考えている。[26] 彼はイタリア人によるその戦の記述が、フランス軍はジェノヴァ兵に命じてイングランドの戦車陣（ワゴン・ラーガー）を攻撃させたというまちがった主張をしている事実を指摘する。タウトの解釈では、これはリバルドを運ぶ小さい車両を戦車と見誤ったのであり、これらの車両がイングランド軍の横列の前に並べられていたのだろう。クレシーの戦場に火砲が姿を見せたことを裏づける考古学的証拠と言い立てられているものは、これまでどんな種類の科学的調査を受けたこともない。[27] たとえクレシーで火器が存在し使用されたことを認めるとしても、コンタミンの言うように「求められた目的は主として心理的なものだったと思われる」、つまりジェノヴァ兵をおどすことだったと結論せざるをえない。[28] たぶん火器が出現した初期の戦闘の大部分について同じようなことが言えるだろう。

　クレシーの戦から二世代後、一三八五年に、火器が登場するもう一つの戦闘がおこったが、これをみると、たぶん火器をとりまく驚きと恐れの要素が消えていたということのほかには、ほとんど何も変わっていなかったことがわかる。アルジュバロタの戦は、選立された王ジョアン一世率いるポルトガル軍と、カスティリャの侵入軍（フランスと同盟していた）との間でおこった。

のである。ポルトガル人はイングランド人と同盟していたが、この同盟はゴーントのジョン〔エドワード三世の第四子でランカスター家の始祖〕によるカスティリャの王位継承権の要求というもっと大きい計画の一部であった。ポルトガル軍は七〇〇〇しかいなかったようで、そのうち約七〇〇がイングランド人の傭兵だった。ポルトガル軍のうち非常に高い割合を占め、たぶん三〇〇〇名にものぼったのは重騎兵だった。ポルトガル側にはほかに予備軍はなく、大砲も全くなかったが、イングランドとの同盟から当時の重要な戦術的教訓の多くを吸収していたので、「イングランド風に」戦おうとしていた。

カスティリャ軍はおもにフランスとの同盟を通じて六〇〇〇名もの重騎兵を指揮下に擁していたようで、ほかに二〇〇〇名の軽騎兵と、弓兵と歩兵の槍兵を含め一万名の徒歩の兵士がいた。そのうえ一六門の軽砲を携えていたことがわかっている。ポルトガル軍は防御的位置をとったが、カスティリャ軍の側面攻撃を受けてそこから移動せざるをえなかった。一三八五年八月一四日月曜日、午後おそくに待ちくたびれたカスティリャ軍は強攻に出た。ポルトガル軍は移動させられたあと、地形をうまく利用し、低木の柵と塹壕を含め間に合せの砦を作って防衛態勢を固めていた。彼らの教師たるイングランド人がクレシーとポワチエでやった——その偉業はすでに伝説の材料になっていた——ように、ポルトガル軍は騎兵の突撃を長弓で迎え討とうと思った。後になってアルジュバロタの戦場を発掘調査したところ、市松模様に並んだ穴が見つかったが、これはカスティリャ騎兵の突撃をはばむことをねらってイングランド兵により、あるいはその指導の下に掘られたものらしい。[*29] カスティリャ軍はポルトガルの陣地への襲撃を開始するため、彼らの大砲の火ぶたを切ったが、その結果は全くがっかりさせるものだった。ポルトガルの横列は、後世に連続砲撃（カノネード）と呼ばれることになるものをくらっていくらか驚きはしたが、隊列は崩れなかった。その日カなぜポルトガル勢がその場にとどまったのか、その一つの理由として考えられるのは、その日カスティリャ軍が二回目の側面迂回攻撃を行ない、軽騎兵部隊をポルトガル軍の背後に送って包囲していたことである。この罠によって防御側は逃げられなくなったのである。それはパニックを引きおこすこともできたはずだが、そうはならないで、ポルトガル軍にその場にとどまって戦わざるをえないよう仕向けただけだった。

カスティリャ軍は大砲が目的を達しなかったので、次に徒歩で集団突撃を行なった。これで馬に対する罠はすべて避けられたが、ポルトガル勢が地面に立てておいた間に合せのバリケードに引っかかってしまった。両翼に展開していたイングランド＝ガスコーニュ軍とポルトガル軍からの矢がカスティリャ軍にさらなる損害を引きおこした。ついに本隊が戦を交えると、約三〇分にわたりすさまじい白兵戦がつづき、そのあとカスティリャ軍は後退しはじめた。ポルトガル軍は退却する部隊を追い、勝利を殺戮に変えた。カスティリャ軍の損失は、だれが数えたか、何を数えたかによって異なるが、[*30] 二五〇〇人から七五〇〇人の範囲にわたる。アルジュバロタの戦は、戦場の状況の中で初期の火器が露呈した弱点の多くと、在来の武器や戦術の優秀さとを示唆している。後世の基準からみれば、固定した野戦陣地の中に囲いこまれてしまった部隊は、たとえどれほど覚悟をきめていたとしても、砲の連続射撃を長時間浴びせられたなら、とうてい持ちこたえるとは予想されなかっただろう。同じくらい明らかなのは、カスティリャ軍は効果を発揮するほどの砲撃をしかけることはとうていできなかっただろうということである。彼らの砲も火薬も、補給が十分だったとはとても思えない。

アルジュバロタでのカスティリャ軍の問題は、単に彼らが十分な数の兵器をもっていなかったというだけだったのかもしれない。カスターニャロの戦(一三八七年三月一一日)でヴェロナ軍がパドヴァ軍に対して銃砲の使用を試みたときには、事情はそれとは反対〔つまり兵器は十分にあった〕だった。アントニオ・デラ・スカラ指揮下のヴェロナ軍はパドヴァ軍に対して用いるため、砲をのせた非常に大きな三両一組の車両を作っていた。[*31]『カルラーラ年代記』〔カルラーラはイタリア北西部の都市〕によれば、各車両は砲四八門を三列に並べて合計一四四門をのせていた。各列はさらに一二門ずつの四組に分けられ、一組の一二門はすべて同時に発射することができた(ソ連が第二次世界大戦中に使った、トラックの背にのせたロケット発射機が思い出されよう)。砲の口径は正確にはわからないが、おのおのは「鶏卵大」の石を発射することができたと記されている(ほぼ直径一インチと言ってよいだろう)。これはリボードカンでもあったことは明らかだが、各車両を動かすのに大きな馬が四頭ずつ必要で、この制約はこれら怪物(モンスター)の全体としての機動性を大いに損なうことになった。

パドヴァ兵を率いたのはイングランドの金持の兵士ジョン・ホークウッド(イタリア名はジョヴァンニ・アクート〔「鋭いジョヴァンニ」〕)だった。ホークウッドはヴェロナの封鎖を試みて失敗し、自軍の補給がとだえたとき退却せざるをえなかった。ヴェロナ軍は大軍で彼のあとを追った。パドヴァ軍が自軍の補給品貯蔵所にたどりつく前にホークウッドに戦を仕掛けたいと思ったのである。両軍は一三八七年三月一一日月曜日、カスターニャロで対峙した。ここでホークウッドは、兵力が劣っているときに使う、そのころにはかなり標準的なものになっていたイングランド式の防御隊形を採用した。ホークウッドはポワチエの戦で黒太子（ブラック・プリンス）［エドワード三世の王子エドワードの通称。着用した黒い鎧からこう呼ばれたという］がやったように、騎兵に直接攻撃されるチャンスを最小にするような場所を選んで、川辺の湿潤な草地と排水用の水路がいくつも並行している背後に部下を布陣させた。ヴェロナ軍の指揮官ジョヴァンニ・デイ・オルデラフィは、すぐさまパドヴァ兵を攻撃しようとはせず、昼の大部分を待機した。

オルデラフィの行動は、フランスのフィリップ六世がクレシーで犯した過ち、つまりあまりあわてて突撃するのを避けようとしたのだと考えれば説明がつく。しかしそれ以上にもありそうに思えるのは、彼が自分のリボードカンを積んだ車両と旧来の攻城機械をパドヴァ軍の陣地に対して使ってみたいと思い、攻撃を待ったのではないかということである。けれども年代記は、多砲身式のリボードカンやヴェロナ軍の旧来の攻城機械が実際の戦場に現われたとは一言も言っていないのである。午後おそくになっても何も到着しなかったらしく、ついに日没直前になってオルデラフィはパドヴァ軍を攻撃した。馬から下りたヴェロナの重騎兵と歩兵は秩序を保って目の前のぬかるみを渡り、パドヴァ軍の主陣地を急襲した。ホークウッドは自分の主陣地の防御力と、イングランド弓兵と彼の輩下のイタリア弩兵が浴びせる矢の雨をたよりに、オルデラフィの攻撃軍の力を弱らせようとした。ヴェロナ軍が優勢になりつつあったようにみえたとき、ホークウッドはえりぬきの分遣隊をかくれていた場所から出撃させ、今やヴェロナ攻撃軍のしんがりとなっていた部分を攻撃させた。パドヴァの本隊も同時に反撃した。この急襲は引っきりなしの矢の雨にできなかったことをやってのけた。オルデラフィの部隊はバラバラに崩れて逃走したのである。そのあとはお手本のような完全な潰走になった。四〇〇〇名以上のヴェロナの重騎兵、約八〇〇名の歩兵が捕虜になり、旗、リボードカンを含む火砲、およびそのほかの荷物車両群が捕獲された。[*32]

カスターニャロの戦は誤って、火器が補助的ではあるが重要な役割を演じた初期の戦闘として知られるようになった。ホークウッドは、まず火砲を使ってヴェロナ軍の攻撃をくじいてから、その側面に向かって襲撃を開始したとされることもある。[*33]しかし年代記にはそのように読める証拠は何もない。カスターニャロの戦が十分に証明しているのはそれとひどくちがったこと、つまり火力を戦場へ集中するのはいつもどれほど困難だったかということなのである。そういう状況にあっては、敵味方とも補給や支援がとても追いつけないほど速く動きつつあった。歩兵が主力になっている部隊でさえ、いつも、鈍重な補給車両より速く動くことができた。攻城用の火砲は補給車両と同じ速度で動いたのだ。

車両にのせたリボードカンは、火力の集中と機動性との間の困難な兼ね合いを達成しようとする努力を表わしていた。これは十五世紀全体を通じ、軍事技術者にとって無限ともみえる魅力を感じさせた。[*34]十五世紀の手写本の中に登場する車両にのせた小火器の図の数は、文字どおり数えきれない。この設計がもつ可能性はレオナルド・ダ・ヴィンチのような人まで引きつけ、彼は自分の『手稿』の中にいくつかの図をおさめている。なぜそうなのかを理解するのに遠くを眺める必要はない。つまり火砲を、オルデラフィがやってのけたらしいほど大規模に集中することができたなら、それを訓練して、戦場のどこかの部分を選び、そこに一斉射撃を集中して兵士を一掃することができただろう。そのような一斉射撃にはどんな合理的な基準からみても全く抵抗できないことがわかるだろう。後世になって十九世紀の機関銃に具体化された軍事論理は、火器の歴史のこんな初期の段階でさえもう出現していたのだ。しかしそのような兵器に不利な点がつきまとうことも明白である。つまり、もしもそれらが戦場で効果を十分あげられるほど大形だったら、たぶん重すぎてひどく動かしにくかっただろう。逆に、扱いやすいよう軽く作られていたら、たぶん非常に強力なものにはならなかったろう。

結局のところ、火力の集中は、実際には多数の歩兵の一人一人に小火器をもたせることでしか達成できなかった。これはリボードカンの方法よりずっと多くの費用がかかった。十四世紀にはとても考えられないほどおびただしい数の兵器使用者を訓練する必要があったのである。別の視点からみれば、車両にのせた小火器、つまり「オルガン砲」は、最終的にははるかに労働集約的な方法で達成される戦術的目標を、資本集約的・技術集約的な方法でなしとげるものだったのだ。とはいえ、火薬兵器の第一世紀にだれか権力者が数千の兵士に小火器を装備させたいと思ったとしても（十五世紀初めにブルゴーニュ公はそういう努力に手をつけかけた）、当時そういう努力をやりがいのあるものにするような火器は存在しなかった。技術発展のこの段階、つまり燃え方ののろい粗粉の火薬、銃身の短い、重い、鋳鉄製の手銃（ハンドガン）の時代には、小火器による効果的な射撃はまだ開発できなかったのだ。車両にのせた火器はくり返しくり返したためされた。それは軍事思想家にとってとぎれることのない実験だった。このことだけでも、ヨーロッパ人が火器を会戦に組み入れようとしたとき、どれほどきびしい困難にぶつかったかがはっきりわかる。

火器が決定的に重要な役割を演じた最初の会戦は北海沿岸低地帯でおこった。ベヴェルフーツヴェルドの戦（一三八二年五月三日）はクルトレーの戦と同じく、フランドルの工業諸都市がその封建君主フランドル伯に対してもう一度反乱したため生じた。有名なヘント〔ベルギー北西部の工業都市。ヘントはフラマン語で、フランス語ではガン〕の反逆者ジャック・ファン・アルテヴェルデの息子フィリップ・ファン・アルテヴェルデに率いられて、ヘントはフランドル諸都市の連合体の頭領として、一三七九年にルイ・ド・マル〔フランドル伯〕の統治に反抗して蜂起した。[*35]反乱した諸都市は封鎖されたが、その封鎖は全く効果的だったらしく、事態が深刻になるにつれて煽動家（デマゴーグ）としてのファン・アルテヴェルデの役割は次第に大きくなった。一三八二年初めにはヘントは絶望的な窮地におちいっていた。フランドル伯は反乱の責任者は罰せられねばならないと強硬に言い張り、ファン・アルテヴェルデは餓死を避けるためには攻勢に出るほかなかった。たぶん一三八七〜八八年に編集され、死の前にほんの少しだけ改訂された、フロワサールの『年代記』の第二巻は、ジャック・ファン・アルテヴェルデがどんな手で民衆を奮起させ行動に出るにいたらしめたかを詳しく記録している。[*36]一三八二年五月二日、志願兵が加わってたぶん六〇〇〇の兵力になっていたヘントの市民軍は、ルイ・ド・マルがずっと大きい軍勢、たぶん四万名にものぼる兵力を集めていた[*37]ブリュージュへ向かって進軍を開始した（フロワサールの数字は疑わしい面もあるが、もう一つの当時の資料はブリュージュの兵力はヘントのそれの五倍にのぼっていたと主張している)。[*38] ヘント軍の装備は興味を引くものだった。フロワサールは市民は約二〇〇の車両に「砲と銃」を積んでいたが、食糧を積んだ車両は七台しかなかったと語る。ヘントの補給はそれほど不足していたのだ。[*39] だが市民軍はフィリップの大義に感化されていた友好的な地方の住民から食糧を徴発できたので、このわずかな食糧さえ、二日間の旅でほとんど手をつけずにすんだ。

ヘント軍は敵に野戦をしかけるつもりだったので、ブリュージュ市を攻撃せず、行軍して一時間以上かかる市外に防御陣地を布いた。[*40] その一方の側面は池あるいは沼地で守られ、もう一方の側面は彼らの砲車がふさいでいた。フィリップが感情こめた演説をもう一度やったあと、ヘント軍は彼らの「リボーディオー」(ribaudiaux) で戦闘の準備をととのえた。リボーディオーは「鉄の帯をつけた背の高い手押車で、前面には長い鉄の大釘(スパイク)が何本も突きだしており、彼らがいつも押しながらいっしょに前進するもの」[*41] と記されている。たぶん彼らの準備には、これらのリボードカンに、砲運搬車に積んでいた火器を設置することも含まれていたろう。フロワサールは彼の最後の版でこの点についていくらか細かい記述をつけ加え、各リボードカンは、「三門か四門の小さい砲を前に向けており、砲は……二つか四つの車輪をもった背の高い手押車の上にのせられていた」[*42] と記している。

ルイがブリュージュに集めていた「職業(プロ)」軍隊は、市民軍の支援グループも加えて市の外へ出た。相手は全くの烏合の衆としか思えなかったにちがいない。ついに両軍が相まみえたとき、すでに昼すぎで、ルイは何もするなと忠告された。ヘント軍はすでに乏しい糧食を食べてしまい、はやくも空腹をおぼえだしていた。彼らは後退の可能性の考えられない防御陣地にひたすらしがみついており、どんな持久戦もつづける余裕は全くないようにみえた。ルイ・ド・マルは賢明な忠告に従おうと思ったが、彼を支えるブリュージュの市民軍はそうは思わなかった。彼らは「戦いたくてひどく熱くなり、また気がせいて」いたので、攻撃を遅らせよというルイの命令も、重騎兵が大声で叫ぶ命令さえも無視した。[*43] 市民軍はヘント軍の陣地に近づき、自分たちの側から砲撃をはじめた（ブリュージュ軍がこの戦で火器をもっていたという話はこれ以外知られていないが、しかしすべてを考慮すれば、その日彼らのところに砲がいくつかあったことは、全くありえないこととは思われない）。この時点でヘント軍はわずか後退したが、再結集し、今度は彼らが砲撃を開始した。たちまち三〇〇門の大砲が吠えた、とフロワサールは語る。[*44]

集中砲火による最初の衝撃にヘント軍の一分遣隊の側面攻撃がつづいたらしい。フロワサールはこう主張する。ヘント軍は「車両を動かして池を迂回したので、ブリュージュの人々は太陽が目に入るようになり、ひどく不利な状態になった。ヘント軍は『ヘント！』と叫びながらブリュージュ軍めがけて突撃した」。[*45] フロワサールの別個の著作『フランドル年代記』はこの戦をもう少しあいまいに描いているが、それには側面攻撃のことは一言もふれていない。けれども、ヘントの砲兵が砲撃を少なくとももう一回くり返したこと、それは呼応したヘント歩兵の襲撃と相まって、ブリュージュ軍の気力を完全に失わせたと主張する（著者はまた、ブリュージュ軍は「聖なる血の礼拝行進」で振る舞われたご馳走と酒をたっぷりくらっていたと主張している）。[*46]「［ブリュージュの人々は」ヘントの人々に抵抗することなく自分たちの中へ突入するのを許し、槍を投げすて、逃げだした」[*47]。

市民軍の中ではじまった潰走は、たちまちルイ・ド・マル軍の中の職業軍人へ広がった。たぶんそれはパニックだったろう。あるいは、ヘント部隊が前進する間規律正しくきちんとした横列を保つのを目にして、重騎兵がおびえたのかもしれない。もしも数でまさっているブリュージュ軍が再結集し反撃したなら、「勝敗は逆になったかもしれない」とフロワサールは言う[*48]。だがそうはならずに、敗北は全面的なパニックにふくれた。ブリュージュ軍は列を乱して市へ向かって殺到した。ルイは夜の闇にまぎれて町に入ったが、前進してきたヘント軍がまず一つの門を押さえ、そのあと次から次へとすべての門を支配するのを見ているほかなかった。彼はやむなく召使に姿をやつしてある貧しい未亡人の家にかくれ、あくる日になってこっそり町の外へ逃れ出た[*49]。ベヴェルフーツヴェルドでのヘントの勝利は、封鎖の力を打ち砕いただけでなく、反乱の指導者としてのヘントの役割を強固なものにしたのだった。

ベヴェルフーツヴェルドの戦は、あまり注目されていないけれども、火器が重要な役割を演じた最も初期の戦の一つとして重要である。フロワサールの『年代記』の記述も、また彼の『フランドル年代記』も、この戦闘の中で銃砲が戦術的にどれほど重要だったかを示している。ルイ・ド・マルは慎重な行き方をとり、自分に損害を与えることはできそうもない軍隊を、時間、暑さ、飢えでこたえさせて負かそうとした。しかし血気にはやるブリュージュ市の市民軍が攻撃を強行し、その結果始まった退却は一挙に潰走になだれを打った。フロワサールが二〇〇両の砲運搬車と言っているのはあまり信用できないようにみえるかもしれないが、約五〇〇〇名の野戦軍にとって大量の火薬兵器があったことを認めさえすれば十分である。しかし差しあたりフロワサールの言うことを真に受け、各砲運搬車は武器を二つだけ積んでいたと仮定しよう（火器が約一五〇ポンド、それに同量の火薬、弾丸、それに必要な工具、合わせて三〇〇ポンドの積荷を想像しよう）。それでもヘントの兵士一三人につき火器一つという計算になるだろう。ブリュージュの市民軍がそれに匹敵するほどの数の火器をもっていたことはまずありそうもないから、砲対兵士の比は、数の少ないヘント軍のほうが圧倒的に優勢だったろう。

フィリップ・ファン・アルテヴェルデが直面した問題は、ほかの都市の革命家が軍事的な挑戦を受けたときにぶつかったのと同じものだった。つまり、どうすれば重騎兵にたよることなしに効果的な戦力を編制できるかということである。アルテヴェルデのはっきりした解決法は、火薬兵器にたより、それを聞き手を魅了する彼の美文調演説への言葉でない添えものとすることだった。実際に使うときにはこれらの砲は、馬にのった騎士に攻撃されないよう防護された車両にのせて運ばれた。リボードカンは実は海沿いのフランドルが発明したのかもしれないが、この語の最初の出現はブリュージュに関係がある。ブリュージュは一三四〇年という早い時期に「人々がリバルドと呼ぶ新しい兵器（エンジン）」を購入しているのだ。[*50] クレシーのような以前の戦では、リバルドはほんとうに姿を見せたのかどうか疑わしいほどわずかな役割しか演じていないが、それと対照的なのは、ベヴェルフーツヴェルドでは火薬兵器の数がはるかに多かったという事実である。カスターニャロのような戦とのちがいは、リボードカンを戦術的に使ったことにある。ファン・アルテヴェルデの砲がどんなものだったか、詳しい情報は手に入らないけれども、ベヴェルフーツヴェルドの戦を記述した二つの文書はどちらも、それはイタリアで愛好されていた重い、オルガンのような、多砲身のリボードカンではなかったと強く主張している。その火器が長さ数百メートルの前線に沿って散開していたと想像することができる（一車両ごとの幅が二〜三メートル、リボードカン車両が最小でも一〇〇両あったとして）。これほどの距離に広がっている砲を足並みそろえて発射することはたぶん難しかっただろうが、それができたという証拠が存在する。ただし、ヘント軍が約三〇〇門の砲をいっぺんに発射できたというフロワサールの主張はまるごと信用することはできない（実際フロワサールの最後の版は、三〇〇両のリボードカンが一度に発射したと語るが、これはそれ以上にありそうもない出来事である）。[*51] とはいえ、火器が十分たくさんあったとすれば、発射を集中・持続させて、それによって「多くの人と多くの馬が殺され、多くが傷ついた」という『フランドル年代記』の主張が正当化されるほどの多大な損害を生みだすことは不可能ではなかったろう。[*52]

ベヴェルフーツヴェルドの戦を指揮したフィリップ・ファン・アルテヴェルデの斬新な軍事的鋭才は、印象的ではあったものの、一三八二年一一月末までしかつづかなかった。このときフランドル軍はローゼベーケで敗北し、それはフランス王家に対する都市の抵抗の崩壊を示すものとなった。[*53] 新たに即位したフランス王、一四歳のシャルル六世は、ベヴェルフーツヴェルドの戦の仇討ちとして、約一万名にのぼる従来型の軍勢を出陣させた[*54]（フロワサールはフランス側は約三万二〇〇〇の戦闘員を擁していたと主張するが、この数字は割引して受けとられるのがふつうである）。[*55] この出兵はいくらか十字軍の性格を帯びていた。フランス人の目からすれば、ヘントは一三八〇年代に発生した農民と市民の不穏行動の中心部にあった。フロワサールによるヘント戦争の記述を読めば、だれでも否応なしに彼がどれほどたびたび階級的憎悪を秘めた言い回しをしているかに気づかずにはいられまい。彼にとって、そしてたぶん関係者の大部分にとっても、シャルル六世に課せられた仕事は、「フランドルのプライド」をたたきのめし、良好な秩序を回復し、同時にかつて独立した伯爵領だった同地に、強固なフランスの封建的支配を確立することだったのだ。

フィリップ・ファン・アルテヴェルデとフランドル諸都市の危なっかしい同盟、およびそれらの主として歩兵から成る市民軍は、困難に直面した。彼がオウデナールデを包囲攻撃していたとき、フランス軍はリス川めざして移動し、西フランドルをおびやかした。ファン・アルテヴェルデがなおも全兵力をあげてオウデナールデの包囲攻撃をつづけたなら、いくつかの都市、特に最も重要なブリュージュを失う恐れがあり、彼の都市同盟が解体する可能性もなくはなかった。しかし包囲を解いてフランス軍を迎えうつため出動することは、彼の主たる戦術的利点を失うこと、つまり自ら選んだ場所で防御戦を戦うことができなくなることを意味した。[*56]

ファン・アルテヴェルデははじめ、フランス軍がリス川を渡るのを妨げようとした。フランドル軍は全力をあげて、フランス軍が使いそうな橋をすべてこわし、川船をすべて接収し、渡河地点になりそうな場所をことごとく防衛した。コミーヌでフランス国王軍の先兵は、橋がこわされ、町は「大砲、リボードカンその他」で武装した約九〇〇〇名のフランドル兵で守られているのを見出した。[*57] フランス軍ははじめ立ち往生したが、川の湾曲部を見つけた。そこでの行動は防衛軍からは見えなかった。彼らはそこで三隻の沈んでいたボートを引き上げ、それを使って一本の綱を向こう岸まで渡した。その綱をしっかりしたものにすると、一度に九人が敵に知られずにボートでフランドル側の岸へ渡ることができた。その間にフランス軍は、橋の末端を守る敵の防御陣地の近くでできるだけ大規模な小ぜり合いをつづけて、フランドル軍を引きつけておいた。この小ぜり合いには、最初の記録された大砲同士の決闘だったかもしれないものが含まれていた。というのは、フロワサールはフランス軍が弩と「持ち運びできる射石砲」を使って戦ったと言っているので、そうなれば装備の整ったフランドル軍が同種のものを使って応戦したことはまちがいないからである。フロワサールは、フランス軍はまた「鉄の羽根をつけた大きな太矢」を射たと言っているが、これは火器から太矢を射る古い習慣が一三八〇年代になってもまだ消えていなかったことを想起させるものである。[*58] その小ぜり合いは一日中つづいたが、その間に約四〇〇名のフランス騎士から成る一隊がひそかにフランドル側の岸に陣をとった。[*59] もちろん馬を船に乗せてリス川を渡ることはできなかったから、彼らは歩兵として行動するほかなかった。雨が降り、夕闇がせまるなかで（この戦がおこったのは冬至の一カ月足らず前だった）、そのフランスの部隊はぬかるみの中をフランドル軍の拠点へ向かって進んだ。

　ファン・アルテヴェルデの副官で、コミーヌでフランドル軍の指揮官をつとめたペーテル・ファン・デン・ボッシェ（フロワサールの記述の中ではピエトレス・ドゥオ・ボス）は賢明にも自軍をおさえ、フランス兵にその雨の晩をぬかるみの中で過ごさせた。そこは所によっては泥が腿の半ばにまで達し、食糧もなければ雨をよけるものもなかった。朝の光がさしはじめると、フランドルの分遣隊がフランス兵を片づけようとぬかるみの中へしのびこんだ。水と泥の中では部隊の衝突は本質的には個人のなぐり合いになり、そんな状況では訓練も装備もよかったフランスの騎士のほうが優勢になった。ペーテル・ファン・デン・ボッシェ自身も重傷を負って戦場から運びだされた。敗北は伝染しやすく、すぐにフランドル守備隊は町そのものを守るため橋の防衛をやめて退いた。フランス軍はすぐにこわされた橋を修理し、大軍が橋を渡りはじめた。コミーヌの町は反乱者の運命をたどらされた。兵士の死傷に加えて、約四〇〇〇人の非戦闘員が殺された。フロワサールの記述によれば、多くは「まるで犬でもあるかのように」遠慮会釈もなく虐殺されたことは疑いない。[*60]

リス川の前線が突破されると、フィリップ・ファン・アルテヴェルデの立場は深刻なものになった。彼はオウデナールデの包囲攻撃から離れ、それ以上の大軍を徴募してフランスとの戦いを求めはじめた。[*61]きびしい選択を迫られたのだが、戦いを求めることはたぶん最悪だった。冷たい雨の降る天候の中、敵対する両軍はリス川とイギリス海峡の海岸との間の地域で作戦行動をとり、双方とも、そこのほぼ平坦な地形が提供できる最大の利点を求めた。フロワサールも認めているように、「フランス騎兵の華」は冷え、濡れ、行進に疲れ、戦いたくていらいらしていた。もしもフィリップが持久戦を選び、オウデナールデを包囲しながらフランス軍がこの町を救いにくるのを待っていたら、侵入軍は崩壊したかもしれない。[*62]しかしそのような戦略はそれなりの代償を伴っただろう。実際そのとおりで、いくつかの大きい町は、イープルを先導として、それ以上抵抗することなくフランスに降伏した。フランス側は、寝返りをさらに促すために、かなり多額の罰金の支払いを条件にそれらの町を許した。後から振りかえると、戦いを求めようというフィリップの決定には、大失敗の結果に終わったものにつきものの根底的かつ運命的な性格があったのだが、持久戦略を選んだときの代償は大きすぎて、とうてい彼が進んで払えるものではなかったのだ。

一三八二年一一月二七日木曜日におこった戦闘は、何が自軍にとって利益になるかの判断が、敵と味方でくいちがったのが原因だった。フロワサールによると、そのときフランドル兵の数は約五万だったが、本当はたぶんその何分の一かにすぎなかった。[*63] 実際、ローゼベーケで衝突した両軍がほぼ同数だったと考えてはいけない理由はなさそうだ。フランドル軍ははじめフランス軍の攻撃を予想してゴールデン・マウントから少し離れたところに防御陣地をとった。攻撃がおこらなかったので、彼らはフランス軍を攻撃しようと思って霧の中を上り坂に進軍した。なぜこのようにはっきり戦術を変えたのか、その理由はこれまで多くの歴史家の首をひねらせてきた。フィリップ・ファン・アルテヴェルデが愚かにも自信過剰に陥ってしまったのかもしれないが、それにしてもフロワサールが少なくとも、攻勢に転じるという決意がフランドル軍の隊長一同から生じたと述べていることはたぶん重要である。フロワサールは、フランドル兵が、寒さの中でフランス軍の攻撃をむなしく待って何もしないで立っているのに不満をもらしたと報告している。[*64] 軍隊というものは、時にはじっと待機しているのが退屈でたまらなくなることがあるのだ。

フランドル軍が新しい位置へ移動するとき、フランス軍は彼らの戦術転換を見てとった。フランスの総司令官オリヴィエ・ド・クリッソンは、防御をやめて攻撃するというフランドル側の計画について、予め情報を受けとっていたのかもしれない。フランス軍は今度は逆に、フランドル軍を攻撃するのではなく受けて立つほうを選んだ。クリッソンはイングランドの戦術をまねて、歩兵の攻撃をよりうまく防御できるよう、フランスの中央横列の大部分を下馬させた。フランス軍の両翼（それらは全く攻撃を受けなかったし、効果的な手向かいさえされなかった）は大部分が馬に乗ったままだった。クリッソンの「下馬戦術」は、国王側の年代記作者たちにとっていくぶん困惑のたねとなったが、[*65] それは戦場で防御態勢をとるときの慣行と合致するものだった。

ファン・アルテヴェルデはベヴェルフーツヴェルドでの成功をもう一度再現したいと思っていたらしい。フロワサールは彼が、砲と弩の掩護射撃のもとで槍兵がゆっくりと着実に前進するという戦闘計画を提案したと書いている。[*66] ところがこの計画には特有の矛盾が内在している。つまり、ファン・アルテヴェルデは、弓や火器を槍兵の密集方陣とともに移動させるには、以前の戦でリボードカンを使ったときのように、何かに積んで運ばねばならなかった。さもなければ火器を、不動の隊形のまま残しておかねばならなかった。そのどちらかだったのである。後者の場合、フランドル軍が前進することでフランス軍の大部分が砲火を浴びないですむようになるのは、火を見るよりも明らかである。なぜなら、フランスの歩兵がもっとも密集していたのは、前進してくるフランドル軍——彼らを支援する火砲はその後方にあった——のすぐ前のところだったからである。といって前者の場合、フランドル歩兵といっしょに火器を前進させることは、槍隊形を弱めるという危険を冒さずにやってのけることはできなかったろう。特にリボードカンを堅固な隊形の中に組みこむことは不可能だったろう。ベヴェルフーツヴェルドでは、ブリュージュ市民軍は自ら進んでヘント軍の砲兵のよい標的になったのだが、ローゼベーケでは事情がちがって、フランドル軍はある程度の機動性をもたねばならず、それが火器の効果的な使用を妨げたのである。フランドル兵の攻撃は中央部ではいくらか優勢になった。最初の砲撃でワヴリン、ハレウィン、デーレが殺され、国王部隊は後退したとフロワサールは語る。[*67]

決定的に重要だが答えることのできない疑問は、火器の発射と歩兵の突撃をどのように協調させたのか、ということである。私はこの点に関して次のように推測せざるをえない。フランドルの火砲は動かず、その砲撃の少しあとにフランドル歩兵の集団が動いてフランス軍の中央部に突っこんだのだろう。これがフロワサールの記す（わりあい軽微な）戦死者リストを生みだし、たぶん中央の横列をいくらか押し戻すのに貢献したのだろう。この時点から以降、資料は飛び道具についていっさい沈黙している。まるで突如として存在しなくなったみたいである。これは、ファン・アルテヴェルデが計算ちがいをしたのだと考えれば説明できると思われる。彼は飛び道具を移動するフランドル歩兵集団の外におくことによって、それを使って彼の襲撃部隊の側面を掩護しようと思ったにちがいない。彼はそういう掩護のための準備をほかに何もしていなかったらしい。ところが飛び道具は効果的な掩護にならなかった。下馬したフランス軍の中央部がどのくらい後退したのかという疑問に対しては、手に入るどんな資料を調べても満足のいく答は得られない。こちこちの国王派の[*68]『サン・ドニ修道士の年代記』は、フランス兵はたった一歩半しか退かなかったと主張するが、彼らがずっと後ろまで下がり、今や動きつつあるフランドル歩兵の集団の両側面が無防備の状態になってしまったことは明らかである。このためフランス軍はフランドル槍兵の無防備の両側面に対し、両側から同時攻撃をしかけることができるようになった。これは側面を掩護するフランドル側の砲火があったならできなかっただろうが、実際にはそれが全くなかったとどの年代記も語っている。『よき公爵ロワ・ド・ブルボンの年代記』はその側面攻撃全体を、まるでフランス側が即座に決定したことであるかのように扱っている。[*69] これはいささか空想的すぎる描写だが、その中に一粒の真実が含まれている可能性がないでもない。フランス軍の両翼が、フランドル軍の側面が砲火で掩護されていないのに気づいたとき、すぐさま包囲を行なうことができたのだ。ファン・アルテヴェルデがその準備をしそこねたか、それとも砲兵が再装塡する暇がなかったかのどちらかである。どちらにせよ、フランス兵は伸びたフランドルの隊形の中に自由に割って入ることができ、それを屠殺場に変えた。動揺していた国王軍の正面部隊ががっちり守りを固め持ちこたえている間に、側面攻撃がフランドル軍の隊列をますます密に圧縮した。フロワサールは虐殺の詳細についてはほとんど遠慮していない。またもやフランス軍はフランドル兵を「まるで犬ででもあるかのように」無慈悲に殺した。[*70] フランドル兵の死の多く、たぶんその大多数は、隊列が絶望的なほど内側へ圧縮されたときの窒息（圧死）によって引きおこされた。死者の中にフィリップ・ファン・アルテヴェルデがいた。彼の遺体は後に王の命令によって捜し出されたが、それには傷の痕は一つもなかったとフロワサールは言う。押しつぶされて死んだのだ。[*71]

ローゼベーケの戦は、フランドルの歩兵がはっきりと攻撃的役割を演じようとした点で、いくつかの面でクルトレーの戦の逆だった。軍事的経験があまりなかったファン・アルテヴェルデは、たぶん兵力の多さと、フランス兵を驚かして隊列を乱すことをあてにしたのだろう。彼の攻撃は一つのギャンブルであって、彼はそれに負けて自分の命を失い、彼の国の人々は自由を失ったのだ。戦術的にはフランドル軍は、砲火と部隊移動の協調が必要な作戦行動を試みたのであり、後の世代の人々はそういう作戦を実戦で試みる前に何年間も自分の兵士を訓練することになる。アルジュバロタの戦とカスターニャロの戦が、野戦で砲が効果を上げるにはたくさんの火器が必要なことを強調する（そして同時に、実際にこれを達成するのはどれほど困難かを示唆する）ように、ベヴェルフーツヴェルドの戦とローゼベーケの戦は、砲がもっとも有効に働くのは固定陣地を守るとき、そしてかなりの量の砲撃ができるときであることを示唆する。休みなく発砲をつづけようと努めながら兵力を移動させるのは——砲を攻撃的戦術の中で使おうとするならこれは実際上どうしても必要だ——達成困難なことが証明された。ローゼベーケの戦はまた、砲撃された側がパニックにおちいって逃走することがなかった点で、ベヴェルフーツヴェルドの戦、さらに砲が一定の役割を演じたほかのほとんどすべての十四世紀の戦闘の逆であった。火器が野戦に使われた初期のころにあっては、パニックを生みだせることが、戦いの成り行きに影響を及ぼす上で砲が有する事実上唯一の手段だったのだ。この心理的利点が失われたとき——フランドル軍がフランスの「職業（プロ）」軍に相対したときまさにそうだった——砲はまるで効果のないものになってしまったのだった。

攻城戦

火薬の攻城戦への応用については、これまでとはかなりちがったことが言える。ここでは野戦の場合に露呈した問題はたいしたことではなく、火器の利点——まだやや二義的なものだったが——が、それを活用するために必要なかなり大きな努力を試みるだけの価値を認められたのだった。中世のどの軍隊でも、軍事資源全体の中の大きな割合が、攻城戦——包囲攻撃をするにせよ、あるいはそれに抵抗するにせよ——に費やされた。ほとんどどの場合にも、防御側の優位は強大だった。攻撃側の主な武器は忍耐で、自軍の部隊が空腹や病気に悩まされる前に防御側が飢えて降伏することを当てにして待つのだった。大規模な攻城戦に必要な時間を短縮する見込みのある兵器だったら、どんなものだろうと多少の関心は向けられずにはすまなかった。

はじめのうちは、攻城戦での砲の使用を控えさせたのは、経済上、兵站上の考慮からで、戦術または技術上の理由からではなかったようである。材料は木で、大工の技術をもとに作られる投石機(トレブシエット)とはちがって、砲は金属職人の縄張りだった。砲は特別な仕事場で組み立てられ、そのあと攻城戦が行なわれる場所へ運ばなければならなかった。また発射する弾丸に比べてひどく重く、したがって陸上を素早く輸送する費用はとんでもなく高くつくことになった。これら金属製の物体の修理はたとえできても難しく、戦場では全く不可能だった。おしまいに、それらは高価な燃料つまり火薬を大量に必要とした。火薬の主原料、硝石は一三八〇年代以前は高価だった。

もちろんこれらの困難はすべて乗りこえられるものだったが、その一つ一つが軍の指揮官たちにとって解決を迫られる新しい課題となった。だから攻城砲が十分効果を示すほどに口径が大きくなり、また十分な数で使われるようになったのは、やっと十四世紀の最後の一〇年間になって火薬の値段が下落しはじめてからだったようにみえる。

これらの困難が、火器を攻城戦で使おうとする初期の企てに対してどのように影響したかは、サン・ソーヴール・ル・ヴィコントにあるイングランドの要塞をフランス軍が攻撃したときの事例に見ることができる。サン・ソーヴールはコタンタン半島にあり、一三六〇年のブレティニーの和約以後もイングランドの支配下に残された要塞化された場所の一つだった。そのあとにつづく不安定な時期、イングランド軍はサン・ソーヴールから出撃して、まわりの田園地域全体に一連の略奪襲撃を加えることができたが、一三七二年夏の初めには、イングランド兵を追い払ってその地域の困惑を終わらせるために、正規の作戦行動が開始されていた。一三七五年二月にこの要塞に対する全面的な包囲攻撃がはじまった。最初からフランス側はこの作戦計画に火器がきわめて重要だとみていたらしく、この攻城戦のための砲、石の砲弾、火薬を注文した一連の法律文書が残っている。[*72]

その攻城戦で使われた兵器の完全な目録は残っていないけれども、資料は「大小とも約四〇の兵器（エンジン）」が攻撃の絶頂時に稼動していたと述べている。そのうち少なくとも二つはパリから送られてきた火器で、一三七五年二月に交戦が始まって以来稼動していた。そのあと四月末と五月半ばに、その戦のために特別注文された別の砲が加わった。その中の二門は約一〇〇ポンドの重さの弾丸を射てるほど大きかった（ということは、直径一フィート弱の砲身をもっていた）。もとからあった砲に使う火薬の貯蔵は尽きてしまい、三月九日にパリから二〇〇ポンド運んで補わなければならなかった。[*73] イングランド防御軍はフランスの砲兵に対して飛び道具で反撃して自らを守る用意をしており、資料はイングランドの飛び道具が概してたいへん破壊的だったと評している。けれどもイングランド軍が火薬兵器を発射していたとははっきり述べておらず、ふれられていることを示唆している。被害の一部──大火災──は、「ギリシア火」タイプの焼夷弾が投石機から投じられたことを示唆している。[*74]

城壁の中のイングランド人を最も狼狽させたのは、飛んでくる弾丸が屋根をはじめ頭上にある構造物に及ぼした効果だったようだ。もしもこれが本当だとしたら、フランス側は火力を使って弾丸を高く射ち上げ、それが弾道を描いて防御側の建物のいちばん弱い部分、つまり屋根めがけて落下するようにしたのかもしれない。これは投石機の常套戦術だったのであり、フロワサールも、フランス軍は旧来の兵器（エンジン）も火器もともに使ってものすごい射撃を行なったと言っている。[*75] 逆にイングランド側は安全のために塔に閉じこもったとフロワサールは述べており、これはフランスの大砲が直接の射撃では塔の壁を打ちこわせなかったことをはっきりと示している。フランスの弾丸が一発、たまたまイングランド軍の指揮官チャッタートンの寝室の窓を破って中へ飛びこんだ。それはごろごろ音を立ててころがり、家具を打ち砕き、おしまいにすごい音とともに床をぶちぬいた。弾丸が打ちこまれたときベッドの中にいたチャッタートンは、そのすべてを目の当たりにしてかなり勇気を喪失し、講和を結ぶことを考えはじめたらしい。

中世の戦闘が終結するときには、事の本筋から離れた複雑なわき役的な出来事が顔を出すことがじつに多い。サン・ソーヴールの攻城戦の結末にもそれがすべて現われていた。フランス軍は砲を使ってその市を奪いとるつもりだったので、新しい火器で攻囲横列を補強しつづけたが、一方イングランド軍は老齢のエドワード三世からの援軍をあきらめた。五月二一日にチャッタートンは休戦に入り、五万五〇〇〇金フランにのぼる賠償金と引換えに七月三日にこの町を明けわたすことを誓約した！　イングランド軍の陣地はとても守りつづけられないようにみえただろうし、フランス軍がぎりぎり最後まで新しく作った砲と新しい部隊を陣地へ移動しつづけたのは事実だったのだが、それでも休戦は守られた。一三七五年七月三日にイングランド駐留部隊は隊列を保ってサン・ソーヴールの外へ出、金を受けとり、邪魔されることなくシャルトレ港へ進み、そこから故国へ帰還した。

全体としてみれば、フランス側がたいへんな努力をしてサン・ソーヴールで火器を使ったことが、実際にイングランド軍を撤退へ追いこんだのだとは結論しにくい。クレシーの戦のときと同様に、砲がおこした衝撃は物理的なものよりも心理的なもののほうが大きかったようにみえる。最終的に城壁のまわりに据えられた砲のうち、大部分は一度も火を噴かなかった。それらは休戦の間の力の誇示（ショー）として送りこまれたのだ。四門の砲だけがイングランド軍に対して使用されたことがわかっている。二門は二月に攻城戦が始まったときから使われ、ほかの二門はそれぞれ四月末と五月半ばに、サン・ローとカーンから運ばれた。[*76] あとの二門はあの寝室事件のあとにやってきたもの（やはり約一〇〇ポンドの重さの弾丸を射ったらしい）で、その出現がチャッタートンをおびやかして休戦を交渉する気にさせたのだと主張できなくはないが、しかし彼があれほど多額の賠償金を要求したことはそうではなかったことを示唆する。つまり彼は、たいへん中世的なこけおどしを演じて、じつに上首尾に戦闘を終結させただけなのだ。それればかりでなく、フランス側はすでに、火器を作ってそれをサン・ソーヴールへ運ぶためにかなりの金額を費やしてはいたものの、自分の砲よりは自分の黄金のほうに信をおいていたことは明らかである。[*77] 彼らのしたことが誤りだったとは考えにくい。

より安い火薬

そのあとの数十年間に火器をめぐる経済的バランスが変化したが、それは醸成場(プランテーション)から産出される安い硝石の影響をこうむるようになったからだった。火薬は一三七〇年代にはまだ高価だった。サン・ソーヴールで使うために調達された火薬は平均して一ポンドにつき一〇スー(〇・五リーヴル)した。[*78] こんな価格だったので火薬は節約して使われた。カーンでいろいろな大きさの砲が三二門ほど作られ、サン・ソーヴールの包囲攻撃の最終段階で輸送された(そこでは結局一度も発射されなかった)けれども、これらの砲といっしょに運ばれた火薬は三一ポンドにすぎず、したがって一門当り一ポンドにもならなかった。[*79] 技術面でいえば、大量の装薬を使うことは危険だった。砲自体があまり強くないことが多く、爆発して砲手に悲惨な結果を及ぼすことがよくあったからである。一回の発射に一ポンドの火薬という割合は十四世紀の記録や装備目録の中に見出され、[*80]この時期の砲は全体に比較的小さかった。一三八二年から八八年までの間にロンドン塔の会計簿は八七門の新しい砲を記載していて（そのうち七三門はウィリアム・ウッドウォードが製作した）、代価は重さによって支払われたと述べている。最大の砲の目方は六六五ポンドから七三七ポンドだったが、ほかの大部分は三一八ポンドから三八〇ポンドまでだった。[*81]砲の値段はそれほど高くはなく、一ポンド当り約四イングランド・ペンスだったが、もしも生産費だけできめたらもっとずっと高くなったかもしれない。全体としてみると、火薬の値段と破裂の危険のせいで初期の火器はどちらかというと小形のものがふつうだった。

十四世紀末になると、火薬の値段は下がりはじめた。一四二〇年代のフランスでは、一三八〇年代の値段の半分で、一ポンド当り約五スー（トゥール貨で）だった。[*82]フランクフルトはヨーロッパで最初の硝石醸成場が作られたところらしいが、ここでは硝石そのものの値段はそれ以上に急速に下がり、一三八一～八三年の一ハンドレッドウェイト〔アメリカで一〇〇ポンド、イギリスで一一二ポンド〕当り四一フロリンから一四一六年にはたった一六フロリンになった。この下落傾向は十五世紀の大部分を通じてつづいた。一四三九～四〇年にはフランクフルトの硝石の値段は一ハンドレッドウェイト当り一〇フロリンだったし、十五世紀の最後の四分の一にはフランスの火薬の値段は一世紀前の二〇パーセント以下となり、法律によってこのレベルに固定されるようになった。[*83]イングランドでの値段の変化のデータが得られるようになるのはやっと十五世紀半ばからだが、そのころには火薬の値段はすでにかなり低水準に達しており、その後十七世紀までその近辺のせまい範囲（一ポンド当り八～一一ペンス）にとどまっていた。[*84]オリエントからの硝石の輸入はつづいており、ヴェネチアは十六世紀にかなり入るまでずっと硝石貿易の重要な中心だったが、今や輸入製品は、かつての高い値段をぐんと下げた国内製品と競争しなければならなくなったようにみえる。これはもちろん、硝石が、乾いた石造の穴蔵と動物の糞尿がありさえすれば——そしてかなりの臭いをがまんするならば——だれにでも製造できるということになったなら、まさに予想されることである。時とともに「硝石醸成」は典型的な農民の産業となり、多くは国家の統制のもとにおかれた。[*85]

火薬と砲の両方の値段が下がり、合わせて硝石が非常に入手しやすくなったため、砲の需要はますます大きくなり、またますます大きな砲が求められるようになった。[*86] 大きな石を射ち出す大砲は十五世紀初めの軍の流行になった。サン・ソーヴールで使われた大砲は一〇〇ポンドの石の弾丸を射ち、ブルゴーニュのフィリップ豪胆公は二年後のオドルイク攻城戦でその二倍の重さの弾丸を発射する大砲を使ったが、[*87] これらはその時代としては上限に近かった。それは技術よりも費用のせいである。けれども一世代後、クリスチーヌ・ド・ピザンは彼女の攻城術に関する論考の中で、三〇〇ポンドから五〇〇ポンドの重さの弾丸を射つ大砲を使うようすすめている。[*88] 現実はすでに彼女の勧告をこえていた。というのは、それより大きな射石砲さえすでに作られており、その中には今なお残っている射石砲の中では最大の口径をもつ「プムハルト・フォン・シュタイル」が含まれていたからである。これは口径が約三一・四インチ(八〇センチメートル)で、重さ一五三三ポンド(六九七キログラム)の石の弾丸を射つはずだった(図3を参照)。[*89] 一四〇九年にブルゴーニュ公——この人のサークルにクリスチーヌ・ド・ピザンが加わっていた——は、七〇〇ポンドから九〇〇ポンドの重さの石を発射することができる射石砲を二門購入した。[*90]「ドゥレ・グリート」あるいは「ヘントの大射石砲」は鍛鉄製の大砲であり、長さ約一六フィート五インチ（五メートル）、口径二五インチ（ほぼ六四センチメートル）で、重量七五〇ポンド（三五〇キログラム）以上と計算される石の弾丸を射ち出すことができた。[*91]有名なフランドル製の大砲「モンス・メグ」は、ずっと後の一四四九年にブルゴーニュのフィリップ善良公のために鍛造され、一四五七年にスコットランドのジェームズ二世へ贈り物として送られた。これは全長が一

図３　「プムハルト・フォン・シュタイル」は今はウィーンの陸軍史博物館にあるが，現存するこのタイプの大砲の中では最も大きい．できるかぎり大きな石を射つという目標はその形から明らかに見てとれる（ウィーンの陸軍史博物館の許可を得て使用）．

図４　「モンス・メグ」は現在エディンバラで展示されている．全長約４メートル，重さ約５トンのこの巨砲は，1449年にブルゴーニュ公のためフランドルで作られ，1457年にスコットランドのジェームズ２世へ贈られた．

三フィート二インチ（四〇一センチメートル）、口径が一九・五インチ（四九・六センチメートル）、全重量は約五トン（五〇八〇キログラム）で、重さ五四九ポンド（二四九キログラム）の石の弾丸を射ち出すものだった[*92]（図4を参照）。

このような巨大な射石砲が出現したのにはそれなりの理由があった。砲身を鍛造し粒にしない火薬を作るという初期の方法によって限定される技術的状況の範囲内では、石の弾丸に十分な運動量をもたせる最良の方法は大砲を大きくすることだった。比較的ゆっくりとした速度で動く単一の大きな石の弾丸は、石造の標的に対して、やはり比較的ゆっくり動く多数のもっと小さい石よりもずっと大きい損害を与えることができた。火薬を装塡する手順は、装薬量が増すにつれて、それに好都合なように変化したらしいが、それでも火薬の量はまだ弾丸の重さのたった約一六パーセントかそれ以下に制限されていた[*93]。この制限は別の限界を指し示す。それは、大砲をどのように操作することができるかについての技術的限界である。十四世紀の終りごろにヨーロッパ全体で火薬の値段が下がったため、以前の砲よりも比率としては多くの火薬を消費する大形の砲を使うことに魅力が高まったのは明らかだったが、金属加工の技術は火薬製造と同じ歩調で発展してはくれなかったのだ。

この時期の砲にあっては、薬室の壁は主砲身の壁より厚くなければならなかった。だから薬室の直径はふつう砲身の直径の半分以下（約四〇パーセントかそれ以下）だった。このため、シュタイル砲（図3）のように特有のメガホン形になることもあったが、「モンス・メグ」（図4）のように外形を円筒形にするほうを好む設計者もいた。それればかりでなく、これらの砲の多くは、以前の砲と同じく、砲身の内腔が根元ほど細く、つまり円錐状になっており、したがって弾丸が砲身の中を進んでいくにつれて弾丸の石と砲身の内壁との間の隙間が大きくなるようになっていた。この設計は安全を考慮して弾道学的な性能を犠牲にしたものであり、これもまた大砲に伴う危険を示す指標とみるべきである。慎重な砲手は自分の砲に弾薬をつめすぎるようなことはとてもできなかった。このことは、彼らの弾丸の弾着時の速度が後世の標準からみればたいへんに低く、すぐ次の世代の砲手の標準に照らしてさえ低かったことを示唆している。

大きい射石砲の効果はいまだに限られていたものの、一四〇〇年ごろ火薬市場が経済的に変化したせいで、もっと口径の小さい攻城用の火器が著しくふえた。クリスチーヌ・ド・ピザンによるヴェゲティウスの『軍事要項』のフランス訳と、その改訂は、攻城戦に第一級の努力を傾けるとすれば何が必要かについて、洞察をもたらしてくれる。クリスチーヌは六〇〇の防御兵力をもつ要塞があったと仮定して、これを防衛するために何が必要であるかを考察し、石の弾丸を射つ砲が「少なくとも」一二門あったほうがよいと勧告する。そのうち二門は相手の砲列を砲撃するためほかの砲より大きいものでなければならない。さらに防衛要塞は「ブリコール」六門と「コイラー」二門——どちらも投石機(トレブシェット)の型をいう[94]——および「スプリンガル」つまり車両にのせた大きな弩を二つか三つもたねばならない。クリスチーヌは火薬を一五〇〇ポンド備えるようにすすめる。これは余分な補給が必要になった場合に備えて手許にとっておく五〇〇ポンドを含む。クリスチーヌのフランス語のテキストは、弾丸を作るための鉛一〇〇〇ポンドを備えるのが理にかなっていると記し、ほかに弩と長弓もあげている[95]。そのあとに二万四〇〇〇本のヴィルゾン

（弩のための小さい矢（ダート）または太矢）、弩のためのもっと大きい一万二〇〇〇本の矢、おしまいに二〇〇個の石の弾丸と、予備の仕上げていない粗い石の半加工品がつづく。

これに対して、攻城側が用意すべきだとされている装備も本当に印象的なものである。リストのトップは八門の投石機で、次に二四八門の火器――そのうち少なくとも四二門は二〇〇ポンドかそれ以上の石を射つ――のかなり雑然とした表がつづく。これは相当大きな保有量で、クリスチーヌはこれを維持するために火薬を約三万ポンド用意しておくようすすめる。この火薬の量は、数十年前の標準に照らしても大きいが、平均すれば一門当り一二一ポンド強にしかならない。火器のための石と鉛の弾丸は、クリスチーヌによれば約二二〇〇個になる（実際の総数は二二七〇個）。加工した石の弾丸は大砲と投石機にほぼ均等に配分される。つまり火器には一一七〇個、投石機には一〇〇〇～一一〇〇個である。石のほか、小弾丸用に鉛が五〇〇〇ポンド必要だ。[*96] クリスチーヌの言う攻撃軍のための火薬三万ポンドは、石の弾丸一個当り約二五・六ポンドにしかならないが、この平均値では鉛弾を射つ砲のための火薬を全く残していないことになってしまうだろう。彼女の本の第二七章「石の砲弾」の中でクリスチーヌは、大きい砲のための石の弾丸を最小限九万九〇〇〇ポンド要求している。十五世紀の装塡の方式から計算すると、火薬の量は弾丸の重さの一五～一六パーセントしか必要でない。このことは、用意される火薬のうちほぼ半分、一万六〇〇〇ポンドは大きい砲に使われるはずだということを意味する（弾丸の重さ九万九〇〇〇ポンドの一六パーセントつまり一万五八四〇ポンドが火薬の重さに等しい）。これなら、鉛弾を射つ砲を含む小口径の砲のための火薬の備蓄は、非常事態のための予備も合わせ、たっぷりと残るだろう。

これらはかなり大きな数字だが、まじめに受けとってよい理由は大いにある。クリスチーヌ・ド・ピザンはある軍事古典の改訂をしていたときたぶんブルゴーニュ宮廷のメンバーから助言を受けたようで、[*97]それを受け入れたらしい。クリスチーヌは攻城戦に必要な品目について非常に詳しく解説しているけれども、そのどこでも彼女の数字に奇怪とみえるものはないし、彼女の言う火薬の量が並外れて誤っているということもありそうもない。それればかりでなく、実際の攻城戦を個々に記述したほかの資料をみると、クリスチーヌは実際にはむしろ控え目すぎるほうへ誤ったかもしれないことが示唆される。一四〇七〜八年の冬に四五日間つづいたマーストリヒトの攻城戦では、大きな射石砲から一五一四個の石が射ち込まれたが、[*98]これにはもっと小さい砲弾は勘定に入っていない（クリスチーヌは六カ月つづく攻城戦の場合、一一七〇発の石弾を見込んでいる）。それから一世代後、オルレアンを包囲していたイングランド軍はたった一日（一四二八年一〇月一七日）で一二四発の石弾をこの市に射ち込み、一四三一年のリニーでは総数四一二発だったと報告されている。[*99]十五世紀初めにはクリスチーヌの見積りと同じくらいの量の火薬が備蓄されるのがごくふつうになっていた。一四〇六年にはカレーの包囲攻撃が予想されるのに備えて約二万ポンドの火薬が購入されている。[*100]一四一三年にパリの香辛料商人フランソワ・パストローは約一万ポンドの火薬とその原料をブルゴーニュ無畏公ジャンに売った。[*101]またイングランドのヘンリー五世が短期間（一四二一〜二二年）フランスの摂政をつとめたとき行なった調査では、パリだけで一万ポンドの「大砲用火薬」の備蓄があり、それに加えて一万ポンドの火薬が製造可能な原料と、八〇〇〇ポンド近くの硝石があった。[102] 戦術が進歩するにつれて火薬兵器が火薬兵器を生んだ。攻城側も防御側も非常に早くから、攻城戦では、大きい射石砲の操作員は時間のかかる再装塡操作の間防護される必要があることをさとった。蝶番つきの大きな楯、ふつう「マントレット」と呼ばれたものが多少防護に役立ったが、[103] 攻撃側にも防御側にも火器がこの問題を処理する最良の手段を提供した。防御側にとっては、攻撃側のマントレットにうまく弾丸を当てれば射石砲の射撃を中断させるか、うまくいけば破壊さえできるだろうし、一方攻撃側にとっては、大きい砲を操作している間の攻撃を受けやすい段階で、城壁の上にいる防御側から守るための「掩護射撃」（小口径の銃の射撃）を加えればよい。クリスチーヌはこのような局面のすべてに気づいており、彼女の数字は十五世紀はじめの戦争の新しい現実を反映している。

より安い火薬が大量に手に入ることは、攻城側が、機械的兵器や限られた火力といった古い体制のもとで可能だったよりもずっと早く事態を終結させる見込みが生じたことを意味した。一四一二年六月初めのブールジュの包囲攻撃で、攻城側ははじめに城壁に向けて設置した攻城機械がさっぱり効果がないのを見て、

> グリートと呼ばれる、ほかの砲より大きい大砲を運んできて、正門の真正面に据えつけた。それは大量の火薬を費やし、熟練した操作員が多くのつらい危険な仕事をする中で、おそろしく大きな石を射ち出した。それを操るのに二〇人近くを必要とし、それが発射したときは雷のような音が四マイルも離れたところまで聞こえて、その地の人々を地獄の怒りが生んだ

音かと恐れさせた。第一日目にそれは塔の一つの土台を一部打ちこわした。二日目には一二回発射し、石のうち二つが塔をつらぬいて、多くの部屋を吹きざらしにし、住んでいた人に怪我をさせた。同時に市のほかの場所で、ほかの道具が城壁をこわしつつあった。[*104]
守備部隊はそのあと間もなく講和条件を協定して降伏した。

この新しい能力が戦略面でどのくらい威力を発揮するかをたぶん最もよく示す例は、ヘンリー五世による北フランス侵攻の初期、アルフルールの攻城戦（一四一五年八月〜九月）に見られる。ヘンリーは先祖がフランスでやった戦争とは異なったスタイルの戦争、つまり騎馬隊による略奪を目的とする侵略ではなくて征服を目的とする遠征を行なった。[*105]彼の計画の論理は、重要な港を奪い、そこを通して以後自軍の補給を行なうというものだった。彼はそのために、ノルマンディーで最も富裕な港で、セーヌ河口に沿うすべての海上輸送の要（かなめ）であるアルフルールを選んだ。いろいろな資料は、ヘンリーの遠征軍が八月半ばにポーツマスから出航したとき、どれほど多くの火器を備えていたかを語っている。[*106]けれどもヘンリーの到着はおくれたし、アルフルールは包囲攻撃に耐えるには好都合な位置にあった。つまりよく防護された高潮港〔満潮のときだけ船が出入りできる〕で、四方が沼地に囲まれており、最新式の防御工事がなされ、補給の豊かな防衛部隊が駐留していた。フランス側はまたレザールという小さい川の流れを変えてアルフルールへ入る道を水浸しにしていた。ふつうの状況だったら、イングランド軍はこの市が陥落するまで法外に長い期間、たぶん秋と冬の全部を費やすと予想したかもしれない。

これに対してヘンリーの戦略を推し進めるには、この町を早く降伏させることが必要であり、それを実現する希望はひとえに彼の攻城機械にかかっていた。イングランド軍の行動ははじめは非常に保守的で、坑夫を使って防御側の城壁の重要部分を掘り崩すことを試みた。しかしぬかるみの地形で、フランス側が巧みに対敵坑道を掘って反撃したので、この努力は中止せざるをえなかった。ヘンリー[*107]は飛び道具（これはいまだに火薬兵器のほかに機械兵器を含んでいた）に頼らざるをえなくなり、城壁への砲撃をはじめた。ヘンリーの飛び道具については目録的な記録は残っていないが、たぶん砲が一二門もあり、そのうち少なくとも三門は、「ロンドン」「メッセンジャー」「王の娘」と愛称をつけられたほど大きかった。[*108]約四〇〇ポンドの重さの石を射ち出せるほどだったようである。[*109]フランスの年代記作者たちは、ヘンリーの兵器の「前代未聞の大きさ」と、それが出す音と煙を強調している。[*110]イングランド側の記録は、攻城軍が夜になると闇にまぎれて兵器(エンジン)をいっそう好都合な位置に動かしながら、休みなしに町を砲撃しつづけたと力説する。[*111]防御側も砲を何門かもっており、ほかに古い兵器もたくさんあったが、まさに衝突が始まったときにイングランド側はルーアンからアルフルールへ通じる街道上で「砲と火薬の樽と弾丸と投石機」の積荷を捕獲していた。[*112]防御側の抵抗が猛烈だったといっても、火力では劣っていたようである。敵味方の死傷者数を見積もるのは難しい。というのは、病気が実際の戦闘と同じほど、あるいはそれ以上の人命を奪っただろうからである。

イングランド軍は楼門の一つに攻撃を集中した。この楼門は城壁の前の地中に打ちこまれた数本の大きな木の幹で構築され、土と泥を上塗りして補強されていた。[*113]フランス側はこの重要地点を必死で守ったが、砲がなかったためイングランド側はゆっくりと自軍の砲をいっそう好都合な位置に移すことができた。大きい砲が楼門の壁を打ちこわすと、イングランド軍は石火矢を使ってついに門の内部の骨組に火をつけ、そのあとさらに焼夷性の化合物で火を大きくした（それが投石機（トレブシェット）から射ち出されたことはほとんど確実である）。[114] フランス軍はその陣地を捨てて残った門を通って逃げ、そのあと門を閉めきった。くすぶっているこわれた楼門はイングランド側の手にわたったが、イングランド軍は自分がつけた火を消すのにかなり苦労した。[115] この突出部を失って防御側の士気は衰えたらしい。というのは、彼らはヘンリーさえ驚いたほど早く、かなり不利な条件でイングランドとの講和に同意したからである。[116] 九月二二日、たった五週間の包囲攻撃のあとで、イングランド軍は勝ち誇ってアルフルールに入城した。

このイングランドの成功には砲が決定的に重要だった。そして砲は、このあとのランカスター王家によるノルマンディー征服の全体を通じて重要な役目を果たした。フランス側はアジャンクールの大敗から回復したあと、一四一六年にアルフルールをとり戻そうと努めたが成功しなかった。この時点からあとイングランド側は、できるかぎり多くのノルマンディーの町を自国の支配下において、フランス側に基地あるいは補給品貯蔵所として使わせないようにする方針をとった。一四一七年にはカーンを攻撃して陥落させ、ここは以後中部ノルマンディーのためのイングランドの主要な兵器補給所になった。そのあとファレーズが同じ年にイングランドの手に落ち、シェルブールは一四一八年、ルーアンは一四一八〜一九年、モーは一四二一〜二二年に同じ道をたどった。[117] 砲だけがイングランドの成功の要因ではなかったことはたしかだが、イングランド側が大いに努力して多数の火器を含む「砲兵隊」を組織し補給したことの中に、安い火薬と安い砲が可能にした新しい戦争の仕方を見ることができる。[*118] ノルマンディーを服従させるために必要だった火薬の消費は、以前の時代の基準からみたらべらぼうなほど巨額だとみなされただろう（たとえば四〇〇ポンドの弾丸を一発発射するのに約六〇ポンドの火薬を費やした――もっと小さい火器が消費する火薬のことはさておき――だろう）。硝石の醸成場は、戦争に勝つための基盤である補給網の中の決定的に重要な構成要素となっていた。

しかしある町を包囲攻撃したりそれに抵抗したりする伝統的な方法は全く役に立たなくなったわけではない。私たちがここで扱っているのは、攻城戦の革命ではなく、その変化の中の最初の段階にすぎないのだ。硝石を基本原料に使った推進剤と焼夷剤は、旧来の方法を補ってたいへん強力なものにした。たとえば、多くの「消すことのできない」焼夷剤は、酸化剤として硝酸基（NO_3）を用い、これがそれを消しにくくした。それは事実上、ごくゆっくり燃える低級の火薬混合物だった。[*119] 一方火薬爆弾は、坑夫の仕事を一段と効果的なものにした。坑夫は今や単に城壁の下を掘り崩すのでなく、基礎そのものを爆破することができた。アルフルールの陥落は、古い兵器と新しい兵器の緊密な協調体制が、そもそもの初めから整えられていたことを明らかにする。それ以後の世代は、戦争がひっきりなしにくり返されるなかで、古いものと新しいものを組み合わせる新たな方法を模索することになる。

それと同じように、十五世紀初めの重砲への新たな依存が、速く楽に征服する道を切り開くことはなかった。アルフルールはまたしても、砲撃の心理的効果はその物理的な衝撃と少なくとも同じほどには強力だということを証明した。ノルマンディーへの遠征の後半になると、フランスの防御部隊の準備がもっと整っており、また多くの場合イングランドの攻撃軍がアルフルールのときほど時間的に切羽つまっていなかったため、火薬兵器のすさまじさが増したにもかかわらず、攻城戦が何カ月もつづくことがあった。攻城戦一つ一つが自分の歩調と自分の論理をもっていたようにみえる。カーンはアルフルールよりさらに短時日で降伏したが、ルーアンは六カ月近く持ちこたえ、住民がネズミを食べて飢えをしのぐまでにいたってやっと降伏した。ファレーズの町は散漫な砲撃を受けただけで、一カ月もせずに降伏した。しかし城の守備隊は、もっと激しい砲撃を受けたのになお六週間頑張りつづけた。シェルブールは一四一八年に五カ月間の包囲攻撃の後に和を請うたが、ドゥルーは一四二一年に一カ月足らずの包囲攻撃のあと降伏した。これに対してブルターニュの町モーは、一四二一〜二二年に七カ月近く持ちこたえた。[*120] いつの時代でも同じことだが、都市住民の苦しみ、特に飢えからくるそれと、救援の見込みのあるなしが、一つの市が包囲攻撃にどのくらい長く持ちこたえるかをきめる主な因子であった。

およそ一三二五年から一四二五年までの一〇〇年間に、ヨーロッパ人は戦争で火薬兵器を使うことをはじめて体験した。火薬はこの一世紀をすぎたあと、約束を果たさなかったようにみえる。つまりそれはいまだに扱いにくい物質であり、本来演じるべき役割はまだ見つかっていなかったのである。特に野戦についてそれが言える。野戦に関しては火薬兵器は、十分発達した長弓や弩の本物の競争相手になるのに必要な技術的属性をまるでもっていなかった。マイケル・ロバーツはかつてこう評した。「戦術の観点からすれば、火器の発明は……ほとんど二世紀の間、まぎれもない退歩を表わしていた。戦闘での火器は、クレシーの戦の戦術をくり返そうと試みたが、それに使う道具はその目的にはこっけいなほど適していなかった。火器の重さ、信頼性の低さ、不正確さ、情けないほど遅い発射速度は、初期の手銃、アルケブス、マスケット銃を、たった一つの点を除くあらゆる点で、それらがとってかわった弩や長弓に劣るものにした*121」。

これらの欠点のすべてが、手銃の開発の初期の段階にあっては、最悪の状態にあり、一台の車両に多数の砲身をのせるリボードカンの方法を用いても、どれ一つとして帳消しにすることはできなかった。ルネサンスのすぐれた軍事思想家の中に、リボードカンにずっと魅力を感じつづけた人が何人かいたということは、それ自体は面白い問題ではあるけれども、私たちがずっと後の時代になってから振りかえってみると、野戦での砲の使用が成功するためには、それらを、もっと正確にとは言わないまでも、少なくとももっと持ち運びが容易でもっと多数が手に入るようにする、技術的変化を待たねばならなかったことを理解できる。これまでにみたように、野戦で砲が効果をあげることはめったになく、効果があがったときは、単なる物理的衝撃よりはむしろ主としておどしによって成功したのだった。ベヴェルフーツヴェルドの戦では、訓練不足のたぶん酔っぱらっていた市民軍は砲撃されたとき列を乱して逃走した。ローゼベーケの戦では、職業軍人の封建版である強固な部隊は砲撃を受けても断固として退かず、勝利をおさめた。

これに反して攻城戦は火器に対して、既成の軍事的活動範囲を提供した。それはすでに投石機（トレブシェット）が主役になっていた分野であり、人々が古くからこれに馴れ親しんでいたおかげで、攻城用の火器が演じることのできる戦術的役割の大部分がそこから示唆されたのだ。攻城戦では火器を採用する上での障害は主として経済と兵站に関するものだった。火薬は高価だし、十分効果をあげられるほど大きい砲は大量の火薬を必要とする上、陸上を移動させるのはきわめて困難だった。硝石を作るための醸成システムは初期の改良の中では最も重要だったようである。一三八〇年代から火薬の値段は下がっていき、そしてそれよりはるかに重大な——いつからかをきめるのもより困難なのだが——ことに火薬の供給がめざましく増加した（明らかに、需要曲線と供給曲線はともに急速に上方へ転じ、両者の釣合いである火薬の価格を一世紀以上にわたってゆっくりだが着実に低下させた）。この経済的変化がおこるとともに、防御側の城壁に対してかなりの効果を引きおこせる大きな砲を作ることができるようになった。この傾向は十四世紀後半からずっと認められ、一四一〇年から一四二五年までのランカスター王家によるノルマンディー征服のような遠征では、重要な戦略的役割を演じている。

大きな射石砲（ボンバード）と投石機を比べてみると、おなじみの対立関係がみられる。つまり一方は単純な、信頼できる、安い、古い技術、これに対するに、もっと新しく、もっと高価で、同じ目標を達成するのにより多くのことをしなければならない方法、というわけだ。攻城用の砲は軍の指揮官に、強固に守られた場所を降伏させるのにかかる日時を短縮すると約束した。一つの町を包囲攻撃するときには、大量の人員と装備——すべて金を意味する——の資源が動かせなくなり、野戦指揮官の作戦行動の自由が甚だしく縮小された。城壁を前にした時間が節約されれば、政治的にも金銭上でも見返りがあった。攻城用の砲はいつも急速な決着を達成したわけではないが、うまくいく場合がきわめて多く、十分当てにすることができたようにみえる。そしてこの当てにできるということは、最も微妙な心理的因子であり、けっして軽視すべきでない。砲は時に投石機よりも速く城壁をこわすことができ、包囲された市の内部に損害を引きおこすことができたが、多くの場合その最大の貢献は、防衛する駐留部隊にそれ以上の抵抗が無意味なことを納得させ、進んで和を請う気にさせることだった。防衛側が、非常に大きな攻城砲に対して同様な砲で応戦するのは困難だった（彼らがたとえ巨大な砲をもっていたとしても、城壁だけでは、発射の時の衝撃にまず耐えられなかったろう）。この理由だけからしても、大きい射石砲は攻撃側に有利に働いたのだった。

第三章　十五世紀における黒色火薬

われらの慎重な主君はおん自ら、
新しく鋳造された大砲の側に立ってその丈夫さをお調べになる。
大きい粒にした火薬の力をためすのがお好きで、
砲腔の大きさに応じて弾丸と弾薬包の仕分けをなさる。

(ドライデン『驚異の年』)

ロバート・ノートンは一六二八年に発表した砲術に関する論考の中で、「火薬は三つの原理ないし要素、つまり硝石、硫黄、木炭を混ぜて作られるが、その中で最高の破壊力を与えるのは硝石である」[*1]と書いたが、これは十四世紀以来の解説者たちが長い間言い伝えてきたことをくり返したものだった。一般にその道の権威の大部分は、硝酸カリウム(KNO_3)約七五パーセント、硫黄一〇パーセント、炭素一五パーセントを最良の処方とみているが、これにはさまざまな意見があって、混合率は特別な要求に合わせて調整されることが多い。[*2]これらの成分の固体を粉に砕いて混ぜ合わせてから燃やすと、ほぼどんな条件のもとであれ、セ氏二一〇〇〜二七〇〇度近辺の温度と、たいていの火薬で固体一グラム当り二七四〜三六〇立方センチメートルの体積のガスを生みだす。[*3]これらの気体はもしも密閉した容器の中で発生したら、その容器を破裂させ、一つの爆弾となるだろう。もしも端が開いた管の中で発生したなら、反応物質は管そのものを推し動かす（たとえばロケットの場合）か、さもなければ投射物を管から押し出す（たとえば鉄砲の場合）だろう。

これはみなじつに簡単なことのように聞こえるけれども、現実世界の兵器にあっては多くの複雑な事情が火薬の特性に影響を及ぼす。歴史的にみると、火薬の製造は近代化学よりはパン焼きやビール醸造にずっとよく似ていた。多くの処方や製法は実際に「うまく行く」が、なぜそうなのかはふつうろくに理解されずにいた。火薬製造者は料理人と同じように、原料の中の一見ささいな差異を利用して完成された製品に重要なちがいを生みだす。歴史家は、火薬製造法の変化が火器の設計と操作にどんな影響を及ぼしたか、それによって砲そのものが戦闘でどのように機能するようになったかを把握するために、少なくとも火薬の背後にある技術的な謎のいくつかを理解しようと努めねばならない。私たちはこれまでに、十四世紀末に硝石醸成場（プランテーション）が出現したころ、火薬製造と戦争の間にどんなつながりがあったか、その一つの例をみた。この新しい方法によって、安い火薬が大量に手に入るようになったので、十五世紀はじめに巨大な射石砲の製造が促進された。これこそまさに、私たちがふつうに技術が引きおこすと期待するような「経済的」効果である。火薬の歴史の次の段階には、もっとずっと微妙な問題が含まれる。それは火薬製造法の変化が火薬そのものの特性を変えたことである。

すべての火薬兵器の実際上の弾道に影響を及ぼす一つの基本的事柄は、火薬がどのくらいの速さで燃えるかということである。もちろん燃え方が速いとか遅いとかいう言い方は相対的なものである。現代の高性能爆薬を基準にするなら、火薬の燃え方はたいへんのろいので、「爆発」とか「爆轟」とかは全く言うことができない。単に速く燃えるだけである（業界用語では「爆燃」[*4]）。黒色火薬は「低級」爆発物とみなされるのがせいぜいである。歴史的にはこのことは重要ではないけれども、火薬が瞬間的に燃えるものでないこと、そして燃える速度がわずかに変化しただけでも火薬の有用な作用に重大な影響を及ぼす可能性があることをわきまえている必要がある。たとえば、マスケット銃や小さい砲の装薬のように、ほぼ最大燃焼速度で燃える火薬は、概して約七〜八ミリ秒の間に完全に酸化する。ほかの用途、たとえばロケットや鉱山用に設計された火薬は、もっとずっとゆっくり燃えるものでよい。砲のように時間の枠がきわめて限られている場合でさえ、燃焼速度のたった数ミリ秒の変化がその兵器の弾道学的な振舞いにきわめて強力な影響を及ぼすことがありうる。

その後の火薬製造者が燃焼速度を調節するため用いた主要な方法は、火薬の粒の大きさをコントロールすることだった。火薬の粒化（コーニング）は十九世紀には火薬産業の大きな関心事となっており、大きい工場の大半は火薬を数種の形状で生産し、粒の大きさも一ミリ以下から一五ミリ以上にわたっていた。[*5] けれども粒火薬は産業革命のずっと前に生まれていた。それは十五世紀の技術革新だったのだが、そうはいっても工業時代の火薬メーカーが当時の製品を見てもまずそれとはわからないだろう。これまで歴史家は粒化の歴史をろくにとり上げてこなかった。粒火薬が以前から使われていた粉末火薬より「強力」だったことは広く認められているのだが、初期の粒化の歴史を記述することや、この変化が兵器の設計にどのように影響したかを明らかにすることには、ほとんど何の努力もなされなかったのである。現在わかっているのは、一四二〇年代から一五二〇年代まで、粒火薬は粉末火薬と並んで使われたこと、[*6] それ以後は粒火薬が優位を占めるようになったことである。これはけっして単純な転換ではなかった。それは技術の一直線的な「進歩」の例ではなくて、火薬製造と銃砲鋳造の両者が相互に依存しながら変化するプロセスだったのである。火薬の生産と火薬の使用を結びつける技術的方程式の両辺が、それぞれ他方からの挑戦に反応して変化したのだ。十六世紀の半ばになると、銃砲も火薬もともにそれまで使われてきたものとはたいへん異なっていた。

粒化のはじまり

一般に粒化は、銃砲の弾道学的性能を改善しようという努力の中から生まれたと考えられている。これは半分真実だが、たいていの半面真理と同様に、先入見になっているもっと大きな体系——この場合は前にもふれた軍事技術の「ダーウィン的」進化モデル——の中にはまりこんでしまう。粒化に言及した最も古いテキストは、粒化された火薬は粉末火薬よりも貯蔵中に劣化しにくいことを強調している。火薬は単一の化合物ではなくて、乾いた粉末状の固体を機械的に混合したものである。燃焼がともかくおこるためには、硝石、硫黄、木炭を砕き、ひいて細かい粉にし、よく混ぜ合わせなければならない。後に「混和」と呼ばれるようになるこの処置は、粉末火薬を得るためにもともとは完全に乾かした成分を使って行なわれた（図5を参照）。粉末火薬は今日作られるどんな火薬より細かく——じつはあまりに細かすぎて効果的に燃えない——また表

図5　火薬の原料をふるいにかけ，目方を測っているところ．火薬は単純な混合物だから，細かい粉にした成分を慎重に測って混ぜ合わせるのが，完全燃焼を達成する唯一の方法だった（王立兵器保管委員会の許可を得て使用）．

面積と体積との比がたいへんに大きい。

あるきまった容積の空間を直径の大きな固体（たとえば粒の粗い粉）とそれより直径の小さな固体で満たすとき、それぞれの全体積は同じだろう。けれども大きい直径の固体は、小さい直径の固体よりも全表面積は小さいだろう。円筒形の紙屑かごに、はじめソフトボールをいっぱい詰め、次にはピンポン球をいっぱい詰めたと想像してほしい。ソフトボールもピンポン球も、紙屑かごを完全に満たして余分な空間は全くなく、すべての球は最も密に詰めたときの配列、つまり面心立方格子の状態にあるとしよう。そういう状態では、どちらの球も、大きさに関係なく、全体としては使える空間の七五パーセントにわずか足りない容積を占めるだろう（厳密には七四・〇五パーセント）。[*7] だからすべてのソフトボールを合わせた体積は、すべてのピンポン球を合わせた体積に等しく、ともに紙屑かごの全容積の〇・七四〇五倍である。このことは、球の間の何もない空間の合計もまた両方の場合で同じになることを意味する。しかしすべてのピンポン球の表面積の合計は、すべてのソフトボールの表面積の合計よりもかなり大きいだろう。より小さい粒は、単位体積当りではより大きい表面積を意味するのである。

さて、火薬の粒は完全な球でなく、面心立方格子状にぎっちり詰めこむことができないのは事実だが、ふつうの物体の多くで、程度の差はあるもののこの詰めこみの法則がほぼ成り立つ（たとえば果物屋の店先のリンゴの山）し、粒状の固体でも同じである。格子理論から得られるこのちょっとした洞察が、粒状の火薬についてある重要な事実を理解する助けになる。つまり最も小さい粒子は大気にふれる表面積が最も大きいから、湿気を吸収する火薬の傾向も粒子の大きさが小さくなればなるほど増すだろう。火薬はたいていの固体と同じく水分を表面だけで吸収するから、どんな方法にせよ全表面積を最小にする（もっと正確にいえば、単位体積当りの全表面積を最小にする）ならば、大気から吸収する湿気の量は減ることになる。火薬製造者は火薬の原料をよく混ぜ合わせるためできるかぎり細かく砕かねばならなかったが、そうすることによって空気そのものから湿気をよく吸収する火薬を作りだしてしまった。この問題は、成分を混合したあと火薬を玉または丸い塊にすることによって、少なくとも部分的には解決することができた。そうすれば、火薬の全質量のかなりの割合が火薬の粒の内部にかくされて、大気の湿気の有害な効果を免れることになろう。

歴史的には、粒化（コーニング）は、多くの初期の火薬に関するテキストの中にたびたび見出される「実験」から生まれたものである。これらのテキストは、いろいろな音、臭い、煙の色、その他の性質を生じさせるために、火薬の基本成分にさまざまな物質を加えるよう勧めている。樟脳、サル・アンモニアック〔塩化アンモニウム〕、おが屑、鉄粉、その他じつにさまざまな塩類が火薬に加えられた。水、尿、ワイン、ブランデー、酢も試された。しかし液体を加えると、すでに混ぜ合わせられていた火薬の粉はペースト状になり、これは乾かして改めて砕かなければ使うことができなかった。乾いていた成分がペースト状になるとき、硝石（成分の中でよく溶解するのはこれだけである）の一部はわずかな量の液体中に溶けるが、そのペーストが乾くとき、硝石は粉になった木炭にあいている細孔の外側にも内側にも再び姿を現わし、混合物をぼろぼろ砕けやすい固体にする。原料の木の種類によって細孔の構造が異なることが、なぜカンバ、ハンノキ、ヤナギといった種類から作った木炭が火薬の原料として伝統的に好まれるのか、また砕いた石炭など細孔をもたない炭素を用いたのではなぜ実用的な火薬は全くできないのかの理由であるようだ。

火薬製造者たちはすぐに、ペーストにしてから乾かした火薬は弾道学的に「より強く」、またほかの火薬より寿命が長いのを発見した。この製法に言及した最も古い文書でさえ、そういう火薬は「より強力」で「長持ちする」、つまり「傷みにくい」と言っている。[*8]『火薬の本』の最も古い原本はまだ見つかっていないが、一四二〇年より前に書かれたといってまちがいはないだろう。

この本の無名の著者もしくは編者は、自分が「塊の火薬」と呼ぶものについて記述している。それにはこうある。硝石、硫黄、木炭の混合物を「上等のワインから作った酢で湿らせよ。その混合物を木の臼でつき混ぜ、酢をたっぷり加えて塊にし、それから塊を分けて好きな大きさに丸めよ。次になめらかな丸い深い柄つきなべ、あるいはポット、あるいは銅のボウルをとり、湿った塊をその中へ、チーズをポットの中へ押しこむときのように押しこめ。そのあと板の上にたたいて出せ。楽に出てくるだろう」[*9]。本文はつづいて、その塊を季節に応じて日光に当てるか小屋の

図6　ボウルの中で火薬の「クノレン」を作って日に当てて乾かす．その火薬の塊の相対的な大きさは，この絵では遠近法を十分に使っていないとはいえ，はっきりわかる（チューリヒの中央図書館の許可を得て使用）．

中に並べて風乾することを記述し、熱源として火を使う場合の適切な警告を添えている（図6を参照）。[*10] このテキストには小さい形を整えた粒の製造は示されていない。それに代わって、風乾しにした製品「クノレン」（Knollen）について記しているのだが、このドイツ語は今日では団子や饅頭をさすのに使われている。このためかつては、研究者はこのテキストが言っているのは非常に大きな火薬の塊で、大きさでは十九世紀の大砲用火薬の最大級のものに匹敵すると考えた。けれどもそのような解釈をしたのでは、もう一段階を加えることなしに『火薬の本』の指示だけを用いてどのようにして役に立つ火薬を作ることができたのかはとうてい理解しがたい。じつはクノレンという語は慣用語としては、食品の塊またはかけらでテニスのボールほど大きいものから干したコショウの実ほどの小さなものまで意味する。クノレンという語の語義上の範囲が、なぜこのテキストの説明は不完全か、そしてなぜそれの解釈をめぐって学者たちの意見がこれまで分かれていたのかを説明してくれるだろう。[*11]

幸いなことに、『火薬の本』の後世の手写本の一つに、この火薬のクノレンは銃砲に詰める前に割るか砕かねばならないという忠告が含まれているおかげで、事情がはっきりする。[*12] これによって塊はバラバラにされて不規則な粒、たぶん英語の「クラム」〔パン屑〕が表現としては最もぴったりのものになるだろう。『火薬の本』に記載されている方法は「フォゲティロス」、つまりガリシア地方〔スペイン北西部の海岸地方〕の農民花火製造者――一九五〇年代になってもまだ活動していた――が使っていた方法にたいへんよく似ている。彼らは火薬の原料成分に水を少し加えて粉砕用の臼のなかでこねまぜ、できたペーストを直径約八センチの「ボラス」つまりボールにした。このボラスを戸外で日に当てて乾かし、そのあと安全に貯蔵した。この火薬を紙の筒に詰めてロケットや爆弾を作るときには、ボラスを臼を使って砕いた。[*13] フランチェスコ・ディ・ジョルジョ・マルティーニは一四七〇年代の著書の中で、長い出征中に火薬を保存する「秘密の」方法について助言している。彼は言う。火薬を強い白酢（ホワイト・ビネガー）で湿らせ、そのあとそのペーストを四～八ポンドの重さの長方形の塊（ローフ）にせよ。これらのローフは乾燥したら永久にもつだろう。[*14] 同じような方法は、十五世紀の北海沿岸低地帯西部の火薬製造資料の中にきわめてあいまいながら言及されており、中国では十六世紀に粒化技法がたぶんイエズス会士によって導入された後に書かれた資料の中に、もっとはっきりと記述されている。[*15] ロバート・ノートンの『砲手』（一六二八年）にはアクア・ヴィタエ〔ブランデー、ウィスキーなどのアルコール飲料〕を混合液に使う同様な処方がのっている。彼の言では、これらの火薬のボールは、適切に保存すれば、「年がたっても腐敗せず、目減りもしないだろう」。[*16]

では、そのようなややこしい操作が必要だと思わせたのはいったい何だったのだろう？　ヨーロッパ人が十三世紀以来知っていた火薬の粉末形態にはどんな「まずい」ことがあったのだろう？　火薬を粒にすることによって弾道学的性能が改善されたということは、とても納得のいく説明にはなりそうもない。結局のところ、まだ銃砲にはほんのわずかの火薬しか装塡されなかったのであり、十五世紀初めには粒化された火薬はあまりに強力すぎるので特別な用心なしには使えないとみなされていたことを示す証拠がたくさんある。実際粒火薬は、安全のため粉末火薬と同程度まで弾道学的性能を下げて用いられたのだ。多くの現代の著述家は、粒火薬は組成が均一だろうし、輸送の間に混合物がゆすぶられても成分に分離することはないだろうと言っている。分離の問題が火薬を粒化する努力を促進するなどということがありえただろうか？　ありえたかもしれないが、私の知るかぎり初期の文書で分離について文句を言っているものは一つもない。これに反して湿気による劣化についての文句はひんぱんに見出される。じつを言うと、硝石、硫黄、粉末にした木炭の比重はかなり近い値（硝酸カリウムが二・一〇九、硫黄が二・〇七、無定形炭素は原料の木の種類によって異なるが一・八～二・一）だから、輸送中に密度の差によって分離する傾向はほとんどないはずである。とはいえ粒の大きさの不規則性が分離を引きおこしたのかもしれない。たとえば硝石の粒子が平均して硫黄の粒子より大きかったとすれば、前者は表面に上がってきたかもしれない。けれども主要な原料は最後の混和の段階では同じ臼の中で砕かれており、この操作でかなり均一な粉末ができたはずである。してみれば、大気の湿気の吸収の問題が刺激となって粒化の試みがはじまったというのが最もありそうなことである。

この想定はもう一つの問題を呼びおこす。古典的な黒色火薬は硝石つまり純粋な硝酸カリウム（KNO_3）を使って作られ、この硝酸カリウムとたいていの木炭は空気から湿気を吸収する性向を多少もっているが、その点では大きな問題になるほどではない。しかし十九世紀には一般的に硝酸カリウムの代用にされていた硝酸ナトリウム（$NaNO_3$）となると、話は別である。硝石のほかの形つまり硝酸カルシウム（$Ca(NO_3)_2$）は三つの硝酸塩の中ではいちばん吸湿性が強いため、その後の火薬製造ではけっして使われなかった。中世の硝石で醸成法によって作られたものは当然純粋な硝酸カリウムではなかったようで、大量の硝酸カルシウムを含んでいたらしい。だから中世の砲手は「自分の火薬を乾燥状態に保つ」のに苦労し、それで出来あがった火薬を粒化することが一般的に行なわれるようになった。

硝石の生産

パンやワインやチーズと同じく、火薬も結局は微生物の作用によって生じる。生物の組織が腐敗するとき（または何かほかの生物によって消化されるとき）アミノ酸はより簡単な化合物へと分解される。この分解の重要な副産物の一つがアンモニアで、分解のいくつかの段階で最終産物として生じることが多い。アンモニウムイオン（NH_4^+）は酸化されると亜硝酸塩と硝酸塩を作るが、この反応は主として二種の細菌、亜硝酸菌（*nitromonas*）と硝化菌（*nitrobacter*）の作用が組み合わさって生じる。前者はアンモニウムイオンを酸化して亜硝酸塩にすることによりエネルギーを得る。

$$NH_4^+ + 3/2O_2 \longrightarrow NO_2^- + H_2O + 2H^+ + 6e^-$$

硝化菌は亜硝酸塩を酸化して硝酸塩にすることにより反応を完結する。

$$NO_2^- + 1/2O_2 \longrightarrow NO_3^- + 2e^-$$

これらの反応は、たいていの人にとってなじみのないものだろうが、じつは無数のアマチュア園芸家が自分の裏庭でごみを積んで堆肥にしているとき、早く進行してほしいと願う化学変化なのである。硝酸塩は、堆肥を作る人たちができれば使わずにすませたいと思っている市販の肥料の主成分なのだ。亜硝酸菌と硝化菌の働きを最初に発見したセルゲイ・ヴィノグラツキーは、これらの菌がちゃんと育つには炭酸カルシウムまたは炭酸マグネシウムが必要なこと、また豊富な酸素を必要とすること、およびこれらの菌は強い酸性状態では生きられないことも発見した。[*17] 腐敗しつつある有機物質はほとんどどれも硝酸塩を作りだすだろうが、必ずしも利用できるほど大量に生じるとは限らない。諸条件が最も好適な環境を作りだすことが、初期の硝石製造家の課題だった。

これは主としてヨーロッパの問題だった。いろいろな硝酸塩——ナトリウム、カルシウム、マグネシウムの硝酸塩であることが多い——が地層堆積物として天然に産出することがあるが、それらは大規模な有機反応が非常に長い年代にわたっておこった結果である。だがそのような堆積物はヨーロッパではスペイン以外に見出されない。この種の堆積物で現在最も有名なものは南アメリカのチリに見られ、これは主として硝酸ナトリウムから成っている。近世以前にあってはガンジス川の渓谷が商業的硝石生産に最も適した地域と期待された。ここには人間と動物の排出物が土の中に高濃度で存在した上、暑い気候条件と偶然にも好都合な化学物質が含有されていたことが重なって、ほかの場所よりも高い硝酸塩収率が得られた。中世からチリの資源の発見までは、インドがヨーロッパに大量の硝石を供給したようにみえる。[*18] ジェームズ・マッシーは一七九五年の著書でこう説明した。インドでは、「硝酸塩を最も高度に含む物質は溜池か浅い沼の底に見出される。池はこの国ではたいへん広いものが多く、そこでは水が太陽の熱によって蒸発し、あとに大量の汚物が残って腐敗し、それが硝酸性のきわめて強い泥を提供する」。[19]公刊された硝石貿易の経済史は存在しないので、ヨーロッパの供給量のうちどれだけが域内で生産され、どれだけが輸入されたのかを見積もることは不可能である。しかし前に言及した価格の動向からも、また硝石醸成場の話が出てくる頻度からも、一三九〇年ごろからあとヨーロッパ域内の硝石生産が大きくなったことは明らかだが、域内産硝酸塩と輸入硝酸塩の比率は依然として謎である。

火薬を扱った初期のヨーロッパの文書は、硝石をどのようにして生産するかについては全くあいまいなものが多い。実際、十六世紀までは硝石生産のはっきりした技術的記述は存在しない。硝石醸成場のことは、十四世紀後半の古文書記録の中に出てはくるものの、最初の「技術的」記述が見出されるのはコンラート・キーザーの『戦争について』（一四〇五年ころ）であり、同書では製法全体がややあいまいに扱われている。[20]そのほかの十五世紀の技術的論考も硝石生産にふれてはいるが、重要な技術的識見は何一つつけ加えられていない。[21]多くの十六世紀の印刷された論考、たとえばビリングッチョ（一五四〇年）、ゲオルギウス・アグリコラ（一五五六年）、ラッァルス・エルカー（一五七四年）[22]の著作は、「硝石床」に言及しているが、製法を非常に詳しく記述したものは一つもない。

イングランドに硝石醸成場を開設してひともうけしようと企んだドイツ人ゲラルト・ホンリックが一五六一年に書いた手写本は、硝石工場の経営についてもっと役に立つ情報を提供してくれる。ホンリックは原料として、「黒い土」（たぶん積み上げられた廃物、主として糞便）、尿（「すなわちワインか強いビールを飲む人のもの」)、家畜の糞(「特にカラスムギを与えられる馬のもの」)、二種類の「石灰」、一つは「焼き石膏」(たぶん生石灰つまり酸化カルシウム〔CaO〕だが、これはすぐに湿気を吸収して消石灰つまり水酸化カルシウム〔$Ca(OH)_2$〕になるだろう)、もう一つはカキの殻つまり炭酸カルシウム($CaCO_3$)をあげた。彼は言う。これらの原料を、煉瓦を敷きつめた乾いた環境の中に、一定の温度を保って保存しなければならない。少なくとも一年間、この堆積物を二週間ごとに引っくり返しつづけなければならない。そうすれば壁や床に天然の硝石が「雪が降りつもるようにくっつくだろう」から、それをはきとって集める。[*23] このホンリックの処方は、近代の研究が亜硝酸菌と硝化菌の生育に必要だと指示している原料と条件をまさに言い当てている。つまりそれらはアンモニウム(尿から)、半ば分解した有機物質(「黒い土」に馬糞を補ったものから)、「土」と糞の酸性を中和するためのアルカリ性成分(石灰から)、菌が正常に育つためにどうしても必要な炭酸カルシウム(カキの殻から)である。細かなことまで本当らしく聞こえる。たとえばホンリックが、ワインやビールを飲む人の尿とわざわざことわっているのは、からだがアルコールを代謝するにつれて尿中のアンモニア含有量が著しくふえる(実験では一般に被験者がアルコールを摂取したあと三倍に増加する)という事実に基づいている。大酒飲みの尿は下戸の人の尿よりも、堆積物にとって非常に必要なアンモニウムイオンを余計にもたらすのである。[*24] 混合物をたびたび引っくり返して空気によくふれさせると、微生物がより多く酸素にさらされることになる。この過程は一年かそれ以上かかるが、硝石の収率は近世以前の基準からみればかなりのものと思われる。

空気がほとんど循環しない閉じられた空間の多くは、ホンリックの条件を近似的に実現することができる。読者の方々は建物の基部に、特に冬には乾燥して冷たくなる場所に、白い結晶が噴き出るという、ありふれた現象を自身観察したことがあるかもしれない。これらの結晶に検出可能な量の硝石が含まれていることは、あってもまれである。パーティントンは現代の一標本を分析し、硫酸ナトリウムが主成分であることを見出したが、十八世紀および十九世紀初めの著述家が見つけた標本の中には、分析の結果硝石が見出されたものもある。[*25] ヨーロッパ大陸でもイングランドでも、フランス語で「フーユ」(fouille)と呼ばれていたこと、つまり壁をこすりとって硝石をかき集めるのを許す慣習が広まっていたせいで、硝石がひとりでに壁の上に成長すると一般に考えられるようになった。[*26] 本当を言えば、硝石をかなりの量生産した昔の壁は、サンプルをとったときにはそうでなくても、過去のある時期にたぶん家畜小屋か便所のごく近くにあったのだろう。特に穴蔵の壁には何かの硝酸塩がしみこんでいて、後になってそれから結晶が析出した可能性がある。十九世紀半ばから衛生設備が全般的に改善されたため、壁からこすりとったものに含まれる硝酸塩の平均量は、ほとんどゼロ近くまで減少したようである。

近代化学もホンリックの記述も、彼の方法を実行すれば、堆積物を浸出・濾過したとき塩類の混合物が得られるのは確実だとしている。特にカルシウムとマグネシウムが多いだろう。温和な気候のもとで耕された土の場合、ナトリウムとカリウムは合わせてもふつう陽イオン全体の五パーセント以上にはならず、カルシウムとマグネシウムが、耕作に適する土に含まれる交換可能な陽イオン補足物の約九五パーセントを占める。[*27] そればかりでなく、亜硝酸菌と硝化菌がうまく育つかどうかはカルシウムとマグネシウムにかかっており、カルシウムは堆積物にわざと加えられたものである。ナトリウムとカリウムは糞便の使用によって量がふえただろうし、製造過程の間に「灰汁（あく）」を大量に加えたこともそれらのパーセンテージを高めただろう（自然産の灰汁はナトリウムとカリウムの混合物を含んでいるが、その量は灰汁の原料である灰の種類によって変わる）。だがそれでも、カリウムは陽イオンの中で依然として少量だったにちがいない。たとえばカラスムギをえさにする馬の糞を使えというホンリックの助言は、カラスムギがほかの馬の飼料である牧草や干したクローバーに比べてカリウムを多く、ナトリウムを少なく含むことからして、意識的ではないにせよたぶんカリウムをふやす手段を表わしているのだろう。[*28] 同じように大酒飲みの尿を使えというホンリックの勧告も、ナトリウムを減らしカリウム含量をふやす手段として意味をもつ。ナトリウムの排出はアルコールを代謝している間は減るからである。[*29] ナトリウムを避けるのが望ましいことはアグリコラとエルカーも証言しており、彼らは大桶で浸出液を煮て水を蒸発させているときに底にできる「塩」を、冷めないうちに除くように勧告した。エルカーはあからさまに、その粗塩を精製して食卓塩として売るようすすめた。[*30] 火薬製造者は硝石の中にふつうの塩（塩化ナトリウム）が混じらないようにすべきことを知っており、親方砲手は火薬の味で食塩が混じっているかどうかを調べることに精通していた。

課題は望みの種類の硝酸塩を、汚染している化学物質から分離することだった。そうするための主な手段は、水中の塩類を、余分な液体をすべて沸騰・蒸発させて濃縮し、そのあと飽和した溶液を冷やすことだった。カリ硝石（KNO_3）はセ氏一〇〇度近くの水に一〇〇立方センチ当り約二四七グラムの溶解度をもつが、〇度のちょっと上では一〇〇立方センチ当り一三・三グラムしか溶けない。[*31] したがって硝石でほとんど飽和した熱い水溶液を入れた容器を放置して、作業場内の常温（セ氏一〇〜一五度程度）まで冷やせば、それだけで硝石の大部分が沈殿する。火薬の正常な燃焼にとって最も有害な塩類の一つ、食塩（NaCl）を除くにも今の方法がみごと役に立つ。食塩は一〇〇度では一〇〇立方センチ当り三九・一二グラム溶けて飽和し、〇度になってもまだ一〇〇立方センチ当り三五・七グラム溶けている。液が冷えたとき、好ましくない食塩の大部分はなおも液中に溶けて残るだろうが、一方硝酸塩は容器の底に沈殿する。これを二、三回くり返せば、たいへん効果的に硝酸塩を塩化物から分離できるし、この方法は硫化物から硝酸塩を分離するのに使ってもかなり有効である。

しかし残念なことに、この方法は硝酸塩を選別するだけで、硝酸カリウムと他の硝酸塩、たとえば硝酸ナトリウム、硝酸マグネシウム、硝酸カルシウムとを同じくらい効果的に分別することはできない。たとえば硝酸ナトリウムは熱い水には冷たい水の場合のおおよそ二倍溶解し、硝酸カルシウムは熱い水には冷たい水の約三倍溶解する。これから考えれば、前述の分別結晶法を使えば、これらの硝酸塩のかなりの量を沈殿させることができるだろう。この手順をくり返せば、実際硝酸カリウムの含有率は増すが、それでもまだ全硝酸塩のあまりにも多くの量が溶液の中に残るだろう。堆積物から浸出・濾過したばかりの液には一〜三パーセントの硝酸塩が含まれている。この小さなパーセンテージの中のかなり大きな割合が溶液中に残るのでは、プロセス全体が無意味になってしまう。硝酸カルシウムの存在は処理のこの段階ではそのまま容認されたことは明らかである。火薬の燃焼という点だけでみれば、硝酸ナトリウム、硝酸カルシウム、さては硝酸マグネシウムでさえ、特別問題にはならなかった。実際、硝酸ナトリウムは十九世紀には広く使われた。その燃焼特性は硝酸カリウムのそれとは少しちがっているが、別に劣ってはいない。[*32]しかしルネサンスの火薬製造者の観点からすれば、硝酸カリウム以外のどの硝酸塩も、吸湿性が強すぎて好ましくなかった。カリウム以外の硝酸塩で作られた火薬は、大気の湿気をよせつけない特別な処置が講じられないかぎり、すぐに駄目になってしまうのだった。

硝石製造家はやっかいなディレンマに直面したらしい。細菌の作用を促進するには、完成した製品には混じっていてほしくない成分を加えなければならなかったのだ。明白な解決法は、堆積物の浸出・濾過で得た液にもう一段階処理を加えて、カルシウム、マグネシウム、ナトリウムがカリウムに置換されるような反応をおこさせることだった。のちに一般的になったやり方は、伝統的な洗浄剤つまり木灰を使って、粗硝石を「精製」するというものだった。ビリングッチョは、硝酸塩を含む「土」を、生石灰と木灰を混ぜた水の中で洗うことを記している。[*33]この「浸出」の目的は、混合物の中に含まれている硝酸塩に木灰の中のポタシ（K_2CO_3）を反応させて、望ましくないカルシウムを炭酸カルシウム——石灰石の主成分であるたいへん水に溶けにくい塩——にして除くことだった。炭酸カルシウムは冷たい水には一〇〇立方センチ当り約〇・〇〇一四グラムしか溶けず、炭酸マグネシウム（マグネサイト $MgCO_3$）も同じくらい溶けにくい（一〇〇立方センチ当り〇・〇一六グラムで飽和する）。ポタシを使う浸出と分別結晶法を組み合わせれば、空気から水分を吸収して火薬を台なしにする傾向が最も強いこれらの塩を効果的に除くことができた。ナトリウム硝石は混合物の中に残るだろう（これはたぶんホンリックがなぜ前述のような助言をしたのかの理由である）が、全体としてみればこのように処理した硝石は、近世以前のヨーロッパ人が作ることができた硝石の中で最も良質のものだった。

歴史家にとっての疑問は、ヨーロッパ人はいつこのような硝石の製法を学び知ったのか、ということである。残念ながら、ビリングッチョの文書（一五四〇年ころ）がポタシ浸出をはっきり記述した最初のものなのである。それ以前の文書でいくらか似たことを記載しているのは、紀元一二八〇年ころシリア人のハサン・アッランマーフ・ナジム・アッディーン・アッアーダブが書いた、バルードを作るとき木灰を添加するというあいまいな処方だけである。ランマーフの文書が不完全なのは明らかであり、その正しい意味をめぐってしばらくの間アラビア学者の間で議論があった。[*34] たとえランマーフの文書が完全に明瞭だったとしても、十四、十五世紀にヨーロッパ人がいつも彼の指定に従ったと結論するのは賢明ではないだろう。『戦争について』（一四〇五年ころ）は硝石醸成場についてのあきれるほど混乱した記述の中で木灰についてふれているが、これはたぶんランマーフの処方が混乱しながら北方へ伝えられたことの反映だと思われる。[*35] 木灰の添加が用いられたことを示すヨーロッパ最古のまぎれもない証拠は一四七四年のもので、この年のウィンチェスター市の記録は、火薬をあつらえで作らせる大きい契約の一部として、硝石を精製するための木灰への支払いを明記している。[*36] 控え目に判断しても、十五世紀後半にはヨーロッパでは粗硝石にポタシを反応させてカルシウムを減らしカリウムを増すことが当り前になっていたように思われる。一五四〇年ごろ書いたビリングッチョは、単にすでに広く行なわれていたやり方を記述したにすぎないのだ。

一方、『火薬の本』――十五世紀初めのやり方を反映している――には、湿気にさらされて駄目になった火薬を回復させる処方がたくさんのっている。これをみると、十五世紀初めには硝石は不純であることが多かったと考えてよさそうだ。それ以上にも実態を語っているのは、『火薬の本』が硝石を買うとき以下のようにして判断しなさいと助言していることである。つまり硝石が入っている袋の中に手を突っこんで、湿っぽく感じられたら（つまり湿気を吸っていたら）、それはだめだ。[*37]『火薬の本』の著者は、特にヴェネチアの商人から硝石を買うときにはこのテストを使うように勧めている。

最も無難な想定は、ヨーロッパの初期の硝石――したがってそれを使った火薬――は、カリウムの含有量にかなりの幅でちがいがあり、特に一四五〇年ごろより前はそうだった、ということである。十五世紀の後半になると、カリウムのレベルはたぶんもっと高かったし、もっと一定していたことは確実である。また硝石は産地によってもちがいがあったようである。東アジアまたは南アジアから産出した硝石はカリウムが多くカルシウムが少なかったようだし、ランマーフの処方が広く使われていたと思われるレヴァントで作られた硝石もそうだった。しかしほかの硝石、たぶん特に北ヨーロッパ地域で作られたものは、一四〇〇年代後半まではカリウムが少なくカルシウムとマグネシウムが多かった可能性がある。だからこの点では、硝石をヨーロッパ内で生産することで生じた経済的利益は、出来上がった製品の質の悪さによってある程度帳消しになったらしい。火薬は今や以前よりも傷みやすくなったのだ。

原始的な火薬粒化法、つまりクノレン法は、この点からみると技術的な意味がわかる。吸湿性の強い硝石で作った火薬は、かなり大きい塊にすれば比較的長い間貯蔵することができた。塊なら表面は水分による被害を受けるかもしれないが、中身は湿気から守られるだろう。砲手は自分の銃砲に火薬を装塡する直前になって塊を砕いてもっと小さい粒にするだろう（もちろんそれに必要な時間の長短は状況によって異なるだろう）。もしもヨーロッパ人が硝石をアジア産に頼ることをつづけたなら、これは硝酸カリウムを多く含んでいただろうから[*38]、質の劣る硝酸塩を相手にする必要はなかったろう。しかしそうはならなかったので、ヨーロッパ人は、ポタシ反応によってカルシウムを除去する方法を用いて根本問題を解決できるまでは、一時しのぎの解決法（粒化）を持ちださざるをえなかった。しかしポタシ反応による方法が普及したころには、粒化は全く別の理由からして、欠くことのできない技術という地位を確立していたのだった。

粒化の問題点と期待

湿気の問題を解決するために火薬を粒化してクノレン（塊）にすることによって、火薬製造者は砲手にとっての古くからの問題、つまりどうやって銃砲そのものの安全性を確保するかという問題をより難しくした。皮肉なことに、火薬の塊を使う前に砕け（塊そのものはけっしてよく燃えないだろうから）という助言は、安全問題をほかの条件のときよりもいっそう困難にさえしたのだった。粒火薬を論じた最も古いいくつかのテキストでさえ、それは粉末火薬より「強い」と警告している。『火薬の本』は粒火薬二ポンドは粉末火薬三ポンドに等しいと主張した（同書のフランス語版はその比をもっと高く、一対三としている）。[*39] 砲手は粒化された製品はより少量装塡するよう忠告された——ただし長い目でみれば、粒化が引きおこした結果は装塡量を大きくすることで、小さくすることではなかったが。いちばん大きな影響は、一度に製造される分がそっくり粒化されるようになると、火薬の成分そのものが変えられたことだった。『火薬の本』の処方は「ふつうの」火薬に対して硝石・硫黄・炭素の比率を四対二対一がよいとしているが、「もっとよい」火薬に対しては五対二対一、「さらによい」火薬には六対二対一の比を与えている。[*40] ベルナルト・ラートゲンが記しているように、これらの比率は、『火薬の本』の典拠になったらしい以前の処方書——たとえば一四〇〇年ごろのいわゆる『フランクフルトの銃の名手の本』（これは四対一対一と五対一対一の処方を推奨している）——の中で与えられている比よりも硝石の割合が低い。ラートゲンは、『火薬の本』の処方で硫黄の含有量が多くなっているのは、粒火薬の力が増したのでそれを相殺するためだろうと考えた。[*41]『火薬の本』より一世紀以上後のビリングッチョの処方も、やはり重砲に使うための火薬は硝石を五〇パーセントしか含まないものがよいと言っている。[*42] 十四世紀には火薬の処方はなるべく硝石を多く含むほうへ向かう傾向があったが、十五世紀になると力を弱くした火薬がわざわざ作られたのだった。

ドイツの文書で「塊の火薬」（Knollenpulver）、フランスの文書では「小さい土くれ」（petites mottes）とか「糸玉」（pelotes）と呼ばれたものは、粒に砕かれてから燃やされたのだが、その「砕片」火薬は実際にはたいへん速く燃えるタイプの火薬だった。このことを認識すれば、なぜ前述のような事情が生じたのかがわかってくる。だがそれを理解するにはもう一度、火薬はどのように燃えるのか、その技術的側面のいくつかをさぐる必要がある。読者はびっくりするかもしれないが、火薬の燃焼のメカニズムはいまだ完全には理解されていないし、現在の理解は、十九世紀と二十世紀に生産されたタイプの火薬を研究した結果得られたものなのである。

火薬の燃焼は個々の粒の表面だけでおこる。火薬の粒は表面からかなり一様な速さで燃えていき、ゆっくり全体が燃えきる。原則として火薬の粒は割れることがなく、粒の内部にある火薬は燃えはじめる瞬間まで化学変化をおこさない。[*43] この点で火薬は、多くのもっとなじみ深い物質、たとえば気体状態で燃える自動車エンジンの中のガソリンと空気とはちがう。同じように火薬は、表面で燃えるという点でたいていの現代の高性能爆薬とは異なる。後者では燃焼の最初の段階で爆薬の全体が液化または蒸発し、それがその後おそろしく速く反応するのである。このちがいがあるので、火薬の振舞いはほかの、たぶんもっとよく理解されている現代の爆薬から類推して推論することはできない。あるきまった量の火薬の中で燃焼がどのようにおこるかは、粒の大きさによって甚だしくちがってくるのである。

前のピンポン球とソフトボールを屑かごに詰める思考実験を思い出してほしい。もしもあるきまった量の物質の全表面積はより小さい粒の形になっていればいるほど大きいものなら、そして火薬の燃焼が粒の表面だけでおこるのなら、粒の小さい火薬は粒の大きい火薬より速く燃えると予想できよう。前者は後者よりも燃える表面積が大きいからだ。もしも実際の火器の中の火薬には瞬間的に一様に火がつくと想像することが可能なら、この簡単な幾何学的な説明だけでもう十分だろう。つまり小さい粒はいつも大きい粒より速く燃えるだろう。燃焼は装塡された火薬の中のどこかの点で始まらねばならず（点火）、その最初の燃焼は火薬の全体の中を移動しなければならない（伝播）。これには時間がかかり、現実の世界では装塡された火薬のすべての部分がいっぺんに同じ速さで燃えるということはおこりそうもない。そして事態をいっそう悪くすることだが、これらの段階のおのおので、大きく影響する条件がいくらか異なるのだ。

粒の大きさは点火を達成するのに必要なエネルギーに影響を与える。ある規格化された実験装置の中で、粒の小さい火薬（一五〇メッシュ、つまり一般に粒の直径の平均が〇・二ミリ以下のもの）は、粒の大きい火薬（二五メッシュと一二メッシュ、つまりそれぞれ直径二ミリと一ミリ）より少ないエネルギーで点火を達成する。小さい銃砲で起爆薬としてたいへん細かい粒にした火薬（ただしけっして粉末火薬ではない）が使われるのはこのためである。しかし注意しなければならないのは、点火は一般に粒の大きさに関係なく同じ速度でおこることである。ちがうのは粒に火をつけるのに必要なエネルギーであって、おのおのの粒の大きさに適したエネルギーの閾値（しきいち）に達するならば、どんな粒もみなほぼ同じ速さで燃えるのである。*44 非常に粗い火薬を使って銃砲を点火させようというばかげた実験を試みても、弾丸がゆっくり発射されるという結果にはならないだろう。事は簡単明瞭、どうやっても全く点火しないだろう。

ひとたび点火が達成されたあと火薬の中を燃焼が広がっていく一般的なメカニズムは、約五〇〇度をこえる温度のもとで、溶融した塩——主として炭酸カリウムと硫酸カリウム——が細かい噴霧（スプレー）となって飛び散るというものである。この噴霧はきわめて高速、すなわち、大気圧のもとで毎秒約五〇センチの速さで移動する。[*45] 粒火薬では粒と粒の間に、伝播段階で溶けた塩の噴射が広がるための十分な空間があるので、より効率的に燃焼するのだと思われる。屑かごの中の球という前述の理想化された例で、全容積の約二五パーセントが球の間の何もない空間だったことを思いおこしていただきたい。噴霧が広がっていく上で決定的に重要なのはこの隙間であって、隙間の中にある気体ではない。純粋に幾何学だけの問題であって、空気からの酸素は全く関係がない。というのは、火薬はふつうの空気の中だろうと、あるいは純粋な窒素または純粋な酸素の中だろうと、ほとんど同じように燃えるからである。

どんな火薬も、うまく燃えるには何も詰まっていない空間が一定量なければならないらしい。これについては近年の研究によって一九五二年に確認されており、「急速な伝播がおこるためには、飛散する高温の噴霧が効果を発揮するための空間が粒と粒との間に存在することが明らかに必要である」。非常に細かい火薬（もちろんそれでも粒化されたもので、粉末ではない）の場合、伝播の速度と燃焼全体の速度は事実上同じであることが判明し、その速度はいずれも、一秒間に約一センチというきわめて遅いものだった。「［細かい火薬は］たとえ軽くであっても、管の中に詰めこまれているときには一方の端からだけ燃える傾向があり」、粒の粗い火薬のように一体として燃焼することはない。[*46] 昔からの手法からも同じようなことが確認される。装飾用のロケット花火の製造業者は以前から、粒の細かい火薬をロケットの管の中にきわめてきつく詰めこむことによって、火薬推進剤の燃え方を遅くしてきたのである。管の中で火薬は一方の端から他方の端へと燃えていくしかなく、そのため飛行を推進するガスは一様な速さで発生した。逆に粉末火薬時代の射石砲では、薬室の約六〇パーセントしか火薬を装塡せず、そのあと木の栓（トンピオン）で薬室をふさぎ（栓が薬室の二〇パーセントを占めた）、残る二〇パーセントを空のまま残した。[*47] このやり方では、燃焼の最初の段階で、残っている火薬は空間の中に「打ち上げ」られて気体状の懸濁物になり、それによって粒子間の実質の間隔が増し、伝播にかかる時間も減ったと思われる。栓を薬室の口から吹き飛ばすのに十分なガス圧が生じると、弾丸は砲身の中を前進しはじめる。この方法で空のまま残す空間（二〇パーセント）が、銃砲に粒火薬を詰めこむとき幾何学上の理由から残る空間（二五パーセント）にほぼ等しいということは興味深い。

一方、個々の粒の間の隙間が小さくなりすぎると、噴霧が燃焼を伝播するのに必要な空間がもはや存在しなくなる。このことに関して、粒の大きさの閾値がどれほどか正確なところはわからないけれども、約〇・二ミリかそれ以下であるらしい。粉末火薬がこの範囲に入っていたのはまちがいない。たぶんさらに悪いことに、粉末火薬の粒の形は球に近くはなかったであろうから、いっそうぎっちり詰まってしまうこともあったろう。粉末火薬についての二十世紀の実験研究は非常にわずかしかなく、結果にもたいへん大きなばらつきがある。これらの研究は、粉末火薬が生みだすことのできる銃口速度は、粒火薬を使って得られる銃口速度の約七〇パーセントに等しいことを明らかにしているが、そうなるのは実験者がすぐれた装塡技術をもっているときだけである。全般的には、粉末火薬を装塡して試験した銃は、比較のために粒火薬を装塡した同等の銃と比べて、発射した弾丸の速度はかなり遅く、なかには全く発射しないものもあった。[*48] 最初期の銃砲、つまり丸い弾丸でなく矢を発射した銃砲は、初期の粉末火薬のゆっくり燃える性質を利用したにすぎないようにみえる。十四世紀後半から十五世紀前半にかけて、より多量の火薬の装塡とより大きい石の砲弾の利用へと移行するにつれて、装塡のパターンが発展していったのがみられる。それは粉末火薬の有難くない燃焼特性を埋め合わせるとともに、銃砲に今日の私たちにおなじみの働き方をさせることをめざしたものであった。

　粒化された火薬、少なくともその後世の形のものは、火薬製造者がこれらの問題を全くちがったやり方で解決するのを可能にした。粒の大きさを変えるという簡単な手段によって、彼らは、燃焼の速度、したがって弾丸と銃砲に作用する力をかなりの程度まで制御できるようになった。十九世紀に入ると、すべての火薬工場で火薬の硝酸含有量ではなく粒の大きさをいろいろに変えることがごくふつうに行なわれるようになった。二十世紀の実験研究は、この黒色火薬産業の知恵が正しかったことを証明している。十九世紀にはふつう雷管用爆薬として超微粒の火薬が生産された。それから、直径一・五ミリ以下と定義される小粒、三ミリまでの中粒、約五ミリから約二〇ミリまで（だが七〜八ミリのものが多い）の大粒が作られた。伝統的に小粒の火薬はマスケット銃や手銃に、中粒は臼砲に、大粒は砲身の長い大砲に使われ、最も粒の大きい火薬は最も口径の大きい兵器に用いられた。[*49]

　こうしたやり方は、火薬の燃焼が遅いほど砲身に及ぼす応力が小さいという事実を反映したものであった。たいていの小火器では銃身が破裂する危険はたいへん低いから、粒の細かい、速く燃える火薬を使うことができる。しかし大きい砲では破裂の危険は非常に大きいから、ゆっくり燃える粒の大きい火薬が最も適しているのである。一九八〇年に行なわれたある研究では、「回転試験機」を使っていろいろな大きさと硝酸塩含有率の火薬粒がテストされた（図7を参照）。[*50]
一方は硝酸塩含有率七〇パーセント、もう一つは七五パーセントの二つの火薬処方が比較されているが、その差はここでは私たちは問題にしない。おのおのの火薬について、直径一ミリから四ミリにわずか足りないまでの範囲で、五段階の粒の大きさがテストされた。粒の大きさを増すと、

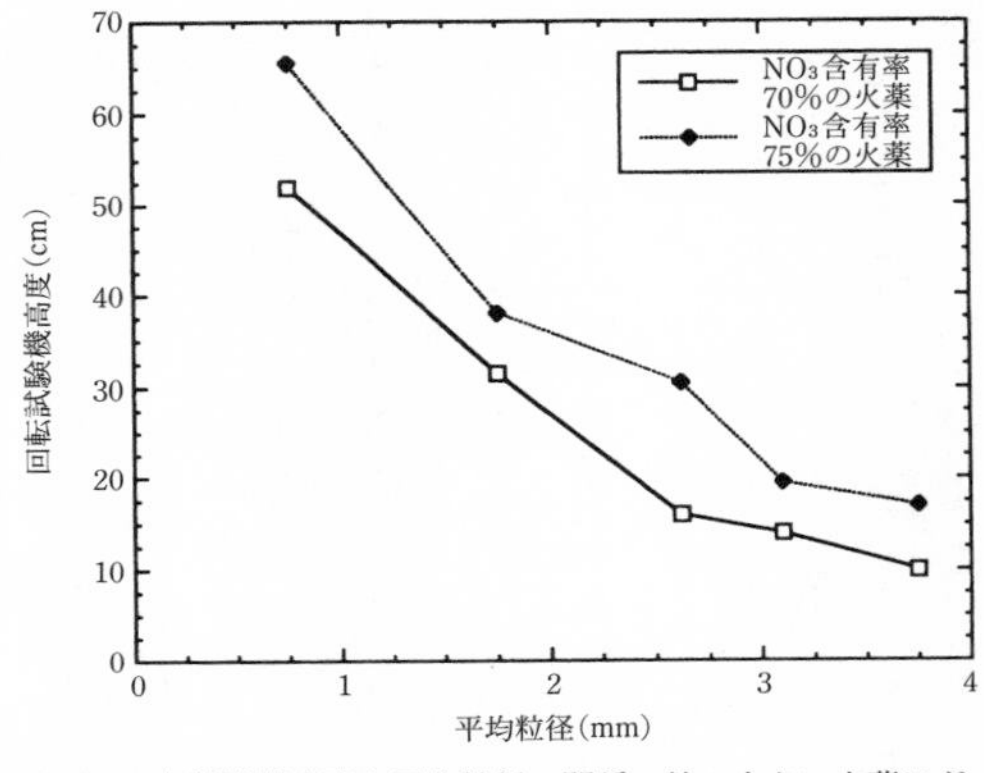

図7　回転試験機高度と平均粒径の関係．粒の小さい火薬ほど速く燃え，外面上はより「強力」な爆発を引きおこす．実際の銃ではこれは銃尾にかかる応力がより大きいことを意味する（Hahn, Hintze, and Treumann, “Safty”による）．

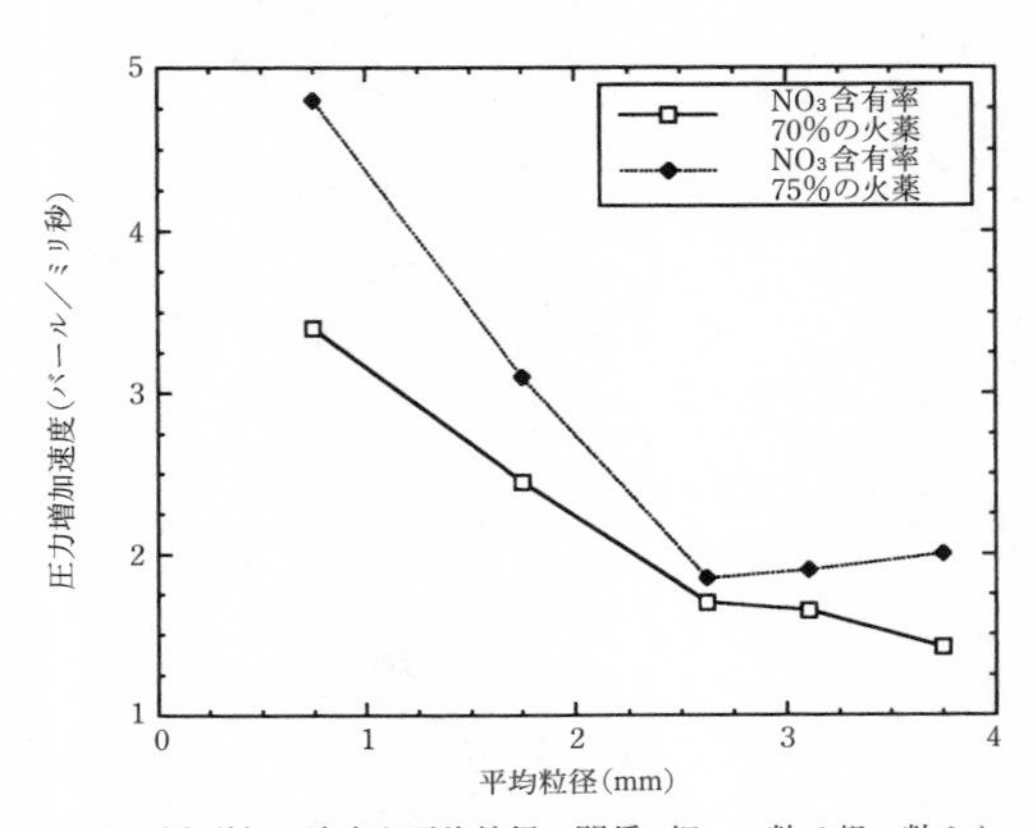

図8　圧力増加の速度と平均粒径の関係．細かい粒は粗い粒よりもずっと速くガス圧を増加させる（Hahn, Hintze, and Treumann, “Safty”による）．

回転試験機高度はそれに反比例して減った。このことはもちろん、平均の粒の大きさが増すにつれてガス圧の増加速度が減ることを意味し、その関係は図8にはっきり示されている。どちらのグラフでも二種の火薬処方に対する曲線は本質的に同じ形をしていることに注意してほしい。硝酸塩含有率を変えれば数値は変わるけれども、粒の大きさとガス圧の間の関係は変わらないのである。

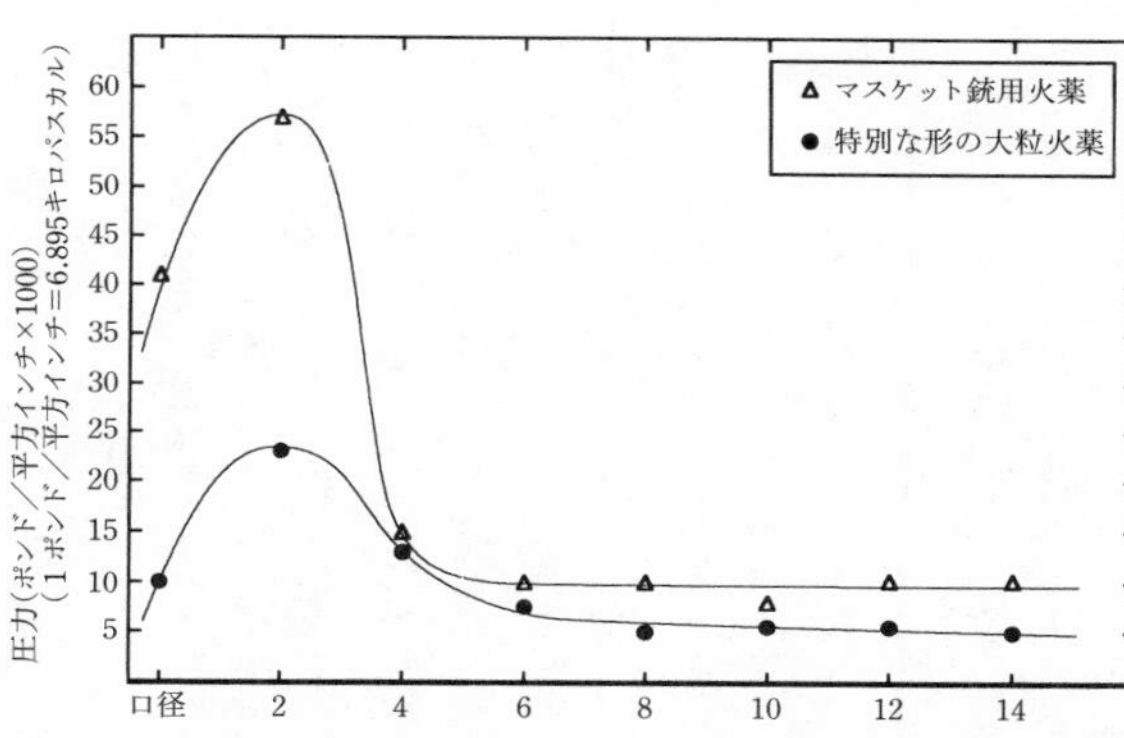

図9　T. J. ロドマンの圧力グラフ（42ポンド砲）．彼の初期のテストは多少不ぞろいなデータを出したかもしれないが，このロドマンのグラフは粗い火薬がどれほど重要かをはっきりと示している．粒の細かいマスケット銃用火薬は，大砲に応力をかけるけれども，それの全体的な弾道学的性能にはあまり貢献しない（Rodman, *Reports* による）．

回転試験機を使ったテストは、上昇しつつある圧力を燃焼のきわめて初期の段階で逃がしてしまうため、粒の大きさの影響が大きく出すぎるという点で、かなり異論の余地がある。大砲はこの圧力をもっと長く保持して、それを弾丸の速度に変換する必要があるのは言うまでもない。一八五〇年代にトマス・ジェファーソン・ロドマン大佐は、以前の回転試験機によるテストから得られたデータに納得せず、実際の大砲で内部の圧力の状況を明らかにする仕事にとりかかった。彼は大口径

（四二ポンド弾）の海軍砲を特製の懸架装置に据えつけ、彼自身が設計した器具をとりつけてテストを行なった（図9を参照）。ロドマンは、小粒のマスケット銃用火薬と、彼が開発した特別な形をした火薬（超大粒火薬に似たもの）を比較した。グラフでは、二つの火薬が生みだした圧力はどちらも燃焼のごく早い段階でピークを示している。下の曲線はロドマンの特製火薬が生んだ圧力を表わしているが、マスケット銃用火薬が生んだ圧力を表わす非常に急峻なピークをもった曲線に比べると、はるかに小規模なピークを示している。ロドマンは試験のために行なった砲撃で約二九〇〇気圧までの範囲の最大圧力を測定し、平均では約二四五〇気圧だった。[*51] これでもすでに恐ろしいほど大きな数字だが、改良された器具を使ったもっと後の研究では、なんとこれをさらに上回る圧力が測定された。四二〇〇気圧以上の最大値[*52]と、とてつもなく大きな瞬間波動圧力、おおよそ九五〇〇気圧が記録されたのである。[*53] これらの研究はまた、ロドマンの中心をなす主張、つまり火薬を適当な大きさと形の粒にすれば銃砲身を破裂させる危険をそこそこのところまで減らせることを裏書きした。[*54]

理想的には、大砲の弾丸のための推進薬は、ガスをゆっくりと発生させるので、弾丸は砲身内を時間をかけて前進しながらその背後の容積を増していく。このふえた容積は、推進薬がさらに燃えて発生したガスで満たされる。このように、弾丸は増加していくガスによって均一に加速され、ついに砲口に達するのである。だが実際の推進薬は、このような理想的な振舞いを近似的にしか実現できない。すべての推進薬は、最も近代的な火薬の合成代用品を含めて、やはり砲身の中にそれほど高くはないが「ピーク」をもつ圧力曲線を生みだす。オーストリアのグラーツにあるヨアンノイム州立博物館の専門家たちが行なった最近の研究では、十八世紀の燧石式マスケット銃（銃身の長さ一一〇六ミリ）に手を加えたものに現代の電子式圧力センサーをとりつけて、データが集められた。[*55] この小火器に八～一五グラムの火薬を使ったところ、三三五～四五四気圧の最大圧力を発生し、最大圧力に達するまでの時間は点火から二ミリ秒以内であった。前にみたように、大粒の火薬を使う十九世紀の重砲はそれよりずっと高いピーク圧力（二五〇〇気圧以上）を生じたが、それは点火から約四ミリ秒後であって、粒の細かいマスケット銃の火薬より著しく遅かった。[*56]

現代のデータと十九世紀のテストは一致して、火薬が急速に燃えること、そしてもしも問題を軽減するための努力が何もなされないなら、この急速な燃焼は特に大きい砲では砲身に過度の応力を作用させる可能性があることを示唆している。J・F・ギルマーチンが書いたように、「粒の細かい火薬を装塡した場合……砲弾がまだ大きい運動をおこすことができないうちに自分の化学エネルギーをガスに変えてしまい、弾丸が動いて〔砲身内の〕容積を拡大することによってガスの圧力を解放することができないうちに圧力のピークに達してしまう」。[*57] 端的にいえば、銃砲はこの種の仕打ちに耐えることができなければならないのだ。けれども大きい砲の大部分は耐えられなかったことを示す歴史上の証拠がたくさんある。試射に耐えられなかったり、あるいはもっと悪いことに実戦で壊れてしまったのであり、こうした事態は、砲を扱う人々の不運な死または不具化を意味するのがふつうだった。大規模な大砲の歴史の大部分を通じて、「最も強力に作られた黒色火薬使用の大砲でさえ破壊することのできる一回分の火薬がいつでも使える状態にあった」[58]と言ってたぶんまちがいないだろう。きわめて強力な近代の推進薬の出現に伴って、その推進薬が発生する圧力に耐えることのできるきわめて強い鋼合金が開発されるようになった。

初期のころにはこの追いつ追われつのゲームのルールは根本的に異なっていた。材料の強度が基本的に兵器の製造法と使用法をきめたのである。努力はいつも、火薬が発生できる破壊的な過大圧力を制限しながら、同時に弾丸に破壊力をつけて射ちだす能力を維持することに向けられた。十五世紀初めの射石砲に装塡される火薬がふつう弾丸の重さの一五パーセントまでに限られていたことは、砲手たちが安全を考えてどれほど自制していたかを示す一例である。そのような砲が耐えられると無理なく予想できる爆発力にとどめるためには、どうしても装塡する火薬の量を少なくしなければならなかったのだ。後には、単に装塡量を減らすよりも、火薬粒の形を慎重に加工して砲の内部での燃焼特性を最良にすることによって性能を高める方向で努力がなされた。

適正に粒化された火薬は砲手に及ぼす危険を減らすような形と大きさをもたなければならないのだが、これこそ十五世紀の粒化技術ではなしえないことだった。火薬の塊（クノレン）を砕いてパン屑のような破片にすれば、ひどく粗い表面をもった、大きさがまちまちな、不規則な形をした粒ができるだろう。粒の表面が粗ければ燃焼時間がさらに短くなることは、前述の一九八〇年の火薬の安全研究が明らかにしたとおりである。[59]ある簡単な開管燃焼テストで、もともと多孔質の火薬を処理して表面の孔をふさいで粒の表面をなめらかにしたところ、処理した標本は処理しないものより三〇～四〇パーセントゆっくり燃えた。もしも標本を閉じた容器中で試験したら、この効果はもっと大きかったかもしれない。[60]この実験は雑なものではあるけれども、その意味ははっきりしている。つまり表面がなめらかな粒は多孔質の粒よりゆっくり燃えるのである。火薬粒に「うわぐすりをかける」（黒鉛でコートする）十九世紀の慣行はたぶん、この表面をなめらかにすることを利用して、装塡された火薬の中の伝播速度をさらに減らそうとしたものであろう。これと対照的に、十五世紀の粒火薬の形は、あらゆる粒化された火薬の中で最悪の特徴を露呈している。つまり形の不規則さ、大きさの不同、表面の粗さである。

こうしたやり方で粒化された火薬は、粉末火薬——十五世紀の手引書に含まれている助言に従って装塡したとして——よりも速く燃えたのだろうか？　この問いに正確な答を出すことはできないけれども、火薬一般について現在わかっていることに基づけば、塊を砕いただけの砕片状火薬でさえ、粉末火薬よりは速く燃えただろうと考えてよい理由は十分ある。粉末火薬になれていた砲手たちはまずまちがいなく、塊を砕くとき大きめの粒にするよりは小さめの粒にしただろう。火薬の「ガンパウダー」（砲の粉）という名が意味するように、火薬は粉であって、塊の集合ではないと考えられた。大きさがまちまちで、非常に粗い表面をもった火薬の比較的軟らかい粒は、私の知るかぎりでは、これまで一度も試験されたことはない。こうした火薬は非常に急速に燃え、たぶんあまりに速すぎて一四二〇年代の射石砲には安全に使えなかったと思われる。前にみたように、砲手たちはこの新しい火薬の「強さ」について警告を受けており、装塡量を、すでにきわめて低く制限されていたレベルよりさらに下、たぶん三分の二程度にするよう忠告されていた。もしも初期の粒化のやり方が、十九世紀の大砲用火薬（固い表面をもった大粒の）に似た火薬を作りだしていたなら、これらの警告や忠告は必要なかっただろう。

そのような火薬は欠陥があったものの、必ずしも使うのは難しくなく、そういう原始的な粒化によって作られた火薬でさえ、十分用心すれば砲を破裂させる恐れがあるとは限らなかった。砲を作る材料、装塡の技術、粉末火薬を扱うとき守らねばならない制限がさまざまだったことを考えれば、砲手にとって粒化された火薬は単にもう一つのタイプの問題を表わしているにすぎなかった。全体としてみれば、たぶん粒火薬は、砲手の商売道具に喜んで追加されたのだった——わくわくさせるような技術革新でなかったことは確かだが。粒火薬にはしばらくの間、それにふさわしい特別の活躍場所があったように思われるが、銃砲部門で軍用の固パンになぞらえられるもの、つまり長い間貯蔵できるがそれ以外にはほとんど取柄のないものとみられたかもしれない。

近世初期の大砲へいたる道

技術革新を引きおこす刺激は多種多様で、徐々に、そして間接的な形で変化を生みだすように作用することも多い。粒化された火薬は十五世紀を通じて、どちらかというと徐々に砲術の実践の中にとりこまれていったようで、銃砲の設計に組みこまれるのはそれ以上にゆっくりだったように思われる。とはいえ、長い目でみたときの粒火薬の重要性はけっして過小評価すべきでない。新しい技術は一般に、使用頻度から推量されるよりもかなり大きな影響を及ぼすが、その歴史の初期にあっては特にそうである。粒化は変幻自在な技術で、複数の形をとることができたし、複数の状況に適用することができた。ただし粒化が真価を発揮するには、銃砲そのものの設計が完全に変わり、新しい種類の弾薬が開発されねばならなかった。銃砲の多くの属性——砲身の長さ、砲腔の直径、砲尾の機械的形式、そして弾丸そのものの性質さえ——は火薬の燃焼特性によって影響を受けるのである。[*61]

銃砲の設計・操作と火薬の間には、妥協せざるをえないことが存在する。どんな銃砲も、すべての面での最良の機能を同時に発揮することはできないからである。今日の技術者は、兼ね合いを要求する同じような問題に直面したときは、互いに衝突するいくつもの要求を満たす最良の方法を求めて試験用の模型やコンピューター・シミュレーションを用いる。近代以前の技術環境にあっては、最も満足できる妥協を決定するにはその前に実際に作って使ってみなければならなかった。設計、製作、使用の間で継続していく弁証法から出現するいろいろな人工物は歴史家に、ゆっくり進化し、たいていの場合、条件が許すかぎりの最良の設計と最良の実践へ徐々に近づいていく一つの伝統的な行き方を明らかにする。この手さぐりの経験主義的なプロセスは、現代の基準からはきわめて遅々たる歩みに見えることもあるが、長い年月にわたって継続されれば、たいへんに精妙な成果がもたらされることもありえた。

十五世紀から十六世紀の初めにかけて、銃砲製造家、砲手、そして火薬製造者さえも、この種の長期にわたる「実験」に従事した。そして十六世紀の中ごろには、銃砲はどのような姿であるべきか、またどのように振る舞うべきかについて、彼らの考えはほぼ同じところに到達した。それは近世初期の大砲の総合であった。大きい砲の「古典的」な形式——単体の先込め式鋳造砲——は徐々に、あらゆる大きさと口径の銃砲、あらゆる任務（海上だろうと陸上だろうと）、火器を使うあらゆる国家で主流を占めるようになった。小火器の中では、火縄銃のアルケブスとその同類で大形のマスケット銃（おしまいにはこの種の銃の全部がマスケットの名で呼ばれるようになった）が歩兵の一般的な火器になった。アルケブスをやや小形にして片手でもてるようにしたピストルは、ほぼ同じころ騎兵のお気に入りの武器になった。中世後期の射石砲は臼砲として生き残っていた。これはずんぐりした筒壁の厚い大砲で、非常に大きな弾丸を高い弾道へ射ち上げた。これらの各銃砲で使う粒火薬はそれぞれ、ほかの銃砲で使うものとはわずかに異なる方法で作られていた。これらすべてのタイプの兵器が分化していく過程は、ヨーロッパにおける火薬の発展の実験的局面を特徴づけている。そのような実験的局面ではいつもみられることだが、多くの発展が同時におこったし、多くの「失敗した」実験が歴史の記録の中にその痕跡を残している。そしてただ一本の研究の道筋が究極の成果を生みだした例は一つもなかった。

粒火薬の影響に関する直接的な証拠はほとんど存在しない。作業現場での実際のやり方は、ふつう歴史家にとってはわかりにくく（現代にずっと近い時期についてさえそうである）、どんなものであれ技法の影響を正確に評価することは不可能に近い。『火薬の本』は写本で刊行されつづけたが、本文は一四三〇年代か一四四〇年代ごろには変わることがなくなったようで、その後の版には新しいことはほとんど含まれていない。一五二九年に最後に印刷されたときには、内容は完全に時代おくれになっていた。『火薬の本』はその変化がおこる以前の事情を叙述しているが、変化のさなかのことは語っていない。十六世紀後半にぞくぞくと印刷された銃砲に関する著作によって、変化がおこったあとの様子をうかがい知ることができるのは言うまでもないが、変化が進行していたころのことはわからない。十五世紀に多数出た絵入りの論考も、がっかりさせるものである。なぜなら火器について多くのイメージを与えてくれるものの、それらがどのように装塡されたのかについては正確なことはほとんど教えてくれないからである。兵器廠の明細目録はふつう、火薬粒の大きさとか、どの銃砲がどの火薬を使ったのかといったことは明記していない。粒火薬を作るのに使った機械や道具は、火薬の原料を調合するのにも使われた――たとえば破砕機、ふるいなど――から、火薬工場の絵からは、それらの道具がどんな特別な仕事をするためのものだったかを突きとめるのは難しい。

その一方で、多くの間接的証拠から、粒火薬がどのように使われていたか、またそれがどんな効果を及ぼしたかが示唆される。まず、粒火薬は十五世紀の決算報告や明細目録の中にたびたび言及されている。最も古い言及の一つは、ブルゴーニュ公の決算報告の中にある。公の歳入徴収長官ギュイ・ギルボーは一四二〇～二一年に、「再び湿らせた火薬を広げて乾かす」ための布、ふるい、管を購入する資金を配分した。実際ここにあげられた道具は、火薬の塊を乾かしてから臼に入れて杵で砕き、その粒をふるいでより分けたことを暗示している。[*62] 一四六三年に記入を完了したパリのサン＝タントワヌ監獄のある明細目録は、大砲のための「粗い」火薬三〇〇〇ポンドと、「クルヴェリン」〔大形の火縄銃〕のための火薬一〇〇〇ポンドをあげている。[*63] それよりわずか前、一四四九～五〇年にニュールンベルクは次の三種の火薬が必要だとする規制を法典化し、一四九二年に同じことをくり返した。三種とは射石砲の火薬、手持ちの火器の火薬、それに鉛の弾丸を射つマントレット銃のための火薬である。[*64] 一四五六年にレンヌ市のために作られた明細目録では、ツール・サン＝ジャムのための大砲用火薬一七五四ポンドとクルヴェリン用火薬二八三ポンドが報告されていた。[*65]

第二に、技術上の情報を豊富に含む資料、一四八〇年代末か一四九〇年代はじめに書かれたレオナルド・ダ・ヴィンチの『マドリード手稿II』は、一〇種の火器をその大きさとともに列挙し、これら一〇種に適した四種類の火薬を添えている。大きい大砲は重さ二〇〇ポンド以上の石の弾丸を発射するもので、五〇パーセントの硝石、二九パーセントの硫黄、二一パーセントの木炭から成る火薬を必要としたが、中くらいの大きさの大砲と小さい大砲のための火薬は硝酸塩含有量がもっと多かった。「スコピエッティ」（アルケブスのイタリアでの言い方）に対しては、レオナルドは硝石七四パーセント、硫黄一六パーセント、木炭一〇パーセントという処方を与えている。[*66]残念ながらこれらのリストはどれも粒の大きさを明記していないが、塊を砕いてパン屑のようにする方法では粒はきわめて不規則だろうから、特定の大きさによる分類を期待するほうが無理だろう。さまざまな等級あるいはタイプの火薬がただ列挙されていることは、何らかの役割の特殊化が進んでいたことを示唆し、それがまた粒化がなされていたことを暗示する。レオナルドは、火薬の硝石含有量が銃砲の大きさに反比例して上昇すること、言いかえれば、最も大きい大砲に使う火薬は最も力の弱い処方であることを明らかにしているが、それは、当時確実に粒火薬が存在していたことを示唆するものである。

レオナルドのような資料をみれば、火薬の硝酸塩含有量の減少が、粒化に伴ってみられる場合が最も多いことは明らかである。[*67]火薬の値段をきめる上で最も主要な因子は硝石だったから、これは生産費の節約にもなった。硝酸塩を五〇パーセントの範囲まで減らすのは行きすぎで、もしもこの処方に基づいて作った火薬を粒化したならば、推進薬としてはたぶん全く機能しなかっただろう。実際、現代に何度か行なわれた一連の実験では、硝酸塩を約六六パーセント以下しか含まない火薬は、ほとんど役に立たないことが明らかにされている。異様な色のついた煙、高い割合の窒素酸化物と硫黄酸化物、概して貧弱な弾道学的性能——すべてが不完全燃焼を示す——が、硝酸塩をこの極端に低いレベルまで切りつめたときに生じる結果である。[*68] そればかりでなく、すべての火薬は砲身の内部に有害な残留物を沈積させる傾向がある。たとえ最良の処方を用いたとしても、火薬が燃えたとき生じる産物の約五七パーセントは固体である（標準の温度と圧力のもとで）。[*69] なぜ砲手は〔粒化する際に〕火薬の質をわるくして、自分の銃砲をよけい速く詰まらせるような危険をあえて冒したのだろうか？　その答は明らかに、粒化された火薬はその砕かれた形の中に銃砲の完全性に対するあまりにも大きな脅威を表わしていたし、火薬の化学組成を変えることは二つの災い〔破裂の危険と詰まる恐れ〕のうちの小さいほうだったということである。こうした知識に照らせば、歴史家は十五世紀か十六世紀の硝酸塩が非常に低い処方に出会ったときにはいつも、それらは粒化された火薬のためのものだったと考えるべきである。

粒化された火薬が広がったことを示すほかの間接的な指標は、野営した軍隊において最終形態の火薬が見出される頻度である。粉末火薬は非常に速く傷む可能性があったので、軍隊は大量の硝石、硫黄、木炭を別々の樽に詰めて運ぶことが多かった。[*70] これらの成分は大きい戦闘の前夜に混合されるのだった。これに引きかえ、いわゆる『ブルゴーニュ戦利品』つまり一四七〇年代に

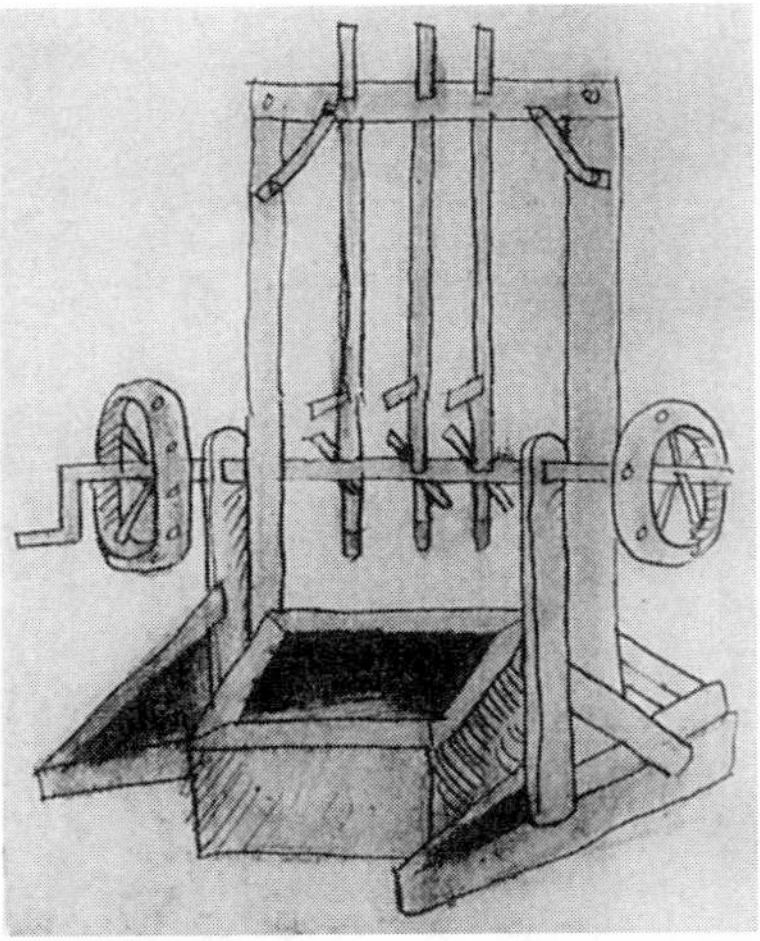

図10　15世紀の機械式火薬粉砕装置．木製の容器と杵を備えたこのような装置は，出来上がった火薬の塊を砕くのに使われた（ミュンヘンのバイエルン州立図書館の許可を得て使用）．

スイス人がブルゴーニュ人から分捕った大量の略奪品を列挙した綿密な明細目録には、調製された火薬がのっているだけで、原料の硝石、硫黄、木炭は全く出てこない。[*71] 十五世紀の絵画資料に火薬の粉砕用具が多数姿を見せることは、火薬製造法における全面的な変化（それは粒化された火薬を示唆する）を示している。しかし、持ち運びできる機械式の粉砕用具が行軍中の軍隊とともに運ばれていたことは、出兵の際にはフランチェスコ・ディ・ジョルジョが推奨したような塊状火薬（クノレン）が使われていたことを示しているとも言えそうである。手で操作する粉砕用具は原料を混ぜ合わせる（それには水平の運動が必要）のにも、また塊状火薬を砕くのにも使うことができたが、カム－クランク機構をそなえて鉛直面での運動だけを行なう機械式粉砕装置は、大部隊の必要に応じるための砕片状火薬を作る装置としてしか意味がなかった（図10を参照）。マクシミリアン一世は出兵を描いた壁画の中にそのような粉砕装置を一つかかせ、その役目を示唆する次のようなヘボ詩をつけた。「出来合いの火薬がないなら、私が一時間のうちにたっぷり用意しよう」[*72]。

粒火薬が多く使われるようになると、装塡方法も変化した。ばらの粉末火薬を測って、薬室の六〇パーセントを満たすまで入れ、そのあと薬室を木の栓で閉ざすという手数も時間もかかる操作はもはや必要でなくなった。それと関連した、楔を使って石の弾丸をきっちりまん中に据えるという手順も行なわれなくなった。この目的に使う木の栓も楔も、明細目録にはますます少量しか記載されなくなり、一五〇〇年ごろには臼砲で使うものを除いてフランスの資料からは全く姿を消した。[*73] 粒火薬のおかげで再装塡操作が簡単になったので、一日当りいっそう多くの弾丸を標的に射ち当てることができるようになった（大砲はいまだに一度発射したあとしばらく冷やさなければ次の発射ができなかったことを忘れないでほしい）。古い時代の発射速度はじつにのろく、それが当り前のこととして何の疑いもなく受け入れられていた。一四三七年にメッツの戦で、ある親方砲手は一門の大きい砲から一日に三発を発射することができた。この砲手は実際には粒火薬をはじめて使った技術的先駆者の一人だったのかもしれないのだが、同時代の人々はそんな離れ業は悪魔の助けなしに達成できるはずはないと信じていたため、気の毒なことにローマへの罪滅ぼしの巡礼の旅に出るよう強制された。[*74] 粒火薬では、燃焼が伝播するために必要な空間が生じるので、予め量を測ってぎゅっと詰めた、リネンないし羊皮紙製の薬包（カートリッジ）の形にすることができた。十六世紀に粒化技術が改良されてそのような薬包を長期間貯蔵できるようになると、これが当り前の手法になったが、[*75] それ以前の十五世紀半ばに「火薬袋」と呼ばれるものが砲に使われていたことを示す証拠が存在する。[*76]

これらの操作の変化には、銃砲の設計におけるいくつかの新しい発展が伴っていた。十五世紀と十六世紀の絵入り写本、兵器廠の明細目録、大砲に関する論述に目を通せば、どれほど多様なタイプの銃砲がふつうに使われていたかにびっくりせずにはいられない。[*77] フィリップ・コンタミンが明敏にも指摘するように、「十四世紀には、少なくともフランスでは、火器を表現するのに使われる語は二つ——大砲（canon）と射石砲（bombarde）——しかなかった。十五世紀に入ると用語はふえた。例をあげれば以下のとおりである。一四一〇年ごろにはクルヴェリン（coulverine）とヴーグレール（veuglaire）、一四三〇年ごろにはセルパンティン（serpentine）、クラプドー（crapedeaux）、クラポディン（crapaudines）、一四六〇年ごろにはクルトー（courtauds）、モルタル（mortars）、一四七〇年ごろにはアックビュート（hacquebutes）、アルクビュー（arquebus）、一四八〇年ごろにはフォーコン（faucons）、フォーコノー（fauconneaux）」。彼はさらにつづけて、フランチェスコ・ディ・ジョルジョ・マルティーニの諸著作から引用した表を紹介し、basilisks, passe-volantes, cerbottanas, espringardes, blunderbusses をつけ加えている。[*78] これらの資料の中に足を突っこんだら混乱させられることはまずまちがいないだろう。特に用語は時とともに変化するようにみえるから、なおさらである。口径や弾薬が規格化されるのはずっと先のことだったし、銃砲の製造業者は想像できるかぎり多種多様な銃砲の基本設計を生みだそうと努めていたようにみえる。

こうした事態は、技術の歴史が浅く、その発展がまだ、行きつくところまで行ったという技術的な感覚や何が最良のやり方であるかについての広範囲にわたる意見の一致による束縛を受けていない段階に特徴的なものであることは言うまでもない（一九〇〇年から一九一五年までの自動車産業がこれに似ている)。まごつかされるところはあるとはいえ、共通するところもあれば相入れないところもあるいくつものカテゴリーのごたまぜの中に、はっきりした傾向がいくつか存在した。おのおのの傾向はゆっくりと姿を現わしていったが、十五世紀が進むにつれてどれもある程度の技術的成熟のレベルに達した。第一に、砲身は徐々に長くなった。第二に、装塡される火薬の重さと弾丸の重さとの比率がしだいに増した。第三に、鋳造青銅砲が徐々に鍛造砲を凌駕するようになり、特に最も大きい口径の砲で著しかった。第四に、鋳鉄製の弾丸が最も一般的な弾丸として登場し、十五世紀の後半には石の弾丸をしのいだ(ただし石の弾丸は全くなくなりはしなかった)。

砲身が長くなる

『火薬の本』は砲身の長さは砲腔の直径の五倍(薬室は別として)がよいとすすめたが、[*79] 粉末火薬を装塡する砲の場合、砲手が火薬と弾丸の両方を複雑に操作しなければならなかったことを考えれば、砲身をさらに長くすることができたとはとうてい理解しにくい。それに引きかえ、十六世紀後半の完成の域に達した火器にあっては、たいていの砲は砲腔の直径の一四〜三〇倍の長さがあり、小さい銃砲となると五〇倍もの長さになった。[*80] 銃砲を長くすることは、最終的には火器の全面的な再設計に行きつく、もっと大きくもっと複雑な過程の一部にすぎなかった。単純な物理学の見方からすれば、砲身を長くすることは、粒火薬がもたらした状況に対する合理的な反応だった。図9に示した高いピークをもつ圧力曲線は、もしもその圧力を閉じこめて弾丸に長時間作用させることができれば、弾丸の速度に変換することが可能なエネルギーを表わしている。銃砲が長くなり始めるのは一四三〇年代以後である。一四四五年に名は不明だがある著者は「われらの砲は今は長い砲身をもつ」と述べ、この特色は粒火薬を使うことで装塡方法が簡単になったために生まれたとしている。[*81] 砲身の長い砲は十五世紀後半の絵入り写本にきわだって見られ、たとえばマリアノ・タッコラの著作のような十五世紀初めの絵入りの論考と比べてみればその特色がはっきりする。この変化の過程が完了するのは十六世紀初めである。[*82] たいへんゆっくりした変化だったが、その理由はわかりにくくはない。つまり砲は高価だったし長持ちした。過重に使用されたり誤用されたりしなければ、何世代もの間働きつづけることができた。気まぐれな理由からとりかえられることもなかった。この事態は、古い技術が新しい技術に席を譲る単純な交替の一つだったようにはみえない。むしろ、新旧両方の形が非常に長い年月にわたって相並んで存在したことがわかる。

火薬の装塡量の増大

砲身が非常に長くなる前でさえ、火薬の装塡量は増しはじめる。装塡量の増大は十六世紀の射撃術に共通する特色だった。十五世紀初めには装塡量は弾丸の重さの約一五パーセントまでに限られていたが、十六世紀になると弾丸の重さの五〇〜一〇〇パーセントの火薬を装塡するのがふつうになっていた。[*83] これは砲の口径によってかなりちがっていたようだが、射石砲のような古い種類でさえ、弾丸の重さの三〇パーセントの火薬を装塡し、口径の小さい銃になると、時には弾丸の重さの一一七パーセントもの火薬を装塡した。[*84] 粒火薬を使うときも粉末火薬を使うときも、以前より多量に装塡されたらしいが、もっと後の慣行から判断すると、粒火薬の装塡量は同じ口径の砲に必要な粉末火薬の装塡量の約三分の二に減らされたらしい。[*85] この傾向はちょっと考えると、以前砲身のもろさと砲身に加わる破壊的な力について懸念がもたれていたのに矛盾するようにみえる。けれども十六世紀の装塡量の増大は、大砲の製造法の変化を経由しておこったものであった。新しい用語が登場した裏では、大砲の製造法に根本的な変化がおこっていたのである。

鋳造青銅と鍛鉄

十四世紀のごく初期の記録をみると、火器を作るのに鍛鉄と鋳造青銅がともにふつうに使われていたことは明らかである。鉄のほうが多く使われたらしいが、それが価格のせいだったことはほとんど確実である。青銅の主原料である銅の値段は鉄の数倍もしたからである。十五世紀に火薬の装塡量が増大していった動きには、大砲の強度を以前よりも高める試みが伴っていた。その変化はまず鉄製の砲にみられた。前にあげた巨大な射石砲、一四〇〇年代半ばの「ドゥレ・グリート」と「モンス・メグ」は、縦長の鉄の厚板と加熱した鉄のたがを使う技術によって鍛接されたものだった。[☆1] こうして作られた大砲は二つの砲身が入れ子になっており、それぞれの砲身を作っている金属の板は互いに直交していた。[*86] これらの砲はヨーロッパ人がこれまで鍛造で作った複雑な物体の中で最大だったことはまちがいなく、その製造は鉄加工技術の新たなレベルを表わしていた。注目すべきは、「ドゥレ・グリート」と「モンス・メグ」はどちらも、射石砲としては以前のものに比べて砲腔のわりに大きな薬室をもっていることである。丈夫に作られたのには、そうしなければならない理由があったのである。

鍛造技術のこの偉業にもかかわらず、十五世紀の後半に入ると、最高級の砲を作る方法としては青銅の鋳造が最良のものと認められるようになり、鍛造はだんだん中形および小形の砲だけに用いられるようになった。一体として鋳造された青銅砲が鍛造砲より安全だったことはまちがいない。一体式鋳造物のほうが鍛造物よりも、火薬が生みだす圧力に耐えることができるからである。たとえば一四八七年にイェルク・エンドルファーがチロル大公ジークムントのために鋳造した「カテリ」と呼ばれる一級の大砲が、青銅を材料にしていたのは当然だった。この射石砲は砲身の有効長が口径の約七倍、薬室の長さが口径の二倍以上で、十五世紀末ごろの大砲鋳造家の技術水準を示すよい例となっている。[*87] 十六世紀には、青銅の値段は依然としてひどく高く、鉄の値段は着実に安くなりつつあったけれども、青銅製鋳造砲のほうを上にみる傾向は強まり広がっていた。原料の銅は原料の鉄より値段が七倍から一〇倍高かったが、[*88] 完成した青銅砲の値段は、鉄製の砲のほぼ三倍だったようである。[☆2] 鉄製の砲は少なくともその主要な生産中心地では、十六世紀半ばには一四三〇年代の値段の約四分の一で売られていたことを考え合わせれば、右の値段の差はいっそう注目に値する。[*89] 青銅砲への動きを促進する強力な誘因が存在したにちがいない。

鋳鉄製の弾丸

十五世紀初めのヨーロッパにあっては、鉄の鋳造は（ずっと古くから行なわれていた中国とちがって）まだ揺籃期にあったが、この新技術はたとえ原始的であっても、球状の砲弾のような簡単な形のものを作るのに利用することはできた。鉄の弾丸は十四世紀から十五世紀初めの記録文書の中でしばしば言及されているが、たいていは鍛造された鉄の玉（鋳造された鉛や青銅の弾丸に似たもの）であった。鉄を鍛えて玉にするのにはたいへん手がかかり、それが鉄の弾丸の使用が広まるのを妨げたことはまちがいない。それに引きかえ、鋳型による鉄の弾丸の鋳造は、鋳造の「生産効率」（大量生産と均一な製品）と、いちばん安い金属（鉄は鉛よりまだ安かった）ゆえの入手のしやすさという利点を併せもっていた。鉄の弾丸は十五世紀初め、たとえば一四一八年のヘントの戦に姿を見せ、このときには約七二〇〇発が射たれたという。[*90] それが鋳鉄製だったか錬鉄製だったかはっきりしないが、何にしてもこれら初期の取扱量は十五世紀後半の鋳鉄弾丸の取引に比べれば物の数ではない。一四五〇年以後には本当におびただしい数の「鉄の石」（フランス語で pierres de fer ドイツ語で Eisenstein）が兵器廠の明細目録に現われる（この名称は弾丸を石で作られたものと考える習慣がいまだにつづいていたことを示している）。鋳鉄は平均してふつうの石より三倍近く密度が大きいので、口径を小さくしても以前と同じ重さの弾丸を発射することができた。あるいはもっと一般的には、より強力な火薬を以前より多量に装塡して、いくらか軽い弾丸を射つことができるようになった。弾丸の運動エネルギー、したがって射程は、速度の二乗に比例する。標的に与える損害は主として運動量、つまり質量と速度との積によってきまる。射手がより遠くまで弾丸を飛ばすことを望もうと、あるいは単に標的により大きい衝撃を与えることを望もうと、どちらにしても初速が大きいほど効果が大きかった。直径が小さい鉄の弾丸はまた空気力学的抵抗を減らした。だからどの点からみても鉄の弾丸は石の弾丸よりすぐれていたが、その長所はほかの変化と組み合わされてはじめて完全に得られるものだった。粒化された火薬、より長い砲身、より多くなった火薬装塡量、一体鋳造物として作られた砲、鉄の弾丸――これらすべてが、十五世紀に銃砲が実地に使われるなかで無数に組み合わされ、相互に影響を及ぼしたのだった。このことは、なぜ資料の中にみられる砲の種類があれほど多いのか、またなぜ発展の経路があまりはっきりしないのかの理由の一つである。ほとんどありとあらゆる組合せが試みられたにちがいないのだが、どれも結局はすでに製造されていたほかの設計に比べて何もよいところがないとわかっただけだっただろう。

この実験的期間の終り、つまり一五三〇年代ごろにもたらされたのは、一種の終結であって、言いかえれば砲の最良の形態について砲手と銃砲の製造者はある合意に達したのである。それは青銅で一体として鋳造され（したがって必然的に先込め式）、粒化された火薬を弾丸の重さの約半分まで装塡して、鉄の弾丸を射ちだすというものだった。この実験的ないし開発期間はかなり長期にわたった。既存の要素を総合した技術は比較的早く固まることが多く、この原則は中世にも近代にも同じように当てはまる。この観点からみると、問題は、何が近代初期の銃砲の総合の出現をおくらせたかを提示することである。その最も明確な答が十五世紀の奇妙なタイプの粒化された火薬にあることは言うまでもない。最終的な組合せを作り上げたほかの技術はすべてかなり発展していた（ただし鉄の鋳造は、銃砲製作に利用するにはさらに発達が必要であった）が、塊を砕くという粒化の手法は銃砲の発展を混乱させおくらせたのである。それは砲手が直面する困難を最大にし、一方利点を最小にしてしまい、さらに塊を砕く方法によって作られた火薬の破片は速く燃えすぎたうえに、信頼性もあまりなく、砲手にとっても銃砲製造者にとっても厄介な問題になった。この事態は、粉末火薬をその後も生き残らせる原因になったし、また火薬の硝酸塩含有率を下げ、装塡量を減らすことによって砕片状火薬のマイナスの特性を和らげるという、好ましくない方策を長続きさせることになったのだった。

小火器へいたる道

砕片状火薬は大きい砲の操作に困難をもちこんだとはいえ、十五世紀後半に出現した手持ちの火器には全くうってつけだった。粒火薬が手持ち火器にとって有益だったことを事のついでに述べた研究者もいるが、[*91] この結びつきがもつ意味を調べた人は一人もいなかったようである。粉末火薬の時代には、物理的な理由だけからしても小口径の銃砲はきわめて大きな問題をはらんでいた。資料の絵にはふつう、かなり短い銃身を長い棒にとりつけた小さな手銃しか出てこない。現在実物はほとんど残っていないけれども、ラートゲンは一三九九～一四三〇年製の四つの標本について、大きさを示す表を作っており、それらの内腔部分の長さは口径の一一・四倍から一六倍の範囲にわたっている。[*92] こうした短い銃はおそらく、推薬として粉末火薬を使ったのでは有効な働きをしなかったと思われる。してみれば、初期の手銃が大規模な戦争ではほとんど印象を残していないのも驚くに当たらない（図11を参照）。

図11　コンラート・キーザーが描いた手持ち銃の図（1405年ころ）．小さい持ち運びのできる火器はいつも望まれるタイプだったが，この図を見れば，なぜそれらが15世紀後半より前にはほとんど効果をもたなかったのかがわかるだろう（ニーダーザクセン州立＝大学図書館の許可を得て使用）．

とはいえ手銃（ハンドガン）は明らかな発展だった。そのいくつかの形を、十四世紀終りから十五世紀初めにかけての資料の中に見ることができ、中には驚くほど多数の銃にふれているものもある。たとえば早くも一四一一年に、ブルゴーニュ無畏公ジャンは、約四〇〇〇人の手銃射手を雇っていたと言われる。[*93] その少しあとの明細目録には必要火器の一部として「手銃」が記入されている。都市、特にドイツの諸都市は初期の手銃に強い関心を示した。一四三〇年ごろのニュールンベルク市議会の兵器目録からは、近隣全部を含めて手銃は約五〇一挺あったが弩は六〇七張しかなかったことがわかる。ほぼ同じころ、ニュールンベルクにおける火器――たぶん手銃――の生産と使用を促進するため、「手銃射手協会」が市議会の許可を得て結成された。フス派と戦うための特別召集部隊が送られてきたフランクフルト市では、部隊への義務を果たすために、豊富にもっていたニュールンベルクから火器を調達している。十五世紀半ば、ニュールンベルクの市の門を守るための規定は、それぞれの門ごとに二〇の火器と一〇の弩を備えるよう明記していた。一四四四年に（さらに一四六二年にも再度）ニュールンベルクは小火器を規格化するための立法に力を注ぎ、コンラート・ギュルトラーによる一四六二年ニュールンベルク兵器目録には、七五、三五、二五、二一・二五、一二・五グラムの重さの弾丸のそれぞれに対応して、現在五種類の口径の銃砲が使われていると明記されている。[*94]

熟練した金属加工業者を擁し、原材料が手に入りやすく、技術が進んだ都市部で、一四五〇年ごろに最初の火縄点火式小銃が現われ、アルケブスの名で呼ばれたこの兵器（あるいは形がそれに似たもの）は一四〇〇年代の最後の三〇年間に急増した。アルケブスは、火器の砲身が長くなっていく十五世紀の一般的動きの一環をなすものだったが、この特別なタイプの銃に関するかぎり、適切な機構とはどういうものかについての合意は、もっと大きい砲の場合よりずっと早くから達成されていた。真のアルケブスは、たいへん長い銃身（約四〇インチ、つまり一メートル）とたいへん小さい内腔（ふつう約〇・六インチ、つまり一五ミリ）をもっていた。銃尾は塞がれており、したがって先込め式だった。銃は棒の上に据えつけられた。この棒は長い銃身を支えるとともに銃尾のうしろに少し突きでていて、使用者はさまざまなやり方で保持することができた。これら二つの特徴――棒と塞いだ銃尾――は、装填した火薬に点火するための何らかの機械システム、つまり「点火装置（ロック）」が必要なことを意味した。

点火装置のメカニズムは収集家や博物館の管理者にとっては魅力が大きい[*95]が、銃砲にとっては非常に重要な要素ではない。実際、証拠の裏づけがある最も古い引金 - 火挟み装置は、一四一一年に作られている。[*96]多くの初期のアルケブスでは簡単なS字状またはZ字状の火挟みが銃身の側面に、軸の回りに回転できるようにとりつけられ、火挟みの一方の端が燃えている火縄(硝石を浸みこませたひも)をしっかりくわえていた。この簡単な火挟みは、ばね、押え金、引金を備えたもっと精巧なメカニズムにとってかわられ、後者は、家庭で使う錠前と非常によく似ていたので、英語(ロック lock)でもドイツ語(シュロース Schloss)でも同じ語で言い表わされるようになった。完全なアルケブスは点火装置、銃尾、銃身から構成されており、英語ではこれらを並べた lock, stock, and barrel は「全部」「どれもこれも」を意味することわざ的な表現になっている。

初期のアルケブスは、砕片状火薬と関係づけてはじめて理解できる。砕片状火薬なしには小口径の兵器で超音速の弾丸速度を生みだすことはできなかったのだ。この大きな初速は長い銃身の産物だった。長い銃身は、火薬の急激な燃焼で生じる高い圧力ピークを利用するための工夫だったのである。内部弾道学の面からみれば、アルケブスをもっと長くすることもできただろう。十九世紀に行なわれた実験は、内径の一〇八倍の長さの銃身をもつマスケット銃が最大の初速を有することを明らかにした[*97]が、そんな怪物の銃身の長さは五フィートから六フィート(一・五〜一・八メートル)に達するから、一人ではとても運べなかっただろう。十五世紀の鉄砲鍛冶は弾道学上の性能と持ち運びできることとの間に適切な妥協を見出した。それは、内径の約七〇倍、

図12　防御軍がアルケブスを使っているところ．このシーンはベネディィヒト・チャハトランの『ベルン年代記』（1470）からとったものだが，著者が生きた時代を反映しており，描かれた戦闘がおこった時代を反映してはいない．とはいえそれは，アルケブスが攻城戦で防御兵器として使われたことを正確に描写している（チューリヒの中央図書館の許可を得て使用）．

つまり四〇インチの長さの銃身をもつ兵器だった。そのくらい長い銃身をもちながら一人で運べるほど軽い銃は、十五世紀にあっては斬新なものだった。たしかにこうした銃は当時の写本の挿絵によく見られ、兵器としても、また水鳥を射つための狩猟具としても描かれている（図12と13を参照[*98]）。

後者の用途は特に注目に値する。兵器なら近距離でも役に立つだろうが、カモ猟では遠距離から殺すことができなければならないからである。銃身の長い新型のアルケブスが生まれるには、射程を長くするのに必要な初速を生みだすことのできる火薬がどうしても必要だった。そしてこのことが、塞いだ銃尾と長い銃身と相まって、砕片状火薬の使用を余儀なくさせたのである。ビリングッチョは、これより少しあと、特殊化されたいろいろなタイプの火薬が当り前になった時期に書いた著書の中で、この事態を独特の簡潔な言い回しで要約している。「もしあなた方が重砲のための火薬をアルケブスやピストルに使うならば、弾丸は銃口から一〇ブラッチア［一五フィート］も飛び出ないだろう」[*99]。言いかえると、アルケブスやピストルは、細かい粒にした火薬でしか機能しなかったのだ。もしも粉末火薬しか存在しな

図13　『中世の家庭図書』（1480年ごろ）にのっていた「ルナ〔月の女神〕の子どもたち」という絵．右の奥のほうにカモを狩る人がブラインドにかくれてアルケブスで狙っているらしいシーンが見られる．これは狩りに小火器が使われていたことを示す非常に初期の挿絵である（ワルトベルク＝ウォルフェック侯図書館の許可を得て使用）．

かったら、銃身の長い小火器へ向かう十五世紀の動きはまずおこりえなかったろうし、技術的に無意味なものだったろう。明細目録の中に、アルケブスと粒化された火薬が一緒に列挙されていて、しかも両者がつづけて書き並べられ、分量からも大砲でなく小火器用と思われる場合が多い理由もここにある。[*100]

砕片状火薬が大きい砲よりも小火器に適していたのは、寸法効果（スケール）のなせる業（トリック）のせいだった。鉛の弾丸は大砲の石の砲弾よりずっと軽いから、装塡された火薬と弾丸の重さの比が同じでも、鉛の弾丸の場合は火薬の量が少ない。同じように、口径の小さい兵器は大きい砲よりも銃身の厚さ対内腔の直径の比が大きい。この両方の因子は小火器の銃身が破裂しにくかったことを意味し、さらにそれは、銃身を青銅で鋳造するのでなく、ふつうの鉄の単一の板から鍛造できたことを意味する。鉄のようなありふれた材料と、鍛接のような通常のレベルの技能しか必要としなかったのだから、出来上がった銃は高価ではなかった。ニュールンベルクの名門市民アントン・ツッヒャーは一五一九年に、ボヘミアの貴族クリストフ・フォン・シュワンベルクに象眼細工の狩猟用アルケブスを贈ったが、そのような精巧に仕上げられた贈答用の銃でさえ、値段は同じように装飾された弩の約四〇パーセントにすぎなかった（弩の一三フロリンに対し五フロリン）[*101]。内腔が小さいことはまた薬室の直径が小さいことを意味し、それが薬室の壁を通してより多くの熱が失われることにつながった。外部表面と体積の比が大きいからである。だから粒化された火薬のマイナス面は、小火器では大きい砲の場合よりも小さい。それゆえ実際面では、寸法効果はすべて、粗雑に作られかつ速く燃える砕片状火薬を用いるアルケブス・タイプの兵器に有利に作用する。

粒火薬が、その欠陥が最もわずかしか出ない技術的領域、つまり手銃の領域で最初に利用されたことは、ほとんど驚くに当たるまい。アルケブスの発展の道程が大砲の場合に比べてきわめて短く、時間的にもきわめて短期間だったのはそのせいである。

粒火薬の発明と小火器の開発の間に密接なつながりがあるとはいえ、これらの技術革新がおこったときの支配的状況もまた非常に重要である。小火器を開発するのに粒火薬の特性を利用するというのは、技術に深く根ざしたものではなく、必然性は存在しなかった。小火器を開発しようという衝動は、十五世紀に神聖ローマ帝国〔一四三八年から一七四〇年まではハプスブルク家が帝位を独占〕の内部で支配的だった政治的・軍事的状況の中から生まれたのである。このドイツ語を話す領域にはロンドンもパリもなかった。そこには本当の国王がいなかったからである。多くの小都市が、帝国の支配のゆるい枠組の内部で、かなりの程度の自由を享受するようになっていた。これらの都市は経済的に、時には政治的に競い合ったが、政治的な対抗はふつう大規模な戦争に発展することはなかった。これらドイツの都市が商業を通じて繁栄するにつれて、そこの上流階級の人々は都市貴族を構成し、彼らの利害関係が都市の生活を左右するようになった。ドイツの富裕階級はフランスやイギリス諸島の場合よりはるかに頑強に、自分たちを富裕にした枠組の内部にとどまり、正式な貴族に列せられること、田舎に引っこんで平穏に暮らすこと、宮廷の官職に任命されること、といった誘惑に抵抗したのだった。[*102]

そのような商人による寡頭政治下の都市は、ひとりよがりで内向的になりがちだったが、それにもかかわらず、自らを混沌と貧困の大洋の中に浮かぶ秩序と繁栄の島と見て、遠方のとかく無能な皇帝にたよるよりむしろ自身の資源をもってこの状況を守る覚悟でいた。多くの場合、都市が戦争するときにたよった資源的基盤のなかには、十六世紀の銃砲製造業を構成するようになったさまざまな技能、つまり貴金属・卑金属の加工、「精密」な手細工、火薬を含む火工術の原材料に通じていることなどがあった。大きな政治的野心を達成するには大きくて精巧な兵器が必要だとすれば、その逆もまた真である。つまり規模の小さい野心は規模の小さい兵器と兵器生産に関連するのである。ドイツの諸都市は大規模な攻城戦を行なうための兵器は必要としなかったが、包囲攻撃を受けたときには防御できるようにしたいと考えた。これは要するに、火器を所有する――あるいは所有しようとする――ということである。十六世紀になってもスペインの軍事技師ペドロ・ナバロは、長年の実地経験をもとにこんな見解を述べることができた。「一つの都市は一つの軍隊が携行できる銃砲より多くの銃砲を備えるのがよい。もしも、敵がこちらに向けて並べる銃砲より多くの銃砲を敵に対して突きつけることができるなら、敵がこちらを負かすことは不可能である」[*103]。

ドイツの諸都市は、このナバロの言のずっと前から、そのような原理にのっとって行動した。十五世紀のドイツの公国の大部分が、火砲の開発の中で重点をおいたのは、城壁を守るために設計された火器、つまり二人か三人で操作できる小さい大砲で、たぶん必要な訓練期間がそう長くなく、兵站支援をあまり多く必要としないようなものだった。諸都市は火器に法外な金をつぎこむか、さもなければ逆に、独占政策によって供給源を防衛し、自分のところで生産した火器を部外者(アウトサイダー)が手に入れるのを禁じようとすることが多かった。ドゥイスベルクのような小都市でさえ、大砲で守られた城門は建設する価値があると認めた。[104] すでに中世後期の大きな野戦部隊は小火器を携えていたけれども、近世初期の野戦部隊の中で効果を発揮した小火器は、ドイツ諸都市の城壁防護用の兵器の流れをくむタイプのものであった。それらの名称だけでも多くのことを物語っている。アルケブスをさす英語のアーケバス（arquebus）は、ドイツ語のハッケンビュクセ（Hackenbüchse「鉤（ホック）の銃」を意味する）から、オランダ語のハッケンブッセ（Hakkenbusse）とフランス語のアルクビューズ（(h)a(r)quebuze）を経由して生まれた。一四一八年にブラウンシュワイクとフランクフルトではじめて言及されたハッケンビュクセは、十五世紀のドイツ諸都市で最もふつうに使われた城壁防護用の銃の形式だった。[105]

粒をそろえる粒化法

新型の大砲や銃身の長い小火器が、砕片状火薬が生みだす大きい力を閉じこめて利用する方策の成功した例だとすれば、火薬製造業者はその逆の行き方を追求し、粒化された火薬の力を和らげて、もともと粉末火薬に基づいた伝統的な銃砲設計の枠内で使えるようにしようとしていた。力を和らげるための最も一般的な方策、つまり硝酸塩対硫黄の比率を下げて粒火薬の燃焼速度を遅くする方法についてはすでに述べた。じつはそれよりはるかによい方法が手近にあったのだった。生産方法を変えるだけで、粒の大きさ、形、表面組織をずっとよく制御することができたのである。この粒をそろえる粒化法によって、適切な形をした粒を、それを使う銃砲にほぼ最適な大きさをもたせて生産することができ、さまざまな種類の銃砲に合わせて火薬を調製する可能性が開けた。火薬粒の大きさを直接制御することにより、高い硝酸塩含有量をもつ大粒の火薬を比較的安全に大きな砲に用いることができた。表面がなめらかで粒径も均一な大きな粒を作れるようになったことで、燃焼速度の制御に関しては、十九世紀以前に可能だった限界にまで達した。

この進歩した方法について、最初に完全な記述を与えたのは一五六二年のピーター・ホワイトホーンである。「あらゆる種類の火薬を粒化するには、厚い羊皮紙に小さい丸い穴をいっぱいあけたもので作ったふるいを使い、その中に火薬を、湿っているうちに入れなければならない。またふるいにかけるとき、小さいローラーを火薬の塊の上であちこち押しころがして、塊がくずれ、粒になり、ふるいの穴を通り抜けるようにする」[*106]。ホワイトホーンは火薬製造に関する記述をまるごとビリングッチョの『火工術』から直接剽窃（ひょうせつ）したうえで、その中に右の文章を挿入したのだった。彼の処方は、後に産業規模で火薬を粒化する場合に用いられたすべての方法の祖型であった。それから二世紀たってもまだ火薬製造家は、湿らせたペースト状の火薬を穴のあいた

図14　粒の形と大きさをそろえる粒化．ジャン・アッピエの『火工術』（1630）にのっている挿絵で，牛の皮に穴をあけたふるいと，特殊なローラーが見える（カリフォルニア州サン・マリノのハンチントン図書館の許可を得て使用）．

板または動物の皮に押しつけていた。それらの穴が粒の形と大きさを制御するとともに、通り抜ける粒をなめらかにしたのである（図14を参照）。

とはいえこのホワイトホーンの明快な記述を、粒をそろえる粒化法の出発点とみなすことはできない。事のついでに言及しただけだったが、ビリングッチョはこの方法を知っていたのだ。[*107] ホワイトホーンは、このイタリア人が粒をそろえる粒化法を知らなかったと思い、粉末火薬について述べたものだとみなしたのである。[*108] ところが本当は、ビリングッチョは粉末火薬のことは全く口にしなかったようである。彼と同時代のイタリア人タルタリアも知っていたことからして、この粒化法が一五四〇年代にイタリアで全く使われていなかったということはありえないように思われる。[*109] ビリングッチョの本が出てから一〇年もたたない一五四七年のある明細記録には、銃砲用火薬の表題下に数種の火薬、つまり粉末火薬、大粒火薬、微粒火薬が列挙されており、粒をそろえる技術が実行されていたことをはっきり示している。[*110] これより前の一五二五年でさえ、フランス国王は「粒にした火薬」を大砲用火薬の唯一の形態にすべしと布告していた。[*111] これは大きい砲に粉末火薬を使うことを事実上禁止したものであり、大きい砲に必要な大きい粒を作るために粒化に統制を及ぼしたことを暗示している。

粒をそろえる粒化法がいつ始まったのかを明らかにするのに使えそうな古い証拠は、どちらかというとあいまいで混乱させられるものが多い。明細目録の書記たちは、粉末火薬と砕片状火薬を、あるいは粒化された火薬の級別を区別しようとしたのかもしれないのだが、そこのところは全くわからない。控えめに見積もれば、粒をそろえる粒化法は十六世紀前半には存在し広まりつつあったということになるだろうが、いつ発明されたのかは突きとめられない。場所によっては抵抗があったことは確かである。イングランド人はアルマダ〔一五八八年〕のころになってもまだ粉末火薬に固執していた。ウィリアム・ブアンの『大きい砲の射撃術』（一五八七年）は二一種の銃砲のおのおのについて、粉末火薬の装塡だけを解説しているが、彼が同時代のジョン・シェリフと同様、大砲に使う粒化された火薬のことを知っていたのはまちがいない。[*112] けれどもそれから一世代後、熟練した船乗りでヴァージニア会社に長くつとめたジョン・スミスは、『海の文法』の中で読者に率直にこう言っている。「あなた方の砲の火薬は以前は粉末だったが、今では粒化されてより強力になり、大砲用粒火薬と呼ばれている」。[*113]

粒をそろえる粒化法へ移行するには、硝石が改良されて以前からの火薬の貯蔵問題のいくつかが軽減されている必要があった。火薬の粒を小さくすれば、塊の火薬に比べて表面積と体積との比が大きくなり、大気から湿気を吸収しやすくなる。粒にした十六世紀の火薬がそれ以前の火薬と同じ程度に水分を吸収する性質があったなら、粒をそろえる粒化法の最終段階を実行することは困難だったと思われるのである。粒をそろえる粒化法は、粒化がめざしたそもそもの技術的目的〔湿気による変質を防ぐ〕を取り去り、それを粒化法の純粋に弾道学的な論拠におきかえた。この逆転がおこりえた唯一の理由は、水分吸収の問題が火薬製造のもっと前の段階で軽減されていたことである。硝酸カルシウムを硝酸カリウムでおきかえるポタシ法がきわめて重要なのはこのせいである。粒をそろえる粒化法の広がり方をみれば、ビリングッチョがあのように明快に記述したポタシ反応が、一五三〇年代にはほとんどどこでも行なわれるようになっていたことは疑う余地がない。

十六世紀にはほとんどの国で、火薬粒の大きさを制御できるようになったため、粉末火薬は時代おくれになって生産は中止されたようにみえる。[*114] それにかわって、火薬は二段階か三段階の大きさの粒に作られ、最も粗いものが大きい大砲に、最も細かいものがアルケブスにあてられた。市が常に六〇〇〇ポンドの大砲用火薬を保持するよう要求した一五五七年のリモージュの命令書が現存し、その中に次のような典型的な記述がみられる。「火薬は三種の大きさに粒化され、その三分の一は大粒、ほかの四分の一は小粒で、これはアルケブスに使われる」。[*115] 大きい砲用の火薬に適用された、硝酸塩を減らす方策はしだいに廃れ、硝酸塩含有量はすべての軍用火薬でほぼ七五パーセントという現代の最大最適値へ向かって上昇していった。ビリングッチョの調合はまだ硝酸塩を少なくする従来のやり方に従ったものだが、ピーター・ホワイトホーンの場合はその二〇年後に明確になっていた傾向を反映していた。ホワイトホーンの「粗い」火薬はまだ「細かい火薬」より硝酸塩が少なかったが、それでも彼の「今日使われている粗い火薬」はほかのどの「粗い」火薬よりも硝酸塩含有量が多く、硫黄含有量が少なかった(それぞれ六九パーセントと一四パーセント)のである。[*116] 一五五七年のリモージュの記録文書もまた、現代の高硝酸塩標準値にかなり近い、硝石(「三回の精製を経た」)七、硫黄一、ヤナギの木炭一・二五という処方を明記している。硝酸塩含有率が中世の高いレベルへ戻っていくにつれて、火薬の燃焼速度の調節はほとんどもっぱら、火薬製造家が新たに得た火薬粒の大きさを制御する能力に依存することになった。

驚くほどのことではないが、粒をそろえる粒化技術が生まれたとき、火器はその発展における一つの休止状態に達した。十五世紀は実験の舞台だった。多種多様な設計がさまざまな活躍の場所を得て繁栄し、火薬そのものも製造法によって異なった特性をもった。こうした時期は十六世紀半ばには終わり、それにかわって、火器の安定、すなわち今や規格化された火薬の種類に基づく近世初期の火砲の総合がみられる。たしかに銃砲の種類はあいかわらず多く、つけられる名称もふえつづけたが、今やこの見かけの豊富さの下には基本的な技術的類似性がおおいかくされていたのだった。無数の名称と類別は、ほとんどが同じ種類の銃砲の口径の差を区別しただけにすぎなかった。十五世紀に好まれたさまざまなタイプの銃砲にとってかわったのは、本質的にはみな同じものであった。今日の自動車やテレビにみられるさまざまなブランド名と同様に、見かけの多種多様さが根本的な同一性をかくしていたのである。

私たちがこれまで近世初期の火砲の総合と呼んできたものは、技術的発展の一つの安定状態――その技術は以後何世紀もの間この状態にとどまった――を表わしている。大ざっぱに言ってオランダ独立戦争からアメリカ南北戦争までの間、火器の設計と扱いには高度の技術的安定性が存在した（火砲の実際の製造ではそれほどでもなかったが）。とはいえ、十六世紀と十七世紀の間に銃砲には多くの技術的進歩が存在したことはすぐに認められる。ただしそれは、技術が成熟した分野の大部分で特徴的にみられるような種類の進歩だった。つまりゆっくりとした積み重ね式で、性格は斬新的であって革新的ではなく、性能の改善よりはむしろ生産高の増加とか価格の低下といったような「経済的な」目標に専念するものだった。火薬生産の面でいえば、十六世紀の粒をそろえる粒化法から、一七五〇年ごろの高圧混合技術の出現までの間には、火薬の性能に影響を与える基本的な進歩は一つもなかったことは確かである。[*117]

そのような安定した技術的基礎の上に立って、火器を現在の研究者の大半におなじみの基本的な種別に分類することが可能になった。小粒で高硝酸塩の火薬は、小火器（はじめアルケブス、後にはマスケット銃）にも、また短い砲（臼砲）にも使われた。臼砲はずんぐりした中世の射石砲の直系の子孫で、長さ対内径の比が三対一ないし四対一、砲壁はたいへん厚かった。速く燃える火薬は弾丸を非常に高い弾道に射ち上げることのできる発射薬として重要だっただけでなく、同じタイプの火薬は信頼度に大小はあるものの爆弾を作ることを可能にし、この爆弾はすぐに臼砲の弾薬として重用されるようになった。これに対して、粒の粗いゆっくり燃える火薬は、破裂の恐れが大きい長い砲に使われた。そして長い砲はみな、主として青銅製の一体鋳造になり、先込め式で、粒化された火薬を使って鋳鉄の弾丸を射ちだした。簡便さというはっきりした理由から、十五世紀に小口径・円錐状内腔の旋回砲として人気があった元込め式の砲も、十七世紀初めには先込め式になった。[*118] これらの変化の歩みはけっして過大評価すべきでないが、全体的な傾向はまぎれもなく明瞭である。この傾向は十五世紀にはじまったが、火薬の製造面での基本問題が解決されるまでは完全な姿をとって出現することはありえなかった。

第四章　戦争の中の火器（I）――十五世紀

防御型の戦争はそれ自体は攻撃型の戦争より激しい。

（クラウゼヴィッツ『戦争論』）

歴史家たちはしばしば時間そのものを、まるでさまざまな専門家の種族が領有権を主張して占領する一種の土地でもあるかのように扱う。そして、ほかの種族の領土を非常に深く知っているとか、詳しく知っている必要はないとされる。その結果、十五世紀の歴史を書く人は十六世紀の歴史を研究する人とは別であるのがふつうである。残念なことに、こうしたやり方は銃砲や戦争に焦点を当てようとするときは、ゆがんだ見方を生みだすことが明らかになる。中世史家が十四、十五世紀の火器を論じるときは、銃砲を、新たに生まれた未熟な技術として扱い、どのような結果になるかは先のことだとするのがふつうである。十六世紀を専門に研究する人が同じテーマをとり上げるときには、銃砲を成熟した有力な新技術として描写する。そして、過去の中に存在する「原因」として扱うことができるが、「結果」は歴史的時間の中のある瞬間を占める特異な変換とみることができるとされる。その結果できる描像は、連続したとぎれのない発展よりはむしろ根本的に断絶した変化を強調するものとなる。「火器」一般が「革命的」変化を引きおこす動因になってしまうのだ。同様にして、火器の種類の間の差異はぼやけてしまい、異なった状況におかれた火器に関する歴史的帰結のちがいもはっきりしなくなる。

私はこれまで、火器の進歩の道筋は火薬の発達の歩みによって左右されてきたこと、そして、火薬の生産方法は十四世紀と十五世紀の間に変わり、十六世紀前半にもう一度変化したことを示そうとしてきた。このことは、なぜ小火器と大砲が技術のうえで別々の軌道に沿って発展してきたのか、またなぜ位相と期間の異なる別個の歴史をもたざるをえなかったのかを理解するのに役立つ。大砲と小火器のちがいは物理に関係することだが、それはまた両者が歴史の中でどのような役を演じたかを分析する上でも基本になるものである。歴史を動かす動因としての両者の役割は別個であり、小火器と大砲の両方を含めるべく近世初期の火器をどのように概括しても、両者にともに当てはまることはありそうもない。

火薬の歴史を銃砲のゆがんだ歴史に合わせてしまうのを避けるためには、どのようにして火器が十五世紀のあるタイプの戦争にとって重要なものに——中心的なものにさえ——なったのかを解明し、さらにこの物語を十六世紀までもっていくことが必要になる。ここではまず十五世紀の火器を扱った一つの物語を提示しよう。次に銃砲の特性と、野戦や攻城戦でそれらが守らざるをえなかった限界を分析する。おしまいに十六世紀を扱った一つの物語を提供しよう。この第四章では十五世紀は、要塞化つまり戦いを支配するための防御戦略固有の利点を、大砲が打ち負かすことができるようになった時代として描きだされる。小火器の初期の歴史すら、このモデルにおよそ当てはまる。銃砲身に腔線を切っていない滑腔兵器は第五章の主題であるが、この兵器に関する弾道学的証拠から、なぜ銃砲を戦術的に使うときある制限を守らねばならなかったのかがわかる。第六章は十六世紀の火薬戦争をたどり、その革命的というよりむしろ保守的だった性格に焦点を当てる。

大砲は十五世紀のいくつかの大きな戦闘で重要な役割を演じた。そのため生じた結果は、もしも火器が存在しなかったら全くちがったものになっていたことはほとんど確実である。フス戦争、百年戦争の終りにフランスにおけるイングランドの支配が崩壊したこと、スペインのレコンキスタを最終的に終わらせたグラナダをめぐる戦争といったエピソードには、大砲と小火器の両方に関係した証拠がみられる。概して大砲は戦争をちがったものにする上で小火器より大きい役割を演じた——とはいっても、十五世紀におこった火薬の技術的変化は、大きい砲の性能よりも小火器の性能のほうを大きく改善したことは明らかである。だから技術的変化と戦争の間には単純な因果的連鎖はなかったようにみえる。十五世紀の思考と行動のパターンは、小火器を戦争の効果的な道具にしようと試みるよりも、火器を大砲として使うほうに集中していた。同じように、十五世紀における大砲の能力の改善は、組織、運営、輸送が改善されたおかげが大きかった。銃砲そのものの「内的な(インターナル)」技術的変化(たとえば異なるタイプの火薬に直接関連する変化のたぐい)は、二義的な重要性しかもたないものが多かったようである。

管理、組織、兵站における進歩はたいていの場合、弾道学的性能の進歩より大きい役割を演じたようにみえる。百年戦争とレコンキスタの最終段階には、攻城砲は技術的に新しい形式のものがまだ完全に実現されていなかったにもかかわらず、恐るべき兵器になったということは論争の余地のない事実だが、これをそのような変化〔管理等の〕が重要でなかったことを裏づける証拠と解してはならない。技術的変化と組織上の変化が手に手をとって進行することはきわめて多く、古い技術が時代おくれになりつつあったにせよ、それをよりうまく利用することで生産は向上する。蒸気機関はイングランドの産業革命の中では一八三〇年代に入ってもまだ水車の下位に甘んじていたのだから、イギリスの繊維産出高の全面的な増加はたぶん、特別な原動機というより工場制度のおかげだったろう。実際、この産業史からの類推が示唆するように、「最良の慣行」になる技術の発展は、ある活動のなされ方が全面的に変化したことによって刺激される場合が多い。木綿工場のオーナーが自分の新しい工場のために、よりよい水車または蒸気機関を要求したときと同じように、銃砲を作るための設備に、あるいは砲を使うための砲兵隊増員に投資した支配者たちは、使った金から最良の成果をあげることを望んだのだった。

フス戦争

火器が非常に重要な、あるいは決定的とさえいえるような役割を演じた最初のヨーロッパの戦闘は、一四一九年以後ボヘミア全体を巻きこんだ内乱だった。[*1] 紛争の中心にいたのは、一時プラハ大学の総長をつとめた改革派の神学者ヤン・フスを信奉する人々だった。彼らは自分たちをフス派と称したが、その思想の一部はイングランドの改革者ジョン・ウィクリフ[☆1]から受けついでいた。これらの教義はチェック人〔主にボヘミアとモラヴィアに住むスラブ族〕の間に広まるにつれて、小農民、小売商、職人たちの非常に現実的な不平から小貴族の政治的野心にいたる多様な政治的ないし経済的不満の表現手段となった。フスが投獄されて異端のかどで裁判にかけられ、ハンガリー王ジギスムントが安全通行権を約束したにもかかわらず一四一五年にコンスタンツ公会議で火刑に処せられると、フス派の運動は、中世にかろうじて宗教的不満と政治的反乱を分け隔てていた一線を越えた。動揺したボヘミア王ウェンツェスラス（ヴァツラフ）四世は、改革者たちをなだめることによって見せかけの平和を保ったが、彼が一四一九年に死ぬと異母弟のジギスムントが継承権に基づいてボヘミア王位を要求した。ジギスムントが一四二〇年に、教皇の名による対フス派十字軍を使って自らの要求を押し通そうと決意すると、宗教的動機と政治的動機がからみ合っていかんともしがたい状態になった。「フス派を異端のかどで処罰する」という彼のもくろみは結果的には、分裂して力の弱かった反乱をしっかり結束させ、軍事行動も可能な反皇帝・反教皇の共同戦線にしてしまった。[*2]

革命家たちは社会的な面でも神学的な面でもさまざまな連中の集まりだったので、この時期の政治はとうてい簡単に記述することはできない。[*3] 一四二〇年代初めに精神的・軍事的にこの運動の先頭を切っていたのは、聖書に出てくる山の名をとってタボル派と呼ばれていた過激な集団だった。宗教改革に対するいつわりない熱意、教会が所有する土地と財産への妬み、反ドイツ的なチェック人の愛国心——これらのすべてによって広範な人々がフス派の考え方に政治的な魅力を感じたのだが、タボル派はひたむきな分派で、完全に自由ではない小農民と、都市の商人と職人、ふつう経済的にあまり恵まれていないギルドの会員との寄せ集めがその主体であった。[*4] 一部の小貴族もフス派の主張を支持し、伝統的なやり方で戦うことのできる騎兵の小部隊をつくった。そのほかにも数千人がこの新宗教の旗の下に集まったが、彼らは軍事的な技能を全くもっていなかったから、その情熱を統制し利用するにはかなりの創意工夫が必要だった。

フス派運動の中の過激派を軍事的に指揮したのはヤン・ジシカだった。ブドワイスの近くに生まれた小地主で、一時ボヘミア王の廷臣だったこともある。[*5] ジシカはポーランドの傭兵としてチュートン騎士団と戦ったときに軍事的経験を積んだらしく、そこからドイツの騎士団が戦場で戦うときの弱点について多くを学んだにちがいない。現代のゲリラの指導者と同様にジシカは、信頼できる軍勢とともにひたすら生きのびること、大胆な攻撃に出て敗北の危険を冒すよりは首尾よく防御することを自分の主な課題とした。この防御的な戦略から防御的な戦術が生まれた。ジシカが自由に使える軍事的手段はごくわずかだったが、それを最大限に利用した。荷車を動かしたり穀竿を振るといった農民の技能と、火器や火薬を生産する都市の「工業」力とを組み合わせて、「車両要塞」を生み出したのである。車両要塞を備えていること即フス派であった。

通例の型どおりの戦闘で皇帝の伝統的な軍隊に対抗するなどまず考えられなかったが、ジシカは車両と弩や火器の飛び道具を巧妙に使い、また地形を慎重に選ぶことによって、自軍の利点を最大限に活用することができた。最初は農民の車両から間に合せに作ったフス派の戦車は、外側に重い木の可動防護板を張った「装甲」車へと発展した（図15を参照）。[*6] 防護板の背後には一五〜二〇人の兵士がかくれることができた。そのうち六人ないしそれ以上がふつうは弩で武装し、二人は手銃、残りは重い穀竿、戦闘用棍棒、斧槍で武装していた[*7]（もちろんはじめのうちは、火器はフス派のほかの戦術と同様間に合せで、攻城砲は車両で急場しのぎに使われたにすぎない）。[*8]

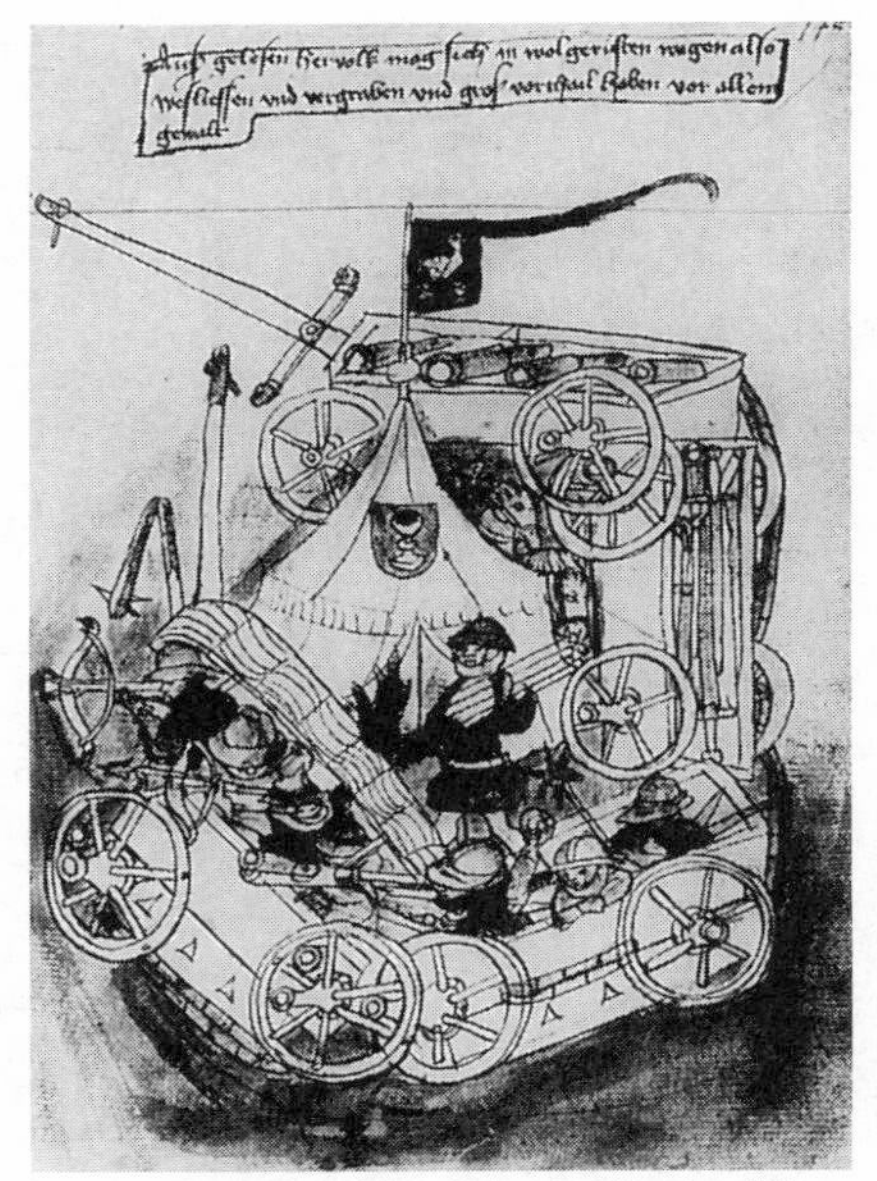

図15　フス派の車両要塞を当時の人が描いた15世紀の図．作者は不明だが，フス派の武器を残らず含めるよう気を配っている．ガンの旗と聖杯のしるしも入っており，どちらも反乱軍のシンボルだった（ウィーンのオーストリア国立図書館の許可を得て使用）．

戦闘が予想されると、車両をできるかぎり好都合な地形へ動かし、そこで車と車を鎖でつないだ。車両と車両の間の隙間は重い防護板でふさぎ、台にのせた中口径の砲（チェコ語でタラスニッツェ）で守った。さらに後の段階になると、二輪車に搭載した中口径の砲（チェコ語でホウフニッツェ）も車両の間の隙間を守るために使われた。[*9] これらが「車両要塞」の主要な火力を構成した。

全体の配置は、だいたい同じころ都市の市民軍が城壁を守るために用いた兵器の配備に似ている。車両の中の兵員は城壁の防衛に使われたのと同じ種類の小口径の火器を射ち、一方車両の間の隙間を守るためのもっと大きい砲もまた、都市を守るため城壁の上に据えられた砲と同種のものだった。鎖でつながれた車両は一種の移動城壁を形作り、火器がそれに対する襲撃を防いだ。この戦術隊形の最も発展したタイプには、約一八〇の戦闘車両と約三五の大きい砲があったらしい。もしも地形のせいで、前線全体をカバーしなければならないほどの車両隊列は必要でないという場合――マレソフの戦（一四二四年六月七日）がそうだった――には、攻撃を受ける恐れのある前線に対して、砲火による掩護をきわめて濃密にすることができた。おおよそ六メートルごとに大きい砲一門と小火器四～六挺（プラス弩）である。[10] たとえば一四四六年のケルンの戦で、城壁の約二一メートルごとに弩または火器が一だったのと比べてほしい。[11]

ジシカの新機軸について、詳細の多くはよくわからないけれども、彼の車両要塞が当時の人々に与えた印象はじつに強かった。どの年代記も、皇帝軍がこれら重武装の防衛布陣を襲撃したときの驚きと意気阻喪を記録している。皇帝軍は「異端者たちがたくさんの銃砲をもっていて射ちまくり、また長い鉤［斧槍］を使って高貴な騎士や信仰心の厚い兵士たちを馬から引きおとす」[12] のを見出すだけだった。ジシカがフス派の部隊を率いている間（彼は一四二四年に病死した）は無敵だった。その一連の勝利はチェック人の愛国的な歴史記述の中以外ではほとんど知られていないが、ジシカの軍勢はスドメル（一四二〇年三月二五日）、ヴィートコフ（プラハ、一四二〇年七月一四日）、クトナー・ホラ（一四二一年一二月二一日）とそのつづきであるネメツキー・ブロード（一四二二年一月八日）、マレソフ（一四二四年六月七日）の諸戦でいつも、自分たちより人数が多く、見たところはるかに強力で、まちがいなく装備もよい敵軍を打ち破ったのだった。[13]

ジシカの印象的な野戦の記録が証明しているのは、彼の死後もボヘミアのフス派運動の生き残りを確実にした軍事力と軍事技術の優秀さである。とはいえ長い目で見ると、プラハ大学の指導を仰いだ穏健なフス派の人々からすれば、この運動の中のジシカの一派はあまりにも過激にすぎた。フス派の軍事的成功によって、外部からのさらなる干渉の脅威はさしあたり完全なまでに和らげられたのだが、皮肉なことにまさにその成功が、フス派運動にまとまりをもたせていた主要な力をも失わせてしまったのだった。穏健派は神政共和国を打ち立てようなどとは夢にも考えず、単に、ボヘミア王位をポーランド王朝に提供することによってジギスムントの要求をはばもうとしただけだった。ポーランドのジークムント・コリブートが新しいボヘミア王になってほしいというプラハ人の求めに応じたとき、フス派は敵対する二派に分裂した。過激派はエルベ河岸のウスチーの戦(一四二五年六月一六日)で以前の同盟者たちの攻撃を防ぎ、おしまいにはコリブートを追いだした(一四二七年)[14]。過激派はボヘミアでのこのような緊張状態に勢いづき、一四二〇年代末に隣国のモラヴィアとザクセンに一連の軍事攻撃をしかけた。この攻撃はドイツの諸都市に混乱と十字軍への情熱の新しい波を呼びおこした。この二度目の十字軍が最初の十字軍と同じくほとんど失敗に終わった(一四二七年八月一一日と一四日、タホフの戦で敗北を喫した)[15]ので、ドイツ人はフス派の流儀、つまり皇帝軍の「車両要塞」を使ってフス派と戦うことにしたが[16]、これまた、タウスの戦(一四三一年八月一四日)で失敗した。

過激なフス主義とその社会革命プログラムが終わったのは、軍隊の力によってではなく、カトリック教会が穏健なフス派の人々に和解を申し出たときだった。バーゼル公会議はプラハの大学教授たちと和解の交渉をして、ボヘミアに教会をつくり、独自の礼拝式のスタイルと多少の教義の差異を認めることを約束した。これが発端となって、カトリックと穏健フス派の連合軍事攻撃体制が実現し、一四三四年五月リパーニの戦で過激派と相まみえた。[*17] ここでかつてジシカの副官の一人だった男が過激派を欺く計画を立て、彼らが安全な車両陣地から、穏健派の車両隊列の一見破れているように見える箇所に向けて大勢で出撃してくるよう仕向けた。じつは穏健派の車両隊列の弱点は計略にすぎず、攻撃してきた過激派は罠にかかって壊滅した。バーゼルの盟約は教皇側とボヘミア教会との間の平和協定になり、三十年戦争の初めまで効力を保った。教皇側が宗教的多元性を許容した特異な例である。

軍事的観点からすれば、フス派があげた成果は注目すべきものだった。フス派の戦術を単に防御的なものときめつけたらまちがいになるだろうが、ジシカは火器について決定的に重要なこと、つまり火器は防御態勢をとっているときに最大の効果をもたらすことを認識していた。以前のフランドル人と同様にジシカは、防御戦術と機動性の要求という本質的矛盾に直面せざるをえなかった。大体において彼は、要塞の代わりとしての車両、利用可能だった強力な火薬、敵の攻撃に直面しても規律を保ってまとまった隊形を維持しようとした自部隊の心意気を最大限に利用することによって、そういう矛盾に立ち向かった。実際ジシカと部下たちは、統合された戦術システムの内部で火薬兵器を使用する最初の有効な方法を生みだしたのだった。たとえば、クトナー・ホラの攻城戦でジシカのフス派は、この町の国王派のシンパが門を開けてカトリック軍本隊からのハンガリー兵の分遣隊を引き入れたとき、完全に包囲されてしまった。けれどもフス派は、敵の横列の最も弱い箇所を急襲するのに呼応して火器を攻撃用に使い、包囲の輪を破って脱出した。そのような攻撃的な機動戦は彼らの戦術としては典型的なものではなかったけれども、必要とされる状況になれば実行できたのである。フス派は国王派の包囲から脱出すると、有利な地形を見つけて「車両要塞」の布陣に再結集し、新たに攻撃してくるのを待った。これが狙いどおりいかなかったとき、彼らはさらに後退しながら損失を補充し、三週間もたたないうちに、そのときには冬季野営地にいた国王派に反撃を加えた。彼らは自分たちよりずっと多数だったハンガリー軍を主力とするカトリック軍を驚かせて敗走させ、ネメツキー・ブロード（ドイツのフォルト）まで追い返し、多大の損害を与えた。この敗北はあまりにもすさまじかったので、ジギスムントのよこしまな意図から始まったボヘミア「十字軍」への積極的な参与は終りを告げ、かわってフス派が地歩を固める時期が始まることになった。

ジシカがなしとげたことと、軍事面で一般に行なわれていたこととの関連をどのように考えるべきだろうか？　フス派の戦術上の新機軸を、「野戦砲術」というような言葉を使って特徴づけるのは、魅力的ではあるが時代錯誤的である。ジシカの新機軸が、火器その他の飛び道具に依存して城壁を守るという都市戦争の趨勢にどれほど厳密に従っていたかを強調するほうがもっと正確だろう。この「マイクロ戦術」の分野では火器は防御に使うときいちばん役に立つことを、ジシカは本能的に把握していたらしい。要は火器に防衛すべき何かを与えることであり、それを提供したのが「車両要塞」に代表される「移動城壁」だった。市の城壁が、飛び道具部隊が手銃を再装塡したり弩を引いたりしている間彼らを守ったように、車両要塞の防護板はフス派の兵士たちを守った。こうした互いに支え合う防御方式は、戦争で火薬兵器を使うための最小限の必要条件になっていた。弩と火器のいずれよりもずっと短い間隔で射ることができた長弓でさえ、射手には何らかの形の防護が必要であって、一四一五年以後はふつう、とがらせた棒にその役をさせていた。弩や火器はそれ以上にしっかりした防護を必要とし、だからこそ主として城壁を守るのに使われた。発射速度が小さいことはまた、射撃の密度（矢や弾丸の集中度）を重要なものにした。この要請を満たすためジシカは自軍の兵器類を比較的小さい前線に集中させ、十五世紀の諸都市でふつうだったものよりも濃密な射撃密度を達成したのだった。

小火器はフス派のさまざまな飛び道具の中では比較的小さな役割しか演じなかったようにみえる。弩はその三、四倍もあったのだ。もう少し大きい火器のタラスニッツェまたはホウフニッツェがある程度小火器のかわりをつとめた。これらは城壁を破壊する射石砲より小さいが、手銃よりは重く、攻撃側が車両要塞を襲撃しようと思ったときとらねばならなかった密集隊形に対して、それをバラバラに乱すのに必要な弾丸の大部分を発射したようである。フス派が砕片状火薬を使用したかどうかははっきりしない。使ったらしいことを示すかすかなヒントは、タラスニッツェまたはホウフニッツェが以前の射石砲や手銃より砲身が長く、ふつう七〇センチから一四〇センチもあったという事実にある。少なくともこれらの長い砲身は、射石砲よりも多量の火薬が装塡されたことを示唆する。攻撃する側からみれば、頑強に防衛された小都市を攻め落とそうとしているみたいだったにちがいない。

このことは次の疑問を呼びおこす。なぜ反フス派の軍勢は自軍の火器をもっとうまく利用しなかったのか？　フス派の車両要塞が重砲の砲撃を受けたら耐えられなかったことは明らかである。皇帝軍が大砲をもっていたことはまちがいない。ドイツ軍が一四二一年にフス派が占拠していたジャテックを包囲攻撃したとき、ドイツ軍の大砲は印象に残る働きをしたのだ。[*18] しかし攻城戦では最も効果的な働きをする砲も、車両要塞に立ち向かったときは、所定の位置について砲撃の用意をすることがまるでできなかったようである。攻城砲は進軍する部隊のはるか後方にあるのがふつうだったし、車両から下ろして特別な台座に据えつける仕事に一日かそれ以上もかかっただろう。要するに、車両要塞がフス派のために生みだした戦術的機動性は、後世の基準からみればわずかなものだったにせよ、十五世紀にはフス派の人々を火薬兵器の攻撃から安全に守ってくれたのである。一四三一年にドイツの諸都市は独自の型の車両要塞を作ってフス派の脅威と戦おうと努めたが、これは、彼らがフス派が案出した火力の利用形態でフス派に立ち向かおうと試みたことを示している。フス派に対して使えるのはフス派の戦術しかなかったのだ。このドイツの努力が目も当てられぬほど失敗したという事実は、フス派がどれほどみごとに新しい戦術をマスターしていたかをひたすら強調するのみである。結局のところ、フス派を負かすことができるのはフス派だけだった。それは一四三四年、リパニーでのことだった。

フス派の名声はドイツ語を話す地域のほとんど全部に広がって、いくつかの反応を引きおこした。その一つは、さまざまな国民が、車両要塞の戦術を一部修正しながら広く採用したことだった。[*19] かつては、車両要塞はリパニーの戦以後姿を消したと考えられていたが、その後の研究から、[*20] スペインやウクライナのような遠く離れた場所でいろいろな形のものが見出されている。リパニ

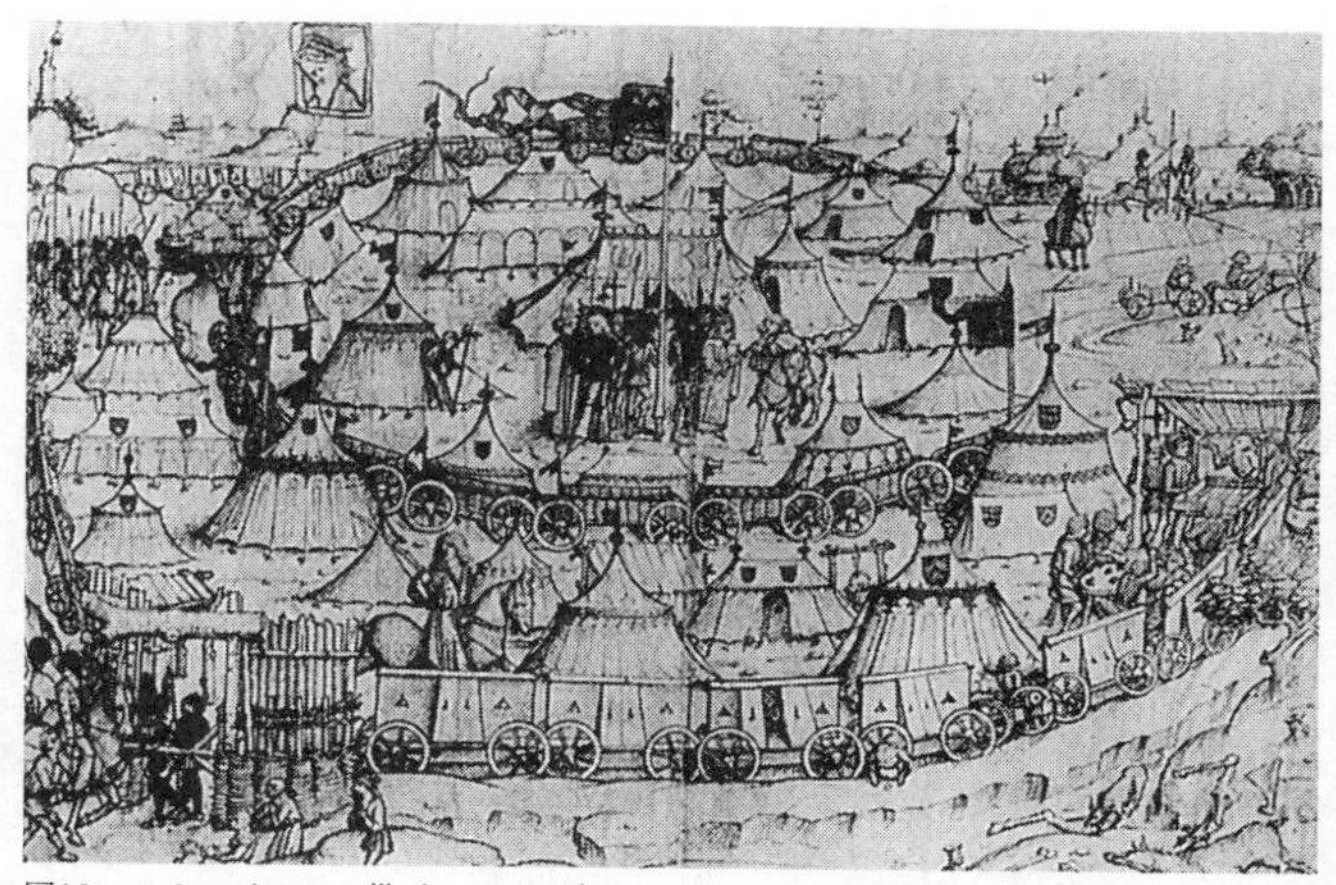

図16　フリードリヒ３世がノイスを包囲攻撃したとき（1486）の皇帝軍の車両要塞．ワシの皇帝旗が中央のテントの上にはためいている．異教徒が使った技術が皇帝の技術になった（ワルトベルク＝ウォルフェック侯図書館の許可を得て使用）．

ーの戦以後も使われたことは、ボヘミアが巻きこまれたその後の戦闘、たとえばドゥルナウの戦（一四六八年六月二～四日）で明らかになる。このときはフス派もカトリック軍もともに車両要塞を使ったのだった。[*21]車両要塞は進軍中の軍隊を組織する便利な方法だった。車両要塞を有効に働かせるには、車両の順序と移動速度をかなり厳密に統御しなければならなかったからである。車両要塞は適切に形づくられたときには、伝説にあるローマの軍団の宿営「カスツルム」を思わせるほど安全な野営地を作った。車両要塞は必要に応じて大きくすることも小さくすることもでき、天候や地形の多様な条件にも合わせることができた。一四八〇年から一四九三年までの間に書かれたフィリップ・フォン・ゼルデンネックの『戦の本』は、車両要塞の用法についての助言をのせている軍事教科書の一つである。[22] 車両要塞による野営地の発展形式の代表的なものが、『中世の家庭図書』の見開きページに、皇帝旗の下に示されている。明らかにこれは、フリードリヒ三世がノイスを包囲攻撃したときの陣営を描いたものである（図16を参照[23]）。

フス派に対する恐怖の広がりと、しぶしぶとはいえ彼らの戦術への感嘆は、ドイツのほかの場所で火器が発展するための刺激になった点でいっそう重要だった。フス派はドイツの市民社会の構造にとって特別な脅威となっていた。もちろんそうしたフス派の脅威の大部分は全くの想像にすぎなかったが、ジシカの死後フス派の軍勢がザクセンへと移動しはじめたとき、ドイツの諸都市は非常召集をかけた。ボヘミアでの野蛮な戦と広範な破壊についての否定できない物語は、戦の間にボヘミアの鉱山が荒廃したことによって南東ドイツの都市寡頭政治の商業上の利益が損なわれたという事実と結びついて、恐怖感を増すことになった。一四二二年のニュールンベルクの議会でジギスムントは諸都市に、完全装備の二部隊をフス派に対して出動させるよう説得し、実際に一六五六人の重騎兵（五二二組のランス）と三万一〇〇〇人の歩兵が出陣した。[24]

軍隊の徴募に付随しての負担をさらに増すことになるが、諸都市はドイツの全政府に一パーセントの税金をかけるという前代未聞の処置に同意した。[25] フス派は火器で戦っており、従来の手段では全く歯が立たないようにみえたから、彼らに対するこうした「十字軍派遣」では同じように武装せざるをえなかった。これらの軍に歩兵が非常に多数いたのはそのせいである。ニュールンベルク市はボヘミア国境からあまり離れていなかったので、先に引用した数字が示すように、反応が特に速かったらしい。他の都市、たとえばフランクフルトは、フス派と戦うために送られてきた特別召集部隊の下で義務を果たすために、ニュールンベルクから火器を購入している。[*26] フス派の脅威がはっきりする前からすでに、これら南ドイツの都市を中心として火器の取引が盛んになっていた。これらの都市は、かなりの程度まで小さい銃砲を専門に扱っていたようである。[*27] たとえそうだとしても、ボヘミアの事態がドイツで小火器の急増を促すもう一つの誘因にならなかったとは、とうてい想像しにくい。ドイツでは手持ちの火器がほかのどこよりも普及していたようにみえるし、それに対応して手銃の設計と製造にも洗練の度が増していたことも明らかである。フス派をめぐる恐怖は明らかにこの取引の増加をもたらし、技術の発展に対しても決定的な刺激になったようだ。砕片状火薬を使う実験は一四五〇年から一四七〇年までの間にアルケブスにおいて絶頂に達したのだが、それが異端者の成功をくい止めようとする努力から始まったものであることは容易に想像がつく。

百年戦争の終り

火器が重要な役割を演じた第二の大きな戦は、百年戦争の最終段階で生じた。フランス人は一四四〇年代と一四五〇年代に憎むべきイングランド人からの解放を目指して組織的に運動する中で、ジャンヌ・ダルクが生みだした感情的なよみがえりを利用した。このオルレアンの乙女が姿を現わしたのは、イングランド軍がロワール川の国境を突破するためにどうしても勝ちとらねばならなかった攻城戦のさなかであり、ジャンヌがここで割って入ったことは、意気消沈したフランス人がヘンリー五世の時代からつづいてきた軍事的敗北の潮流の向きを逆にするのに必要な気付薬となったのである。フランスの歴史にとって彼女がもつ意味は何だったのか（そして今なお何でありつづけるのか）は別として、ジャンヌの影響は、もしも彼女の軍事的経歴が短命に終わったあと、フランス人が力を合わせて異なった戦略方針に沿って戦争全体をやり直すことを始めなかったら、単なる一時のエピソードに終わっていたかもしれない。以前はイングランド人が攻城砲術で優位に立ち、それによってフランスの北部と西部全体で地歩を固めることができたのだが、それにかわって今度はフランス人が、それにもまさる攻城砲列、イングランド人を占領地から追いだすことができるような砲列を築き上げようと努力したのだった。

もちろんフランスの戦略はすぐさま変化したわけではなく、一四三〇年代の大部分は、外交、政治、軍事の前線で一進一退の一種のシーソー運動をくり返すだけで過ぎ去った。イングランド側は数多くの困難（少数をあげるだけでも、ブルゴーニュとの同盟関係の消滅、王朝のトラブル、ベドフォード公の死、フランス占領地での農民反乱がある）に直面したものの、ヨーロッパ大陸での地歩は相変わらず比較的強固だった。イングランド人に対するフランス人の敵意がよみがえるのを期待するフランスの軍事計画者たちは、徐々にフランス王国の中のイングランド占領地域を奪い返すための組織と方法をつくりあげていった。この計画の要となる目標は、フランス人のエネルギーをイングランドの要塞を減らすことに集中させることだった。作戦基地になる一連の要塞化された陣地がなかったら、イングランド人は地方のどの部分に対しても支配力を維持することはできなかったからである。*28 一四三〇年代末からフランス国王は、自ら指揮する国王軍の設立に力を注ぎ、一四四一年末にはすでに約一万五〇〇〇名が集められていた。伝統的な兵科の中でのこのような改革に匹敵するのが、ジャンとガスパールのビュロー兄弟が組織・監督した「砲兵隊」だった。この時期に、それまでのいささか成り行きまかせだった砲の調達と使用の際の管理の方式が、本物の「国王砲兵隊」によっておきかえられたのである。それは、人員、兵器、弾薬の組織立ったシステムから成り、そのすべてが連動して、国王が必要とするいかなる場所いかなる時にも、攻城砲と支援火器の大量でかつ安定した供給が確保できるように整えられていた。

ビュロー兄弟が達成した成果は、ノルマンディー（一四四九〜五〇年）とギエンヌ（一四五一〜五三年）への出兵で非常にはっきりと示された。百年戦争のこの終りに近い段階になると、フランス人は伝統的な軍隊と砲兵隊の両方で組織を強化していた。フランスはノルマンディーで同時に四軍を動かすことができた。これは以前の巨大で動かしにくい大部隊からの顕著な転換だった。四軍のおのおのは、国王に直接忠誠の義務を負う兵士たちの中核を少なくとも一隊有し、また各軍の砲兵の掩護は称賛に値するものだった。一方、ランカスター領フランスのイングランド兵の士気は衰えつつあり、多くの駐留部隊の司令官たちは、救援の望みがほとんどないのにフランスの砲に面と向かうよりはあっさり降伏するほうを選んだ。一四四九年一〇月末にフランス軍がランカスター領ノルマンディーの行政上の首都ルーアンを包囲攻撃したとき、イングランド軍は抵抗せざるをえなかった。しかしたった三日間射石砲の砲撃を受けただけで、ルーアン市民はイギリス駐留部隊に反乱して蜂起し、大司教は市民全部を——イングランドの支配から利益を得た者も含めて——赦免するという条件で講和を迫った。一一月一〇日にシャルル七世は、イングランドのサマセット公が署名した、セーヌ渓谷全体から撤兵し、さらに約五万エキュを身の代金として支払うという協定書を振りかざしながら、勝ちほこってルーアンの通りを行進した。[*29] 王は大司教、聖職者たち、主だった市民たちの「いともうやうやしい敬礼」を受け、通りすぎるとき足もとにひざまずいた機械じかけの鹿をはじめ、数々の不思議なものを見物した。[*30]

イングランド軍は海岸または海岸近くの都市と港――シェルブール、カーン、アルフルール、カレー――をなおも保持しようと懸命に努め、そのためにロンドン塔その他の南イングランドの物資貯蔵所を空っぽにしてしまった。アルフルールは一四四九年一二月にフランスの砲に屈服した。サフォーク公はなおも北フランスでいくつかの都市を維持しようとし、なんとかサー・トマス・キリールの指揮下に一軍を集めることができた。この部隊は一四五〇年四月一五日にフォルミニーで戦を交えた。[*31] イングランド軍はアジャンクールで勝ったときと同種の隊形をとり、弓兵は先をとがらせた棒の背後に布陣した。フランス軍はイングランド軍を直接攻撃しないで、二門のクルヴェリン(たぶん手持ちの火器で、比較的重いもの)で応戦し、弾丸が最も大きな損害を与える側面からの射撃でイングランド兵を攻め立てた。[*32] イングランド兵はこの猛攻に耐えきれず、棒と壕を捨てて砲に向かって猛攻を開始し、実際に砲を捕獲した。イングランド兵がその砲を引っ張って自軍の横列に戻る準備をしていたとき、その乱れた隊列に両側面から同時に、従来の戦法で戦う騎兵を主力とする部隊の逆襲を受けた。結果は以前と同じだった。イングランド軍は力のかぎり戦ったが、結局三〇〇〇人以上のイングランド兵がフォルミニーで殺されるか捕らえられた。[*33] サー・トマス・キリールも捕虜の一人だった。

フォルミニーの惨敗はイングランド領ノルマンディーの残り――今ではコーとコタンタン半島だけになっていた――を深刻な危機におとしいれた。イングランド軍はこんな状況のもとで全力をつくして抵抗したが、フランスの砲列の威力はあまりにも大きかった。イングランド側の手のかからなかった占領の日々はすさまじい戦闘に変わった。各地の城壁はフランスの砲列の猛撃に耐えるにはあまりにも弱かった。バイユーは一四五〇年五月一六日に、二週間以上もぶっとおしに砲火を浴びたあげく降伏し、ランカスター領ノルマンディーではルーアンに次ぐ二番目の大都市カーンが、約一七日間の激しい砲撃を受けたあと講和に同意した。[*34] ノルマンディーでイングランド人に残された最後の拠点となったシェルブールは、もしもフランス軍が新式の攻城技術の中で自分の武勇のほどを証明しようとして、砲列の一部を、満潮の時は水浸しになってしまう干潟に据えつけるようなことをしなかったら、もっと早く陥落していたことはまちがいないだろう。フランスの砲兵は、満潮の間自軍の砲を「皮革と蠟」でおおい、潮がひくと射撃を再開したのである。[*35] この包囲攻撃の間に「三門の射石砲と一門の大砲」が爆発したと言われているから、この策略は完全に成功したわけではないようだ。[*36] フランス軍の出兵は一年とちょっとつづいたが、ついに一四五〇年八月一二日にシェルブールが降伏し、三〇年近くにわたるノルマンディーにおけるイングランドの支配は終わった。

フランス軍はノルマンディーを服従させたあと、もっと以前からイングランドが保有していた南方の地域へ向かった。中世のアキテーヌ（主にガスコーニュと周辺地域の一部）は、十二世紀にアキテーヌのエレアノールがヘンリー二世と結婚して以来、ロンドンの統治を受けていた。しかしランカスター家のイングランドはひどく弱体化していたため、ここでもまた物語は事実上北方の戦争の再現になった。バイヨンヌとボルドー南方地域へ進出するための拠点だったベルジュラックは、一四五〇年一〇月にフランスの手に落ち、別のフランス軍は一四五〇〜五一年の冬にボルドーを取り囲んだ。イングランド軍の混乱、春の大雨、ビュロー兄弟の砲術が相まって、どんな有力な救援軍もフランスの包囲を破ることができず、イングランドの指揮官たちはこの市を砲撃と略奪から免れさせるため、降伏条件を交渉した。一四五一年六月三〇日にボルドーは新しい主人たちを喜んで迎え、ジャン・ビュローその人が新しい市長になった。それから二カ月足らず、八月二〇日に、カレーを除けばフランスで最後のイングランド領の都市、バイヨンヌも陥落した。

とはいえ、三〇〇年にわたるイングランドの統治はそう簡単に拭い去られはしなかった。ガスコーニュの住民たちは長い間、ロワール川の北から来る人々よりははるか遠くにいる大王のほうを好ましく思っていたし、その上イギリス諸島とのワイン貿易はボルドーの繁栄の頼みの綱だった。一四五二年一〇月にヘンリー六世の政府は、プランタジネット家以来の古い世襲財産を少しでも取り戻そうと最後の努力を試み、老いたサー・ジョン・トルボットを指揮官に遠征軍を送りだした。トルボットと主としてガスコーニュ人から成る彼の部隊はどの町でも喜んで迎えられた。住民たちはフランス守備隊にそむいて蜂起し、古い秩序への回帰を祝った。ボルドー市民も一〇月のうちに急いでトルボットを迎え入れた。シャルル七世はそれをフランスに対するガスコーニュの背信とみて激怒し、かつていともたやすく手に入れたガスコーニュを再び征服しようと断固たる行動をおこした。一四五二～五三年の冬にシャルルは、数年前の成功したノルマンディー出兵を手本に、かなりの大軍を徴募した。ミラノの大使はこれを「強力な」軍隊だと言った。[*37]もはやボルドー市長ではなくなっていたジャン・ビュローは、砲兵隊の管理者という昔の職務に戻った。一四五三年の春が来ると、フランスはボルドーへの進入路に陣地を確保するために、一連の攻城戦を開始した。

フランス側が軍をいくつかに分けると、トルボットはカスチヨンの町を救援しようとして兵を動かした。ジャン・ビュロー自身はカスチヨンの包囲攻撃を主張しており、フランス軍の横列と宿営地の配置を監督した。じつは彼はトルボットを罠にかけるために特別なキャンプ配置をした可能性がある。[*38]一四五三年七月一六日、カスチヨンの駐留部隊を救援するよう迫られていたトルボットは、麾下のイングランド＝ガスコーニュ軍の先頭に立ってボルドーを出発した。七月一七日の早朝に彼はフランスの分遣小隊を敗走させたのだが、この部隊がフランス軍の主力キャンプに逃げ帰ったため、フランス軍全体が浮き足立ちキャンプを破壊して逃走しようとしているという誤ったうわさが生じた。[*39]トルボットはフランス軍が逃亡を始めたと信じ、愚かにもフランス軍の主力キャンプを攻撃した。そこは塹壕、土の胸壁、間に合せの丸太壁で要塞化されていた。トルボットは大砲をもたず、部隊兵力の一部しか引きつれていなかった。フランス軍はイングランド＝ガスコーニュ軍の攻撃に、フォルミニーでの経験から引き出したと思われる戦術で応戦した。彼らは「射石砲、火縄銃（クルヴェリン）、車載砲（リボードカン）」の向きを逆にして、町の城壁を射ちたたくかわりに自軍の胸壁と丸太壁を防護した。彼らはこのようにして「イングランドの奴らに面と向かって」発射し、後に「縦射」と呼ばれるようになるものを浴びせた。つまり敵の横列に斜めの角度で弾丸を掃射して恐るべき死傷者数をもたらしたのである。[*40]「銃砲は……イングランド兵にすさまじい損害を引きおこした」とフランス人の一目撃者は書いた。「なぜなら一発の弾丸がそれぞれ五、六人を打ち倒し、その全部を殺したからである」。[*41]トルボットは散りぢりになった自軍の部隊を再び結集しようとしたが、イングランド兵の損失が驚くほど上昇するにつれ、戦闘は潰走に変わった。後にトルボット自身死者の間に発見されたが、彼のからだはあまりにひどく寸断されていたので、あくる日になって四〇年間仕えた召使が、かの老人の歯が一本欠けていたことからやっと見分けたほどだった。カスチヨン自体は二日後に降伏した。[*42]

カスチヨンの戦はボルドーの運命を決したが、中世にあっては戦闘はけっして「決定的」だとはみなされず、この市も、またメドック地方の多くの町も抵抗をつづけた。夏の終りごろになると、事態全体が反乱と反逆の様相をとりつつあった。つまり都市を守りつづける人々は、シャルル七世の復讐を恐れないわけにはいかなくなってきたのである。カディヤックの守備隊は、八日間ほどつづいた重砲の砲撃に持ちこたえたが、九月二七日に無条件降伏した。シャルル七世は個人的にその守備隊の隊長の処刑を命じた。それはあたかも抵抗を長びかせればこんな羽目になると警告するかのようだった。ボルドーの外周にある防衛要塞はすべて陥落したにもかかわらず、この市自体は強力に防備を固め、なおも約三〇〇〇名のイングランド駐留部隊が守っていた。[*43]真剣な講和交渉が一〇月五日からはじまったが、ボルドーは一〇月末まで持ちこたえた。ジャン・ビュローは性急にもこの市を砲火で破壊しつくすと請け合っていたけれども、結局のところ例によって、ボルドーの人々を降伏へ追いこんだのは飢餓と、将来の希望のなさだった。フランス軍は長期間野営している軍隊がよくかかる病気（黒死病？）の症例を目にするようになっており、このことが彼らの姿勢を和らげる役をしたのかもしれない。ボルドー市は罰金を科せられ、自治権を失い、「反乱の」指導者の一部は流刑に処せられ、将来の服従を保証するため二つの要塞の費用を払わされたが、大量報復は防がれ、城壁は破壊せずに残すことを許された。

何世紀もつづいたイングランドによるフランスの部分的支配はあっという間に終わったが、そのスピードは驚くべきものだった。何人かの年代記作者は、戦況の逆転の急速さに驚嘆している[*44]し、イングランドにおけるその影響は、ランカスター家の没落の引金を引く役をするほど深刻だった[*45]。これほど大きな出来事が説明に事欠くことなどありえず、イギリスの歴史家たちはこれまで正しくも、十五世紀イングランドの社会政治史の変化のパターンが、フランスにあるイングランドの領土を維持しようという決意を徐々に弱めていったと指摘した[*46]。しかし十五世紀のフランス人の見方からすれば、彼らの勝利は一時的なイングランドの弱みにつけこんだというだけのものではなかった。彼らは、すべての軍事的勝利の場合と同じく、この勝利をも、第一に神の意志の表われと見、第二にはすぐれた政治的決断、とりわけ武装した軍隊の管理と「砲兵」の巧みな利用の結果だと見た。特に「国王の軍使ベリー」という筆名で本を書いたジル・ル・ブーヴィエは砲兵隊の役割を次のように言い表わしている。

同じように偉大なのは、王が戦争の実務の中で砲兵隊に関して行なった準備だった。彼は大きな射石砲、大きなカノン、ヴーグレール、セルパンティン、クラパドー、リボードカン、キュルヴラン〔どれも銃砲の名称〕を非常に多数もっており、キリスト教国の王でそれほど大きな砲兵隊をもっていた人がいたとはだれも思えないほどである。また彼ほど火薬、防護板、その他城や町に近づき奪いとるのに必要なすべてのもの、それらを運ぶための多数の車両、そして坑夫をたっぷり準備していた人はいなかった。[*47]

当時の人々はこの種の戦力を、一般人あるいは地方の苦しみの量を減らすものとみた。なぜならこの新兵器は、降伏を唯一の選択とし、それによって国王に、ある町がどうしようもなくて屈服する決意をしたとき、寛大さを示す機会を与えたからである。これを可能にしたビュロー兄弟もまた、とりわけ賞賛された。

そしてこの砲兵隊の指導者で運営者がフランスの大蔵大臣ジャン・ビュロー殿と、その弟で砲兵隊の隊長をつとめるガスパール・ビュローであった。後者は前記の戦争で大きな危難と苦痛を被った。二人が、この戦争で包囲攻撃したすべての城や町の前に作った土塁、接近路、壕、塹壕、坑道は見るからに驚くべきものであった。[*48]

歴史家たちは、イングランドの弱点に注目を集めるか、さもなければ当時のフランス人の自軍砲兵に対する見方をかなり無批判的に受け入れる傾向がある。どちらの取りあげ方も、ビュロー兄弟がなしとげた技術的成果を無視している。そのような驚くべき勝利の基礎にすぐれた技術があるというのは魅力的な考え方であり、実際、この問題を批判的に考察する最新の研究は、これまでに論じた一四四〇年代末と一四五〇年代に新しく組織されたフランス砲兵隊の中でおこった技術的変化がそれにあたることを突き止めようとしている。しかし残念なことに、このテーゼを支持する証拠はすべて時代的に少しおそいのだ。ジャン・ビュローが「新型の火薬」を使いはじめたのは、一四五三年初めからだと言われている。鋳鉄の弾丸を採用したのも同じころらしい。青銅を鋳造するというような生産面の技術革新は、もう少し早く一四四〇〜四五年にはじまったが、たぶんそれでもノルマンディーとギエンヌの出兵で使われた多数の砲を生産するにはおそすぎただろう。[*49] ほかの証拠は、フランス人の砲の選び方がかなり保守的だったことを示している。たとえば当時フランス人は肩にかけて十分に持ち運びができる独自の型の兵器も作っていたらしいのだが、[*50] 車載砲（リボードカン）がまだ年代記の中にたびたび現われるのである。また、砲手の昔からの夢に新しい生命が吹きこまれた話を読むこともできる。一四四九年と五〇年に、国王軍の砲手の一人、フランス人がルイ・グリボーと呼んでいたジェノヴァ人の男が、馬を用いない砲車の模型を作ってノルマンディー出兵の間にシャルル七世へ送った。[*51] これは言うまでもなく砲手の昔からの理想、すなわち、砲を載せるための完全に防護された車両で、それを動かす何らかの手段を内部にもったものだった。そのようなしくみの設計は、十五世紀全体を通じてくり返し登場する。[*52]

イングランド側の対応は長い目で見れば明らかに不適切だったが、それでもイングランド人はこの時期に砲兵の有用さをはっきり理解していた。結局のところ、一四二〇年代にノルマンディーを征服したとき、彼らがこの問題に関してフランス人を教育していたのである。後の一四四〇年代に、サマセットがノルマンディーは大砲の準備が特別貧弱だと述べた不満のなかにもこの見識がくり返されている。[*53] しかしランカスター領のフランス諸都市が、やがて課せられることになる試練に対して全く何の準備もしていなかったようにはみえない。城壁の補強と、砲撃に無力な石造部分を防護するための塁壁（フランス語でブールヴァール［boulevard］。これはドイツ語のボルウェルク［Bollwerk］に由来する）の新設から成る、新形式の消極的防御施設が築造された。イングランド軍は自軍の火器を防御任務に使うことができたし、実際使ってフランスの貴族の中に死者を生じさせた。[*54] ジャン・ビュローがボルドー市の城壁をがらくたの山にしてみせると豪語したにもかかわらず、市は三カ月間持ちこたえた。そしてカスチヨンの場合と同じく、火器による攻撃にさらされるようになってやっと降伏した要塞があったとはいえ、ほかの要塞は戦いがはじまるとすぐ降伏を申し出たので、シャルルはいかにも寛大であるようにみせることができたのだった。またフランス軍がフォルミニーでイングランド軍を攻めるのにクルヴェリンを二門しかもってこなかったという事実は、彼らの攻城砲列が非常に機動性の大きいものではなかった、あるいは彼らの火器のタイプがそれほど融通のきくものではなかったことを示唆している。

こういったことはすべて、イングランド軍を駆逐するために技術が果たした役割を過大評価してはならないことを示している。英仏どちら側の資料にも、フランスの火器が従来のものと質的に異なっていたとか、技術的に「進んで」いたとかを示唆するものは一つもない。フランス側が戦に勝ったのは、火器のおかげが大きいことは明らかだけれども、それは西ヨーロッパのほとんどどこでも市販されていて手に入るものと大してちがってはいなかったようである。フランスの勝利はたぶん、技術的進歩よりも行政上、兵站上の努力に負うところが大きかったのだろう。ジャン・ビュローは財政・行政面の天才であり、一方ガスパール・ビュローは技術面に秀でていたらしい。ジャンのほうが政治的にも年代記の中でもよく知られていたようだし、彼の専門的知識は攻城戦で火器をどの位置に据えるかということにまでわたっていたらしい。年代記にはしばしば、フランス軍が攻城戦の間に建設した大規模な土工、壕、胸壁、またフランスの砲兵を防護した木製の楯（強くかつ持ち運びできるよう巧みに作られたものが多かった）のことが出てくる。これは後世のフランス人ヴォーバン[☆2]が実行して名声を得るもとになった攻城法にたいへんよく似ているように思われる。壕と土塁ははなばなしい技術ではないが、それでも重要である。ビュロー兄弟は一四四〇年代から信頼できる攻城砲列をつくることをはじめたが、その際に技術的な新奇さを避けて確立されている伝統的な種類の砲を選んだようである。[*55]兄弟の目標は結局のところイングランド軍を負かすことであって、砲術を進歩させることではなかったのだ。後の時代に同様な決定に迫られた多くの将校たちと同様、二人が少数の「実験的な」タイプの兵器にすべてを賭けるのでなく、大量に存在する伝統的な兵器を利用しようとする戦略を選んだことはまちがいない。

この点は十五世紀の砲術の発展経路を評価するとき忘れてならない重要なことである。フランスにおける百年戦争の遺産の中には、何にもましてフランス砲兵隊があった。だがこのよく管理された部隊がその技術的ピークに達したのは、やっとシャルル七世の治世の晩年と息子ルイ十一世の時代に入ってからのことらしい。たぶん百年戦争が終わり、さまざまな出来事の重圧が弱まったころになって、それより前の数十年間に芽を出しはじめていた技術的変化が、フランスとブルゴーニュの砲兵が駐留する地域で完全な姿をとるようになったのだろう。交戦は減ったとはいえ、技術的変化を推し進める圧力はつづき、むしろ増大さえした。フランス王はこの時期砲兵隊を独占することはできなかった。私有の攻城砲列が存在し、その中にはシャルル七世が主張しようとする国王の大権に挑戦できるほど大規模なものもあった。またそういう砲列を自分自身の利益のために使いかねない野心的な貴族もいた。とりわけ古くからの国王の敵、ブルゴーニュ公の一族がそうだった。緊張状態がほとんど途切れなくつづく中で、技術的な優位が高く評価されるようになった。著作家の中には、十五世紀の第三・四半期におけるフランス人とブルゴーニュ人の対抗を「軍備競争」と表現している人がいるが、[*56]シャルル七世の攻城砲列の威力がノルマンディーとギエンヌで証明されるとすぐに、ブルゴーニュ人がそれに劣らぬものをつくりだそうとしたことは明らかなようである。ブルゴーニュがもつ資源は王のそれに劣らなかった。ブルゴーニュは北東の主要な金属工業都市のいくつか、たとえばリエージュを支配していたからである。リエージュの兵器生産はその地方の経済の大黒柱になっていた。[*57]一四六六年にはブルゴーニュ豪胆公シャルルは、それまで一七回も包囲攻撃されながら無事耐えしのいできたディナンの町をたった一週間砲撃しただけで奪いとることができるまでになっていた。[*58]

　ここにいたって、ジャンとガスパールのビュロー兄弟がギエンヌ出兵の始まり、つまりまさに百年戦争が終わるころに導入した変化の現実の結果は何だったのかがわかってくる。「新型の火薬」と鉄の弾丸からは、粒化された火薬が銃砲に使われるときの潜在的可能性を何か新しい方法によって開発しようと試みたのはフランス人が最初だったかもしれないことが示唆される。[*59] 一四六三年つまり百年戦争が終わってから一〇年後のパリのサン・タントワヌ要塞の明細目録は、「大砲用の粗い火薬三ミリエ」と「クルヴェリン用の火薬一ミリエ」をあげている。[*60] クルヴェリン用火薬と大砲用火薬を区別するのはよくあることで、ふつう小火器用の砕片状火薬と大きい火器のための粉末火薬を意味する。だがこの明細目録では意味が逆になっているようにみえる。少なくとも「粗い火薬」は大形の砲に使う大粒の火薬のことである。塊の火薬を砕く工程を少し変えて、意図的に大きい火薬粒を選び分けるのは割合簡単だったのだろう。火薬の塊を短時間砕いて、そのあと目の細かさの異なる何段階かのふるいに順にかけることにより、火薬を必要な大きさの粒に分別することができた。大きい砲で小粒の火薬のかわりに大粒の火薬を使ったところで、十九世紀の砲手が形を整え表面をみがいた火薬粒を使ったとき得られた安全度の余裕が得られなかったことは明らかだが、それでも、以前から使われてきた粉末火薬または小火器用の細かく砕かれた火薬に比べたら、明確な改善だったにちがいない。十五世紀の最後の数十年間にフランス人が砲に関して発揮した鋭い眼識は、たぶん火薬を巧妙に処理してさまざまな口径の砲に最も適した粒の大きさに近づける方法が土台になっていたのだろう。

同じくこの時期に、近代初期の砲術の最後の要素、つまり砲を運ぶための砲車と、後ろに砲や弾薬箱をつけた二輪の車両が効果的に使用されるようになった。十五世紀の前半を通じて、たいていの砲は利用しうるあらゆる車両に乗せて運び、そのあと苦労して下ろしてから別個の砲架に据えて発射した。そのために砲架を予め作っておくこともあった。大きい射石砲の場合はこれは極度に労力を要する仕事であり、トルコ人がコンスタンチノープルを攻撃するのに使ったような本当に巨大な砲になると、数十頭の牛と数百人の人手を要することもあった。[61] ヨーロッパでは一般に小口径の兵器へ向かう傾向があったので、輸送のためのより軽く操縦しやすい車両で、かつその車両上から砲を撃てるほど頑丈なものを設計することが可能になった。この進化には明確な転向点（ターニングポイント）は存在しなかった。じつはヤン・ジシカの新機軸は一四二〇年代に早くもそういう発展を予示していたのだ。とはいえ、西ヨーロッパでフランスとブルゴーニュの間で争いがおこった時期には、そうした車両の数が目立ってふえていたし、車両の設計もまた著しく精巧になっていた。[62] 特にブルゴーニュの車両はその後のヨーロッパの砲車全体の原型（プロトタイプ）になった。[63] 例によって、これらの技術革新がヨーロッパの一般慣行の中へ入っていった速さを過大評価してはいけない。車両の設計には地域によってかなり大きなちがいが存在するのである。有名な例を一つあげれば、一四七五年のノイスで、ブルゴーニュ軍は皇帝軍から丸見えの状態で砲をもちながらライン川を徒渉することができた。ドイツ軍が砲を逆向きにして川のほうへ向けることが容易にできなかったからである。そのあとブルゴーニュの機動砲兵隊は皇帝軍のキャンプを砲撃して多大の損害を与えた。[64]

一四五〇年ごろから一四七五年ごろにかけて砲術の発展に多大の努力が注ぎこまれたものの、結局のところ東フランスにおける力のバランスをブルゴーニュ側の劣勢、フランス側の優勢へと傾けたのは、装備の面ではより軽装のスイス兵だった。私たちはすでに、スイス歩兵の組織と戦術システムの進歩、およびブルゴーニュ軍をひどい目にあわせたいくつかの戦——グランソン（一四七六年三月二日）、ミュルタン（一四七六年六月二二日）、ナンシー（一四七七年一月五日）——を手短に眺めてきた。この時期のブルゴーニュの改革は、スイス人の武勇のあかしは、技術発展の道筋にも重要な影響を与えた。この時期のブルゴーニュの改革は、大砲だけでなく手銃にもかなり重点をおいていた。原則的にはブルゴーニュの歩兵中隊は対応するフランスの歩兵中隊と同じく、槍兵、弩兵、弓兵、手銃兵で構成されることになっていた。[*65] こうした取組みは、小火器数の増加に合わせようとした最初の西側（ドイツ語圏ではない）の努力を示している。けれどもいくつもの兵科を組み合わせたブルゴーニュの部隊が槍戦術を使うスイス兵にグランソンとナンシーで敗北を喫すると、強力な反作用が生じた。負けたブルゴーニュ豪胆公シャルルの義理の息子、オーストリアのマクシミリアンは、ヴァロワ家に対する自分の王位要求を守るために軍事改革に着手した。

マクシミリアンはハプスブルク家の出身だったので、スイス人は仕えるのを拒否した。しかし彼は、ほかの国の人を使って彼らの戦術をまねることができるのに気がついた。そしてギヌガートの戦（一四七九年八月七日）で、槍をあやつる歩兵——この段階では主としてフランドル兵——の密集隊形を使って、砲兵と弓兵を数多くもつフランス部隊を破った[*66]（彼はその後、フランドル人もネーデルランド人もハプスブルク家の指揮下で出征するのはあまり乗り気でないのに気づいて愕然とすることになるが、この戦の軍事的教訓は彼に、軍隊を徴募する努力をほかの国に移させただけだった）。[*67] ギヌガートの戦は槍の勝利を強く印象づけ、一時的だが小火器を中軸として歩兵を組織する努力を逆転させたようだ。フランス王もマクシミリアンも打って変わって槍戦術の一種に関心を集中した。実りある結果をもたらしたかもしれないフランス人の努力は放棄された。フランス王は金にゆとりがあり、かつ喜んで仕えるスイス人の一団がいるときには、金を払って彼らを雇い、財政が苦しいときには槍（スイス）や斧槍（ドイツ）で武装した地元出身の部隊を使った。*68 いずれにせよ、これらのうちで、シャルル八世治世初期の金詰まりを乗り切って常備軍として存続したのはごく少数にすぎなかった。こうした政策の変更がもたらした最終的な結果は、フランス軍に砲兵（攻城戦の場合）と伝統的な重騎兵（野戦の場合）をきわめて重視した兵力のパターンを固めさせたことだった。フランスの歩兵は数十年の間ずっと、スイスの傭兵と地元出身の（ガスコーニュ人が多い）弓兵と弩兵の組合せであり、それも一定したものではなかった。現代人にとってはじつに奇妙にみえるこの組合せが、ヴァロワ家を十六世紀、そしてイタリア戦争まで存続させたのである。

レコンキスタの終り

新しい火器が決定的な役割を演じた十五世紀の最後の戦は、カスティリャ軍がイスラム教徒のグラナダ王国に対して最終的に勝利をおさめたときだった。レコンキスタ☆3はスペイン中世史の根源をなす基礎であるが、数世紀にまたがる奮闘がすべてそうであるように、後になってからふり返れば、理由はともかくいずれにしても避けられないものだったと簡単に考えることができる。キリスト教圏とイスラム教圏の間の文化的・宗教的国境を南へ押し下げようとする努力は、スペイン人の気質に痕を残しただけでなく、レコンキスタについて書こうとする試みのほとんどすべてに影響を与えている。十三世紀になって、イスラム教スペインつまりアンダルスの最も重要な中心地――コルドバ（一二三六年）、ムラカ（一二四三年）、セビリャ（一二四八年）――がキリスト教徒の手に落ちたが、それから先はキリスト教徒側が勝利をおさめるのははるかに困難だった。イスラム教徒は改宗することも、征服者の要求に従ってただ南へ移ることもしようとはせず、一二四八年ごろに新しい国境がつくられて、イスラム教徒の住民が圧倒的に多い一つの王国を、北の新しくキリスト教圏になった地域から分けた。グラナダは十三世紀半ば以後イベリア半島唯一のイスラム教国となったが、これはかつてはこの半島のほとんど全域を支配した文明が圧縮された形で残存したものだった。グラナダを支配したナスル朝は、マグリブ、カイロ、そして姿を現わしつつあったオスマン・トルコと良好な関係を樹立した。ナスル朝は国内外の資源を利用して、スペインの凹凸の多い南東海岸に要塞王国、すなわちいかなる侵略の努力をもはね返すことのできる地域をつくりだした。もしも事の成り行きが違っていたなら、イベリアには近代になってもバルカンと同じようにイスラム教徒の住民が残っていたと想像しても、けっして突飛ではない。

そうならなかったのは、十五世紀に火器の使い方が進歩したことにかなり大きな原因がある。というのは、一四九二年にムーア人のグラナダが喫した最終的な敗北は、何よりもまず「大砲による征服」だったからである。この首都の陥落までにいたる出来事を目の当たりにして年代記を書いた人々は、アラゴンのフェルディナンドが集めた砲列のことをくり返し語っており、彼らと同じ所感は近代の歴史家たちの記述の中にもくり返し現われている。[*69] 一四八一〜九二年の出来事をじっくり眺めると、キリスト教徒側の勝利は単に多数の砲を動員したことの必然的結果ではなかったことが示唆される。質的な要素もまた存在したのである。それは砲の洗練度が増していたことで、フランス＝ブルゴーニュ戦争の中から出現したフランスの技術が土台になっていたらしい。

一四八〇年ごろの人々の立場に立って見るならば、十五世紀はスペインのキリスト教徒にとって特別に成功した時期というわけではなかった。ナスル朝は、かつていくつかの王朝に致命的な危機をもたらしたイベリア・イスラム教徒の党派主義をうまく御してきたし、同じくらい命とりになる北アフリカのイスラム教支配者たちの介入も巧みに避けてきた。[*70] グラナダ人にとってこの時期最も痛かったのは、ジブラルタルを失った——一四六四年にカスティリャの手に落ちた——ことなのだが、ここはこれまで何度も支配者が代わっていたため、この失陥は決定的なものとはみなされなかった。グラナダ国内にすむイスラム教徒、グラナダの外に住むキリスト教徒、キリスト教徒の支配下に暮らすイスラム教徒はみな、うまくやっていくための彼らなりのやり方を会得していた。争いもたびたびあったが、それは主として略奪か私的な戦で、深刻な国家間の衝突はめったにおこらなかった。カスティリャはグラナダにキリスト教をもちこむ十字軍戦争という理想を宣言してもよかったのかもしれないが、実際のカスティリャの軍事的奮闘は「十字軍というよりむしろパレード」だった。[*71] キリスト教徒は多くの場合、支配権のある地位についたり、私利を追求してイスラム教徒ともキリスト教徒の貴族とも手を組みあるいは手を切ったり、ある程度の地方自治権を守ったり（この目標はキリスト教徒にもイスラム教徒にも共通だった）するだけで満足した。全面的な征服戦争がおころうものなら、これらすべてを手放さねばならなくなる。それよりは「国境ロマンス」の安直なヒロイズムのほうがずっとましというものだ。そういうロマンスの中では、キリスト教徒の戦士もイスラム教徒の戦士もひとしく歌や物語の中でほめたたえることができよう——まるで、よく戦いさえすればだれのために戦うのかはあまり問題にならないかのように。「共に生きる」が一四八〇年代の国境地帯の大部分での本音だった。

アラゴンの王位とカスティリャの王位がフェルディナンドとイサベラの結婚という形で人間的に結びつけられると、これはグラナダの独立の終末の到来を示すものとなった。二人の君主の統治の初期にあっては、ポルトガルの大規模な侵入によって煽動された内乱に振り回されたため、グラナダのための余力はほとんどなかった。これが一四八一年一二月を境に変わってくる。このときフェルディナンドは国境でおこった小さな出来事をとらえて、スペインに残るイスラム勢力の防壁に対して大攻勢を仕掛ける口実にしたのだった。二人の君主は内乱での体験から多くのものを学んでいた。内戦では大砲が使われたのだが、ほんのわずかの成果しかあげられなかった。[*72]グラナダでこれから行なわれる戦争では、キリスト教徒の総力をあげて、とりわけ砲兵力のすべてと、改良された砲が使用されることになる。グラナダの戦争がこれまでとどれほどちがったものになるかの一つの目安は、純然たる数に見出される。フェルディナンドが動員した（しかし主としてカスティリャから徴募した）兵力は、戦争の初期には約六〇〇〇〜一万の騎兵と一万〜一万六〇〇〇の歩兵だったが、戦争の後期には一万近くの騎兵と五万の歩兵にふえた。これらの数には、契約のもとに軍隊に補給とサービスを提供した三万人もの非戦闘員は含まれていない。騎兵に対して歩兵の割合が増していることは、王の軍隊が戦争中にどのように進化したかを暗示している。戦争が主として攻城戦になるにつれて歩兵が優勢を占めるようになった。同じように砲と親方砲手の数もふえた。一四七九年には国王部隊の中に親方砲手は四人しかいなかったが、この数は一四八二年末には六五になり、一四八五年には九一になった。[*73] これが示唆するのは、攻城用の大砲を王が独占しようとする動きがあったことである。だがフランスの場合と同様にスペインでも私有の攻城砲列がずっと存続したから、王による独占が完全には達成されなかったことは確実である。とはいえ、グラナダの征服からわかるように、攻城作戦は時とともにますます国王自身の軍隊の活動分野になり、一方「タラ」(tala) つまりイスラム教徒が食糧を手に入れられないよう略奪し焼き払うことは、貴族やその私兵にまかされていたようにみえる。[*74]

スペインではフランスとちがって、戦争は宗教的・民族的に深刻に分裂した敵味方の間で行なわれた。ということは、多くの場合イスラム教徒は手に入るかぎりの資源を総動員してキリスト教徒の侵入に抵抗したことを意味する。イスラム教徒はその初期から、今度の戦争は単なる以前の形態の争いのつづきではなくて、「民族浄化」のようなもっと近代的な考え方に似たものだということを把握していたようにみえる。キリスト教徒側の勝利のあとの一〇年間なおスペインに残りつづけたイスラム教徒全員の運命を、グラナダを守って戦ったムーア人の人々はある程度予想していたように思われる。負けることは地域社会、文化、宗教が抹殺されることを意味したのである——キリスト教徒側は表向きはその反対のことをくり返し宣言したとはいえ。大砲を見せつけられて無血降伏をした例はいくつかあったものの、概して抵抗は強く、戦いは激しかった。実際ナスル朝はずっと以前から、フェルディナンドとイサベラが行なった戦争と同様な戦争にそなえて計画を作っていたし、イスラム教徒は住民と食糧補給を守るために連携を密にした一連の要塞を建設していた。これは戦略的にはグラナダの人々を自分たちの要塞を守るという方針にしばりつけることになり、彼らはそれをたいへん精力的に実行した。[*75] ナスル朝の計画者たちが予見できなかったのは、言うまでもなく、火薬火器の増大しつつある能力が彼らの戦略を戦術的には効果のないものにしてしまうだろうということだった。

フェルディナンドも、そしてたぶんイサベラも、戦争がもっと短期に終わって、勝利がもっと早く来るだろうと予想していたらしいのだが、そうはいかなかった。戦争が進展し、キリスト教徒側が最終的に決定的な勝利を収める可能性がはっきりしてくるにつれて、目標はいちだんと野心的になった。勢いが増すにつれ、キリスト教徒側の戦略的計画はいっそう砲を中心においたものになった。一四八五年の出兵のときには、キリスト教徒軍は砲列のためだけで約一五〇〇の車両を必要とした。[*76] 国王軍はフランス軍の遠征方式を実行し、外縁部の要塞を着々と制圧しながら西部の首都ロンダへ向かって進んだ。ロンダの城壁は難攻不落と考えられており、北アフリカの部隊が駐留していた。一四八五年五月八日から二二日までキリスト教徒軍はロンダに空前の大砲撃を浴びせ、水の補給を断って、この市を有利な条件で奪取した。ロンダの陥落が生んだ心理的衝撃はたいへんに大きく、西グラナダに残っていた軍勢はその後すぐに降伏した。この戦争の細部の多くに通じていたあるキリスト教徒の年代記作者は、そのときの砲撃を次のように描写している。

その砲撃はたいへんに激しくて途切れがなかったので、歩哨の職務についていたムーア人が互いの声を聞きとるにもひどく苦労するほどだった。彼らは眠る時がなく、またどの部署が支援を必要としているかもわからなかった。なぜならある場所では射石砲が城壁を打ち倒し、別の場所では攻城機械とクルトー［臼砲］が家々をこわしたからである。大砲がもたらした損傷を修理しようと努めてもそれはできなかった。なぜならもっと小さい兵器から立てつづけに発射される弾丸の雨あられが修理を妨げ、城壁の上にいる人をだれかれなしに殺したからである。*77

年代記作者はつづけて、ロンダの住民ははじめは彼らの巨大な要塞を信頼していたのだが、大きな焼夷弾が市そのものの中心部に大火災を引きおこしたあとは、彼らの態度は恐怖のそれに変わったと述べている。

それから二年後、マラガの包囲攻撃で、キリスト教徒軍の大砲はそれ以上にもめざましい働きをした。マラガは重要な海岸港で、富裕でもあり、強力な守備隊が守っていた。グラナダ軍はもとから堅固だったこの場所を、大砲を十分に配備していっそう強化した。一四八七年のほぼ初夏いっぱいつづいたマラガ攻城戦は、大砲を据えつけることのできる場所を確保するために、凄惨な白兵戦が行なわれたことで知られる。「敵を捕虜にしようと試みるものは一人もいなかった」

と言われる。彼らはひたすら「殺すか不具にしよう」としたのだった。[*78] キリスト教徒軍はひとたび足場を確保すると、砲座として仮の砦を建てたが、これによってマラガの司令部だった要塞の制圧をめぐる短射程の固定砲による決戦が始まった。キリスト教徒側の大砲の優秀さがこの作戦で試されることになった。いくつかの年代記はこの勝負は互角だったと言っている。フェルディナンドは自らキリスト教徒軍の指揮をとった。彼は自軍のかなり目立つ幕舎を防御軍の砲の射程内に張ったが、たちまち敵の格好の標的になったので、移動せざるをえなかった。[*79] たぶん彼はイスラム教徒の砲術を見くびっていたのだろう。敵味方とも死傷者がおびただしかった上、補給の困難もはっきりしてきた。キリスト教徒側はすぐに重砲がもっと必要だと感じ、また砲の発射速度が大きかったため火薬の蓄えが尽きはじめていたので、特に火薬が要求された。バレンシア、バルセロナ、シチリア、さてはポルトガルにまで急遽要請が出され、これらすべての場所から補給品がキリスト教徒のキャンプへ輸送された。[*80] 地雷作戦も企てられたが、すぐには成功しなかった。艦砲が艦隊から取り外されて攻城軍のところへ車で運ばれ、オーストリアのマクシミリアンがフランドルから送らせた新品の砲も配備された。[*81] 住民が全滅したアルジェシラスの町から石の砲弾を徴発することさえなされた——一三四三年にアルフォンソ十一世がこの町を征服して以来ずっとその弾丸は地面にころがったままだったのだ[*82]（そのときの攻城戦でイスラム教徒の守備隊は射石砲を使ったのである）。[*83]

これほど力を尽くしてもなおマラガ市は降伏せず、イスラム教徒側の守備隊は死物狂いになりつつあった。ある時、死を覚悟のイスラム教徒の暗殺者、イブラヒム・ジャルビは、わざと捕虜になり、王様だけにお耳に入れたい情報をもっていると言い張った。驚くべきことに、彼は武器をかくしているかどうか調べられることもなしに、王と女王の宿舎につれて行かれた（イサベラは夫のあとを追ってそこへきていた）。暗殺者はカスティリャ人を一人も知らなかったので、一人のポルトガル貴族をフェルディナンドと間違えて刺した。暗殺者はその場でバラバラに切られ、こま切れの死体は投石機を使ってマラガの城壁をこえて中へ投げ返された。守備隊の人々はそれがジャルビの遺骸であることを認め、絹糸で縫い合わせ、心をこめて英雄として葬儀をとり行なった。そのあと彼らは身分の高いキリスト教徒の捕虜を一人殺し、死体を一頭のロバにくくりつけて、キリスト教徒軍の横列へ向けて追いやった。[*84]

その間も攻城戦はつづき、それに特有の技術は中世の戦闘の技術にも似ていれば、近世初期の戦闘の技術にも似ていた。キリスト教徒側は城壁に砲火を浴びせる準備として車輪をつけた木製の攻城塔を作り、また互いにすきをうかがっての地雷作戦がつづいた。市内で配給が底をつき、市民が飼っているペットや通りのネズミを常食にするようになると、市はますます死物狂いになった。攻城側は万策尽きて、ついに宗教を頼りにした。彼らはキャンプの売春婦たちを追放し、あらゆる種類のギャンブルを禁止して昼も夜も信心深い勤行や礼拝にいそしんだ。しかしこのように努力したにもかかわらず、病気が市内にもキャンプにも発生しはじめ、作戦全体にいちだんと緊迫の度を加えた。最後には、国王の砲術長官、フランシスコ・ラミレス・デ・マドリードの一つのアイディアが成功した。[*85] 防御側の塔の一つとその橋の下に掘り進められていた坑道の中で、火薬爆弾を爆発させたのである。そのため生じた混乱の中でキリスト教徒部隊は塔を占領した。[*86]

これはマラガの人々の心理的打撃となり、彼らはもう降伏すべきときではないかと考えるようになった。ほかにも多くの例があるが、このときも一群の市民たちが守備隊の反対を押し切って、攻城軍側と交渉をはじめた。講和条件は、長い攻城戦の間につもりつもったいらだちを反映して過酷だった。アフリカ人の駐留兵士は儀仗兵として多数の支配者や貴族に与えられた（教皇は自分の衛兵として一〇〇人のベルベル人を受けとった）。イスラム教徒の住民の大多数にとって身の代金はあまりにも高くきめられたので、大部分は払うことができずに奴隷にされた。[*87] 市から腐った死体の悪臭が除かれたあと、フェルディナンドとイサベラは勝利の入城を行なった。

キリスト教徒の遠征軍がグラナダを征服することができたのは火器のおかげが大きいことは明らかである。これを「大砲による征服」と呼んでも誇張ではないが、それではキリスト教徒軍の大砲の質と技術に関する疑問の答にならない。もちろん年代記資料は、そういう詳細についてははっきりしたことを語っていないが、キリスト教徒の大砲が技術的発展のレベルに差のあるいろいろな兵器のごちゃまぜだったことを示唆するいくつかの手がかりを提供してくれる。「長い砲」(lombard) はいうまでもなく、一四八〇年代に使われた砲の中では新しいタイプで、予想されるように主に城壁をこわすのに用いられたらしい。これに反して、ロンダで使われたような焼夷弾はふつう射石砲から発射されるか投石機を使って投げられた。グラナダ戦争のときの攻城戦の記述では、「射石砲」(bombard) という語が多種類の砲を言い表わすのに用いられていることは確かである。年代記作者たちの用語が技術的にどの程度まで正確だったかははっきりわからない。とはいえ、キリスト教徒の砲列には、ほかの場所では使われなくなっていた射石砲タイプの砲が多数含まれていたことは明らかである。

射石砲には石の砲弾が必要であり、記録を読めば石の供給は確保されていたことはわかるが、[88]その中にはキリスト教徒がアルジェシラスから一五〇年も昔の石弾を運んで再利用することができたというかなり異様な情報も含まれている。実際グラナダ戦争では鋳鉄の弾丸のことは全く話に出てこないようにみえる。もっとあとの一四九九年になってやっと、ドイツの親方たちがルシヨンに招かれて鉄の弾丸と弾丸用の鋳型を作るよう依頼された[89]（鉄の鋳造には豊富な水力が必要であり、鋳鉄がスペインで利用されるのがそんなにおくれたのと、ルシヨンという場所で生産が最初に行なわれたのは、たぶんそれが原因だったのだろう）。フェルディナンド・デル・プルガルはロンダの攻城戦を描写する中でエンジン（yngenios）とクルトー（quartaos）についてふれている。十五世紀のクルトーはふつう大口径・短砲身の砲だったが、後には小形になり、主として対人兵器として使われた。[90]プルガルが言っているのは前者のタイプらしい。エンジン（yngenios）とはふつうには機械的な攻城設備、特に投石機（トレブシェット）のことである。プルガルはイブラヒム・ジャルビの無惨な運命を描写するとき、はっきりと彼の遺体は投石機を使って投げこまれたと言っている。このことは、スペインのキリスト教徒は十五世紀も末近くになってもまだ銃砲と並んで投石機を使っていたことを意味するのだろうか？　一四八七年は、年代記の中で投石機に出会うにはひどくおそい年である――実際これは西ヨーロッパの戦争で投石機が話に出てくる最後かもしれない――し、しかもこんなところで姿を見せるのは驚くべきことだ。むしろ投石機は、ロンダの包囲戦を終わらせた焼夷弾のようなものを投げるのに使われたというのがいちばんありそうなことである。[*91]

グラナダの戦争で使われた銃砲の中には、新しい兵器が以前よりも高い割合で含まれていたというのも、ありそうなことである。軍の展開や包囲攻撃の戦術、および小火器に支援されながら連続砲撃をするという総合的な方式は、フランスのやり方に著しく似ており、たぶん巨匠ジャン・ビュローの影響がかなりあると思われる。車載砲（フランス語で ribaudequins スペイン語で robadoquines）は野戦ではあまり役には立たなかったが、フランス人の場合と同様スペイン人にとっても、もっと大きい砲が城壁にあけた穴に掃射を加えて防御側が修理できないようにする働きをした。[*92] アンドレアス・ベルナルデスは車載砲がスペインに出現したのは一四七五年ごろだったと主張しているが、[*93] これは本当はこの新しい役目をするために登場したときにすぎないようだ。フランスはずっと前からイベリアの砲術の後援者（パトロン）になっており、カスティリャ砲兵隊の最初の指揮官はフランス人だった。[*94] フランスに（そしてヨーロッパのいたるところに）見られた機能による分化とタイプの増加と同種のものが一四八〇年代にスペインにも現われた。年代記の中の canones や artilleria といった普通名詞は、lonbardas, culebrinas, pasabolantes, cerbotinas などという専門用語に席を譲った。[*95] この用語の変化は、兵器が一つの紛争の舞台から別の舞台へと買われ、売られ、贈与されるにつれて火薬兵器の市場が国際化されるのと同時におこった。一四八七年にマクシミリアンがフェルディナンドへ砲を贈ったのは、もっとずっと大きな成り行きの中の一例にすぎないのである。

銃砲とともに熟練した人々――砲手、火薬製造者、鉄砲鍛冶、鋳物師――がやってきた。イベリアの兵器製造のための資源はグラナダ征服の準備をする中で集められたが、生産能力は激しくかつ長びいた戦闘の必要をまかなうことはとてもできず、銃砲は出兵の間ずっと国外から輸入されていた。この時期に迎えられた外国人専門家の中ではドイツ人とフランス人が特別重きをなしていたようにみえる。それはたぶん彼らの技術のおかげで、打撃力がより大きくて機動性もよりすぐれている砲が生産できたからだろう。[*96] 早くも一四八四年にフェルディナンドはコンスタンチーヌ山脈内に兵器工場を、セビリャ、コルドバ、その他に兵器廠を建てた。これらの建設に関係した人としてあげられている名の多くは外国名である。すなわち砲手「ギエルモ親方」、火薬製造者「オスナー」、鋳物師「ペリ・ホアン」、硝石・火薬製造者「ニコラス」など。これらの職人たちは最新の技術を携えてきただろうと当然予想され、この予想は、彼らが鋳造(鍛造ではなく)によって小火器を作り、また硝石の生産を増加させつつあったという情報によって裏づけられる。[*97]

スペインではほかの国と同様、戦争前や戦争中に生産に傾注した結果、兵器の全体的な質は改善されたが、それでも、実際の戦闘の必要からして、古かろうが新しかろうが、質がよかろうが悪かろうがおかまいなく、ありとあらゆる兵器が総動員されて使用されたことは明らかである。マラガの攻城戦で投石機と火薬の地雷が同時に姿を見せたことは、どのように戦争が過去のものを利用し、かつ切り開く未来を予示しているかを物の見事に象徴している。古い兵器と新しい兵器が年代記の中に混在して現われる。その物語の構造は、ある特定の場所と日時に存在した兵器類の「スナップ写真」になっている。戦争が終わったあとには、古い兵器が廃棄されたり売り払われたりする一方で、蓄えられた高性能の兵器が多数姿を現わした。一四九五年にフェルディナンドの命令で南東部の兵器廠に登録された一七九門の砲が、この類に入ることはまちがいない。[*98]同じく、戦争時の生産施設はなおも最新式の兵器を作りつづけ、それがやがて戦争中ずっと使われていた古い砲にとってかわった。たとえば一四九五年にホアン・デ・ソリアから注文された二〇〇門の青銅砲がそれである。[*99]

フェルディナンドとイサベラがどんな種類の火薬を使ったのかはあまりはっきりしない。ホルヘ・ビゴンは、十五世紀の後半にはスペインで粒にされた火薬が知られていたと主張するが、それはほとんど小火器にしか使われなかったらしいと多少困惑もしている。[*100]しかしこの時期に塊を砕いた粒火薬が最も広く使われるようになったのは、まさにその小火器の分野だったのである。グラナダ戦争の間に「エスプリンガルダ」（espringarda）の使用が急増したことは容易に認められるが、ここでもまた、古い用語を守りつづける傾向が技術的変化の実態をおおいかくしているようにみえる。スペイン語のエスプリンガルダはもとは弩の一つのタイプを意味したが、後には十五世紀に出現した多くの手銃の一つを意味するようになった。一四八〇年代になるとアルケブスをさすようになった。エスプリンガルダは安い兵器（一四八五年の値段は三四一マラベディつまり一一レアル）で、機械仕掛けの火縄点火装置があるものとないものとの二種類があったが、[*101]これはそのころこの銃が過渡期にあったことを示している。エスプリンガルダは年代記の中にくり返し登場し、トレド大聖堂の合唱席のために彫られたグラナダ戦争を描いた木彫の中で立て役者となっている（この同じ彫刻に銃砲の古い型と新しい型がごっちゃになって現われている）。[*102]

ふつうエスプリンガルダは砲の台座を守るために配置される兵器として描かれ、しばしば弩といっしょになって現われる。[*103] このような戦術上の使い方は、十六世紀に現われたような野戦隊形(ただし、いずれにしてもグラナダ戦争はそんな種類の戦争ではなかった)に比べれば穏やかなもので、エスプリンガルダが、ドイツでアルケブスが演じたのと同じタイプの防御的役割をになっていたことをはっきり示している。

残念なことに私は、この戦闘に関する公刊された記録資料の中で、大砲の火薬とエスプリンガルダの火薬を区別しているものを見たことがないが、スペインに雇われた多数の外国人火薬製造者が最新の技術を身につけて南へやってきたことはまちがいない。十六世紀初めのポルトガルの記録文書は小火器用の火薬と大砲用の火薬を明確に区別している。[*104] それればかりでなく、必ずしも粒状の火薬はエスプリンガルダだけにしか使われなかったということにはならない。ビゴンは、カスティリャの大砲の火薬に対して六対一対四という処方を与えている十五世紀の手写資料も引用している。前に述べたように、硝酸塩含有量を減らした火薬というのは大砲に使う粒火薬をさしていることが多いのだ(ただしスペインで硫黄を多くするよりむしろ炭素を多くしているのは斬新な行き方のようにみえる)。してみると、グラナダ戦争に参加したキリスト教徒もまた出征の間に、最新・最良の火薬技術を知って利用したというのが、大いにありそうなことである。イスラム教徒もまた火器を十分に配備していたことを考え合わせれば、キリスト教徒側のほうが銃砲に関して質的に優位を占めており、それは見かけの上の量的優位より重要だったのだろう。もしそうだとすれば、イベリアでキリスト教徒が最終的に勝利したのは、かなりの程度、十五世紀におこった火薬の変化のおかげだったのである。

技術と戦術

十五世紀に同時におこった火器戦術の進化と火器技術の進化を振り返ってみると、両者の間の関連がいかに少なかったかにびっくりさせられる。どちらの発展の流れもそれぞれ独自のコースをたどり、相手側が提供する機会にはほとんど注意を払わなかったようにみえる。火薬の塊を砕いて粒にする方法で作られた製品は、重砲で使うのは難しかったが小火器にはたいへんよく適していた。しかし十五世紀における火器の戦術的使用は、銃砲の野戦での用法をさがすよりも、攻城戦での利用にはるかに集中していた。フス派が大きな例外だったことは確かだが、彼らでさえ小火器よりも中口径砲に力を注いだ。フス派が考えだした車両要塞は広く模倣されたが、それとて固定した野営地を作りだすための手段にすぎなかった。車両要塞は野戦での困難で決定的な問題、つまり火器を再装塡する間どうやって攻撃から守るかという問題を解決したが、この方法がうまくいったのは敵が野戦砲をろくにもっていないときだけだったであろう。

最も広範囲にわたる砲術の発展はフランスでおこった。それは、戦いの形勢を逆転させ、イングランド人が占領している土地をとり戻したいというフランス王の願望によって推し進められたものであった。この政治目的は、たぶん十五世紀のほかのどの政策にもまさって、火器の運命をきめた。というのは、フランス人は攻城戦での勝利に必要な火器の組合せに関心を集めることによって、火薬兵器の全分野に彼ら自身のイメージを刻みつけたからである。城壁を破壊するための超大形の砲は、もっと機動性に優れ、ぶっつづけに発射できる攻城砲列によっておきかえられた。そういう砲の一門一門はたぶん以前の超大形砲より威力は弱かっただろうが、組み合わされたときの効果はそれを償って余りあり、特に比較的近距離から射ったときは効果が大きかった。

こうした戦術がうまくいくには、並はずれた管理能力、兵站や輸送の細々したことに対する注意、とりわけ実際の攻城作戦の間、砲を適距離の位置に据えつけられることが必要だった。距離は弓兵にとって敵だったが、攻城砲でも同じだった。空気抵抗の影響によって、弾丸が当たったとき損害を与えるのに必要な速度が奪われるし、弾丸につきものの不正確さの影響が拡大されてしまうからである。ビュロー兄弟の方式に従って城壁を破るには一連の弾丸を標的に射ち当てることが必要だった。一つ一つの弾丸が石組構造をだんだんに弱くしていってついに崩壊させるのである。砲手が強烈なただ一撃で城壁を砕こうとした古くからの一般的なやり方とちがって、フランス人は運ではなく整然とした手順にたよった。ビュローの方式では、攻撃している城壁に防御側が近づくのを防いで修理をさせないようにすることがいっそう重要であり、そのため城壁破壊に従事する砲を、特に対人兵器として設計したもっと小さな砲で支援した。リボードカンのように野戦では役に立たないことが証明された古いタイプの砲、あるいはクルヴェリンのような多少の効果はあってもあまり信頼できない古い銃は、今や要塞を落とすための計画的、協調的な努力の中で応援部隊のメンバーとして新しい役割を見出したのだった。

フランス方式の狙いに最も大きな貢献をしたであろう変化――粒化された火薬と鉄の弾丸――

も含めて、銃砲におこった技術的変化の多くが一般的なものになったのは、このフランス方式自体があれほど強力な手段になった戦闘の最終段階に入ってからにすぎなかったようである。これは、戦争の中での兵器の発展パターンに非常に特徴的なものである。なぜなら継続中の作戦の要請からして、最良の技術は抑えられ、そのかわりに効力がすでに証明され馴染んでいる技術が大量に用いられることが多いからである。イングランド領アキテーヌが一四五一年に降伏したあと、フランス人はようやく新しい火薬と弾丸を採用し、一四五三年にギエンヌでおこったイングランド領に戻ろうとする「反乱」を鎮圧するための出兵で使おうとしたらしいことは、注目に値するだろう。

野戦砲（野砲）についていえば、フランス軍がフォルミニーとカスチヨンの戦で勝ったのは大砲のおかげだとされている（これは正しい）ものの、同軍は野戦砲を一門ももっていなかったようである。フォルミニーではフランスのクルヴェリンが二門働いただけだったし、その主たる役目は、もっと固定した形の戦争の中でより大きい攻城砲を支援することだったのは疑いない。その攻城砲が決定的な重要性をもったのは、キリール指揮下のイングランド軍がその捕獲をめざして、自軍の堅固な隊列を崩してしまったときだけだった。イングランド兵は比較的容易に砲を奪取したのだが、運び去ろうとしたときにいとも簡単にフランス騎兵の餌食になったのだった（なぜイングランド兵はフランスの砲の火門をふさいで使えなくしなかったのか——方法は十五世紀初めから知られていた[*106]——それは今も謎のままである）。カスチヨンの戦では、攻城砲を無理矢理に野戦砲として働かせたことは明らかである。これはジャン・ビュローが初めから計画していたことかもしれないが、フランス軍のキャンプの配置（レイアウト）のせいで、攻撃してくるイングランド兵がフランスの陣地の近くまで押しよせたとき、砲は城壁を守る兵器のようなものになったのだった。フス派を攻撃した皇帝軍と同じように、イングランド軍は戦場のまん中に立ちはだかる市の城壁のようなものに直面した。それは将来性をもった戦術だった。なぜなら、あらゆる種類の火器を守るために土塁を建設することは、十六世紀の火器の用法にとって決定的に重要なものになるからである。野戦のいかなる指揮官にとっても決定的に必要だったのは、攻城戦の際に火器のためになすべき型どおりの事柄、つまり火器を捕獲から守ることだった。発射速度が小さいことはいつも銃砲にとってアキレスの踵（かかと）だったのだ。

　最も大きな技術的変化がおこったのは、百年戦争のあとの戦闘が激しさを減じた時期だったらしい。技術に関係ない資料の中に残されている情報がわずかしかないことは確かだが、それからみても、より質のよい鋳造青銅砲、鉄の弾丸、よりすぐれた砲車、やや精度を増した火薬粒の分級法（粒化されたものをふるいを使って分ける）といったもののすべてが、フランス＝ブルゴーニュ抗争の時期に本領を発揮するようになったと思われる。かけひきやあくなき欲望のために、ブルゴーニュ人はフランス軍との直接の衝突ではなくスイス人と衝突する羽目になった。その結果ブルゴーニュ豪胆公シャルルはスイス軍に敗北したが、これは槍が砲に勝ったことを意味した。銃砲でのシャルルの優位は疑いなかったが、彼が立てつづけに三回も手痛い敗北を喫したという事実は、ほとんどの評者に、銃砲は攻城戦に最も向いている兵器だと確信させるにいたった。ブルゴーニュの凋落で、フランス人は押しも押されもせぬ銃砲技術の大家として残った。しかしいわゆるブルゴーニュ領ネーデルランドがハプスブルク家のものになったために、フランス人よりさらにすぐれた技術的才能と兵器製造能力がヴァロワ朝フランスのライバルとして興隆しつつある国々へ注入されることになった。グラナダ戦争の最中にスペインの砲兵隊は、技術専門家の来援と軍需品の無償贈与の形で、フランスと帝国の資源から巨大な便益を得た。キリスト教徒側がイスラム教徒より技術面ですぐれていたという点は、過大評価してはいけない。手に入るかぎりの証拠からは、キリスト教徒は種々様々な兵器を用いて戦い、最新の技術革新——たとえば鋳鉄の弾丸——をすべて利用したわけではなかったことが示唆される。だがそうはいっても、何の優位点もなしにキリスト教徒が勝ちをおさめることができたとは想像しにくい。その優位点の代表的なものが、南東スペインの起伏の多い山道を通って輸送できるほど機動性がありながら、敵の気力をくじくような速さで弾丸を射ちこんで城壁を打ちこわせるほど強力な大砲だった。イベリア半島におけるイスラムの敗北をくいとめようと固く決意している敵からほとんどすべての勝利をもぎとらなければならなかったきびしい戦争にあっては、たとえわずかな技術的優位でも大いに物をいったにちがいない。

小火器そのものは、多数を集めてある面積をほとんど連続的に掃射することができたなら、野戦砲のかわりになるか、またはその補いになりうる手段だった。実際、技術的な視点だけから考えるならば、肩射ち銃（shoulder arm）は十五世紀には実際にそれが果たした役割よりもっと大きい貢献をしてしかるべきであった。問題は全く量だけだったと思われる。肩射ち銃が効果を発揮するのは、十分な数を並べて短距離に事実上の弾幕を張ったときだけである（その理由は次章で明らかになる)。アルケブスにせよマスケット銃にせよ、個々または少数のグループでは、さえぎるもののない野戦ではほとんど役に立たない。そればかりでなく、小火器を装備した兵士は、再装塡をしている間、極端に攻撃を受けやすく、同じ兵器をもつ仲間がたくさんいて、あるきまった場所めがけて連続的に一斉射撃をつづけるか、または非常に異なった兵器をもった部隊の掩護を受けるかのいずれかで守られていなければならない。けれども、城壁の上では事情が全く異なる。ここでは十五世紀のうちに防御兵器としての小火器の真価が認められた。城壁そのものがほぼ必要とされる防護を提供し、一方攻撃側は城壁を攻撃しようとすれば必然的に自分と防御側の兵器との距離を詰めなければならないのだ。

弩は伝統的に攻城戦でもこの防御任務にうってつけの兵器だった。その理由も小火器の場合とほぼ同じである。してみれば、アルケブスを弩の一種と見、それを弩と並べて、かつて弩だけが受けもっていたのと同じ役目に使うというのがこの時代の抗しがたい趨勢だったのは、別に不思議なことではない。スペイン人は小火器に、塁壁や砲架を守るというような純防御的な役割をさせることを好んだようだが、小火器はその役目を十分果たした。もしもそういう戦術を、さえぎるもののない野戦でも試みたとしたら、敵にすさまじい損害を引きおこしただろう。なぜなら肩射ち銃のかくれた長所としては、弩よりもはるかに部隊を緊密にまとめることができたからである。このことは、戦場で「背面行進」と呼ばれる手の込んだ方式にたよらないでも、必要な程度の射撃密度を達成できることを意味した。背面行進では、飛び道具を使う部隊の一横列が発射するとすぐうしろに下がり、再装塡している間に別の横列が前に出て発射する。背面行進戦術は十六世紀の終り近くになって真価を発揮するようになった。[*107☆4] とはいえ、軍隊が何かもっと単純な前段階を経過することなしに、どうやってそんな戦術が意味をもち始めるところまで進化することができたのかはどうにも想像しにくい。

十六世紀に戦術が実際に発展していく中で、小火器ははじめ胸壁を守るのに使われ、次いで槍と組み合わせて使われた。これらの発展段階がほかの多くの発展とともに軍隊に与えた経験と刺激は、背面行進を合理的な行動にするためには欠くことのできない訓練を展開するのに必要だった。十五世紀にあっては最も自然な小火器の用法は弩と並置することであり、それによって集団の密集度が薄まったため、野戦ではアルケブスを使う必要はなくなった。もちろんその根底には、だれか支配者が、前もって何らかの戦術的実験が可能になるほど十分多数のアルケブス射手を徴募することができたのか、という疑問が横たわっている。たぶんそれはできなかったのだろうが、それでも、この数十年間に戦術的思考がかなりさまざまな経路を進んだということは指摘する価値がある。槍はその戦術上の可能性がちらりと見えたとき、小火器よりはるかに強い印象を与えた。ギヌガートの戦以後のフランスがそうだったように、ひとたび槍が指揮官たちの想像力をとらえると、小火器の開発を進めようという刺激は全くなくなった。恐るべき力をもつ武装兵力がほしいということなら、大砲、槍、騎兵こそが重視すべき手段だと思われた。アルケブスは狩人や民兵の手に残されるのがせいぜいだったのだ。

第五章　滑腔銃砲の弾道学

私たちの先祖が下手なやり方で人を殺したのなら、なぜ私たちも同じことをしてはいけないのか？　一〇〇ヤード離れたところにいる一人を殺すのに、平均して一〇〇〇発の弾丸が必要だったか、それとも一〇〇〇発か、そんなことは専門家でなければだれもあまり気にかけなかった。今では私たちはそんな娯楽にもっと興味を抱く。だれもかれもが、自分の仲間の生物の数を減らすための最良の手段へ目を向ける。以前、当たるも当たらぬもすべて弾丸まかせだったとき幅をきかせていたすばらしい不確実さには、私たちは全く満足しない。私たちが殺したいと思うのは一人の特別な人間であって、そのすぐ隣の人でもなければ、三〇ヤード離れたところにいる人でもないのだ。

（ダイクス・ドンリー☆1『射撃』）

近代以前の軍事史を研究する人が共通して出会う困難の一つは、兵器の実際の性能についてしっかりした証拠がないことである。これは例外的な問題ではない。産業化以前の何かの機械を研究する人々は、それがどのように働いたかについて定量的データが欠如していることに対処しなければならないのだ。このようにしっかりした情報が不足していることから、時には誤解が生じることもあり、研究者が推測にたよったり、やむをえず資料を無批判的に使ったりすることになると、それ以上にも悪い結果が生じる。

これから十六世紀に入る前に、ちょっと立ち止まって、弾丸が砲身の中を進み、そのあと標的をめざして飛んでいくとき、何がおこるのかを考察する必要がある。弾道学と呼ばれるこの研究分野はふつう、砲手の狙いを正確にするために弾丸の飛翔を予想するという、今なお取り扱いの難しい問題に専ら取り組んでいる。だが歴史家の狙いはもっとずっとつつましい。滑腔兵器の弾道学的振舞いの説明によって、弾道学上の限界が兵器の設計や野戦戦術にどのような制限を課すかが理解できれば十分なのである。

しかしそれだけでも、多くの困難が存在する。二十世紀の弾道学はもちろん徹底的に開発されているが、主として扱っているのは、合成推進薬を用いて腔線（ライフル）のついた砲身から発射される流線形の弾丸の飛翔であり、これらの弾丸の振舞いは、黒色火薬の力で腔線のない管から飛び出す丸い弾丸の振舞いとは全く異なる。現代の文献の中に適用できるものはほとんどないのである。腔線が刻まれた火器は——少なくとも大多数は——十九世紀に属し、その出現は戦争の技術面での一つの変化が始まったことを示している。[*1] 戦闘兵器が施旋火器（ライフル）にかわると、研究者たちの関心も変わり、滑腔兵器の歴史を調べる人たちには、たまたま生き残った情報のこまぎれをつなぎ合わせるという課題が残された。幸いだったのは、博物館と収集家の関心によって、少数ながら個々の兵器の性能に関する現代の研究が促されたことだった。これらの研究はすべて小火器に関係しているが、それは、弾丸の経路を観察・測定するだけの目的で、二世紀も昔のものと思われる滑腔砲から本物の弾丸を発射することが許されるとは、研究者のだれ一人考えていないからである。だからここでは、大きい砲の性能については十八世紀と十九世紀の研究結果にたよるほかかない。

滑腔銃砲——物理的特徴

球状の弾丸を射つ火器の問題は、次の互いに関連した三つの疑問を問うことによって調べることができる。すなわち、弾丸はどのくらいの速さで飛んだか、滑腔銃砲はどのくらいの射撃精度だったか、そういう弾丸は標的にどの程度の損害を与えたかである。根本的に重要な物理的問題は空気抵抗であって、これは弾丸の速度を落とし、また弾丸を最初の弾道からそらす作用をする。弾道学の視点からすると、丸い弾丸を使う必要があったこと——十五世紀に先込め式へ移行したため、どうしてもそうならざるをえなかった——は不運だった。丸い弾丸の抵抗係数はきわめて高いからである。火器は最初は大きな力を発生するのだが、そのあとこの力の大部分は空気抵抗の効果を克服する中で散逸させられる。その上、丸い弾丸が無腔線の砲身から出るのだから、砲身側の最終接触点が否応なく弾丸に回転運動を付与することになる。砲身に腔線をつければ弾丸に有益な回転が付与されるが、滑腔砲身が与える回転は制御されていない。回転軸も回転速度も予めきめることはできないのである。弾丸は空気中を動いていく間回転する。球（または空気抵抗の大きい丸味をおびた物体なら何でも）は空気中を動いていくとき回転していれば、最初の回転と同じ方向に進路が曲がる。これは回転する形状のまわりで空気抵抗に大小の差が生じるためである（いわゆる「マグヌス効果」）。ゴルフのスライスボールや野球のピッチャーのカーブは、最初の動きから予想される軌道とはひどくちがった経路をたどることがある。それと同じことが丸い弾丸についても言える。抵抗と偏向はともにエネルギーを奪うが、そのエネルギーは弾丸の速度からもち去られる。この運動エネルギーの喪失は衝突の瞬間に弾丸が標的に与えることのできる損害を小さくする。これらすべての問題――抵抗、偏向、衝撃力の減少――が合わさって、野戦や攻城戦での火器の用法をきびしく制限する条件を生みだすのである。

一九八八～八九年に、オーストリアのグラーツにあるシュタイエルマルク州立兵器廠のスタッフによって、近世初期の火器に関する対照研究が行なわれたが、これは近年における最良の研究であった。[*2] 兵器廠の豊富な兵器コレクションから、十六世紀から十八世紀までの一三挺のマスケット銃とピストルが選ばれ、オーストリア陸軍と共同で遂行された研究プログラムの中で、厳密なテスト条件の下で発射された。これら古い兵器は、軍事技術局のフェリックスドルフ兵器・弾薬試験研究所の射撃場で、標準化された現代火薬――銃砲コレクターのために作られたもの――を重さを測って装塡し、制御された条件のもとに全部で三二五回発射された。[*3] 銃はがっしりした枠の上に据えて、照準を定め、電気的に点火し、電子装置によって測定された。対照のために、四挺の量産モデルのオーストリア陸軍襲撃用ライフルとピストルから同じやり方で約六〇発が発射され、弾道が追跡された。[*4] いずれも弾丸の電子測定は銃口から八・五メートルと二四メートルのところでなされ、これらのデータから初速を計算した。装塡する火薬の正確な重量は弾丸の目方のほぼ三分の一になるようきめられたが、これは銃ごとにちがった。どの場合にも、最適の装塡量は実験的に決定され、結果は最適の装塡量に対するものとして報告されている。

グラーツ・コレクションから選んだ近世初期の銃の初速は驚くほど大きかった。平均すると秒速四五四メートル（秒速一四九〇フィート）である。最も速い銃では秒速五三三メートル（秒速一七四九フィート）、一方最も遅かったのは一七〇〇年ごろ作られたピストルで、初速は秒速三八五メートル（秒速一二六二フィート）だった。これら各銃の平均初速〔一三挺の銃が合計三二五回発射されたから、一挺につき二五回となる。それの平均である〕の分布範囲は驚くほどせまい。一三の平均初速のうち一〇が秒速四〇〇メートルから五〇〇メートルまでの間にあった。[*5] 比較のためにテストされた二挺の現代オーストリア襲撃用ライフルの初速はそれぞれ秒速八三五メートル（秒速二七四〇フィート）と九九〇メートル（秒速三二四八フィート）、テストされた九ミリピストルでは秒速三六〇メートル（秒速一一八一フィート）だった。現代の北アメリカの兵器の中では、標準型スミス・エンド・ウェッソン警察用〇・三八レボルバーの定格初速は秒速二九〇メートル（秒速九五〇フィート）だが、コルト〇・三五七マグナムの定格は秒速約四〇〇メートル（秒速一三〇〇フィート）である。古い銃の初速は全く驚くべきものだ。現代の着装武器に比べてむしろまさっている。三世紀以上にわたる技術発展の恩恵を受けている現代の襲撃用ライフルでさえ、初速はこれら初期のマスケット銃の初速の二倍にすぎなかった。これら初期の兵器の弾丸はすべて、銃口を出たときは超音速で進んでいたのだ（音は、温度二〇度、海面の高さではほぼ秒速三三〇メートル［秒速一一〇〇フィート］で伝わる）。

このオーストリアでの数字は、ほかの資料から予想しうる数字よりは大きいが、びっくりするほどではない。オーストリアのテストではやむをえず細かい粒にした現代の火薬を使ったが、これが同じ重さの十八世紀や十九世紀の火薬に比べて強力だったことは疑いない。ある十八世紀のフランスの燧石銃（フユーザル）では、初速は秒速三二〇メートルしかなかったと言われる。[*6] J・G・ベントンは十九世紀半ばの軍用小火器（すべてライフルつき）数種を評価し、ライフルつきマスケット銃とピストルのいくつかでは、初速は秒速二九二～二三二メートル（秒速九六〇～七六〇フィート）だったと報告している。これらは多くの初期の施旋火器と同様、弾丸の重さのわずか一一パーセント程度という比較的少量の火薬を装塡していた。一方、弾道学研究のパイオニアで弾道振子の発明者ベンジャミン・ロビンズは、一七四二年に銃口から二五フィート離れたところで秒速一六七〇フィート（秒速五〇九メートル）という平均値を報告している。ロビンズは自分がテストしたマスケット銃に、弾丸の重さの「約半分」の重さの火薬を装塡した。[*7]

ロビンズとベントンが報告した初速がひどくくいちがっているのは、主として装薬の量がちがうためで、これは十八世紀と十九世紀で慣行が異なっていたことを反映している。ベントンはまた十九世紀の高性能の火器の一例をあげている。それによれば、ジェームズという人の狩猟用ライフルは秒速五七九メートル（秒速一九〇〇フィート）という初速に達したが、これは弾丸の重さの四六パーセントに等しい火薬を装塡した場合であった。[*8] やや整合性に欠けるが他の比較データがA・R・ウィリアムズの著作に見出される。彼はほぼピストルの長さ（約五〇センチ）に等しい一連のテスト用銃身を作り、それで発射した。[*9] 彼のテストで厚さ二・五ミリ（〇・一インチ）の軟鋼の標的をつらぬいた弾丸だけを測定したところ、大多数（二一のうち一六）が秒速二五〇メートル（秒速八三三フィート）以上で飛んでいたことがわかった。けれどもいちばんびっくりさせられるのは、ウィリアムズのデータの変動が大きいことである。彼が達成した初速の上

表1　アメリカの大砲の初速度

砲種	火薬装填量	初速度
6ポンド野戦砲	1.25ポンド	439m/s
12ポンド野戦砲	2.5	453
24ポンド攻城砲	6.0	512
24ポンド攻城砲	8.0	570
32ポンド攻城砲	8.0	500

出典：Benton, *Ordnance*, 387.

限は秒速六〇〇メートル（秒速一九六八フィート）を超えていたのである！[*10]（しかしウィリアムズは、火薬の組成、粒化の程度、装填重量については、近世初期の慣行にのっとらなかった）。

大砲の弾丸の初速は小口径の弾丸のそれとだいたい同じである。アメリカで南北戦争が始まるころふつうに使われていたタイプの大砲の初速を表1に示す。十八世紀後半にチャールズ・ハットンが大砲について行なった実験も、これとよく似た数字を与えている。一ポンド弾のアミュゼット〔軽野砲〕について彼は、砲口から三〇フィート離れたところの平均速度は装薬量によって秒速一三三一〜一四三五フィート（秒速三四四〜四三七メートル）になると計算した。[*11]もっと大きい兵器、三ポンド砲と六ポンド砲についてのハットンのテストも、これと類似した結果を出している。彼が最高の結果を得たのは六ポンド砲の場合で、弾丸の重さの三分の一に等しい火薬を装填したとき、平均秒速一六五五フィート（秒速五〇八メートル）だった。[*12]

ほとんどすべての丸い弾丸が非常に大きい速度で銃砲を飛び出るといって差支えないと思われる。装薬量によって、初速は超音速のときもあれば超音速に近いこともある。砲弾が、近距離で当たれば大きな損害を引きおこすのに十分な運動エネルギーをもっていることは確かである。問題は空気抵抗が、このように高速で動いている球をまたたく間に減速させてしまうことである。前に述べたように球は、空力抵抗を引きおこす点では最悪の形状の物体の一つなのである。円筒も球もきわめて高度の抵抗を生みだすが、それは主として空気中を動くとき断面積に比べて不釣合に大きな乱流を背後につくりだすからである。棒や円筒は、同じ厚さの流線形の翼に比べて約九倍の抵抗を受ける。[*13] 高速で動いている球はどれも急速に速度を落とすことになる。前述のオーストリアのテストでは、球状の弾丸が弾道の最初の二四メートルを飛ぶ間に、距離一メートルにつきほぼ秒速二・五メートルの割合で減速されたことがわかった。これを、現代の弾丸が弾道一メートルごとに秒速〇・六～一・〇メートルの速度を失うと測定されているのと、比較してほしい。[*14] 言いかえると、球状の弾丸は平均して現代の弾丸より三倍速く速度を失うのである。ロビンズも同様な結果を報告している。[*15] またテストから、球状の弾丸の運動エネルギーの約半分が最初の一〇〇メートルを飛ぶ間に失われることが明らかになっているが、それに引きかえ現代の弾丸では同様なエネルギー喪失は約一一～一六パーセントにすぎない。[*16] テストされた近世初期の兵器のうち、砲口から一〇〇メートルのところで残っていた運動エネルギーが二〇〇〇ジュールをこえていたのはたった一つで、平均は一一五二ジュール（八五〇フィート・ポンド）にすぎなかった。[*17]

このように丸い弾丸に大きな空気抵抗が作用することは、黒色火薬時代の戦術を決定する主な要素である。飛び道具はすべて標的までの距離が大きければ大きいほどエネルギーを多く失うが、丸い弾丸の速度は事実急激に低下し、特に小火器ではそれが著しい。現代の小火器とちがって、近世初期の兵器は射程が非常に短く、銃砲火が標的にとって致命的なものになりうるのは、ふつう一〇〇～一二〇メートル以内に限られる。この一般論は特に十六世紀から十七世紀初めまでの兵器にあてはまる。そのころは敵味方とも何らかの形の鎧を着けており、それが致命的な銃砲火の及ぶ距離をわずか二五～三〇メートルに縮めただろう。黒色火薬時代のもっとあとのほうになると、敵味方両軍が全面的な砲撃戦を行なって、互いに高い死傷率を喫した例が生じた。たとえばブレンハイムの戦（一七〇四年八月一三日）とフォントノワの戦（一七四五年五月一〇日）では、相対する両軍ともごく短時間のうちに砲火によって兵力の約二〇パーセントを失った。しかし注目すべきことにこれらはまた、両軍がごく短い距離（「三〇歩」つまりたぶん四〇メートル）以内に近づいてからはじめて砲火が開かれた例でもあり、また鎧がめったに着られなくなった時代の出来事だった。[*18]そのような歴史上の事件を、すべての黒色火薬時代の戦争の典型的なものとみてはいけないし、特に十六世紀の典型と考えてはいけない。滑腔マスケット銃の弾丸に作用する空気抵抗のせいで、もっと正常な状況のもとで、マスケット銃を射つだけであれば、試した射撃の一〇～二〇パーセントがきまった標的に当たると期待できたが、平均は五パーセントにもっと近かったことは確かである。[*19]野戦砲の射撃はこれほど影響を受けなかったが、それは、重い砲弾が小火器から出る弾丸の場合より長い距離でも致死的な速度をもちつづけたからである。フランスの二四ポンド砲のような重野戦砲になると、発射された弾丸は六〇〇ヤード離れたところでも超音速の領域にとどまっていた。[*20]

初期の火器の命中精度はどのくらいだったかという疑問も、オーストリアの一連のテストをもとにして正確に答えることができる。それ以前の精度の見積りは、数多くの変数の影響、特にテストにたずさわる兵士の射撃の腕前によって複雑になった。練度の異なる部隊を使って行なわれた十八世紀のテストが数多く文書記録の中に残っており、モーリッツ・ティールバッハが、一八八六年の著書で要約している。彼はプロイセン、バイエルン、フランスのテストの平均をとって、次のようなテストに標準化した。大きさが敵の大隊が示す前線の面積にほぼ等しい、つまりおよそ長さ一〇〇フィート、高さ七フィートの板とキャンバスでできた標的に、六〇発の弾丸を射ちこむのである。[*21] 七五メートルの距離からは三六発しか標的を貫通しなかった（六〇パーセント）。一五〇メートルでは二四発（四〇パーセント）、二二五メートルでは一五発（二五パーセント）、三〇〇メートルではたった一二発（二〇パーセント）だった。ティールバッハはさらに、これらの結果は戦闘状態ではなく射撃場で得られたもので、戦闘状態だったら結果はもっとずっと悪かったろうと述べている。ティールバッハは「人は平均して五〇〇発に一発しか的に命中しないと考えてよいだろう」と結論し、さらにこうつけ加えた。「ピオバートは一万発のうち一発しか的に当たらないとまで言い張ったし、ベレンホルストはピストルの弾丸に当たることがあるとすれば、それは全くの不運でしかないと考えた[*22]」。

十八世紀の軍事著述家が戦術という主題について書いたものを読むと、同じような印象に打たれる。ジャック＝アントワヌ・ド・ギベールは『戦術概論』の中で、十八世紀のヨーロッパで実行されていたマスケット銃戦術について論評した。ギベールは実際には当時のフランスのほかの論者よりはマスケット銃の肩をもって書いたのだが、プロイセン人が命中の精度よりも発射の速度のほうを重視したとして非難している。ギベールはこのことの大部分を「鳥に向けて火薬を燃やす」無駄なことだと考え、プロイセン人は「まるで音が人を殺すかのように」発射速度を増すことに夢中になっているとあざけった。[*23] フリードリヒ大王がモルウィッツの戦（一七四一年）とヒョツジッツの戦（一七四二年）のあとに行なった兵器在庫調査は、プロイセンの部隊が敵一人を殺すのにおそろしく大量の弾丸を消費したことを明らかにした。このプロイセンのデータを見たと思われるエレアザール・モーヴィヨンは、ヒョツジッツでは約六五万発が発射されたと計算した。この戦では約二五〇〇人のオーストリア兵が死に、同じくらいの数が負傷した。これからみると、大砲と銃剣で殺されたものを含めて、死者一人につき弾丸二六〇発（およそ鉛一五ポンド）という割合が出てくる。[*24]

こんなお粗末な数字が、この時期のほかの軍隊での調査結果とほぼ符合する。[*25] ギベールはこれらの問題の根底は貧弱な戦術と訓練にあって、兵器そのものにはないと考えた。そのような批判を額面どおり受けとるにせよ受けとらないにせよ、ともかく滑腔小火器の不正確さについての同様な評価は、銃砲関係の文献の中では当り前のものとなった。ベントンは一八六二年にこう書いている。「これまでのヨーロッパの戦争で殺されたか不具にされた人一人当りに費やされた弾薬筒（カートリッジ）の数は三〇〇〇から一万までいろいろに言われている」。[*26] ほかの人々はそれ以上にも悲観的で、戦闘で一人を殺すにはその人の体重の七倍の鉛を射つ必要があるという意味の、十八世紀後半にフランスで流布していたらしい格言を引用している。[*27] ナポレオン時代のイングランドの論客が少なくとも一人、「これまで人が二〇〇ヤード離れたところにいるだれかをふつうのマスケット銃で狙ったとき、それに当たって殺された例は一つもない」ことを証明しようと申し出て、また「われらの兵士が一五〇ヤード離れたところから敵を射ったなら、相手はセント・ポール大聖堂の中にいるのと同じほど安全だ」と言い張った。[*28]

これがある程度まで技術の神話〔根拠のないでっち上げの話〕であることはまちがいない。多くの改革者と自称する人々と同様に、ギベールと彼に従う人々は、自分たちの証拠を慎重に選び、それを誇張して主張の論拠とした。そのような誇張が生きのび、後続の著作家たちのページの中でいっそう度を増したことさえしばしばある。とはいえ、近世初期の評論家の大部分が、マスケット銃の命中精度が野戦の環境で大いに物をいうとは考えなかったこと、あるいは射撃の正確さはどの前線部隊にとっても努力して達成する価値のあるものとさえ思わなかったことは事実である。後のワーテルローの戦（一八一五年）のときでさえ、イギリス歩兵がまさに射とうとするときの命令の言葉は、「ねらえ」ではなくて「水平に構えよ」だった。[*29] たとえば一七八五年のプロイセン歩兵のマスケット銃は、素早い装塡を容易にするために、わざと極端に大きな許容誤差（特に遊隙〔銃身内壁と銃弾との間の間隙〕）をもって作られていた。それは「命中精度の幅を最小にするためでなく、速射兵器の利点を最大にするように設計された」。[*30] とはいえ、ヨーロッパの戦争のいわゆる黒色火薬時代の大部分を通じて、概して個々の狙撃兵として、選定された標的に命中させることは、一般の兵士には全く期待されていなかったのである。

十八世紀のテスト、主張、論争は、射撃の腕前のわるさから生じる不正確さと、兵器そのものの機械的特性がもとになっている不正確さを区別していない。これらの変数をコントロールするために、オーストリアのグループは、テストした兵器から発射された弾丸の散らばりのパターンを測定した。台に据えられ、狙いをつけて、電気的に点火して、室内で発射されたこれらの銃は、可能なかぎり最良の命中精度評価を行なうのに最適であった。その現代のテストの結果は以前の結果（七五メートル離れた標的に弾丸の六〇パーセントが当たった）とほとんど矛盾しないものであり、最小かつ固有の不正確さ、つまり射撃者と切り離された兵器そのものが生みだす不正確さを表わしている。

マスケット銃の標的は一〇〇メートル離れたところに、ピストルのそれは三〇メートル離れたところに設けられた。紙の標的についた弾痕の散らばりのパターンが統計的に分析され、その結果はこれらの銃がどの程度不正確かをはっきり示した。最悪の場合には、弾痕の間の最大距離は鉛直方向に五〇〇ミリ以上、水平方向に五〇〇ミリ以上、弾痕が囲む面積は二五〇〇平方センチ以上だった。本当の最悪のケースはここの数字には入っていない――ある銃は縦一〇〇〇ミリ、横一〇〇〇ミリの面積を囲み、もう一つは弾丸の飛び方があまりにもめちゃくちゃだったので、射撃場の係員と装置の安全を考慮してテストが中止された！[31] 別の言い方をすれば、滑腔マスケット銃が作った弾痕の五〇パーセントを囲いこむような正方形は、九九〇平方センチをわずかにこえる面積をもつ、つまり一辺は三一センチ（約一フィート）強であろう。[32]

テストされた銃のうちライフルつきのマスケット銃三挺はずっとよい成績をあげると予想されたであろうが、そのとおりだったのは一挺だけだった（二二三平方センチ）。ほかの二つのうち一つは、例の、テストが中止された兵器だったし、もう一つは一一八六平方センチという、ライフルなしと差のない成績だった。テストされた近世初期の二挺のピストルは、三〇メートルの距離で、一八六平方センチと七〇平方センチというりっぱな成績をあげた。さらに、これらの兵器を高さ一六七センチ、幅三〇センチの木の標的に向けて発射するテストが行なわれ、その結果から、一〇〇メートルの距離（ピストルでは三〇メートル）で命中する確率が計算された。滑腔マスケット銃では平均の確率は五〇パーセントをほんの少しこえるだけだった。言いかえると、一〇〇メートル離れたところから人間の大きさの標的を射ったとき命中する可能性は本質的に五分五分、つまり全くのまぐれでしかない。ライフルつきマスケット銃のうち一挺の記録は印象的（八三パーセント）だったが、ほかの二挺の成績はライフルなしの平均よりほんの少しよいだけだった（五二・五パーセント）。二挺のピストルははるかに正確で、八三パーセントと九九パーセントという好成績だった。後者の数字は現代のピストルの成績（九九・五パーセント）にひけをとらないものである[*33]。調査者は、ある兵器の全体的な質と正確さとの間にはかなりはっきりした相関関係が存在するようにみえると評したが、近世初期の兵器が代表する二〇〇年の歴史的年月の間に、著しい改良はなされなかったとも書いている。十六世紀のすぐれた職人技が生んだ銃砲は、十八世紀の軍用火器のような「大量生産」の銃砲より射撃性能はよかったのである[*34]。

なぜ球状弾丸を射つ銃砲の性能はそんなに悪いのか？　その理由は複雑で、現在ですら航空工学者も完全には解明できていない。弾道学は長い歴史をもった、きわめて多くのことを要請された研究[*35]だが、現代の唯一の研究対象である超音速で飛ぶ物体は、マスケット銃の球状の弾丸にはまるで似ていない。だから、この分野の実験的研究は全くわずかしかない[*36]。丸い弾丸はいずれも、銃（砲）口を離れるときには何らかの軸のまわりの回転（スピン）をもっているだろう。テニスのプレイヤーもゴルファーも、大きな回転をつけて打ち出したボールが不思議なくらい円形の軌道を描いて、右や左へ「フック」したり「スライス」したりすることを知っている。回転はまた、揚力を生じさせてボールが飛ぶ距離を増すこともできれば、反対に負の揚力を生じさせて、ボールが早く落ちるようにすることもできる(ロングショット用のゴルフクラブは、回転軸と回転の方向をコントロールできるような形に作られている)。

この現象はいわゆるマグヌス効果によって説明されるのがふつうである。これはドイツの物理学者グスタフ・マグヌスにちなんで名づけられたもので、彼の論文『弾丸の偏向について』は一八五二年に最初に発表された。[*37] マグヌスは空気の流れの中で円筒を回転させると、円筒の対向する両側面で圧力の差が生じることを明らかにした。空気流と同じ方向に動く円筒側面では空気圧力が低下し、空気流に逆らって動く反対側の側面では空気圧力が増す。マグヌスはこれを空気の「引きずられ」、つまりある量の空気が、動いている円筒の表面との摩擦によって加速されることから説明した。形が完全で均質な円筒が空気流に直角な方向を向いた軸のまわりに回転していると仮定しよう。円筒の表面の半分は空気流と同じ方向に動く。反対側の半分では、回転が表面上の点を空気流と反対の方向へ運んでいくことになる。事実上円筒は翼型の二つの面を表わしている。円筒の動く表面に引きずられる空気は、動いている流れの中の空気に加えられて、空気流と同じ方向に動いている円筒の側面では空気をいっそう速く流れさせ〔その結果圧力を低め〕る。反対側の面の上では、引きずられた空気は全体の流れとは反対の向きに押し動かされ、局所的に流れを遅くして、その結果圧力を高める〔流れが速い(遅い)と圧力が低く(高く)なるわけは、いわゆるベルヌーイの定理によって説明される〕。このようにして円筒は、飛行機の翼と同じように絶えず空気の作用を受け、低圧帯と高圧帯が「揚力」を作りだして円筒を空気流と直角の方向に動かそうとする。もしも円筒が回転していなかったら、両側の表面に沿う空気流は等しく、揚力は生じない[*38]〔以上は空気流のなかに静止した円筒がおかれた場合の議論だが、逆に静止した空気中を円筒が動いていくときも、同じことが言える〕。

マグヌスが自分の研究成果が弾道学にとって大きな意味をもっていることに気づいていたのは明らかだが、回転する球について同様な現象を推理する以上のことはできなかった。彼は円筒についても球についても、力を測定したり何かの式を導いたりはしなかった。しかし一つの重要な観察をしている。それは、回転速度と空気流の速度（並進速度）がほぼ等しいときに効果は最も大きいということだった。回転速度に比べて並進速度が大きいと、生じる揚力は弱かった[*39]。このことから、超音速の並進速度と比較的小さい回転速度の組合せである弾丸の場合、マグヌス効果の強さはどのくらいかという疑問が生じる。

近似的・経験的なものにすぎないが、答は、マグヌスの研究のもとになったイギリス人ベンジャミン・ロビンズの研究から得ることができる[*40]。ロビンズの『新砲術原理』（一七四二年）の中に発表されているきわめて興味深い実験は、〇・七五口径滑腔マスケット銃を固定台から発射し、弾丸が、銃口から五〇、一〇〇、三〇〇フィート離れたところにおいた薄い紙の標的にあけた穴を測定したものである[*41]。発射は五発を一組として行なわれた。特別の理由はないが、一発目を基準として用い、その穴を基にあとの四発のずれが測定された。最初の一組の結果は、内腔にぴったりはまる球（鉛一ポンドから一七発が作られた）を使って得られたが、あとの組では「もっと小さくて、ぴったりはまっていない状態で銃の中を通る弾丸」が使われた。[*42] ロビンズは結果をグラフで示すことはせず、一つの線図にまとめている。弾道は図17のようなものだった[*43]〔この図は次に述べる特異な実験を示したものではない〕。

ロビンズの実験の中でいちばんドラマチックなテストは、弾丸の偏向を引きおこすのはまさに空気の抵抗だという彼のテーゼを裏づけた。彼は一挺のマスケット銃をとって、その銃身を左へ角度で約三〜四度曲げてから発射台に据えつけた。この変形した銃で、前と同じようにはまり合いのゆるい球を発射した。球は射撃場の中心線から左へそれると予想されたのだろうが、実際には、最初のスクリーン（距離五〇フィート）を中心の少し左で突きぬけ、二番目（一〇〇フィート）も中心からいくらか左で突きぬけたが、銃口から約三〇〇フィート離れた三番目のスクリーンに達したときには、中心線を横切って中心の右約一四インチのところで標的に当たった。[*44] 丸い弾丸は銃口を飛び出す前、銃身の内

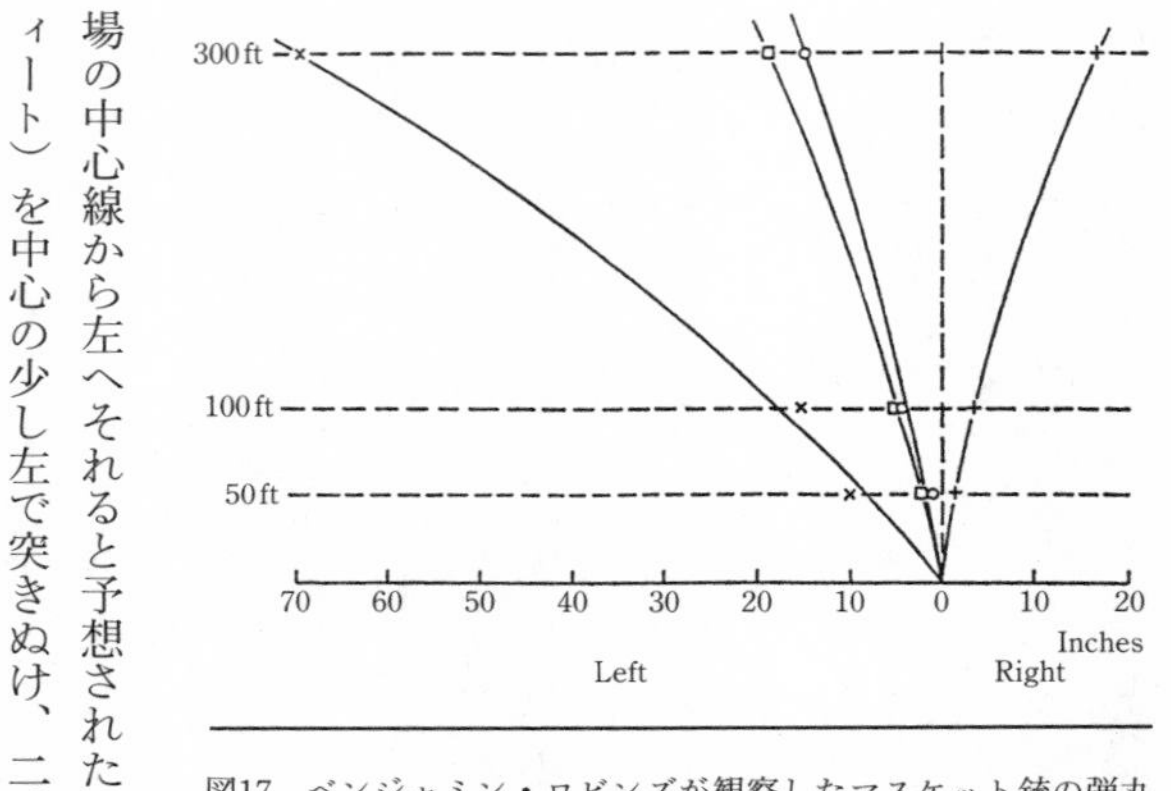

図17　ベンジャミン・ロビンズが観察したマスケット銃の弾丸のずれ．この図は彼が18世紀に銃身のまっすぐなマスケット銃と曲がったマスケット銃を使って行なった有名な実験の結果をグラフとして示している．彼の観察は後になってマグヌス効果によって説明されることになる（ケンブリッジ大学出版局の許可を得て使用）．

面の右側をこすりながら進まざるをえず、その際、水平面にほぼ直角な方向を向いた何らかの軸のまわりの回転運動を与えられたことは明らかである。上方から見ると、弾丸は時計回りに回転していることになり、低圧側が進行方向の右側にあることになる。最初、中心から左へ曲がっている銃身から飛び出したとき、弾丸は左方向に進んでいった。距離五〇フィートと一〇〇フィートの紙の標的を通過した時点では、中心から左へそれる最初の弾道からまだ完全には元へ戻っていなかったが、三〇〇フィート離れた三番目の標的に達したときには、鋭く右へ動いていた。もしも弾丸が銃口を出たあとまっすぐ進んでいたなら、中心線から左へ約一七～二〇フィート離れた壁に当たっていたはずだった（銃身が三～四度左へ曲がっていたのだから）。実際にはそうならないで、まっすぐ行ったら当たっていたはずの仮想上の点から、合計一八～二二フィート右へそれたのである。してみると、平均して一フィート前進することに横方向に〇・八インチずつそれたようにみえる。ロビンズはこうしたドラマチックな実験によって、弾道学研究にとって空気力学的影響が重要であることを懐疑的な科学界に納得させ、併せて「新しい意見を広めようとする人々に通例あびせられる悪意にみちた手荒い非難から自身を守り」たいと思ったのだった。[*45]

ロビンズの研究は、弾丸の質量が弾道の偏向にどのように影響するかという疑問に答えようとするものではなかった。大砲は小火器より射撃が正確か？　もしもそうなら、それは重い砲弾を発射するせいか？　単純に推理するならば、どんな空気力学的効果も、重い砲弾の弾道学的振舞いに対する影響は軽い弾丸の場合より小さいはずである。その理由は単に、慣性質量が増せば増すほど、その弾道を曲げるには大きな力が必要だというだけのことである。大きい球は実際表面積が大きく、したがって圧力の差が作用する潜在的面積も大きいだろうが、以前に何回も述べたように、面積は半径の二乗に比例して増し、一方質量は体積つまり半径の三乗に比例して増す。これから考えれば、弾丸は重ければ重いほど、その飛翔は安定であるはずである。

一方チャールズ・ハットンは、ロビンズがマスケット銃で行なったことを大砲でしようとしたが、少なくとも一ポンド弾を使った実験では、不正確さの問題に悩まされた。彼はこう書いている。「一般に……丸い弾丸は狙った線から……どちらの側にも、川幅の半分［弾丸は川をこえて射たれた］、つまり三〇〇ヤードから四〇〇ヤードほどそれる」[*46]。これは、約一六〇〇ヤードの射距離では、弾丸は長さ八〇〇ヤードもの横線の上のどこにでも落下しうることを意味する！　ハットンは報告の別の箇所で、弾道振子［砂を詰めた鉄箱の振子で、弾丸を射ち当ててその速度や運動量を測る］に命中させるのがどれほど困難だったかをくり返し述べている。「これら一九発［彼はそのうち四発を「疑わしい」と記録した］のほか、さらに多数回、大部分は三〇〇フィートの距離から発射したが、振子に当たらなかったのでここには記録しない」[*47]。ベントンは、アメリカの一二ポンド砲の水平方向の弾着誤差を六〇〇ヤードの距離で約三フィート、一二〇〇ヤードで約一二フィートだと記している。六ポンド砲では弾着誤差はどちらの距離に対してもいくらか大きかった[*48]。実際の砲手の大半と同じく、ベントンは弾丸が重いほど正確だとみなし、充塡弾（シェル）――中空で火薬が詰めてあり、したがって同じ口径の鉄の塊の弾丸の約三分の二の重さしかない――は「みな……水平方向にかなり大きくそれた……二四ポンド砲の充塡弾は一二〇〇ヤードの距離で三〇ヤードもそれることがある」[*49]と主張した。ベントンの言はアメリカの実用砲（最も軽量の砲は六ポンド砲）を使った体験をもとにしていたのに対し、ハットンの論評はテスト砲つまり小さな一ポンド砲をもとになされたものであった。弾着誤差そのもののちがいは、重い弾丸ほどマグヌス効果の影響が弱いことを示唆している。

してみると、実際問題としては、滑腔銃砲は正確さの面で深刻な問題をかかえており、設計、製造方法、あるいは射撃訓練をどのように変えようとも改善することができない。球形の弾丸の回転はコントロールすることも計算することもできず、だから弾丸が曲がる経路を使用者は予想できない。丸い弾丸に作用する大きな空気抵抗はたぶん、並進速度を回転速度よりも急激に変化させ、それによってマグヌス効果をより強くして射距離が長いほどずれを大きくするので、問題をいっそう悪くするだろう（これは理にかなってはいるもののまだ証明されていない想定である）。重い弾丸は軽い弾丸よりはこれらの問題に影響されないが、それはたぶん、質量が大きいため経路を曲げさせようとする力により強く抵抗するからだろう。このことと、射程が劇的なほど長いことが、黒色火薬時代の指揮官たちがマスケット銃より野戦砲のほうを好んだ理由である。後者のほうがより正確だったのである。

状況によっては、滑腔火器の不正確さが利点になることもあった。一六〇九年七月にサミュエル・ド・シャンプランは、友好的なインディアンを混じえた戦闘部隊を引きつれて、セント・ローレンス河谷におけるイロクオイ族の軍事支配権に挑戦するために出発した。七月二九日に部隊は、後にシャンプランが遠慮がちに自分の名をつけることになる湖の岸で、イロクオイ連合の中で最も荒々しいモホーク族の戦闘部隊に遭遇した。互いに侮辱的な言動の応酬をして一夜をあかしたあと、両軍は日の出とともに戦うことに合意した。シャンプランはびくびくしているインディアンの同盟者たちに強い感銘を与えるために、自分の手で三人のモホーク族の隊長を殺してみせると約束した。シャンプランは軽い鎧を着てアルケブスをもち、モホーク軍から三〇ヤード以内にまで進んだ。モホーク族が弓を引きしぼりはじめると、彼は火器を水平に構えて三人の隊長の中の一人に狙いをつけた。一発でそのうちの二人を殺し、もう一人のモホーク族にけがを負わせた。シャンプランが何食わぬ顔で説明したように、「私はアルケブスに四発の弾丸を込めておいた」[*50]のだった。シャンプランの策略はモホーク族をひどく仰天させたので、彼らは算を乱して潰走し、戦に負けた。弾丸がモホーク部隊のだれにも当たらない可能性も大いにありえたのだが、彼はその場合に備えて、フランス人の仲間に別の装填ずみの兵器をもたせて、モホーク族を側面攻撃できる森の中にかくしておいたのだった。

そのような弾丸が標的にどのくらいの損害を与えることができるかも、オーストリアのグループの調査の一部だった。一つの投射物が標的に衝突したときの物理的効果は、簡単には言い表わせない。投射物の形は重要な変数になるのである。矢尻の尖端は、鈍い球状の弾丸より深く突きささり、より深いところにある器官に損害を及ぼす可能性があるが、鋼鉄の矢尻は衝突によって変形しないのに、[*51]弾丸は変形するのがふつうで、その変形に伴うエネルギーが周囲の組織に伝えられて損傷を引きおこすことが多い。その反面、弾丸の変形によるエネルギー損失は、弾丸が標的の中に食いこんでいく能力を減らすこともあれば、あるいは弾丸が破裂して細片になり、そのおのおのが破壊力を発揮することもある。結局のところ、経験的なテストにたよるほうが予言的な公式をさがすよりもたぶん賢明だろう。[*52] オーストリアのテストでは、球状の弾丸が平均して三〇メートル離れたところにある乾いたモミ材の標的に一五二ミリ食いこみ、一〇〇メートル離れた同じ標的に一一三ミリ食いこんだことがわかった。[*53] けれども弾丸は、三〇メートル離れたところにある軟鋼の標的には平均して二・七ミリしか食いこめず、一一〇メートルの距離では二ミリしか食いこまなかった。[*54] 前にみたように、ウィリアムズはこれとほぼ矛盾しない食いこみ量を得ることができた。つまり二・五ミリ（〇・一インチ）の厚さの鋼板を貫通したのだが、ただし距離は一〇メートル以下だったのである。[*55] これらの結果は、初期の火器は何の防護もしていない部隊にとってはたしかに危険だが、適当な強度をもつ鎧を着ればかなりの程度保護できたことを示唆している。

オーストリアのテストの中でたぶん最も劇的だったのは、時代物の胸甲に向けて八・五メートルの距離からピストルの弾丸を発射したときだった。その胸甲は一五七〇年ごろアウクスブルクで製造されたもので、二・八〜三・〇ミリの厚さ（ブリネル硬さ二九〇ＨＢ）の軟鋼を冷間加工して作られていた。[*56] 砂袋（サンドバッグ）に二枚のリネンを重ねてかぶせ、その上から胸甲をとりつけた（ちゃんと衣服を着て胸甲をつけた人に模すため）。ピストルは射程をテストされたものの一つ（第二八九五番）で、弾丸の重さは九・五四グラムだった。衝突の瞬間に弾丸は秒速四三六メートルで飛んでいたと計算され、全運動エネルギーは九〇七ジュールだった。[*57] 弾丸は胸甲を完全に貫通したが、その間にもっていた運動エネルギーを全部使いつくした。弾丸は甚だしく変形し、はじめの質量の二四パーセントを失ってリネンの中にとどまっているのが見つかった。砂袋の中へは貫入しなかったし、胸甲から二次的な破片を発生してさらなる損害を引きおこすこともなかった。実験者たちは、人が同じように射たれたら、胸にかすり傷がつくだけで命に別状なかったろうと判断した。[*58]

もう一つ、これら初期の兵器の致死性についてテストが行なわれた。特別な方法で積み上げたセッケンまたはゼラチンの塊に弾丸を射ちこんだのである。これらの物質は衝突でできたくぼみを「固定」するので、測定したくぼみの大きさから戦場で標的に生じる損傷を類推することができる。これは現代の小火器を評価するための標準的な方法であり、テストの手軽さはグラーツ・コレクションの中のいくつかの銃に同様なテストを行なうのにうってつけだった。どんな飛翔体も命中した標的の中を突き進むにつれ、運動エネルギーがまわりの物質に渡され、圧力と張力の組合せによってその物質を飛翔体の進路からわきへ押しのける。標的が受ける損傷の大きさはいくつかの因子に応じて変わる。飛翔体の形は明確な影響を及ぼすとはいっても、前述のようにその結果は時として逆説的である。オーストリアのテストは、近世初期の兵器の比較的大きな球形の弾丸は、容積の大きい傷のくぼみを残すことを示したが、これは距離が短いときだけだった。傷のくぼみの大きさは距離が増すにつれて減少した。あるマスケット銃は九メートル離れたところで三六九立方センチメートルのくぼみを作ったが、一〇〇メートルでは一五五立方センチメートルの穴しか作らなかった。このように五八パーセントも小さくなることは、球形の弾丸の速度が急激に衰えることと一致する（これに比べて、現代の襲撃用ライフルは、九メートルの距離で一〇一立方センチメートルのくぼみを、一〇〇メートルでは七〇立方センチメートルのくぼみを作った）。

現代の兵器は一般に以前の兵器に比べて、与える傷は小さいが、距離が長くなっても傷つける力はそれほど急に衰えない。近世初期の弾丸が作る典型的な傷のくぼみもまた現代の弾丸による傷のくぼみとは異なる。つまり近世初期の球形の弾丸が残した傷はふつうラッパ形のくぼみで、入り口のところが最も広く、弾丸がエネルギーを失うにつれて直径が徐々に減っていった。現代の弾丸が残すくぼみはこれとは形が非常にちがうものが多く、弾丸の首振り効果のために、数センチメートル貫入してからさらに広がるときもある。球形の弾丸を射つ銃がつくる傷は痛そうにみえるが、傷害の大部分は表面的なもので、負傷者が感染症を防止するならば、回復の可能性は現代の弾丸よりも高い。近世初期の弾丸は、短距離ではもっと小さい現代の弾丸より大きい損傷を与えるが、致命傷をもたらす能力は距離が増すにつれて減る（感染の問題は考慮していない）。また、銃創が本質的に、ほかの多くの種類の戦傷より感染症にかかりやすいというわけではない点も、注意しなければならない。十五世紀の医師たちは銃創は化膿しやすいと考えていたけれども、そんなことはないのである。[*59]

オーストリアでの一連のテストの最後は、近世初期の射撃から受ける危険を鎧がどのくらい効果的に軽減するかという問題に集中した。現代の厚さ三ミリの鋼板（以前のへこませるテストで使ったのと同じ基準のもの）に二層のリネンで裏打ちしたものをセッケンのブロックの前にとりつけ、この標的全体を銃口から九メートルのところに据えた。[*60]無防護のセッケンのブロックでのテストで使ったマスケット銃がまた発射された。ピストルと十六世紀の胸甲を用いたテストのときとちがって、マスケット銃の弾丸は金属板とリネンの層を突きぬけ、セッケンの標的の中へ貫入した。けれども短い距離しか貫入せず、たった二五立方センチメートルのくぼみを残しただけだった。今度は弾丸も鎧板も砕け、くぼみの中約八〇ミリの深さに破片が残った。現代の軟鋼は弾丸の運動エネルギーをすべて吸収することはできなかったが、十六世紀の胸甲にはそれができた（そして砕けなかった）という事実はたぶん、冷間加工して胸甲の表面を固くする、かつての鎧師の技倆がすぐれていたせいとすべきだろう。最終のテストでは、防護のないセッケンの標的を九メートルの距離から近世初期のピストル（第一一二八番）で射った。胸甲の実験で使ったピストルより弾丸の速度は少し遅かったが、より重い弾丸を発射した）で射った。標的にはたった二三立方センチメートルのくぼみを生じただけで、これは防護のある標的をマスケット銃で射ったときのくぼみにほぼ等しかった。結果的には鎧の厚さ三ミリが、マスケット銃が射った二七グラムの弾丸とピストルが射ったたった一四グラムの弾丸との間の運動エネルギーの差、つまり銃口のところで二七六七ジュールと一〇七一ジュールの差を均衡させたのだった。[*61]

近世初期の実際の戦闘に対して、これらの損傷テストが示す意味はかなりはっきりしているように思われる。銃砲はおそろしく危険な兵器で、手ひどい傷を負わせることができたが、大部分は短射程の兵器であり、離れたところには大きな損傷を与えることはできなかった。これは、鎧を購入すれば、銃弾によるけがは、すべてといわないまでも大部分は、かなりの程度まで防げたことを意味する。十六世紀を通じて鎧師たちが銃弾に耐える鎧を作ろうと努力したことはたしかで、ヨーロッパの鎧のコレクションにはたいてい、耐力テストで発射された弾丸によるへこみのついた標本が含まれている。そのような鎧を作ることは、熟練した鎧師にとっては手に負えないことではなかったが[*62]、すべての鎧師がその挑戦に応じることができたわけではない。基本的な問題は、鉄が最初に溶融されたときからもつ固有の性質にあり、そうした性質は鉱石の産地、燃料、融剤によって大幅にちがっていた。イングランドが十六世紀を通じてヨーロッパ大陸から鎧を輸入しつづけた理由の一つは、国内では弾丸に耐える板金鎧を作れなかったことにある。一五九〇年にサー・ヘンリー・リーは、イングランド国内産の鉄で作ったいくつかの鋼製胸甲のテストをするよう迫られ、それに応じた。彼はテストのための胸甲と同じ形の第二の胸甲を用意させた。これは通常使われていたドイツ製の鋼を使って造兵廠で作られたものである。同じピストルを使って試射をしたところ、ドイツの鋼で作った標本は「持ちこたえ、弾丸の小さなへこみが一つできたほかは一発も突き通らなかった」が、国内産の胸甲は「きれいに」貫通した。リーはバーリー卿に、鎧板の見かけに惑わされるなと警告した。なぜなら、「形は悪いがすぐれた金属の鎧をもつほうが、形はよくても悪い金属の鎧をもつよりよい」からである。しかし彼は結論として、国内であれ外国であれ、製造者たちから鎧をもっとたくさん買うべきだと力説し、「世界は……今後は過去の時代よりも多く［の鎧］を使うことになるだろう[*63]」と論じた。鎧を買う経済的余裕のあった人たちが、当然戦場で出会うだろうと予想できる弾丸に対して、信頼できる防護を身につけたいと思っていたことは明らかである。

実際上の諸問題——小火器

戦闘状況の中で火器をどのように使わなければならないかは、基本的にはそれらの弾道学上の特性によってきまった。十五世紀と十六世紀にあらゆる種類の火器が数多く使われるようになると、それに伴って火器の設計上の特徴に根ざした多くの問題が生じた。このことは、兵士の経験的技量を以前の時代とはひどくちがったやり方で作りあげねばならないことを意味した。当時の軍事面での変化はこれほどまで技術によって「決定」されたのだ。しかしこの「決定」とは、単に火器が提供する機会を利用することを学ぶ、といった問題ではなかった。それと同じくらいかあるいはそれ以上に、決定とは、火器が使用者に押しつけるのっぴきならない制限に適応することを意味した。手持ちの火器は野戦で使われるほかのどんな種類の銃砲よりも多くの制限を課した。費用と入手しやすさという「量的な」面では、肩射ち火器に問題点がなかったことは明らかである。かなり安く作れ（そして十五世紀が進むにつれていっそう安くなった）たし、市場で十分な量を手に入れることができたのである。肩射ち火器の問題は性能に関係したもので、改善のしようがなかった。小火器の有効射程が比較的短いこと、何にせよ標的に命中することは、実際上きわめて偶然に左右される過程だったという事実、耐弾性の鎧の入手が容易だったらしいこと——これらすべては、歩兵の戦術は個人の射撃の技量よりも射撃の量にたよらねばならないことを意味した。この点ではマスケット銃は、一般に認められている以上に長弓に似ており、次の章でみるように、小火器戦術は中世以来の長弓戦術に多くを負っているようにみえる。

とはいえ銃砲の使い方を学ぶことは、それ以前のたいていの兵器、特に長弓の使い方を学ぶよりもずっと容易だったのであり、一人前の兵士であるための基本的な技能の要素がこのように小さくなったことは、訓練を受けていない大量の人員を六カ月ないしそれ以下で有能な兵士に変えられることを意味した。かつては戦う王侯たちは熟練者を徴募しようとしたが、今では未経験の人員を徴募したあとは、市民を兵士に変える仕事は、若者たちが最初に赴任地として送りこまれる駐留部隊の責任者や警務隊長にまかせることができた。マスケット銃は設計からして、弾薬を銃口から装塡しなければならなかった（再装塡のときも）。そのため部隊は、発射したあと再装塡する必要があるならば、立ったままの姿勢でいなければならず、前進もかなりゆっくりしかできなかった。命中精度に限度があるため、戦闘部隊は敵から非常に近い距離まで進まねばならなかった。近ければ近いほどよかったのである。たとえ兵士が狙った対象でないにせよ、何らかの標的に当たる統計的確率は距離が増すにつれて著しく小さくなるから、文字どおり「敵の白眼」が見分けられるほど近づくまで発射を控えるのが、現実的に意味をもつ唯一の戦術だった。発射は最大の損害を与えるように調整されねばならなかった。数百発の弾丸が個々に放たれたときの累積の衝撃は、ただ一回の一斉射撃より小さかった。野戦の指揮官が早くも十六世紀に学んでいたこうしたことを、将官たちは十八世紀に入ってもまだ論争をつづけていた。[*64]

命中精度と短射程の問題を解決する唯一の方法は、銃身にライフルをつけて、弾丸にコントロールされた回転を付与することだった。この技法は中世に矢作り職人が矢に応用しており、十五世紀末近くには鉄砲鍛冶がまねをしていた。[*65] 残念ながら先込め式では、弾丸をライフル溝の抵抗に逆らって銃身のつけ根まで押し込むには、腕力を使って強引にやるほか実際的方法はなかった。だからライフル銃を再装塡するには滑腔マスケット銃の場合以上に時間がかかった。ライフル銃は本質的に、狙撃兵や散兵のような特殊部隊が使う一発きりの兵器だったのである。命中精度と装塡時間との兼ね合いが難しかったため、近代初期の戦闘戦術は常に正確さより発射弾数に重きをおいた。中間の立場は存在しなかった。

発射速度を維持することは、それ独自の鉄の論理を、兵士が身につけなければならない技能に課すことになった。個々の兵士が自分の兵器をどれほど能率よく再装塡して次の発射準備を整えることができるかに、すべてがかかっていたのだ（この手順は十八世紀初めに、燧石式点火装置（フリントロック）がそれまでの火縄点火装置にとってかわり、また火薬を予め測って入れた紙製の薬筒が一般的に手に入るようになったので、容易になった。けれどもこれらは改善にすぎず、根本的な単純化ではなかった）。兵士は、自分の大隊に二発目または三発目を発射するチャンスが生じたなら、複雑な一連の操作をきまった順序で行なわなければならなかった。アルケブスの時代なら、兵士はまず火縄を外して安全な位置に移さねばならなかった。次に火皿に火花が落ちていたらそれをすべて吹き飛ばす。そのあと火皿に細かい特製の火薬を詰める。その際余分な火薬は火皿からゆって落とし、忘れずに指で皿を突き固める。次に自分の銃に正規の火薬を詰め、詰め物と弾丸を装塡し、銃の柵杖を引きだして火薬と弾丸を程よい強さの圧力で突き固める。そのあと発火装置を作動させる準備にかかる。吹いて火をおこした火縄を火挟みにとりつけ、銃の狙いをつけてか

図18　兵士が自分の火縄銃の火薬を槊杖で突き固めているところ（1483年ころ）．ディーボルト・シリングの『ベルン年代記』にのっている図で，これを見ると，アルケブスが導入されてからどれほどすぐに小火器を装塡するときの基本操作が確立されたかがわかる（ローレンスのカンザス大学のケネス・スペンサー研究図書館による写真）．

ら火縄を火皿の中に下ろして火薬に点火する（図18を参照）[66]。最良の条件のもとでもこの操作には全部で二〇〜三〇秒ほどかかったが、不慣れ、パニック、混乱などによって所要時間は取り返しがつかないほど長くなることもよくあった。燧石点火式マスケット銃と予めパッケージされた紙製薬筒を使い、徹底的に単純化された訓練を受けた十八世紀のフランスの歩兵は、はじめは一分当り五発という発射速度（一二秒ごとに一発）を達成すると期待されたが、黒色火薬の燃焼から必然的に生じる残渣によって銃身が徐々に汚染されてくるにつれ、三分ごとに四発（最初の一五分の四の発射速度）に落ちた。不発は平均して六発ごとに一発だったが、条件が悪くなるにつれてたぶん四発に一発にもなっただろう[67]。火縄もまた絶えず気配りする必要があった。実際の戦闘状況のもとでは、平均の発射速度は、使う銃のタイプに関係なく、一分につき一、二発を大きくこえることはけっしてなかったように思われる[68]。

近距離の敵から砲火を浴びながらそのような仮借ない機械的な操作を行なう必要があることは、近世初期の歩兵戦に特殊な性格を与えている。反復的な養成訓練を長期間受けてはじめて、人々は死または不具にされる可能性に直面しながら一連のこまごました機械的な仕事に集中しつづけられると考えられたのだった。

新兵たちは号令に合わせて一斉に行動することを、ただ教えられるだけでなく、条件づけられた。各動作はたえずくり返されることによって叩きこまれた。……フランス革命の戦争の際プロイセン軍の観察者は、仲間がフランスの狙撃兵によって射ち倒されていくのに、機械的に装填と発射をくり返し、ついに横隊全体が孤立した一人一人にまで縮小してしまってもなお当てもなく自分自身の火薬の煙の中に弾丸を射ちこんでいる兵士を、同情と軽蔑を交えて描写した。［けれどもそのような訓練を受けた兵士にとっては］戦闘の中で生き残るための最も効果的なメカニズムは、一歩も引かずに自分の持ち場を守って射ちつづけることなのだった。*69

ヨーロッパの戦闘において行動規範が何を求めているかをよく知らない外部の人間からみれば、全過程は奇妙なほど抽象化されているようにみえたし、兵士たちが苦しみに鈍感な点はほとんど不可解に近かった。ソーク族［アルゴンキアン族に属するアメリカインディアンの一部族］の酋長ブラック・ホークはあるときこう評した。「お互いにひそかに近づき、あらゆるものを利用して敵を殺し味方を救う（戦闘指揮者としてこれはよい政策だと私たちは思う）かわりに、あいつらは真っ昼間に堂々と行進し、どれほど多くの戦士を失おうとおかまいなしに戦う！　戦が終わると、あいつらは退いて、何ごともおこらなかったかのようにご馳走を食べ、ワインを飲む」*70。

近世初期の兵士たちはある面でほかのどの時代の兵士とも根本的にちがっていたと考えたり、彼らは心をもたない自動人形（オートマン）で、自分が非業の死を遂げるかもしれないと思いめぐらすだけの感性もなく、止めよと命令されるかそれとも別の自動人形が射った弾丸で殺されるまで機械的に小火器を射ちつづけるのだと考えたりしたなら、それはまちがいだろう。十六、十七、十八世紀の兵士はどの時代のどの兵士ともかかわりなく人間的だった。彼らは戦争に行ったすべての人と同じように苦しみ、死んだ。とはいえ、これらの人々に彼らの兵器が課した「射撃訓練」の中には、何かしめつけるもの、何かひどく非人道的なものが存在する。そして勝利は、自分たちの感情をきびしい統制下に保つことが最もよくできた人々のほうへ行くことが多かったのだ（図19を参照）。

図19　アルケブス兵が自分の兵器の火薬を突き固めているところ（1607年ころ）．ヤコブ・デ・ゲイエンの『小火器の扱い方』からとったこの絵は，ディーボルト・シリングの時代以来，兵士と兵器がほとんど変わっていないことを示している．16世紀は15世紀が確立した慣行を，型にはまった訓練にしただけだった（トロント大学のトマス・フィッシャー図書館による写真）．

野戦砲と攻城砲

マスケット銃の射撃は非常に短い距離でしか効果を発揮しないので、離れたところに損害を与え、敵の隊列を乱してそれ以上の作戦行動を不可能にする手段としては、いつも大砲のほうが好まれた。大砲は本質的に不正確だったが、それでもその欠点を最小にし敵の横隊に対する脅威を最大にするような仕方で配備することができた。認識すべき最も重要なことは、重い丸い砲弾は小火器の弾丸ほど素早くは空気抵抗力に反応しなかったことである（空気抵抗はほぼ断面積に比例するが、質量は体積の関数である。大きい弾丸は小さい弾丸よりも前面積に比べて質量が大きいから、空気抵抗を受けても速度が落ちにくい。運動エネルギーは速度の二乗に比例する。だから速く動く大きい弾丸は小さい弾丸よりずっと大きい損害を引きおこす）。たとえ距離があっても、丸い塊の弾丸は地面ではね返って（跳飛して）敵部隊の密集した隊列を貫くのに十分な運動エネルギーをなおもっている。近世初期の全体を通じて最も広く使われた大砲の弾丸は直径が三〜五インチ（八〇〜一三〇ミリ）あった。これらの弾丸は砲口を出るときはみなほぼ同じ速度だったが、どれもたぶん数回命中したりはね返ったりして、五〇〇メートルの距離から飛程の終端の一〇〇〇メートルにいたるまで致命的な効果を保つと期待することができた。

跳飛射撃は弾丸が重いほど効果が大きかった。弾丸が一連のはね返りをくり返す間どれくらいの運動エネルギーを保持するかは、弾丸の重さの大小に直接かかっていた。この事実は最初のはね返りの速度に反映され、十八世紀にその試験が行なわれている。最初のはね返りが一〇〇〇ヤードの距離でおこるように狙いをつけ、そこでの弾丸の速度を測ったところ、六ポンド弾の場合は秒速四五〇フィート（秒速一三七メートル）、九ポンド弾では秒速九六〇フィート（秒速二九三メートル）、一八ポンド弾では秒速八四〇フィート（秒速二五六メートル）だった。[*71] これらの速度はもちろん、球状の弾丸が受ける大きな空気抵抗のために初速よりずっと遅いが、こういうそれほど大きくない速度でも、砲弾のように重い物体は防護されていない筋肉や骨にとっては依然として破壊的だった。密集した部隊に直面したとき砲手は、意図してなんとか「縦深になった」標的を見つけようとした。それを狙えば弾丸はかなりせまい破壊の「トンネル」に沿って、大砲がもたらしうる最大の損害を与えることができたのである。現代の砲手とちがって爆薬が入っていない塊の砲弾を使う近世初期の砲手は、ふつうは高い弾道へ射ち上げることはしなかった。弾丸があまりに急角度で地面に落ちてきて、何の被害も与えずに地中にめりこんでしまうかもしれないからであった。

砲手の目標は弾道の大部分、特に重要な最初と二番目のはね返りを、立っている人の高さより低くすることだった。そうすれば、弾丸の通路にあるものは何であれ殺されるか重傷を負うだろう。虐殺のトンネルの大部分は幅はおおよそ同じだが、深さは主として弾丸の質量によって変わった（ウィルヘルム・ミュラーは一八八一年の著書で、戦闘では六ポンド弾は三ポンド弾より五〇パーセント効果が大きく、一二ポンド弾は三ポンド弾の二倍の効果があると主張した[*72]）。野戦の砲手は「縦射」を展開できるような位置をさがした。縦射とは敵歩兵の前面横列に極端に斜めの方向から射撃することである。これによって砲の破壊能力を、狙った目標線上にある多くの縦列を貫く形で発揮させることができ、「砲撃」されている部隊に及ぼす効果を最大にした。それはまた、砲の不正確さは戦場での有効性にほとんど影響しないことを意味した。弾丸が水平方向にそれたとしても、破壊が隊列の中の狙ったのとはちがう部分を通りすぎていったにすぎないというわけだ。ベントンは自分の本を読む士官候補生たちにこう助言した。「効果的な連続射撃」は、前進してくる敵軍が自分の位置からおよそ一〇〇〇ヤードの距離にきたときに開始することができ、六〇〇〜七〇〇ヤードでは、そういう射撃は「たいへん破壊的」になる。彼は、敵の機動性をもつ大砲があらゆる防御砲列を狙ってくるだろうことは確かだということを思い出させてから、六〇〇ヤードかそこらの距離では「一般に、敵味方のどちらか一方が前進するか後退する前に六発から八発より多くの弾丸を発射することはできない」[*73]と述べた。

マスケット銃の場合と同じく、発射速度の問題もまた重要である。大きい砲では小火器の場合よりもっと精巧な再装塡操作が必要になる。たとえば一発射つたびに砲身内部を拭いてくすぶっている燃えかすを除かねばならないし、多量の装薬と大きい弾丸は取扱いがよけい難しい。十八世紀と十九世紀には野戦砲は一般に一分につき鉄の塊の砲弾を二発発射することを求められており、ふつうこの割合で約一時間発射しつづけられるだけの弾薬しか備えていなかった[*74]。とはいえもっと以前の時代にもこうだったとは思えない。もっと以前の野戦砲の発射速度を決定することはほとんど不可能である。一分間に一、二発の割合が不可能だったと考えなければならない理由はない。少なくとも激しい戦闘の間は可能だったろう。しかし、火薬と弾丸の供給がそのような割合をかなりの時間つづけさせるのに十分だったかどうかが現実の決定因子だったというのが、いちばんありそうなことである。

攻城戦では、事態がある程度ゆっくりと展開したから、発射速度が重視されることはめったになかった。できるかぎりよい標的に弾丸を命中させることが重視されるのがふつうだった。十九世紀になってさえ、攻城砲は一時間に一二発以上射つことを要請されなかった。これはウィリアム・エルドレッドが一六四六年に著書『砲手のめがね』で推奨している一時間に九発とはたいしてちがわない。[*75] エルドレッドは、すべての砲は四〇発発射したあと少なくとも一時間は休ませるよう、あるいは彼が推奨した割合で発射をつづけるなら五時間ごとにそのうち一時間は休ませるようすすめている[*76]（そうすると、有効発射速度は平均して砲一門当り一時間に八発に減ってしまう）。こうした控え目なやり方が本当に必要だったのかどうかはわからないが、そこには砲手という職業の用心深い性格が反映されている。エルドレッドの教えはディエゴ・ウファノの『大砲についての論述』（一六一三年）から直接とったもので、後者は十七世紀に最も広く読まれた大砲に関する論述の一つだった。十七世紀のもっと後になって、偉大な総合家だったヴォーバンは、砲一門につき一日一〇〇発をこえないようすすめた。一日に一二時間または一三時間射つとして、これも同じく平均一時間に八発という値になる。[*77] 十八世紀初めのオーストリア人はさらに控え目で、大きな四八ポンド攻城砲を一日当りたった五〇発に制限した。平均して実働一時間当り四発をわずかにこえるだけである。[*78] オーストリアの三六ポンド砲は一日当り六〇発を、ヴォーバンの野戦砲に相当する二四ポンド砲は八〇発を割り当てられた。ベントンのそれと比較できる数字は砲一門当り一時間につき一二発だった。[79]考慮しなければならないもう一つの事情は、青銅砲も鉄製砲もともに損耗を免れなかったことで、前者はわずか六〇〇発射つともう退役し、後者は一〇〇〇発で退役した。[80]以前の世紀の兵士たちがこの点に関して十九世紀の兵士ほど用心深かったかどうかは、知るのが困難だけれども、十六世紀には砲が同じくらい急速に、たぶんもっと速く損耗したことは確かなようである。ある時点になると最も命知らずの砲手でさえ、自分の砲を射ちつづけることはできなくなる。

十六世紀に築城術は十五世紀における銃砲の改良にやっと追いつき、この時点から攻城戦は少しずつ優位を獲得していくプロセスへと発展した。ヴォーバンは強化された城壁を砲火によって破る技術を体系化した。彼の助言によると、まず破るべき壁に目標とする区域を定め、一本の水平線に沿って一連の穴をあける。目標帯は十分高いところに選んで、砲撃によって滝のように崩れ落ちる砕石が大砲を狙う突撃隊の出撃をはばむようにする必要がある。水平に並ぶ穴がすべて所定の場所にあけられたら、砲の狙いを穴の並ぶ水平線の両端から上へ移し、上方へ短い間隔で並ぶ一連の穴をあけて壁のその部分をまわりの構造から切り離し、内部にある砕石と土に石積みを外側に押し出させて崩れ落ちさせる。これをちゃんとやりとげるのにどのくらいの時間がかかっただろうか？　ベントンによれば以下のとおりである。

突破口を作るのに必要な時間は、作るべき突破口の大きさ、城壁の傾斜面の材料、砲の数などによって変わる。砲列から四〇ヤード離れた壁に、長さ二〇ないし三〇ヤードの突破口を作るには、大口径の砲弾一五〇〇発が必要だろう。しかし砲列がもっと遠くにあれば、精度と貫通力が落ちるから、もっと多くの砲弾が必要になるだろう。だから五〇〇ないし六〇〇ヤードでは、九〇〇〇から一万発が要るかもしれない。[*81]

ベントンの最小距離四〇ヤード（三六・五メートル）というのは単なる理想にすぎなかったにちがいない。攻撃軍をこんな近距離まで近づけないよう特別に設計された場所に対して、実際に行なわれた攻城戦では、約二二五メートルかそれ以上離れたところから砲火で城壁を破ろうと試みるのがふつうだった。確かにヴォーバンの図表の大部分は、二五〇〜五〇〇ヤードの距離から攻撃する砲列の射撃を示している。ヴォーバンは、包囲の最初の戦線は攻撃の対象である要塞の壁から少なくとも六〇〇ヤード離れるようすすめ、砲と壁との距離は「四〇〇ヤード以上であっても三〇〇ヤード以下であってもいけない」と言った。[*82]ベントンの数字によれば、この距離から壁を破るには、少なくとも五〇〇〇から六〇〇〇発、たぶんそれ以上必要なはずだ！

六〇〇ヤード以下の距離では、「連続した効果的な射撃」は「非常に破壊的」になるというベントンの言葉もまた、思いおこす値打ちがある。[*83]火薬を使っての攻城戦は、そのほとんどすべてが防御側の砲火が攻城砲全体を素早く破壊できるような危険地帯の中でおこらざるをえない。このことは、なぜ近世初期の攻城技術が実際には坑掘りと土工の一種でしかなかったのかを説明する。攻撃側は一連のジグザグの塹壕を掘ってゆっくりと近づきながら、地形の中から大砲を据えるのに適した場所をさがし求めた。工事の大部分は労働者をかくすため夜に行なわれ、塹壕のどの一メートルも、柵や保籃（小枝を組んだ籠に土を詰めたもの）を設けて防御砲火から守らねばならなかった。約三〇〇〜四〇〇ヤードの距離までくると、労働者、およびついには砲手も、ライフルつきマスケット銃を使う狙撃兵が呈するさらなる脅威にさらされはじめた。防御側の狙撃兵は、ライフルつきマスケット銃が真価を発揮した特殊な活動分野の一つを表わしている。リーンベルクの攻城戦（一六三三年）に加わったイングランド人トマス・レイモンドはこう評した。どれほど多くの彼の仲間が「敵のすることを見ようとのぞいているうちに射たれることか……なぜならそこには、銃をもった小悪党が地面にぺったりはいつくばって、そういうやつをやっつけようと構えているからだ。防護籠の間から古い帽子の先でも見せようものなら、たちまち三発か四発の弾丸がそれに射ちこまれるだろう」[*84]。しかし、爆薬が入っていない塊の弾丸を射つ大砲が城壁にたとえわずかな突破口を作るにもおびただしい量の弾薬が必要だったということは、相手にゆっくり近づくために計画された塹壕掘り作戦になぜそれほど多くの努力がささげられたのかを明らかにする。攻撃側が相手に一トワズ〔約二メートル〕近づくたびに、最終的な突破に必要な火薬と弾丸は大幅に減ったのだ。

どんな攻城戦でもどこかの時点で、防御陣地を直接砲撃で襲撃するための砲座の建設が必要になった。これら二次的な砲列は、城壁を破るための主砲列とは異なるのがふつうだった。前者は専門家たちで、防御側の砲列に砲火を向け、なおも前進しつつある塹壕部隊への脅威を阻止しようとした。攻城側は互いに支援し合う二つの主任務に従事した。砲火を用いて敵の防御活動を抑え、城壁を破ろうと努める一方で、同時に攻撃側の砲列の位置をよくするために塹壕工事を推し進めることである。前進陣地が確保されたならば、その時点から関係する時間枠のいくつかを計算できるようになる。ヴォーバンにならって、四門の重砲（二四ポンド砲）から成る砲列が標的の城壁または傾斜面から約四〇〇ヤード離れたところに布陣し、指定された必要量、つまり一門につき一日当り一〇〇発の砲弾をとぎれなく発射できたと仮定しよう。[*85] ベントンの教科書の助言をここにさしはさんで考えると、この砲列は城壁に適当な大きさの突砲口を作るのに最低五〇〇〇〜六〇〇〇発、つまり四門の砲が一二日ないし一五日間稼動する必要がある。このためには一二万〜一四万四〇〇〇ポンドの弾丸と六万〜七万二〇〇〇ポンドの火薬を、前進陣地にいる砲手のところまで塹壕をつたって手で運ばねばならない。実際、たった一つの砲列が仕事をしている間、約二週間も全軍を辛抱強く待たせておく指揮官はまずあるまいから、第二の塹壕と前進砲列、たぶん第三のそれさえ存在したことはほとんど確実である。それに必要な余分の労力は、それによって節約される時間との兼ね合いで、どっちをとるかの問題だったろう。あとで見るように、十六世紀と十七世紀の攻城戦は、平均すれば、以前の世紀の攻城戦（四五日から六〇日かかった）に比べてそうひどく長くはなかったけれども、攻城戦をするために投じられた労力そのものの量は、火薬兵器の成熟に伴ってかなり増加したようにみえる。

進歩についての注釈

攻城砲の発射速度が十七世紀から十九世紀までの間にほとんど変化しなかったこと、およびマスケット銃の初速が同じ期間にほとんど一定だったことは、技術変化が漸進的というよりはむしろきわめて突発的におこることを思い出させる役をする。この期間に銃砲と火薬に多くの技術変化があったことは確かだが、その大部分はコストを下げ、生産高を増し、信頼性を増すだけに終わった。全体としてみると、一五〇〇年ごろから十九世紀初めの数十年間までの間に火器におこった技術変化は、すべての銃砲の弾道学的性能にはささいな変化を生んだだけだった。十六世紀後半の砲術と、十九世紀前半、一八六〇～七〇年ごろまでの砲術との間には、非常に高度の一貫性が存在した。マスケット銃隊の戦術、野戦で大砲を使うこと、および攻城戦での行動は、数世代を通じて学んだ慣行のパターンを代表するものである。図18と19はどちらも歩兵がアルケブスの中の火薬を突き固めているところを描いたものである。二つの絵は約一二五年の年月を隔てているのだが、描かれた兵士たちは同じ動作をしており、機能の点だけを見れば入れかわってもかまわないのだ。

このことは、近世初期における火器の技術的進歩の本質について、あるきわめて重要なことを示唆している。私たちは、技術の改良は道具を使いやすくするとか、技術変化の結果としてある道具によって生産されるものの産出高が増すとか考えることになれている。近世初期の火器については、そのどちらも当てはまらなかった。平均的な歩兵が自分の火器を使いこなすのに必要な技能のレベルはかなり一定していたし、平均的な技能をもった兵士が自分の火器を使ってあげるだろうと期待できる成果も、やはりかなり一定不変だった。火器自体の技術的改良は、火器がまず第一に押しつける問題と限界に対して何ら即効ある解決を提供しなかった。同じように、野戦の指揮官たちは、自分の大隊のために、改良されたと言われている新しい作戦行動の形態を考案する上で大いに創意を発揮したものの、火薬兵器の限界を乗りこえるための満足のいく方法は一つも見出さなかった。火器にとって実験の時期は十五世紀だった。十六世紀半ばごろになると、銃砲は設計と慣行の面で一種の「閉塞」あるいは「総合」状態に達し、これが以後三〇〇年近くつづいた。歴史的視点のレンズを通してみれば、銃砲が提供したもの、およびそれが見返りとして要求したものは、わずかずつの積み上げとしてしか変化しなかったのである。

第六章　戦争の中の火器（Ⅱ）――十六世紀

あらゆるものを知ることは、あらゆるものの正確な価値を知ること、私たちが学ぶものを理解すること、私たちが知っているものを整理することほど重要ではない。

（ハンナ・モア）

十六世紀は、戦争、特に野戦戦術に大きな変化がおこった時代を代表するものである。イタリア戦争☆1（一四九四～一五五九年）の間にきわめて多数の重要な変化がおこった。イタリア戦争に参与した人々のうち、新兵器を最初に採り入れ、効果的に使う方法を考案したのはスペイン人だったと思われる。だからこの章では、イタリアをめぐってハプスブルク家とヴァロワ家が争っている間に始まったスペインの技術革新に注意を集中することにする。十五世紀後半には戦争のなかに、いくつかの矛盾する傾向が現われた。攻城戦での重砲の使用、野戦で使われる小火器の数が増したこと、スイス方式での槍兵の使用が増したこと、そして、これらの変化のさなかにあって重騎兵の重要性が増したことである。*1 イタリア戦争の成り行きは、それぞれが相手に対してとった戦法を検証し、相対的な強弱の関係を整理することになる。その中で戦争そのものも変化し、その結果十六世紀半ばになると、明らかに近代的な性格をもったいくつかの傾向がはっきりしてくる。その一つである騎兵の衰退は、近代の歩兵を基礎とする戦法が形作られる上で中心的な意味をもったと考えられるので、イタリア戦争の変化のすべてを、まるで揺籃期の近代軍隊を作り上げるために意図的に始められたものであるかのように解することは容易である。このような目的論的な見方を避けるために、以下の分析では、イタリア戦争における多くの戦術上の革新が実験的性格をもっていたことを重視する。

十五世紀から受けついだいくつかの傾向は、明らかに互いに補完し合うといったものではなく、それゆえ十六世紀になって互いに直接にぶつかり合う見込みは少なかった。おのおのの傾向はそれぞれ独自の強みと弱みをもっており、どれもある程度までほかのものの強みには関心をもたない傾向があった。攻城砲の砲手、アルケブスの射手、槍兵、重騎兵（騎士）は恐るべき戦力だったが、おのおの戦闘での行動の仕方をきびしく制限されていたから、それぞれ特殊な戦闘状況でしか働けなかった。それぞれが自分の活動範囲の中にとどまっているかぎり、ある戦士が原則上どんな損害を与えることができるかには、ほかの戦士たちはほとんど無関心だった。たとえば攻城砲を槍兵に対して使うことは可能だったが、そのような砲を運ぶのが難しく、また発射速度が小さいため、使われないことが多かった。攻城砲はあまりにも高価だったし、騎兵に捕獲される恐れも非常に大きかったから、軽々しく野戦場での危険にさらすわけにはいかなかった。もう一つ例をあげれば、槍兵は、ドイツ傭兵（ランツクネヒト Landsknecht）の部隊として訓練されたものであれ、スイス方式で養成されたものであれ、重騎兵の直接攻撃を受けても確実に隊形を維持することができたが、それでも騎兵に対する彼らの役割は厳密に防御だけに限られていた。槍兵は機動性がなく飛び道具もなかったから、敵愾心をもって騎兵を追跡することは望めなかったのである。

経験から学んでいた重騎兵は、イタリア戦争のごく初期から、直接急襲戦術で槍兵の隊形を破ろうとはしなくなった。重騎兵は、敵の槍兵の隊形が移動、地形、味方の砲火や槍兵部隊によってすでに崩されているときに使うほうがよかったのである。これに対して、アルケブス兵は、小火器の銃弾の射程が短く貫通力も覚束なかったから、重騎兵の攻撃にはきわめて弱く、したがってほかの兵器を支援するための防御用に使われることが最も多かった。十六世紀初めの戦争で戦術が成功するための鍵は、さまざまなタイプの兵器を組み合わせて、甚だしく異なる戦闘能力をもった部隊の整然とした集合体を作ることだったように思われる。けれどもこの仕事が野戦指揮官の職務の重要な一部になったことは、それまで一度もなかった。さらなる変化が均衡をやぶってある兵器を優位に立たせるようなことはなく、これら異なった戦闘方式がなおしばらくの間相並んで生きつづけたと推測することができる。

攻城戦とイタリア式築城術

フランス軍はイタリアへ侵攻したとき、旧来の兵科である重騎兵を主力として集め、攻城砲術でも繊細にとぎすまされた技能をもっていた。歩兵にはわずかの兵力しかなく、しかもその最精鋭はスイス傭兵で構成されていた。シャルル八世（在位一四八三〜九八年）は、イタリアへの干渉を求めたミラノの要請を受け入れ、一四九四年に軍を率いてアルプスをこえたが、その軍勢は数年前にスペイン人がグラナダで動かした軍より小さかった上に、構成もひどく異なっていた。

スペインのキリスト教徒は実働人員約五万という大軍を雇い、そのうち約四分の三は歩兵か砲兵だったが、それに引きかえフランス軍はずっと小さく、実働人員二万八〇〇〇〜三万で、そのほぼ半数が騎兵だった(イタリアの同盟軍を含む)。[*2] シャルル八世は強固に要塞化された場所でさえ、イタリアの観察者たちを恐れさせるほどやすやすと奪いとることができたが、その征服地を維持することはそううまくはいかなかった。おしまいには彼は自らの奮闘の成果をほとんど示すことなしにフランスへ退いた。

けれども重要な発見が一つなされた。イタリアの都市国家はあまりに弱くて、近代的な攻城砲で断固たる攻撃を行なえばとても抵抗できないということである。シャルルが維持できなかったものを、ルイ一二世(在位一四九八〜一五一五年)が求め、そしてルイが失敗したところを、フランソワ一世(在位一五一五〜四七年)がもう一度征服しようと試みることになる。イタリアでのフランスの目論見に対する反発がハプスブルク家を紛争に引きこみ、フランス軍は、つかの間の同盟によって召集された軍勢ではなしに、ヨーロッパ最強の王朝がもつ全資源を相手にせざるをえなくなった。一四九四年から一五五九年までイタリアは、北海沿岸低地帯がかつてそうだったもの(そして後にもう一度そうなるのだが)、つまり「ヨーロッパの戦場(コックピット)」になった。そしてイタリアでは、より大きな敵意が、だれも勝つことはできないがだれも負けるわけにはいかない、いつまでも終わることがないようにみえる戦争の中で、自らを最後まで演じつづけたのだった。

はじめ多くのイタリアの支配者たちは、ナポリのフェルディナンドの指導のもとに、防御工事をした要塞に自軍を配置することにより、フランス軍を利する行動をしてしまった。これは従来の考え方によれば全く賢明だった。なぜなら攻城側は、これらの陣地を骨折って一つずつ落としていくという、消耗戦を強いられるだろうからである。ところがフランスの攻城砲は古い要塞の壁を空前の速度で破り、フェルディナンドは一四九五年二月に逃亡せざるをえなくなった（図20を参照）[*3]。この離れ業は数度にわたるフランスのイタリア侵攻を通じて規則的にくり返され、北

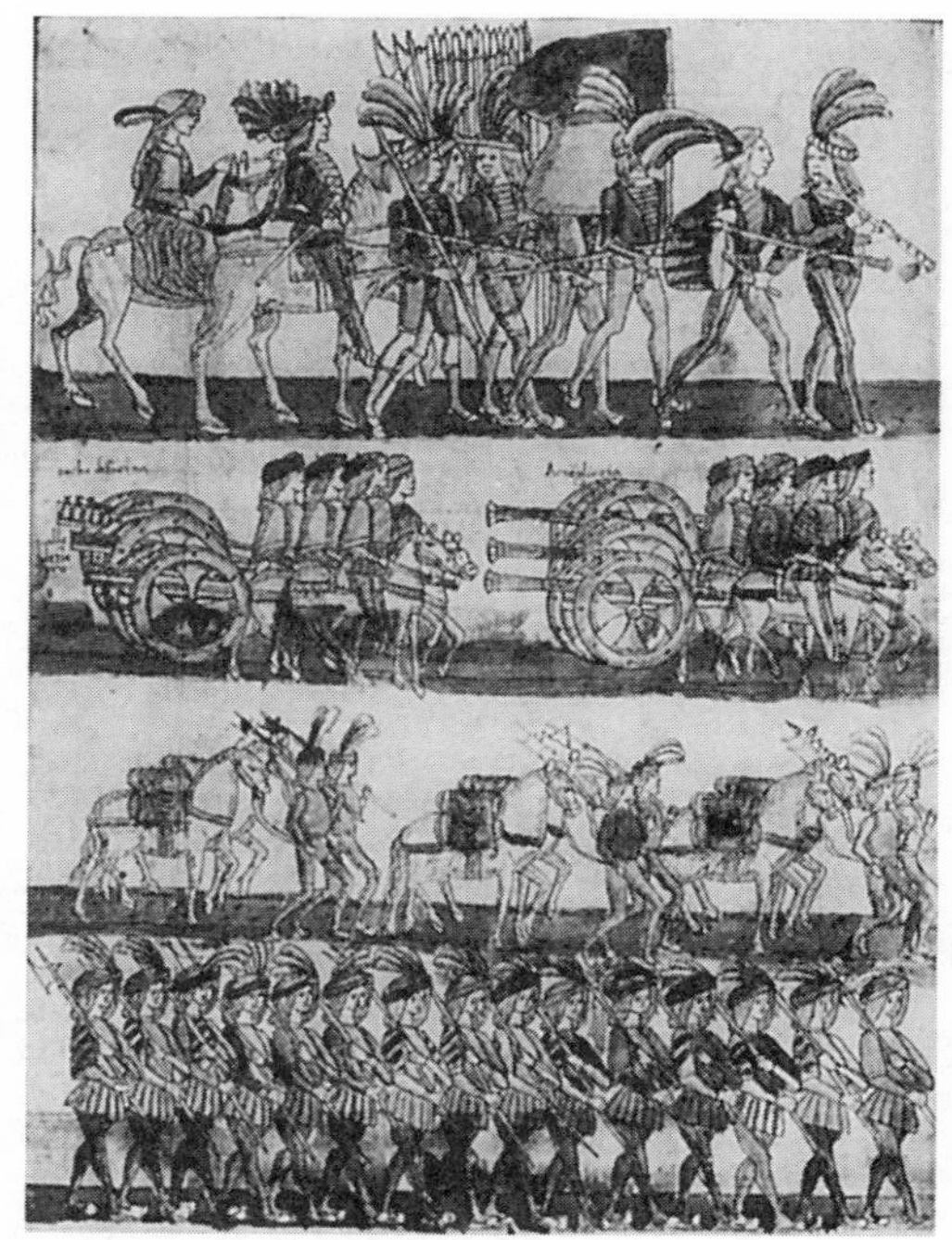

図20　ナポリに入城するフランス軍（1494年ころ）．この当時の絵をかいた無名のイタリア人画家は，二段目のフランスの大砲をのせた車両とそのあとにつづく鉄の弾丸をのせた車両に，わざわざ説明の文字をそえている（ニューヨークのピアポント・モルガン図書館の許可を得て使用）．

方人は少なくとも伝統的なイタリアのやり方では負かすことのできない敵だという評判を確固たるものにした。この時期にイタリアの政治を論じた賢者たちは、イタリア戦争の最初の様相を、古いものがすべてひっくり返される時代だとみた。フランチェスコ・グイッチャルディーニ[☆2]は彼の『思い出』の中でこう書いている。

一四九四年以前は、戦争は長々とつづき、戦闘は血を見ず、町を包囲攻撃するのに用いられた方法は手間どり、不確実だった。大砲はいつも使われてはいたものの、扱う技能がひどく不足していたのでほとんど被害をもたらさなかった。だから一国の支配者を追い出すことはほとんどできなかった。しかしフランス人はイタリアへ侵入したとき、私たちの戦争におそろしく多くの活気を注ぎこんだので、一五二一年になるまで、広々とした地域が失われた［したがって攻城戦が可能になった］ときはいつも、それといっしょに国も失われた。[*4]

グイッチャルディーニは『イタリア史』の中でも同様な感情を表明し、フランス軍の偉業についてさらに詳細をつけ加えた。

フランス人は……青銅だけで作られた、はるかに扱いやすい多くの大砲を開発した。それらはカンノーネと呼ばれ、以前の石のかわりに鉄の砲丸を使った。……そのうえ砲車は、イタリアでの慣行のように雄牛に引かせるのでなく馬に引かせ、人力と道具を使って敏速に動かしたので……ほとんどいつも軍隊にぴったりつき添って前進し、まっすぐ城壁のところへ導かれ、信じられない速さで所定の位置に据えられた。一発射ったあと次の発射までにかかる時間は非常に短く、発砲はたいへんひんぱんで砲撃はすさまじかったので、以前ならイタリアでなしとげるのに何日もかかるのがふつうだったことを二、三時間でやってのけることができた。彼らはこの人間的というよりは悪魔的な兵器を、攻城戦だけではなく野戦でも、同じような大砲や他の小火器と併せて使ったのである。[*5]

言わしめるもとになった出来事よりも有名になってしまったこれらの言葉は、戦争の年代記の中に何か全く新しい異質なものという印象を生みだした。しかし本当をいえば、イタリアの観察者たちの目に新奇なものに見えただけだったのだ。フランス軍はイタリアでは、彼らが五〇年近く前にノルマンディーとギエンヌであげた軍事的勝利と同じ類のもの、つまり要塞を急速に包囲攻撃して降伏させる以上のことはほとんどしなかった。青銅砲、鉄の弾丸、機動性にすぐれた砲車についてのグイッチャルディーニの言が証明しているように、フランス軍が、ビュロー兄弟が戦術を仕上げつつあったころより装備が良く、またよく訓練されていたことはまちがいないが、戦い方の本質はほとんどそっくりだったように思われる。

フランス軍が所有したような大砲は、歴史における一つの例を生みだし、装備の整った攻城軍に空前の優位を与えた。とはいっても、成功した攻城砲が生みだした傾きは、そういう傾きの常のごとく、全く短命だった。たいして費用のかからない土塁を建設することによって既存の城壁を改修できることがすぐに明らかになった。こうした安価な改修によって壁は事実上二重になり、たとえ砲火を受けて破られたあとでも、敵がそこから突入するのは中世の防護のない非耐力壁（カーテンウォール）に比べてはるかに困難になった。つまり支えなしで立っている内部の土塁壁「レティラータ」は、一五〇〇年六月にはじめてピサで試みられ、このときはフランス＝フィレンツェ連合軍の攻撃を破るのに成功した。一五〇九年には、パドヴァでヴェネチアの防衛軍が同様な手段を試みて、ヴェネチアの独立を保つことができた。同様な方法は十六世紀を通じてほかの多くの地方で用いられた*6（十六世紀のもっとあとになると、別の形の土塁による防御方法をオランダ人が開発して、近代的な攻城砲列をもったスペイン軍に対して自らを防衛する）*7。優雅な文章で表明されたグイッチャルディーニの意見にもかかわらず、フランスの砲術はけっして無敵ではなかったのだ。

ピサの人々にそのような即席の策を思いつかせた脅威は、今に始まったことではなかったから、その一五〇〇年より前の数十年間に、要塞設計における非常に多くの技術革新がすでに生まれはじめていた。私たちはすでに、早くから「ブールヴァール」が大砲を据える台として使われていたのを見た*8。これら初期の発展が粗けずりながら体現した原理は、すでに一五〇〇年以前に、主にイタリア人によって文中で論じられ、実践の中で洗練されつつあった。一四四〇年から一四五〇年までの間に書かれ、一四八五年に初版が出たレオン・バッティスタ・アルベルティ〔一四〇四～七二年。イタリアの詩人、哲学者、建築家〕の『建築について』は、城壁を低めにし、傾斜をつけて砲撃で破壊されやすい鉛直で平らな面を極力小さくし、突角部を突き出させて側射によって壁面をかばうことが必要だと強調している*9。奇妙なことにアルベルティは、砲火に言及することなく自分の考えを体系的に表現したのだったが、彼の総合的なアイディアの妥当性は、攻撃側の火力がはっきりするにつれてますます増すばかりだった。

アルベルティのアイディアが完全に実現された近代初期の要塞は、一般的に「イタリア式築城術」と呼ばれているが、唯一の単純な道を通って行きついたものではない。グイッチャルディーニは攻城戦の性格が変化した時点として一五二一年を選んでいる。事実この年以後は短期で勝利を収めた攻城戦はめったになかった。[*10] 中心となる要素、つまり多角形の稜堡は、傾斜した壁から突き出して遮蔽および砲座として役立つように設計されたもので、フランチェスコ・ディ・ジョルジョ・マルティーニ（一四三九〜一五〇一年）、ギウリアーノ・ダ・サンガロ（一四四五〜一五一六年）、その弟（大）アントニオ・ダ・サンガロ（一四六三〜一五三四年）、甥の（小）アントニオ・ダ・サンガロ（一四八五〜一五四六年）をはじめとする人々の文中や事業の中に徐々に姿を現わした。[*11] ゆっくりと姿を現わした技術革新の確実な年代をきめるのはいつの場合も困難だが、稜堡は一四五〇年ごろから発展しはじめ、一五三九年ごろには完全に実現されたというJ・R・ヘールの見解は広く同意を得ているようにみえる。[*12] 稜堡システムには、壕、分離した砦（ラヴラン）、人工斜面などの増設部が伴っていて、これらで攻撃側の大砲を重要な中央部の城壁に近づけないようにしようというのである。こうした方法は、個々の砲弾の弾着範囲を大きくすることによって、砲撃の効力を劇的なまでに減退させた。効果があるのは狭い標的面積に対する集中砲撃だけだった。滑腔砲固有の不正確さのせいで、距離がその威力に対する十分な防御になったのである。築城の理論が教養ある上流階級の男たちの関心事になり、また数学に基づく設計の練習

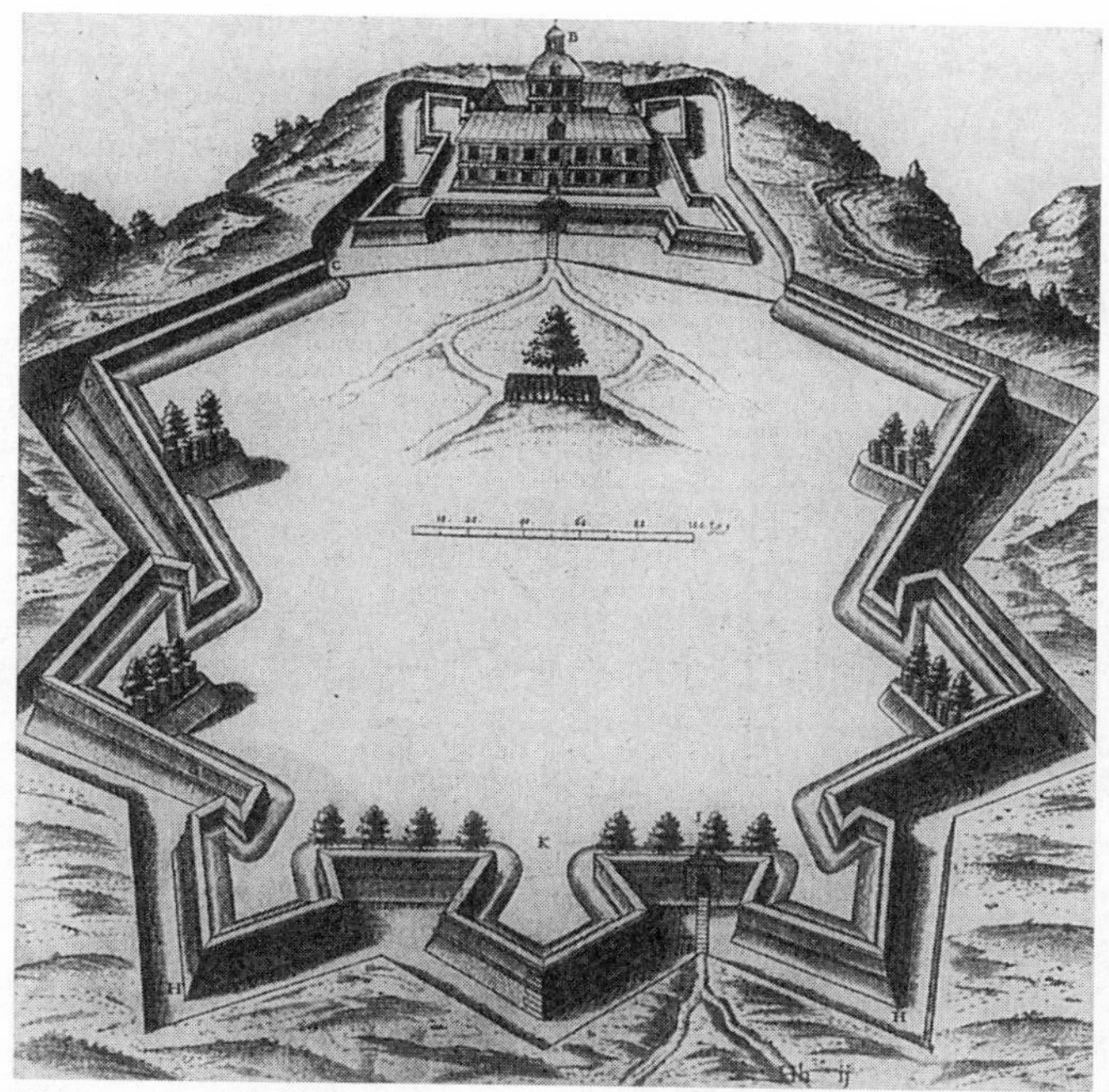

図21　イタリア式築城術．ジャン・エラールの教科書は築城術の科学を説明しようと努めた．彼のこの絵は理想化された要塞を描いたもので，稜堡の形と配置について基本的な変種のいくつかを示している（アン・アーバーのミシガン大学特別コレクション図書館の許可を得て使用）．

問題になるにつれて、近世初期における要塞システムの建築関係の要素は、十六世紀と十七世紀の全体を通じてほとんど途切れなしに洗練され発展した。とはいえ、さらなる設計の洗練によって、これら要塞の防衛能力全体はほんのわずか向上したであろうが、大幅に向上したとはちょっと信じがたい（図21を参照）。

「イタリア式築城術」はこれまで非常に重視されてきた。実際それは、近世初期のヨーロッパが一つの軍事革命を経験したという総合的な理解の中で中心的な地位を占めるようになった。[*13]この発展があまりに重要視されたため、反論が出されるようになったのも必然といえる。[*14]イタリア式築城術を歴史的状況の中において眺めるには、火器の脅威がはっきりしたころには、それはすでに長い懐胎の期間をすごしていたことを知るのが重要である。じつは、攻城戦で攻撃側が成功する時期は、イタリア式築城術が完全に現実のものとなる前に終わっていたのである。同じように、この新しいシステムが成熟期に達して一五三〇年代と四〇年代に広まりはじめたころは、ちょうど大砲の技術的変容もまた、火薬の粒をそろえる粒化法と砲身の長い鋳造砲が広範に普及することによって完成された時期だったのである。それは病気と治療薬が同じ歴史的時間枠の中に出現する古典的ケースの一つだった。要塞における攻撃と防御の弁証法が長い間飛び道具と石を戦わせてきた。たとえば十二世紀以来釣合錘式投石機が要塞化された都市に挑戦してきたのがそれである。一方の側にある技術的進歩がおこると、常に相手側にも対応する変化がおこってバランスを回復した。このパターンが十五世紀と十六世紀にもう一度出現したのである。

十五世紀に大砲が発達した結果、ヨーロッパの戦争の古くからの、そして概して変わることのなかった特色、つまり定位的防御によって攻撃を長びかせられるということが成り立たなくなってしまった。だがそれでも、火器が何段階かの改良を経るにつれて、要塞の設計と建設は、それらの進歩と釣合いをとるために変化しはじめた。完全に発展したイタリア式築城術は、大躍進を表わすものではけっしてなかったが、現実には一つの反応過程の頂点だったし、それが世界的に成功したことは、攻城戦に関して以前の状態が復活したことを表わしていた。中世で真実だったことが今や再び真実になったのだ。攻撃側の砲が優位を保った短い幕間のあとで、防衛側は以前は慣例であった特権を再び主張した。結果は予言できるものだった。つまり攻城戦はまたもや長くなったのである。しかし、平均の長さについて言える範囲内では（攻城戦の長さはどの時代にも極端に変動があった）、攻城戦は約三カ月つづいたようにみえる。これはほぼ中世の攻城戦の日数でもあった。[*15] 守備隊の大きさと攻撃軍の大きさもまた驚くほど変化がなく、少なくとも十七世紀まではそれぞれの中世のレベルに近かった。[*16] イタリア式築城術が成功だったことは否定できない。それはイタリアから、地球上でヨーロッパ人が地歩を固めたあらゆる隅々まで広がった。しかしそれがもたらした全体的な結果は、古い釣合いを回復することであって、新しい革命を導入することではなかった。

すべての復古と同じく、この復古にも限界があったことは確かである。海戦は艦載砲の発達によって根本的に変化した。深い大洋では、大砲を舷側に据えつけたため「縦陣」が用いられるようになり、地中海では基本的にもっと複雑な進化がおこった。[*17] 何らかの理由からこの新しい形式の要塞が建設されなかった地域では、十六世紀の改良火器を支配することができたいくつかの強国が、それぞれの覇権を空前の高さまで築き上げた。それはいわゆる火薬帝国で、ムガール朝インド、オスマン・トルコ、ロシアの諸帝国である。[*18] この関連で火薬を革命的な動因とみることは全く正当である。けれどもヨーロッパの中核的部分との関連では、大砲に対する全体的反応が基本的にどれほど保守的だったか、そしてそういう反応がどれほど急速に広まったかを認識することによって、そのような見方を弱める必要がある。

要塞建設法の改良がもたらした新しい釣合いは、かなり大きな代償を伴っていた。新しい要塞を建設するにはおそろしく大きな費用を要した（ただし経済基盤に関連させて考えるならば、中世十三世紀の石の城に比べてどれもこれもが高くついたわけではなかったろう）。十六世紀は経済的にはそれ以前の時代とはまるで異なっており、だから比較は困難なのである。とはいっても、第一級の要塞を作るための名目上の予算は、最も冷酷な好戦的な支配者でさえ尻込みするほど高額だった。教皇領ローマは一八の稜堡から成る地帯を計画したが、たった一つを建てるだけで四万四〇〇〇ドゥカート以上かかったので、あとは断念した。[*19]

イタリア式築城術が戦争の経済をどれほど変えたかの最も哀れな例は、シエナの場合である。シエナは、イタリアの支配権をめぐるフランスとスペインの抗争の中では、一枚の歩（ポーン）にすぎなかった。それでもここは、要衝に砦を設けて領土全体を戦略的に支配するという考え方をはじめ、進んだ要塞建設の概念を吹き込まれていた。同市は一五二七年から三三年にかけて、バルダザーレ・ペルッツィの指揮のもとに限られた規模で防御工作物を改造したが、一五五三年の蜂起がスペイン軍を追い出した後、新しく宣言した共和国は、最新式の防御工作物を建設するための緊急プログラムに着手せざるをえなくなった。しなければならない工事の規模（約一七の場所を要塞化する）と費用は、二流の都市国家が背負うには全く大きすぎた。皇帝軍が一五五四年にシエナを奪還しようと動きはじめたときには、工事は絶望的なまでに中途半端で、市は事実上破産していた。特別に激しい攻城戦の末にシエナは一五五五年四月に降伏した。[*20] 一五五九年四月にハプスブルク＝ヴァロワ抗争を正式に終了させたカトー＝カンブレジ和約によって、フィレンツェを支配するメディチ家はシエナを、イタリア紛争の全体的決着の一環として受けとり、領土とした。イタリア式築城術は大砲による征服に対して防護を提供することができたが、それは防護を実現するだけの経済力をもつ者に対してだけだったのである。

野戦――チェリニョーラからビコッカまで

攻城戦が攻撃軍にとって容易になると、野戦の戦略的意義に深刻な変化がおこった。城に依存する伝統的な防御戦略の安全性が、大砲によって永久に打ち砕かれたようにみえたあと、以前には全く見られなかったかまれにしか見られなかったような、総力戦の時期がつづいた。戦闘の煮えたぎるるつぼの中で、野戦の戦術は変容し、野戦での防御と攻撃の間に新しい釣合いが生じることになった。そのあと、野戦の変容が完了する前だったのに、大砲に抵抗できる新しい要塞が出現したため攻城戦が防御側にとってより好ましい戦略にみえるようになり、このかつての状態への復古によって、戦闘を避けて要塞によって領土を支配する昔のやり方が再び用いられるようになった。攻城戦と野戦との間のこのようなダイナミックな連関は、趨勢としては、指揮官たちをあえて戦闘に賭けてみたいという気にさせる場合のほうが多かった。十六世紀の戦争の成り行きを定めたのは、この弁証法的な、行きつ戻りつする性格だった。この時期には、近代の形の戦争につながる唯一の発展の道筋といったものは存在しなかった。そのかわりにばらばらに導入された一連の変化が存在し、そうした変化の間の相互作用のほうが、変容のいかなる組合せの一つ一つよりも重要だったのである。

一五〇〇年代初めになると、慎重な指揮官たちは、以前にはたいてい敬遠されてきたタイプの戦い方、つまり綿密な計画に基づいて遂行される戦闘に従事する備えをしていた。そういう野戦では、勝ち目は以前よりも五分五分に近くなっていたのだ。かつては戦力の全体的バランス（野戦では騎士対歩兵、攻城戦では城対投石機）から、数で劣る軍勢にとっては要塞に立てこもるのが最も賢明な行動方針になったのだが、今では戦いを挑める可能性により強く心をひかれるようになった。イタリア戦争では、少なくとも一四九四年から一五二五年ごろまでの期間には、以前の戦争よりはるかに多くの野戦がみられたのだった。学究的な論争や論述から生まれた要塞建設法の変化とちがって、十六世紀の野戦の変化はより粗雑な性格をもっていた。野戦は要塞建設法よりいくらか速く進化した。じつは野戦の変化は、きわめて非常識的な類の間に合せから生じたことが多く、突発事態のもとでなされたこともあった。新しい野戦戦術は、十四世紀イングランドの長弓兵と十五世紀ドイツの身分の低い市民兵が示したお手本に負うところが多かった。長弓と城壁防衛戦術の場合と同じく、野戦で火器を有効に使用する秘訣は、防御的面で用いることにあった。

交戦が始まった初期のころには、フランスの重騎兵（ジャンダルムリー）の強さは、槍兵や小火器がひどく弱いのを補って余りあった（この出兵およびその後の何年にもわたって、フランスの指揮官たちはスイス人部隊を雇って槍兵を調達する道を選んだが、この政策は確実に、平時におけるフランスの槍兵数を敵より少なくさせることになった）。イタリア戦争のごく初期における唯一の重要な会戦は、ナポリ征服後フランスへ撤退するシャルル八世の行手をさえぎろうとしたことからおこった。フランス軍はピエモンテへ向かう途中、タロ川沿いを細い隊列で進まなければならず、一四九五年七月六日にフォルノヴォでイタリア軍の大部隊に攻撃された。イタリア軍もフランス軍も大砲をもっていたが、短時間一斉射撃が行なわれただけだったようである。イタリアの騎兵はフランス兵がまだ行進隊形にある間に不意を打とうと、雨で増水したタロ川を渡って突撃した。フランス軍は全く伝統的なやり方で対応し、反撃した。こうして、その時代の野戦の典型ともいうべき馬と馬とがぶつかり合う純粋な騎兵戦になり、おしまいにはフランス軍はイタリア兵の突撃を打ち破り、散りぢりになった攻撃部隊を川向こうに追い返した。フォルノヴォの戦では歩兵部隊は二次的な役割しかしなかったが、それでも重騎兵よりも多くの死傷者を出した。イタリア人にとってこの戦は、傭兵（condottieri）への依存がもたらす問題を実地に教えたものであり、また未来を予告する不吉な前兆でもあった。もっと中立的な見方をとれば、フォルノヴォの戦は、フランス軍の戦術思想の明確な保守主義が、実際の出来事によって正当化されたようにみえること、およびフランスの重騎兵が砲列と槍を大量に備えた軍隊の中で効果的に行動できたことを示している。フォルノヴォの戦では、重騎兵の使用が終りに近づきつつあることを示唆するものは何もなかったことは確かである。[*21]

スペイン人はフランス人とほぼ同じくらい大胆にイタリアでの戦争に参与してきた。つまりイタリアの弱さがはっきりしたのにつけ込み、イタリア半島のいくつかの地方に対して、アラゴン家のいささか疑わしい王位要求を推し進めようとしたのである。スペインの遠征軍の構成はフランス軍とは全く異なり、一四九二年に終わったグラナダ戦によって形作られたものだった。スペイン軍はフランスと同様に重騎兵をなお使っていたが、明らかにもっと少数だったし、ふつう上流貴族によって構成されていた。騎兵の横列を補完していたのは「ヒネーテ」(jinete)と呼ばれる軍勢、つまりアラブ人流の戦い方をする軽騎兵だった。小型で足の速い馬、短い鐙(あぶみ)、軽い馬上槍ジャヴリン、そして最大の特徴として固くした皮革で作った丸い楯を用いたヒネーテは、同じような装備をしたイスラム教徒の騎兵大隊とほぼ互角に戦えたであろう。これら二種類の騎兵は作戦上はいっしょに行動したが、どちらも歩兵との協調は十分ではなかった。イタリアに入ったスペイン軍は、グラナダを征服した軍隊と同様に、約四分の三が歩兵で構成されていたらしいが、スペイン人はグラナダ戦で大砲を重視したほどには歩兵戦術に注意を向けていなかった。北の国々の歩兵で優位を占めるようになっていた槍隊とは対照的に、スペイン歩兵の剣と円楯の装備はきわめて旧式であり、それを賞賛に値するとみたのはマキアヴェリだけだった(彼はそれをローマ風だと考えたのだ)。スペイン軍がなぜ軽い馬を好んだのかは、これまで十分に説明されたためしはないが、気候条件からして重い馬のための十分なまぐさを手に入れることが困難だったという点に関係があったのかもしれない。[*22] 十五世紀後半のスペイン軍の法令を見ると、なんとかしてラバに対する一般の人気に水をさして、重騎兵に適した重い乗馬の飼育を推進したいという、ほとんどやけっぱちな願いがすけて見える。その法律は、誰であれ馬を一頭も飼う気がない者にはラバの所有を禁じ、そのうえ女性と聖職者以外はラバに鞍をつけて乗ることを禁止する、というところにまで行っていた。[*23]

兵力のパターンが独特だったスペイン軍にとって、伝統的なスタイルの軍事力をもったフランス軍との対戦は、はじめは悲惨なものになった。スペインの指揮官ゴンサロ・フェルナンデス・デ・コルドバは、一四九五年に約六〇〇の騎兵（うち五〇〇は軽騎兵）と一五〇〇の歩兵を引きつれてカラブリアへ入ったが、セミナラでさんざんな敗北を喫し、彼の騎兵はフランスの重騎兵の敵ではないこと、また歩兵はスイス兵にはとても及ばないことが証明された。ゴンサロはしばらくゲリラ戦に専心し、グラナダ戦以前イベリア戦争の特徴になっていた種類の戦術にたずさわった。[*24] その間に彼は自軍を立て直し、もっと「近代的な」線に沿って再編制した。彼はドイツ傭兵の形で槍兵を獲得し、またドイツ人のアルケブス兵——たぶん三〇〇人ほど——を雇い入れた。[*25] ゴンサロの軍が最初の敗北のあと大きくなるにつれて、兵力にさらにアルケブス兵が加わり、ついには総勢約一万四〇〇〇人に達した。ペドロ・ナバロはヌムール公が指揮するフランス軍を向こうに回してカノーサを守ったが、その守備兵力は約七〇〇人で、うち二〇〇人がアルケブス兵だった。フランス軍がバルレッタの要塞に近づいたときには、そこのスペインの守備部隊が出撃し、やはりアルケブス兵を狙撃兵として使って成功した。[*26] ゴンサロのアルケブス兵の資料についてはもっと詳しく見ておくのがよいと思われる。たとえば彼は相当な数のアルケブス兵をスペインからいっしょにつれてきたのだろうか？　イタリアの資料にもスペインの資料にもこの疑問に答えるものはないようだ。オーストリアのマクシミリアンが二〇〇〇人の歩兵の一軍をゴンサロの援軍として送ったという断言があるだけである。[*27] このあと本書に出てくる三〇〇人かそこらのドイツ人アルケブス兵は、たぶんこの派遣部隊の一部だったのだろう。確実なのは、スペイン軍は立直しの期間中に、アルケブス兵をこの時期の野戦軍にふつうに予想されるよりも多く、全体の六分の一も含むようになったことである。[*28] 肝腎なのは野戦でのそれの用法を見つけることだった。

イタリアでゴンサロが最初の大勝利をあげたのはチェリニョーラにおいてだった（一五〇三年四月二八日）。ここで彼は巧みな戦術とアルケブスの射撃との組合せによってフランスの騎兵隊と歩兵隊を破った。[*29] ゴンサロがフランス軍に対処した方法は、積極的に攻撃を仕掛けるのでなく、塹壕を掘ってその中で敵の襲撃を迎えようというものだった。ゴンサロがチェリニョーラで占めた陣地は自ら設営したもので、彼が考案した壕と、それを見下ろす位置にあってアルケブス兵が守る土手によって防御されていた。壕の前の地域はまた、スペイン軍の大砲の支配下におかれていた。フランス軍は早計にも攻撃を開始した。スペインの軽騎兵に邪魔されて戦場をちゃんと検分することができず、壕には全く気づかなかったらしい。フランス軍はあまりにも急いで攻撃したため、動きの遅い自軍の大砲をスペイン軍の陣地に向けて配置する時間がなかった。ゴンサロは土塁壁の頂上にある自軍の中枢部に、たぶん二〇〇〇名ものアルケブス兵を四横列に並べて配置し、副官で技師長でもあるペドロ・ナバロに指揮をさせていた。[*30] フランスの重騎兵は決定的一撃を狙って素早い突撃を仕掛けたが、壕を渡れず土塁に登ることもできず大混乱におちいった。無統制状態になった騎兵は攻撃を受けやすいのが常で、この場合フランス軍は近距離から射撃を浴びせられる羽目になった。ごく早い段階で犠牲になった一人がフランス軍の若い指揮官、勇敢だが経験の浅いヌムール公で、一人のアルケブス兵により馬から撃ち落とされた。[*31] 彼の死はフランス軍の指揮系統に混乱を引きおこしたらしく、フランスの重騎兵はいっそう無秩序になった。フランス歩兵の攻撃も、壕を渡ろうとしたときアルケブス兵から断固たる抵抗を受けた。ついにフランス軍は大きな損害——とりわけ重騎兵に——をこうむって退却した。

チェリニョーラの戦はナポリ遠征におけるスペインの運命の転回点だった。この戦のときよりも大軍を擁したフランス軍のもう一隊が、一五〇三年の末の数カ月間、ガリリアノ川に沿う陣地にいたゴンサロと戦を交えた。ここで生じたのは並外れた膠着状態で、第一次世界大戦の塹壕戦の規模を小さくしたものにそっくりだった。一五〇三年一二月二八日、ゴンサロは素早い神技的手腕を発揮し、フランス軍の横列のいちばん弱い箇所を突破して敵の側面を攻め立てた。フランス軍を完膚なきまで蹴散らしたゴンサロは、その功でアラゴンのフェルディナンド輩下のナポリ副王に任命された。ハンス・デルブリュックはチェリニョーラの戦（彼はそれをごく手短に論じた）を「新しい戦術が一人前になった最初の例」とみなし、こうつけ加えた。「正面においた障害物、狙撃兵の有効さ、障害物に対し攻撃することまたはしないこと、あるいは障害物から攻撃することまたはしないこと——今後はこれらが戦闘の記述における支配的要素である。コルドバでのゴンサロはこの基本形態を創出した。以後それを使った指揮官は彼の流れから生まれた」[*32]。チェリニョーラの戦は、騎兵を少ししかもたないスペイン軍が重騎兵を主力とするフランス軍に勝ったはじめてのケースだった。スペイン側の年代記は当然ながらゴンサロの勝利を、彼の道徳的美点、自軍を辛抱強く立て直したこと、彼の指導力、および戦術上の才能のおかげだとしている。スペイン側に立って働いたファブリツィオ・コロンナは、勝利はゴンサロのせいでなく、「小さな溝と土塁壁」のおかげだとした[*33]。ファブリツィオのこの皮肉な判断は、ゴンサロが「名将」として騎士的名声を得ているのに照らしたとき、いっそう否定的な効果をもつことをねらったものだが、それにしても彼の洞察は注目に値する。

二十世紀の軍事史家たちは通例、ゴンサロの火器を中心とする戦術の革新が、近代スペイン軍したがってすべての近代軍の原点になったとみている[*34]。けれどもそのような見方はある種の目的論の色合いを帯びているのが常だから、そのときのスペインの事情に含まれていた偶発的な側面のいくつかを強調するのが適切である。固定陣地に突撃して衝撃によって敵を駆逐しようとするフランス軍の常套手段はよく知られていたから、ゴンサロは自分の戦術を、敵が最もとりそうな行動様式をもとにして選んだと考えてもよかろう。ゴンサロのもともとの意図は、まだ試したことのないドイツ、スペイン、そして（たぶん）イタリアのアルケブス兵の混合兵力に頼るよりも、壕の背後に配置されてフランス軍が攻めてくると予想される場所に向けられていた大砲にもっと大幅に依存することにあったのかもしれない。ペドロ・ナバロが、大砲からアルケブスまですべての火器を指揮したという事実は、スペイン人が、大小すべての火器を一つのカテゴリーにまとめてアルケブスも単なるミニチュアの砲として扱う当時の習慣から抜け出ていなかったことを強く示唆する。それ以上にも重要なのは、チェリニョーラで偶然に火薬庫の一つが爆発したのにつづいて、砲列が一回火を噴いてしまったことである。このため決定的な瞬間にスペインの大砲の大部分が沈黙してしまい、もう少しでスペインの隊列にパニックがおこるところだった。ゴンサロの弱々しいジョーク（彼はそれを勝利の発射と呼んだ）はどの年代記にもまちがいなく記録されている。しかし彼の本当の感情は記録されていない。大砲が役立たずになったから、フランス兵を撃退する任務はアルケブス兵にふりかかった。後になって最も年を食ったスペインの古参兵でさえ、勝ったのはあいつらのおかげだと言った。[*35]

チェリニョーラでのゴンサロの戦術が、一世紀近く前にアジャンクールでイングランド軍が用いた戦術とたいへんよく似ていたことも注目される。アジャンクールのときは、イングランドの長弓兵は壕を掘るかわりに、尖らせた棒を槌で地面に打ちこんだが、効果は同じだった。つまり防御用の障害物を作り出して、騎兵が飛び道具部隊を襲うことができないようにしたのである。人工の防御物の背後で安全に守られて、アジャンクールでは長弓兵が、チェリニョーラではアルケブス兵が、組織的かつ集中した短距離からの射撃によって攻撃軍の横列を減少させた。どちらの場合も敵軍は事実上「釘づけ」にされて近距離のところで動けなくなったので、射撃は狙いどおりの成果をあげた。勝利はアルケブスが特別な弾道学的長所をもっていたおかげでは全くなかった。じつはチェリニョーラでのゴンサロにとっては、長弓でもナバロのアルケブスにほとんど劣らないほど役に立っただろう（長弓兵を徴募できる可能性が少しでもあったらばの話だが）。

まだ徴募できただろう弩兵も同じくらいりっぱに役立っただろう。かわりになるアルケブスをもっていたから、ゴンサロはそれを使ったのだ。彼は全く文字どおりに、十五世紀の用法を採用した。つまり銃砲を守るために壁を作ったのである。フランス軍が壕と塁壁への正面攻撃に固執しつづけるかぎり、彼らはフス派の「車両要塞」を攻撃した皇帝軍と同じ立場にあり、あのときのドイツ兵と同じく、近距離からの射撃によって手ひどく打ちのめされた。ゴンサロは小火器の限界、つまりほぼ三〇〜四〇メートルの射程によく適した殺傷地帯をつくりだした。この距離より遠くにいれば、鎧を着た騎士は一人も傷つけられなかったろう。これより内側では騎士は少なくとも落馬させられただろう。鎧も着けずに突撃によって塁壁を奪いとろうと試みた歩兵にとっては、小火器の射撃による死亡率は甚だしいものだったにちがいない。

ゴンサロの勝利が、イングランド軍がアジャンクールで用いた戦術と同じ不利な面をもっていたことは明らかである。つまり陣に立てこもっての防御がうまくいくのは、直接攻撃に出るよう敵を誘って罠におとしいれ、防御側の砲火の射程内で身動きがとれないようにすることができたときだけだったのだ。たいていの指揮官は、同じ戦術の餌食になる過ちを二度犯すことはしないだろう。じつは一つの点でゴンサロの防御工事はイングランド軍のそれほどには役に立たなかった。というのは、十六世紀初めになると、たいていの軍はどんな土塁にも大きな穴をあけられるほど強力な大砲をもっていたからである。もしもフランス軍がチェリニョーラであんなに急がずに、自分たちがもっている大砲を有効に使っていたなら、結果はひどく異なっていたかもしれないのだ。勝利を収めた大半の指揮官と同じくゴンサロは、敵がどう振る舞うかを直感でさとって行動し、フランス兵はご親切にも土塁の前でうろうろすることによって自軍の銃砲がスペイン軍の前線へ射ちこめないようにしてくれたのだった。

偶然に恵まれた面があったにせよ、チェリニョーラの戦は野戦でアルケブスを重騎兵に対抗して使えることを証明した。この戦闘が示唆した戦術は保守的なもので、技術的に進んでいた都市が五〇年ほど前から採用していた小火器の用法をまねていた。一五〇〇年ごろには少なくとも南ドイツと北イタリアでは小火器の使用はありふれたものになっていて、アルケブスはかつて弩が果たしていた役割——狩りの武器としても市民軍の兵器としても——をになうようになっていたという印象を受ける。チェリニョーラの戦と同じ年に、チェザーレ・ボルジアの包囲攻撃を受けたチェリの町は、アルケブスを巧みに使って長期間抵抗した。[*36] パドヴァは一五〇九年に皇帝軍の攻撃に耐え、防御に成功したが、ある目撃者によると、それは「大砲の力」を巧みに使ったのと「アルケブスの弾丸の雨」のおかげだった。[*37] グイッチャルディーニやマリノ・サヌートのような当時の評者によれば、ヴェネチア本土の農民たちは「スキオッピオ」（アルケブスをこう言った）を特に好んだが、アルケブスは補助的な武器と位置づけられていたから、必ずしも軍事目的にアルケブスが望ましいとされたわけではなかったのである。[*38] アルケブス兵は防衛部隊としてはもう少しうまくいった。ブレスチアの守備隊は約四〇〇〇の兵力のうち一五〇〇のアルケブス兵を擁していたと言われ、[*39] 一五一〇年のヴェロナの防衛にも多数のアルケブス兵が加わっていた。早くも一四九三年にフリウリの市民軍は約九〇〇名の手銃射手をかき集めている（計画では一〇〇〇名だった）が、これは市民軍全体の約二五パーセントだった。[*40] この戦を目撃したルイジ・ダ・ポルト(彼はまた『ジウリエッタとロメオ』と題するヴェロナの恋人たちについてのロマンスを書いた)は、一五一〇年の手紙の中で、フリウリの住民は狩りと軍事訓練でアルケブスの腕を磨いたと述べている。[*41] これが示しているのはかなり多くのアルケブスが一般に使われていたことであって、小火器の技術的性能が突然向上したことではない。意味深長なのは、バヤールの「忠実なしもべ」(Loyal Serviteur)が、パドヴァ防衛の際、アルケブスの弾丸によって負傷したのはフランスの貴族たった一人で、しかも傷がひどく軽かったので戦闘能力を失わなかったと述べていることである。[*42]

ゴンサロによるスペインの戦術の転換には、根本的な革新はほとんど伴っていなかったけれども、創造的な応用は大量に含まれていた。すでにその有用性が立証されていた槍兵は、いつもの任務を遂行するために徴募された。戦闘での役割がまだ確定していなかったアルケブス兵は、従来主として防御面の任務についていた階級で構成された。十六世紀初めの指揮官たちはまだ、戦闘にもっていく武器の使い方を知っている人々を徴募していた。ゴンサロやペドロ・ナバロが、未経験のスペインの人員を徴募して射撃の訓練をしたことを示す証拠は一つもない。そういうやり方が出現するのは十六世紀のもっとあとになってからで、十六世紀はじめの数十年間は、アルケブスの射手は使える者ならだれかれかまわず徴募したにちがいないが、いちばん多かったのは都市市民軍の古参兵だったと思われる。アルケブス部隊が、この兵器を多少は使いなれている人々から構成されていたとすれば、アルケブスの戦場でのおおよその役割は、徴募の行為だけからすでに確定されていた。もしもアルケブス兵が、銃口の向こうでほぼ動かずにいる標的に近距離からまとめて大量の弾丸を浴びせる能力をもっていたとすれば、指揮官にとっての課題は、そのような都市的・防御的な攻城戦に似た状況を野戦で再現することだった。事実上ゴンサロとペドロ・ナバロは、壕を掘ることによって、攻城戦の状況下での防御行動に最も近いものを野戦場で引きおこそうとしたのだった。銃砲を用いて城壁を守るすべを知っていた兵士がいたから、ゴンサロは彼らを守るために城壁を設けたのである。

チェリニョーラの戦で小火器が成功したことが、アルケブスの射撃は主に防御に使うべきだという漠とした考えをもたらしたようにみえる。ラヴェンナの戦（一五一二年四月一一日）で両軍が用いた部隊配置と戦術は、そのような考え方が土台になっていたことは確かである。このときペドロ・ナバロはその資質のゆえに将軍になっており、ラヴェンナの戦でのスペインの戦術は、チェリニョーラでの彼の勝利を大いに参考にしていたように思われる。ラヴェンナの戦は複雑さでは最たるものの一つであり、[*43]行動全体を手短に記述するだけの価値がある。スペイン＝教皇連合（神聖同盟）はフランス軍に包囲攻撃されているラヴェンナを救おうとした。この目標を達成するためにナバロがとった行動は、同盟の軍隊を前進させて市の南に布陣させ、壕を掘って攻撃を待とうというものだった。この作戦だけでも、彼が防御が有利だと考えていたことを示している。補給が細りつつあったフランス軍は、ナバロの目論見どおりラヴェンナの包囲を解き、スペインのキャンプを攻撃するためロンコ川を渡ろうと前進をはじめた。ナバロは自分の陣営を、背後を流れる川と、予想されるフランス軍の攻撃を防ぐための深い壕と土塁壁で固めた。前と同じように、彼は壕の防衛を歩兵と砲兵にまかせたが、前者は今度の戦では槍隊とアルケブス隊の混成であった。フランス軍がロンコ川を渡るときに攻撃すべきだとのファブリツィオ・コロンナの忠告にもかかわらず、ナバロは自軍の野戦要塞に大きな自信をもっていたので、受けて立つほうを選んだ。[*44] 彼は同盟軍による砲撃で対抗しただけで、フランス兵がきわめて近くまでやってくるのにまかせたのだった。

ペドロ・ナバロはまた大形のアルケブスを備えた、防護板つきの二輪車を配備した。この車両には前に突き出した槍が固定されており、また両側には二つの大鎌の刃が車輪といっしょに回るようにとりつけられていた。[*45] 銃の口径はわかっていないが、ピエール・バヤールの『歴史』の著者である彼の「忠実なしもべ」はそれを「鉤をもった火縄銃」(hacquebutes à croc) と呼んでいる。これはフランスの冗語句で、ふつう城壁の防衛に使われる大形の小火器をさすのに用いられた。[*46] これらの車両にのせられた銃は一見初期の車載砲の直系の子孫のように思われるが、搭載する車両には射手を守るための防護板がついていた。[*47] 同様な工夫は十五世紀の軍事技術関係の論考のいくつかに見出され、[*48] 単なる空想として退けられていることもしばしばある。[*49] それがラヴェンナの戦で姿を見せたことは、十五世紀後半に銃が攻城戦における防御兵器として有効であることが証明されたので、野戦でも同じ状況を再現しようという試みが推進されたことを示唆している。ナバロのような経験を積んだ指揮官が試みようとしたことは、チェリニョーラでの勝利が指揮官たちの心の中ではまだ確信のもてないものだったことを示唆している。小火器の射撃につきまとってきた問題は、どのようにして銃砲を使う兵士たちを守るか、またどのようにして重さと機動性との間に合理的なバランスを打ちたてるかであり、それはこの時点でもまだ解決していなかった。ナバロが用いた車両は、かつて城壁が銃砲の射手に与え、のちに槍が提供することになる防御側の防護を達成しようという試みだった。搭載された大形の銃と台座は、以前のハッケンビュクセの形に戻ったものだが、重い銃身を支えるため二股の支えがついた大形マスケット銃の先駆でもあった。*50

フランス軍の指揮官（そしてヌムール公でもある）ガストン・ド・フォワは、明らかにアルケブス兵をそう多くは擁していなかった。彼のガスコーニュ部隊は伝統的に弩を好み、戦闘の日にはたぶん二〇〇〇張もあっただろう。ガストン・ド・フォワはチェリニョーラの戦のときの同名の人物〔ヌムール公〕とはちがって、スペイン軍の陣地をやみくもに襲撃することなく、川を渡ったあと自軍をスペインの壕の前に整列させた。フランス側の大砲は質でも数でもナバロの大砲よりまさっていた。それは一つには、フランスが大砲の擁護者として有名なフェララ公と同盟していたからであり、もう一つにはフランス軍が大規模な攻城戦を展開しつつあったからである。ド・フォワは大砲を何門かラヴェンナの城壁から運んできていた。スペイン側に近距離でのアルケブスを使っての戦いをさせず、重火器を相手にせざるをえなくさせることを明確に意図したものであった。フランス軍は正面攻撃をするかわりに、前代未聞の砲撃戦を開始した。最初の連続砲撃にはスペイン側も火器で応戦し、野戦での大砲による決戦――この種の戦としては歴史上はじめての記録――が約二時間にわたって展開された。

この砲撃が、両軍にきわめて多数の死傷者を出した戦闘の第一段階だった。最初の砲火の応酬で大きな犠牲を被ったのはフランスの歩兵部隊だった。ナバロはフランスの戦術を読んでいたらしく、自軍の歩兵が伏せることでフランスの砲撃から多少は身を隠せるように、傾斜した位置を選んで布陣していたからである。フランス軍の中心線は容赦なく砲撃を浴びた。けれども側面に配備されていたフランスの銃砲は、前面の皇帝軍の陣地の背後に予備軍として残されていたスペインの騎兵に対して同じくらい手きびしい懲罰を加え、これが決定的な行動になった。フェララ公は砲兵の分遣隊をスペイン陣営の背後へ送りこむことにさえ成功し、うろうろするスペインの騎兵集団にロンコ川をこえる長距離砲撃の縦射を浴びせた。

大砲の縦射にさらされ、後退しようにも場所がなかったスペインの重騎兵と軽騎兵は、ほとんど本能的に反応した。彼らは前進し攻撃に出たが、個々の指揮官に率いられたバラバラの集団としてでしかなかった。この無計画な行動はスペイン＝教皇軍の大きな弱点を暴露した。ペドロ・ナバロは騎兵にはほとんど指揮権がなく、騎兵の「最高指揮官」たちはナバロからも、またそれぞれの間でも、高度の独立性を保っていたのである。騎兵の突撃はエリート部隊がおこした事実上の上官抵抗に等しく、部隊の指揮官たちは部下の重騎兵に攻撃を命じたときナバロをののしったと言われる。[*51] こんなお粗末な始まりだったにもかかわらず、もしもこの行動が適切に協調がとれていて、すでに砲撃で打撃を受けていたフランス軍の戦線の中央部を破ることができたなら、成功のチャンスはまだいくらかあったかもしれない。しかしスペイン＝教皇軍の騎兵はたちまち、やはり予備軍として残されていたフランスの重騎兵に反撃された。突撃、反撃、混戦を伴ったこのきわめて中世的な騎兵の行動は、すさまじい戦闘を引きおこしたが、結局のところ同盟軍の騎兵を蹴散らしたのはフランスの騎兵だった。

騎兵戦の間に、ガストン・ド・フォワの歩兵――主としてピカルディーの槍兵、ガスコーニュの弩兵、ドイツの傭兵部隊（今はフランス側に立って戦っていた）――は正面攻撃でスペインの壕を渡ろうと前進した。彼らがガスコーニュの弩の掩護射撃を受けながらやってくると、すぐさまナバロの部隊は立ち上がって持ち場につき、アルケブスで応射しはじめた。チェリニョーラの戦のときと同じく、短距離でのアルケブスの射撃が効果を表わしはじめ、フランス軍の攻勢は鈍った。しかし多数の死者が出たにもかかわらず、フランス軍――実際には主としてドイツの傭兵部隊――はスペインの壕を渡り、土塁壁を登りはじめた。その日でいちばん激しい白兵戦の中で、スペイン兵は反撃し、ドイツ傭兵を押し戻し、フランス軍を壕から一掃した。チェリニョーラでのゴンサロの勝利をここで再現しようというナバロの試みは、同盟軍の騎兵は敗北したとはいえ成功したようにみえた。いくつかの隊は勝ちどきまであげはじめたし、独自の攻撃を開始した隊も二、三あった。

けれどもその瞬間に、フランスの騎兵は散りぢりになったスペイン＝教皇軍騎兵の追撃をやめて戻ってきた。これまた明らかに中世的な作戦行動のなか、フランスの騎兵は再結集し、スペイン＝教皇軍騎兵の突撃が失敗したためにスペイン軍陣地に生じたいくつかの間隙へ殺到した（ペドロ・ナバロの壕は完全にとぎれなく作るわけにはいかなかった。スペインの騎兵が敗れた攻撃軍を追って出ていくための出撃地点がなければならなかったからである）。フランス騎兵はスペインの主力戦線と壕のうしろへ回り、スペインの歩兵を背後から攻撃しはじめた。壕から押し戻されて後退していたフランスの歩兵は、味方の騎兵が攻撃しているのを見て元気をとり戻し、改めてスペインの前線へ攻撃をしかけた。この時点でスペイン軍は後退した。つまり少なくとも軍の一部は後退したのだが、それは、グイッチャルディーニの言葉によれば、「戦闘で追い散らされたのではなくて」[*52]、驚くほどよい規律を保って、「引き上げた」のだった。たぶん三〇〇〇名が南方へ後退するためにロンコ川沿いの一本の土手へ退いた。しかしペドロ・ナバロはその中にはいなかった。捕らえられ、身の代金を払わせるため留めおかれたのである。この無傷だったスペインの槍部隊の追撃に出たガストン・ド・フォワは、同名の人物と同じく不運だった。槍部隊の士気が、後退の原因となった敗北によって阻喪していない場合、重騎兵はいつも不利な立場におちいるものであり、ガストンは仲間の全員とともに、そのあとでおこった戦闘で殺されたのだった。

ラヴェンナの戦は大きな戦闘であり、とりわけ大量殺戮の点でそうだった。信用できる死者の見積りは、一万二〇〇〇名にものぼっている。[*53] この時代以前には、これほどの人命を奪った戦闘はほとんどなく、イタリアでは事実上一つもなかった。それは今後きたるべきものを示す恐ろしい前兆だったし、戦術の教訓として以後何十年もの間兵士たちの心に残った。ラヴェンナの戦は斬新な要素、つまり大砲の決戦で注目されることがあるが、決定的な因子は伝統的な側面だった。結局のところ、重騎兵つまり鎧を着けた騎士は、想定されていた仕事をやはり果たしたのである。彼らは敵の騎兵を蹴散らし、そのあと敵の歩兵をとり囲んだ。スペイン側が、全軍を指揮官の思いどおりに慎重に協調させることができなくて苦しんだのは明らかである。ナバロの主たる誤りは、自軍の騎兵（三人の別々の指揮官が率いていた）が、大砲で優位に立つ敵がなしうる猛攻に耐えられると考えたことだった。スペインの騎兵が攻撃するため陣地の外へ出るや否や、事態は決着へ向かいはじめた。ナバロの防御的歩兵戦術は、果たすべき課題に適したもので、敵の槍兵と弩兵がスペインの壕を渡って攻撃してきたのを撃退し、騎兵の支援なしにほぼ勝利をおさめた。とはいえナバロの陣地は、側面からの騎兵の襲撃を防ぐ手段をもっていなかったので、そちらのほうからの攻撃には弱かった。すべての火器が騎兵の攻撃に対しては弱いこと、銃砲の発射に時間がかかること、砲手を守るために何らかの種類の防護施設が必要なこと――これらすべては、以前より高いレベルの協同作戦が必要なことを示す役をした。それが達成できなければ、戦は負けなのである。

ラヴェンナの戦以後の大きな戦闘はみな、チェリニョーラの戦から引きだされた一応の教訓が、常に当面していた戦術上の課題、つまりこの時期のイタリアに存在した野戦兵器を組み合わせて使う問題にくり返し適用されたことを例証している。ノヴァラの戦（一五一三年六月六日）でスイス兵は、野戦場での土工の利点を、前世紀にグランソンで用いて成功したのと同じ戦術的利点、つまり全くの奇襲によって無効にしようとした。[*54] スイスの槍兵は、フランスとその同盟国を捨ててスペインの側につき、フランス軍がまだ壕を掘らないうちにそのキャンプを襲った。スイス兵は急速に前進し、フランスの大砲によって死傷者を生じても何ら気にしないかのように、ドイツ傭兵（またもやフランス側に立って戦っていた）を襲って大砲もアルケブス兵ももろともに一掃した。ある機会にフランスの指揮官フルーランジュ元帥は、味方のドイツ傭兵部隊を急いで戦闘隊形に編成させ、さらに大砲と約八〇〇のアルケブス兵をつけた。スイス兵は大砲の砲火の中をまっすぐに突撃し、ドイツ傭兵を襲って八人を除いて皆殺しにした。次いで四〇〇名のスイス斧槍兵はフルーランジュ元帥の八〇〇名のアルケブス兵を襲って敗走させ、そのあと方向を転じて残っていたドイツ傭兵を側面攻撃した。防護されていない槍兵とアルケブス兵が、野戦築城にたよることのできない流動的な交戦状態に巻きこまれたとき、どれほどすさまじい危難に直面するかを、この戦以上にはっきりと示したものはなかった。フルーランジュはその『回顧録』の中で、「だれが何と言おうと、この戦は負けだった」と結んでいる。[*55]

マリニャーノの戦(一五一五年九月一三〜一四日)でスイス兵はまたもや、壕構築による優位への主たる対抗策、奇襲を利用しようと試みた。しかし今回は成功しなかった。[*56] フランス軍はすでに陣地を壕で取り囲んで優位を得ており、その中で秩序を保ってスイス兵の攻撃を待つことができた。奇襲を狙ったある夜の攻撃は、フランス軍を潰走させることができず、夜が明けたときにはスイス兵の動きはフランス軍に察知されていた。ノヴァラの戦と同じく、スイス兵は砲火にさらされながらすさまじい襲撃を試みた。またしてもこの戦術はひどく高いものについたが、今回はそれはスイス人の得にはならなかった。スイス兵のような密集した隊形は格好の標的になり、特にフランス重騎兵の側面攻撃によって前進速度が鈍ったときはそうだった。マリニャーノの戦は騎兵と砲兵の戦術的協調があげた勝利だった。アルケブス兵は副次的な役割しかしていない。面白いことに、このころにはペドロ・ナバロはフランス側に寝返り、指揮官の地位にあった。彼の寝返りは、フランスがアルケブスを重んじて弩に背を向けはじめたときと一致するが、じつはこの変化は寝返りによってもたらされたのかもしれない。マリニャーノの戦で、弩兵とアルケブス兵の混成部隊は交互に一斉射撃を行なって、スイス兵の全面敗北の一因を作ったと言われる（同時に歩兵の射撃訓練のレベルが向上したことも示している）。[*57] スイス兵はマリニャーノで負けたけれども、整然と戦場を退き、自身と兵器に対する信頼はなおゆるがず、他日の戦闘に備えていた。

この時期の戦闘で最も有名なビコッカの戦（一五二二年四月二七日）も戦術の面では保守的だった。[*58] このころには、外交交渉によってスイスとフランスのかつての同盟関係が復活していた。スイス兵はなおも奇襲の必要を信じ、フランス人指揮官ロートレック元帥の願望にそむいて、ミラノ郊外のビコッカと呼ばれていたところにあった皇帝軍の陣地——ある紳士の狩猟小屋——への攻撃を開始した。皇帝軍の指揮官で老齢の傭兵隊長プロスペル・コロンナは、砲火を防御でどう使うかについて例の教訓を自分のものにしていた。彼はチェリニョーラの戦のもう一つのバリエーションにすべく、部隊に指図して壕を掘らせ、沈んだ道路を補強した。これが彼らの守るべき前線だった。ロートレックはもともとは、ラヴェンナのときと同様慎重に、前もって砲撃をしておいてから、技術者たち（皮肉にもペドロ・ナバロの指揮のもとにあった）の支援を受けて行なう襲撃を計画していたのだが、スイス兵は待つのを拒んだ。防御工作物を目にするや否や、彼らは突如として攻撃をはじめたのである。

防御側の連続砲撃はスイス兵の隊列に大きな損害を与えたが、攻撃側はなおも整然と横列を保ったまま、なんとか目標に到達することができた。だが、沈下した道路を利用した壕は無傷で、槍も届かないくらい深く、スイス兵の前進はここで止められた。さしあたりスイス兵は砲火からは安全だった。防御側の大砲は下を向けるのにも限度があり、壕の底を砲撃することはできなかったからである。スイス兵が塁壁をよじ登るために集結したとき、スペインのアルケブス兵（深い壕の中へ射ちこむことができた）は近距離からスイス兵の密集横列めがけて一斉射撃を四回浴びせた。この殺戮でさえスイス兵を完全に止めることはできず、一部は塁壁を登ったが、ドイツ傭兵（このときは昔からの皇帝軍との同盟関係に戻っていた）と白兵戦を演じたあげく追い返された。殺戮戦の間に古参兵と指揮官を失ったスイス兵は後退した。彼らにとってはビコッカは一つの時代の終りを告げるものとなった。彼らの部隊はその後も変わることなく重んじられたが、十五世紀の戦の中で勝利をもたらした向こう見ずな奔放さを二度と発揮することはなかった。スイス兵は火器を向こうに回して、騎兵が槍に対して戦うときの最高の戦術——素早い攻撃——の歩兵版を試みて失敗したのである。ビコッカの戦はスイス兵は無敵だという神話を終わらせた。たぶん何よりも、スイス人自身の心の中でそれは終わったのだった。この戦はまた、壕をめぐらした陣地にとって銃砲（大砲も肩射ち銃も）が、議論の余地のない主防御兵器であることをはっきりさせた。

イタリア戦争での最初の段階の戦闘経験がもたらした合意は、今や広く手に入るようになった新兵器を使ってどんな戦術がいちばん成功するかという問題をめぐって、不思議なくらい納得のいかないものであった。成功した唯一の方法は、考えられるかぎりで最も保守的なもので、火器で守る野戦築城を建設することだった。この種の「堅固な」防御だけが、小火器の限られた力と狙いの不正確さと、小さな発射速度を埋め合わせることができたのである。壕の構築が不十分だったとき（たとえばノヴァラの戦の場合）、または防衛軍自体の不手際によって突破されたとき（ラヴェンナの戦の場合）は、攻撃側に勝利のチャンスがかなりあった。壕が無傷のままで、防御部隊の協調が保たれていたとき（マリニャーノとビコッカの場合）は、攻撃側は敗北の運命にあった。この新しい防御姿勢のもとでは、機動性も、またひとたび戦闘が開始されたならどんな形の先制も入りこむ余地がなかった。新兵器が軍隊に課した防御至上主義は、それ自体としてみれば、第一次世界大戦で塹壕にこもった軍隊に機関銃が与えた防御上の利点と同じくらい強いものであった。頑ななまでに防御に徹するやり方のみが勝利をもたらすと思われたのである。

付随してもう一つはっきりしたことがある。新兵器はより多くの生命を失わせたのである。火器は一般に——そして大砲は特に——以前にはめったにみられなかったスケールで人を殺すことができた。火器は特に対象を選ばなかった。個々の兵士を標的としてより分けることはできなかったのである。槍を使う歩兵は大きなゆっくり動く隊形をとらざるをえなかったから、一発の大砲の弾丸でその横列を次々に貫き、確実に多くの人命を奪うことができた。貴族たちが火器に対して不平を言っていることからすると、火器が何か特定の階級の兵士に偏って不利益をもたらしたと考えたくなるかもしれないが、そんなことはなかった。もしも、イタリア戦争中に火器によって殺された人々の素描（プロフィル）を描き出すのに必要な情報があれば、そこにはほぼ確実に、戦死者の構成と戦闘員全体の構成が変わらないことが映し出されるだろう。当時の人々からみれば、この無差別という性格はある意味で、新しい戦争の最も恐ろしい特色だった。新しい戦争がもたらす死には、道徳的価値も社会的地位も反映されなかったのである。

マスケット銃——誤った技術革新

スペイン人は、ノワヨンの平和が一五二一年に終わったあと、何か新しい種類の兵器を手にしたようにみえる。マルタン・デュ・ベレーは、一五二一年八月の皇帝軍によるパルマの包囲攻撃を記述する中で、「この時以後、二股から発射されるアルケブスが発明された」と主張している。[*59] バヤールの「忠実なしもべ」は彼の主君が一五二四年四月に小火器の弾丸に当たって死んだことを記述する中で、「鉤(かぎ)をもった火縄銃」(hacquebute à croc) が射つ弾丸と同じくらい大きい弾丸を射つスペインの火縄銃兵の部隊について語っている。[*60] そのように区別しようとしているのは何か新しいものである証拠で、「鉤をもった」火縄銃との比較が参考になる。「鉤をもった火縄銃」は前に述べたように、ドイツ語の「鉤をもった火縄銃」(ハッケンビュクセ Hackenbuchse) をフランス語に訳したいささか冗長な言葉である。これは銃架すなわち鉤のついた大口径の火器で、本来塁壁の上で使うものだった。その一五二〇年代のスペインの新兵器は大口径のアルケブスで、野戦で使うためには二股の棒で銃口を支えなければならないほど重かったらしい。このアルケブスの一変種は重かったことは確かだが、もっと小さいふつうのアルケブスより、殺傷力が大きかったのだろうか? 十六世紀後半の「マスケット銃」という言葉はふつう、口径約〇・八〇インチで、銃身の長さ一一五~一四〇センチメートル、重さ七~九キログラム、床尾から銃口までの長さ一七〇~一九〇センチメートルの兵器をさしていた。弾丸は、純粋な鉛で作られていた場合は平均して約五〇〜七〇グラムの重さで、コンラート・ギュルトラーが作った一四六二年のニュールンベルクの明細目録の中にあげられている「鉤をもった火縄銃」に使える最大の弾丸（重さ七五グラム）に比べて軽い。[*61] このひどく重い兵器は持ち運ぶのが困難だったし、発射時には大きな反動が生じた（後になると、この重いマスケット銃の射手にはふつう、平均より大きい兵士が選ばれ、また給料も高いのがふつうだった）。[*62]

そのような兵器は、重量の増加と反動がもたらす問題を埋め合わせるだけの明白な利点をもつ必要があるだろう。その点から判断すれば、長い目で見てこの重い「スペイン式」のマスケット銃は極めつきの失敗だった。いつも比較的少数が姿を見せるだけで、十七世紀初めには戦闘から完全に姿を消した。つまり約一世紀しかつづかなかったのである。とはいえこのマスケット銃は、術語上の混乱という遺産を残した。というのは、マスケット銃という名はピストルより大きい肩射ち銃すべてに与えられて、従来のアルケブスに事実上とってかわってしまったからである。しかし十七世紀半ばになると、「マスケット銃」はほとんどどの点からみても、十六世紀の「アルケブス」と完全に同じだった（つまり重さ五キログラム以下の銃から一五〜二〇グラムの弾丸を射つ肩射ち兵器）。用途は限られていたものの重いマスケット銃が数世代にわたって使いつづけられたのは、ひとえに当たったときの衝撃が大きいという利点があったからだった。マスケット銃は十六世紀の肩射ち兵器の中では「銃の巨象」だった。一五二〇年代にスペインの鉄砲鍛冶が、野戦と攻城戦で小火器戦術が似ていることを利用して、古い時代の重火器の複製版（レプリカ）、すなわち短距離でより多くの損害を与えられる兵器を作りだそうと努力していたことは明らかである。彼らは、一世紀近くの間城壁防衛にふつうに使われてきた兵器、「ドッペルハッケン」を（かろうじて）持ち運びできる形にした銃を作った。このマスケット銃は、一四七〇年代に「鉤をもつ火縄銃（ハッケンビュクセ）」を「小形化」してアルケブスを作りだした設計論理とは逆方向の論理を表わしている。

とはいえ、この重いマスケット銃は、アルケブスの限界の多くを受けついでいた。再装塡がアルケブスより速くはなかったことは確かである。じつは付け加わった付属物、つまり二股の支えは、再装塡で苦労していた兵士に手数をもう一つふやすことになったのだ。[*63] 防護されていないマスケット銃隊は、騎兵の攻撃から身を守ろうとしても、同じ数のアルケブス兵と同じくらい無力だった。それればかりでなく、マスケット銃の命中精度は、その小さいいとこであるアルケブスよりもよいわけではなかった。重砲が軽火器より射撃が正確だったことを示す証拠はいくつかあるが、マスケット銃はこの効果から利益を得るには兵器として軽すぎた。グラーツでのテストで得られたデータは、同じ距離では重い弾丸と軽い弾丸の散らばり方は同じだということをはっきりと示している。そのうえ、マスケット銃の弾丸の速度は本質的に、もっと小さい兵器のそれと同じなのである。

マスケット銃がアルケブスをしのぐ唯一の長所は、弾丸が重いことで、アルケブスの弾丸と同じ速度で飛んでも、標的に当たったときにより多くのエネルギーを伝えることができた。距離が近いときにはこれは有利である。マスケット銃の弾丸は、もっと軽い弾丸ならはね返してしまうような鎧（ふつうに使われている鎧の多くがマスケット銃の弾丸より軽いものなら何でもはね返せたかどうかは論争の余地があるが、はね返す鎧があったことは明らかである）を貫くことができただろう。[64] けれども、距離が長いと——たとえば約一〇〇メートルの距離では——期待できる成果はせいぜい当たった人を落馬させることぐらいだったろう。これは取るに足りない利点ではなかった（一〇〇メートルの距離で標的に当たるほど運がよかったと仮定すれば）けれども、重さと反動という代価を支払わねば手に入れられないものだった。要するに、そのマスケット銃は、長所が短所をしのぐような活動領域でしか使われなかった。つまり海戦や城壁の防御、あるいは野戦でのアルケブスの補助として用いられたのである。

そのマスケット銃が戦闘組織の中にどのように組みこまれたのかを見れば、役割はいっそうはっきりしてくる。ハプスブルク家は一五三四年にはじめて、配下のスペイン軍を「三分の一（テルシオ）」ずつに組織した。「テルシオ」は明らかに野戦軍を三つの「師団」に分けた古い習慣から名をとったもので、人員は（事実はともかく少なくとも書類上では）約三〇〇〇名だった。そして一二（時には一〇）の中隊に分けられ、うち一〇が槍（おのおの二一九名の槍兵）、二が火器（おのおの二二四名のアルケブス兵）だった。各槍中隊にはさらに二〇名のアルケブス兵が配属され、各アルケブス中隊は追加の火力として一五挺のマスケット銃をもっていた。一中隊に士官は、大尉一人と少尉一人の二人だけで、その下に軍曹一人、伍長一〇人、戦闘力として兵卒二四〇人がおり、それに少数の「専門」スタッフ、つまり補給係将校、従者、ドラム奏者、笛吹き、従軍牧師が加わっていた。書類の上では各中隊の兵力は士官と兵卒合わせて二五〇名だった。[65] この時期の「テルシオ」はアルケブスと槍が半々だったというチャールズ・オーマンの主張は、これまで何回となく繰り返されてきて権威あるものと認められるまでになっているが、それが当てはまるのは一六三六年の改革以後のスペインの「テルシオ」だけである。[66]

右にあげた数は、戦場の物語が必ずしも明確に明かしているとはかぎらないこと、つまりこれらの部隊が意図した戦術を示唆している。槍兵は二〇〇〇名以上いたのに火器をもった兵士は七〇〇名以下だった（正確な比は三・二三対一）という事実は、歩兵部隊の主な目的が、前に指摘したように、隊形を保ったまま戦場の一部を占拠しつづけることだったということを意味している。十六世紀半ばに射撃よりも槍が重んじられたことは、「テルシオ」の役割が防御にあったことと、その役割を果たすのに射撃は補助的な地位しか占めなかったことの両方をはっきりと示している。パヴィアの戦（すぐあとで論じる）でペスカラ侯が火器を戦術的にみごとに使ったとはいえ、次の世紀におけるスペイン軍の組織は、依然として保守的・防御的な性格のものであった。

兵力の比をみるときには、どんな場合にも管理上の理論よりむしろ実際の慣行を調べるほうが賢明である。現実の「テルシオ」は理論上の標準よりずっと少人数であるのがふつうだったらしい。実際に勤務する中隊は平均して一二〇〜一五〇名で、そうすると「テルシオ」は一二〇〇〜一五〇〇名の戦闘員を擁していたことになる。[67] 理論上では「テルシオ」が保有する火器のうち、アルケブスの数はマスケット銃の二倍よりわずかに少ない（四四八対二三〇、つまり一・九五対一）。けれども実際にはこの比は少しちがっていた。一五七一年五月一二日にネーデルランドで勤務した四つのスペインの「テルシオ」の総人数は七五〇九名で、五〇中隊に分割されていたと記録されている。そのうち一五七七名がアルケブス兵、五九六名がマスケット銃兵として任務についていた。マスケット銃一に対してアルケブス二・六五強という比になる。けれども槍対銃の比も、やはり実際の「テルシオ」のほうが書類上の「テルシオ」よりもいくらか小さかった。一五七一年のネーデルランドでの隊員名簿が示すところによれば、槍兵四八八六名に対して銃兵（アルケブスとマスケット銃を合わせて）は二一七三名、つまり銃一当り槍二・二五という比になる（理論上の「テルシオ」は銃一当り槍三・二三をもつことになっていた）。[*68] 実際にはスペインの指揮官たちはマスケット銃対アルケブスの比を大きく保つことには気を使わなかったようだが、槍との比較でいうと、管理上の理論が命じるよりも多くの銃をもつことを勧めた（あるいは少なくともそれを容認した）ようにみえる。

これらの数字にみられる槍と銃の間の全体的なバランスは、たぶんオランダ独立戦争（これは騎兵の戦争では全くなかった）の特殊な性格を反映しているのだろうが、また十六世紀後半の戦争一般の傾向をも示しているのかもしれない。十六世紀が進んでいくにつれて、軍の指揮官たちはしだいに火器を戦術的に重視するようになり、槍と銃の比は十七世紀初めには一対一近くに達した。けれどもスペイン人はこの種の変化に抵抗し、槍と銃との比を一対一にするのを範として「テルシオ」を再編したのは、一六三六年になってからであった。[*69] しかしスペインの野戦指揮官の一部は、管理上の改革が現実に追いつくよりだいぶ前に、実際には一対一の比に近づけていたようにみえる（これらの変化がどんな状況の中でおこったか、またそれが何を意味するかは次章で論じることにする）。

マスケット銃とアルケブスを比べてみると、マスケット銃がその弾丸の重さのためにどんな代償を払ったかがはっきりする。マスケット銃はアルケブスよりかなり重く、長時間兵器を運ばなければならない兵士たちにとっては、この余分な重さは本当にきびしい重荷だった。マスケット銃がまるで大砲のように車両で運ばれたという話を聞くが、十六世紀の兵士たちが見るところではたしかに大砲のようだった。[*70] それればかりでなく、マスケット銃は、標的が中くらいの距離にいる頑丈な鎧を着た騎士だったときに最も役に立った。しかしこの種の標的は、十六世紀が終りに近づくにつれて、野戦の状況ではますます見られなくなった。たいていの状況では、「テルシオ」の銃の標的となる敵兵は、騎兵よりも武装が軽く、より近い距離に動かずにいる槍兵であることが多かったろう。この状態はアルケブスのほうによく適していた。スペインの体制の中ではマスケット銃兵がアルケブス兵より高い給料と特権を享受していたことはまちがいない。彼らは一カ月に六エスクードを支払われたが、これはアルケブス兵の給料の二倍だった。ただし後者には槍兵とともに、一カ月三〇エスクードのボーナスが支払われ、功績に従って分配されることになっていた。

このように報酬が異なることは、なぜマスケット銃とマスケット銃兵という言葉が、火器と火器をもつ歩兵を意味する以前のすべての語にとってかわるようになるのかを、説明するのに役立つことはまちがいない。十七世紀半ばに、マスケット銃という用語が事実上普遍的になりつつあり、火器を使う歩兵はみなマスケット銃兵になりつつあったのだが、まさにそのころにマスケット銃自体も、かつてアルケブスと呼ばれていたその標準型への逆戻りをなしとげたのだった。歩兵が、重武装した騎兵が自分たちの隊列に直接突撃をしてくる可能性に面と向かわなければならなかった間は、マスケット銃はアルケブスと槍とともに使うべき補助的兵器として意味をもっていた。重武装した騎兵が戦場から姿を消したとき、マスケット銃の目的は達成され、そこでマスケット銃も姿を消すことができた。十七世紀半ばにおこったことは、まさにこれだったのである。

パヴィアの戦とその余波——混乱した教訓

パヴィアの戦（一五二五年二月二一日）と、その前にフランス軍と皇帝軍の間でセジア川に沿って二日間つづいた戦闘（一五二四年四月二九〜三〇日）は、スペイン軍の火器の使い方に新しい時代を切り開くものだった。パヴィアの戦がフランス軍にとって忘れることのできない大災厄だったことは言うまでもないが、セジア川沿いの会戦は知名度では劣るとはいえ、後にパヴィアで使われるスペイン軍の戦術をほぼ正確に予示するものであった。[*71] どちらの会戦も困惑させられるところのある軍事行動で、関係する歴史資料の中にも、まだはっきりわからないことがたくさんある（特にパヴィアの戦について）。それでも、どちらの戦闘でもペスカラ侯が指揮するスペインのマスケット銃隊とアルケブス隊が、以前にとった行動とは根本的にちがったやり方で行動したことはまちがいないようだ。

セジアでのフランス軍は、組織的な後退の状態にあった。ボニヴェー提督はミラノの包囲攻撃がうまくいかなかったので中止し、軍を再編成しようとしていた。ペスカラと血気盛んなジョヴァンニ・デ・メディチは新しい部隊を率いて、後退するフランス軍を追跡した。この部隊には明らかに、後世の龍騎兵のように馬に乗ったアルケブス兵が含まれていた（たぶんマスケット銃兵も）。フランス軍は側面と背後からくり返されるアルケブスの銃撃に効果的に対応できなかった。スペイン軍はスイス兵またはフランス騎兵の反撃を受けても、応戦に努めようとは全くしなかったらしい。ただアルケブス兵の隊列をくずし、フランス軍の進軍経路に沿う別の場所にまた隊列を作り直すだけだったのである。ボニヴェー提督自身も銃撃を受けて殺された。しかし最も重要な死はバヤール殿、「恐れを知らず非の打ち所もない騎士」のそれで、この人物も近距離から、たぶんマスケット銃の弾丸と思われるものに射たれたのだった。[*72] このようにアルケブスを攻撃的に使い、どんな種類の野戦築城も用いないやり方は、野戦でのアルケブス兵の歴史の中で一つの新しい段階を示すものだった。

パヴィアの戦で小火器の射撃は、その一〇年間で最も重要な軍事行動とみられたものの中で、決定的な役割を演じた。フランス軍は国王フランソワ一世の個人的指揮のもとでパヴィアを包囲攻撃しようとした。ペスカラ侯率いる救援軍がこんどはそのフランス軍のキャンプをほぼまる三週間にわたって包囲攻撃した。ペスカラは夜の闇にまぎれてフランス軍のキャンプに突入し、フランス兵を不意討ちした。あるいは、十六世紀の軍隊の移動にはひどい騒音と混乱がつきまとっていただろうから、そんな条件のもとで可能なかぎり不意を襲った。一五二五年二月二四日の明け方にフランソワは集められるかぎりの軍勢をもって反撃し、皇帝軍が自軍の横列の内部に地歩を固めるのを妨げようとした。皇帝軍にはもちろん、前に見たような種類の防御工作物を作るだけの時間がなかった。一〇〇〇〜一五〇〇名もいたらしい飛び道具部隊は、狩猟場の低木林や生垣の中に見つけられるかぎりのあらゆる防護物をさがさねばならなかったことは明らかである。

資料のなかには、スペイン軍または皇帝軍のどちらかがこの日までに、槍兵にアルケブス兵とマスケット銃兵を守らせ、同時に後者が敵に最大の損害を与えられるようにする、訓練を重ねた協調的戦術群を作り上げていたことを示唆する証拠は一つもない。けれども、このように明らかに不利な立場にあった上に、大砲を失ったにもかかわらず、スペイン軍の射撃は効果を発揮し、かつてその強さを誇っていたスイス兵部隊とフランスの重騎兵隊の両方を一掃することに成功した。フランソワは重騎兵を率いてくり返し皇帝軍の横隊を攻撃し（彼に成功の望みをいくらかでも抱かせるような、砲兵や歩兵との間の協調行動がなかったことは明らかである）、フランス軍はその間にきわめて多数の死傷者を出した。最後にはフランス王は捕虜になり、身の代金のかたに留めおかれた。フランス軍は完全に潰滅し、死傷者の見積りの中には一万三〇〇〇名にものぼっているものもある。*73

パヴィアの戦はきわめて不可解な戦闘で、歴史家はいつも理解に苦しんできた。戦闘の多くは濃い霧の中で行なわれ、両軍とも急場をしのぎながら激しく戦うことを強いられた。パヴィアで人命がおびただしく失われたこと、フランス王が捕虜になったこと、およびその戦略的な帰結（パヴィアの戦は一年後のローマの略奪へ至る道を開いた）はみな、生存者の多くに、それぞれ自分なりの見方でその日の出来事を記録させることになった。近代の研究者はこの大量の資料を、注釈やら再構成やらで何倍にもふくらませた。*74 パヴィアの戦が重騎兵に対するアルケブスの銃火の勝利だったことは疑いないが、それがどのようにして実現されたのかはまだかなりあいまいなままである。パオロ・ジオヴィオの有名な、ふつう権威あるものと認められている解説は、事の次第を次のように記述することによって全体的なわかりにくさをいっそう強めている。

ペスカラは約八〇〇名のスペインのアルケブス兵を増援に送ったが、彼らは突如として側面と背後を取り囲まれた。そこですさまじい雨あられのように弾丸を射ったところ、たいへんな数の馬と人を倒した。……スペイン兵は本来機動性に富み、軽い鎧を着けていたので、素早く退いて騎兵の攻撃を避けた。スペイン軍は増強された後は、小さい部隊に分かれて戦場一帯に分散し、明確な戦線を作らなかった。これはペスカラの長い経験と新しい考え方に基づくものであった。*75

じつは全く同じようなことがフランス軍についても言えたのかもしれないのだ。この戦闘を通じてフランス軍の反撃は大部分がばらばらで協調がとれていなかった。フランス軍は奇襲されたあとイニシアチブをとり戻そうと苦闘していたとき、全線にわたってもっぱら小部隊に分かれて行動していた。イタリアの二月の朝霧(戦闘は午前八時ごろには事実上終わっていた)は濃く、戦闘にたずさわっていた人々のほとんどが自分のすぐそばしかよく見えなかった。皇帝軍は奇襲攻撃を試みつつあったから、アルケブスや新型マスケット銃をもったフランス歩兵が少数しかいなかった地域で最も強力だった。戦闘を構成していたばらばらの行動の中にあって、分散していたスペインの小部隊が、標的が姿を表わしたときすぐさま一斉射撃を浴びせられるだけの射撃規律を保つことができていたならば、アルケブスとマスケット銃の銃火は確実に大きな効果をあげることができた。ジオヴィオによれば、スペイン軍はまさにそれをすることができたのである。なぜなら彼らは、「ペスカラの長い経験と新しい考え方に基づいて」このスタイルの戦い方を訓練されていたからだ。この言葉はたぶん、セジア川ではじめて実行された戦術のことを言っているのだろう。「このタイプの戦闘は、本質的に奇妙で変わったものだった」とジオヴィオは認めている。[*76]

スペインの歩兵は皇帝軍槍部隊の支援をたいして受けることもなしに、フランスに雇われていたスイス槍兵の攻撃を食いとめた。たぶんビコッカの戦で敗北したことの記憶が、スイス兵の勇気を萎えさせたのだろう。彼らは全面攻撃が可能だったのに、損害を恐れて尻込みしたのである。ラビ・ホセフの言によると、「スイス兵は自分たちに災いがくるに決まっているのをさとると、背を向けて逃げ出した」[*77]。重歩兵部隊同士の直接の戦闘、つまり槍対槍、皇帝軍のドイツ傭兵対フランス軍のスイス傭兵のぶつかり合いは双方互角で、手銃の射手は副次的な役割しかしなかった。騎兵対銃の戦では手銃の射手が戦闘の結果に及ぼした影響は明らかだった。ジオヴィオの見るところでは、マスケット銃があったことが影響を大きくした。それは一発で二人を貫くことができる恐るべき武器だった。

戦闘にたずさわった全員の中で、フランスの馬が最も無惨で不公平な目にあった。なぜなら彼らのまわりはすべて訓練を重ねたスペイン兵で、両側から致命的な鉛の弾丸の一斉射撃を浴びせられたからである。これらはもはや軽いアルケブス（少し前まではこれを使うのが習慣だった）から出る弾丸ではなくて、もっと重いマスケット銃と呼ばれるタイプからの弾丸だった。これらは重騎兵一人だけでなくしばしば二人、そして二頭の馬をも貫いた。かくて戦場は、死んでいく高貴な騎士たちの哀れな屍と、死んでいく馬たちの山でおおわれた。*78

このジオヴィオの記述は、短距離からの射撃だったことを強く示唆する。その理由は簡単で、そんな離れ業的なおそろしいほどの貫通は長い距離では不可能だったし、小火器はすべて命中精度がわるかったから長い距離ではそんな射撃の名人技は全くありえないだろうからである。この事実は、現代の一部の歴史家が描写している次のような情景を受け入れがたいものにする。それは、スペインの「狙撃兵は、輝く鎧一式、羽飾りのついた兜、独特の馬飾りを着けたフランスの重騎兵を……一人また一人と射ちぬいた」というものである。*79 ジオヴィオの記述を読むと、皇帝軍の横隊に対するフランス軍の最初の突撃は実際一部を突破することに成功したが、スペインのアルケブス兵は何とか無事に後退できたように思われる。ペスカラはそのあと、自軍の陣地のわきを流れる小川のところで、堤沿いに生えている茂みや木を自然の掩蔽として利用しながら、肩射ち銃部隊を編成し直した。ペスカラは自分の部隊をあまり広くには分散させなかったにちがいない。もしもそんなことをしたら統制がとれなくなっていただろう。小火器の精度の不正確さを埋め合わせるには、目標地域をカバーできるほど多量の弾丸を集中するほかなかった。それには「明確な戦線」を作る必要はなかったが、各部隊の間で十分調整がとれていて、射撃の秩序を維持できなければならなかったろう。一方そのころになると、ペスカラは敵の歩兵がさらに自軍の射手たちを襲撃してくるとは予想しなかったから（敵の槍は霧の中に消えてしまっていた）、スペイン軍は少ない遮蔽物で何とかやりぬいたのであって、そうでなければもっと多くを必要としたであろう。木の茂っている地域では騎兵が作戦行動を試みてもいつも木が邪魔になったものだが、ここの戦場の北の部分の地面は荒れた沼地で、やぶでおおわれていたのだった。

私の解釈では、フランソワ王自ら率いる重騎兵は、地形のせいで立ち往生した。王は予想しなかった危地におちいった。ペスカラのアルケブス隊が近距離までしのびよっていたし、皇帝軍のドイツ傭兵部隊がペスカラの援軍として先の進路をふさいでいたのである。フランスの重騎兵は前進することはできず、さりとて後退もしたくなかった。助けてくれたかもしれないフランスの大砲も、彼らが邪魔になって射撃できず、フランス重騎兵は彼らの先祖がチェリニョーラでこうむったのと同じような、小火器の複合射撃にさらされはじめた。射程の長い重いマスケット銃は、斜面の茂みの奥深くからフランス軍の横列に縦射を浴びせることができただろうし、一方軽いアルケブスのほうはもっと近距離から射っただろうが、どちらも効果は同様だったろう。雨あられのように飛ぶ弾丸は、乗り手ほどは防護されていない馬にとっては特に命取りだったにちがいなく、乗馬を失ったフランスの貴族は、「無知な平民」のスペイン歩兵に面と向かって戦わざるをえなくなった。その最期はジオヴィオが記述しているとおり「野蛮で哀れな」ものだった。フランソワとその少数の忠実な家臣は、乱暴な兵士たちに取りまかれ、すんでのことで殺されるところだったが、最後の瞬間に命は助けられて、身の代金を払わせるため留めおかれた。[*80] 残りの者は、ラビ・ホセフが表現したように、「地面にまいたこやしのように、刈りとったあとだれも集めない麦のように」横たわっていた。[*81]

パヴィアの戦の結果は、主として使われた兵器によってきまったのだろうか？　パヴィアの戦がヨーロッパの戦術の重大な変化を象徴しているという印象は、一部には後に「マスケット銃」と呼ばれることになるやや重い火器が決定的な役割を演じたという見方から生じる結果なのである。これが必然的に真実だと考えなければならない理由はない。パヴィアの戦で本当に新しかったと思われるのは、壕その他の「人工の」防御工作物一切なしで、あるいは槍による掩護さえたいしてなしに、歩兵を使ったことである。このことは、その戦闘が急場しのぎ的な性格のものだったことに多少の原因があるのかもしれないが、また小火器に関する考え方が変わったことを反映しているのかもしれない。ペスカラは地形と天候を巧みに利用して自軍の銃兵をかくし、フランスの騎兵に襲われないようにするとともに、彼らを流動的・活動的に使ってフランスの騎兵に縦射を浴びせた。皇帝軍のドイツ傭兵隊の役割も、銃兵の役割と同じくらい強調する必要がある。というのは、パヴィアの戦では槍兵が、以前は壕のような生命をもたない障害物にあてがわれていた役割を演じたからだ。ドイツ傭兵隊は不動の障害物を形成し、フランス軍を不利な地形へ押しやり、スペインの銃弾の届かないところへ移動するのを妨げた。またしても戦術的教訓は、ひどく異なった兵器をもつ部隊を協調させて、敵を奇襲し潰滅することにあった。[*82]　フランス側はとみると、彼らは皇帝軍に、まさにペスカラが望んでいたにちがいない種類の戦闘を提供するというへまをやり、フランソワは、事態を救ったかもしれないフランスの大砲を発砲できないようにすることにより、失敗の上塗りをした。きわめて多数の死傷者を出したパヴィアの戦は、イタリア戦争初期段階の会戦の終りを告げるものだった。オーマンの語るところによれば、強力に防護された陣地に対しては「正面攻撃を避けるのが……習慣になってしまった」[*83]。

ハプスブルク家の皇帝は、有能で信頼でき、しかも安価な部隊を徴募し組織することが容易にできたらしく、その点ではフランスの国王から羨しがられてしかるべきだったろう。エリート歩兵戦力としてスイス傭兵を利用するフランスの習慣は、王に有能な部下を供給したことはたしかだが、時には信頼性が疑われることがあり、またつねに高い費用がかかった。一五三四年六月二四日、パヴィアの戦の政治的・外交的余波がまだ消えやらぬうちに、フランソワは王国の各地方から歩兵七個「軍団」を徴募すべしと布告する法令を発布した。各軍団は六〇〇〇名の兵力をもち、ノルマンディー、ブルターニュ、ラングドックその他の地方から徴募された志願兵だけで構成され、これら地方名を軍団名にすることになっていた。応募を奨励するために、税金やら国王への強制奉仕などさまざまな義務の免除が約束された。士官はすべて、軍団に入る前は貴族であるか、証明書を受ければ貴族に列せられるはずの人でなければならず、数は九〇人しかいなかった（スペインの編成で雇われた数の半分）。フランスの軍団の装備は槍、斧槍、アルケブスだけで、割合は軍団によってちがっていたが、軍団全体ではアルケブス兵一に対して槍兵と斧槍兵とで三・五になる[*84]。この比はスペインの「テルシオ」の理論上のパターンとほんのわずかしかちがわない。スペインの「テルシオ」は後世になって評価が高まったが、フランスの軍団はそのような名声を得たことは全くなかった。それはたぶん、士官が十分いなかったせいか、さもなければたぶん、軍団があまりに大きくて十六世紀の条件のもとではうまく運営できなかったからだろう。

そればかりでなく、ハプスブルクの軍隊は一般に、故国から遠く離れて戦う古参兵で構成されていたときにいちばん強かった。十六世紀の戦争で明白な逆説の一つは、現地人の部隊はほとんどいつも外国人の部隊に比べて見劣りがしていたことである。その原因としては、現地人の部隊は外国人より経験が少なく、また故郷に近いため脱走の誘惑にかられやすかったことが最も考えられよう。[*85] フランスの軍団はすべて現地人で構成され、訓練も指導も比較的貧弱だった。これらの軍団は若干縮小された単位（連隊規模の）で後の宗教戦争の時代まで存続したけれども、フランス王は軍団があるからといっても、金を払ってスイス兵を軍務につかせる必要はなくならなかったし、また軍団が重騎兵の代役をつとめることもできなかった。

パヴィアの戦以後も重騎兵が維持されていたことは、たぶんこの時期のあらゆる軍事面での変化の中でいちばん興味深い特色だろう。これは、ハプスブルク＝ヴァロワ紛争全体の中でイタリア戦争の中期には、軍事的に先制してもほとんどの場合決定的なものにならず、この戦争の以前の段階では一般的だったタイプの会戦を求めるような出兵がほとんど行なわれなかったことと密接に関係している。それでも、パヴィアの戦の教訓を補強するような戦闘はほかになかったにせよ、この戦が、鎧を着た騎士はもはや戦場で効果的な役割を演じられないことを教えたにちがいないと考えるのは容易である。この想定から一歩進んで、フランス軍がしたように、なお重騎兵を保持しようと努めた人々を非難するのは簡単である。このことに関する軽蔑的な判断、特にフランソワ一世へ向けられたそれを見出すのに、十六世紀のフランス史を広範に読む必要はない。フェルディナン・ローは、騎兵に関する言及の中でフランス王の「とがめられるべき無思慮」にざっと触れているが、これは大方の歴史的意見をまとめたものにすぎない。[*86]

ともかく伝統的な重騎兵はパヴィアの戦以後も多くの軍隊で存続したが、これが鈍感な伝統尊重を表わしていたのか、それとも単なる分別のなさだったのかは、証拠をつき合わせて問う価値がある。歩兵対騎兵の比を上げることはすでに一五〇〇年代の最初の三〇年間に趨勢として現われていたのだが、いずれは戦うことになると想定していた国々がそうした趨勢をさらに超えて歩兵の比率を大きくしようと真剣に努力していたことは、一般的に事実である。フランス軍は、軍団を生み出したのと同じ急激な行政改革において、騎兵の単位「ランス」をずっと低いレベルに定義し直し、一ランスは重騎兵ただ一人に、重騎兵二人当り三人の弓兵（ふつう弩兵）を加えたものになった。[*87]したがって二ランスが二人の重騎兵と三人の騎馬弓兵から成ることになる。かつてのランス（フランス軍のだろうとブルゴーニュ軍のだろうと）が六人内外の人員で構成されていたのに比べると、これは本当に貧弱な兵力だった。同じようにフランス王は、パヴィアの戦のあと数十年間は、重騎兵を以前より少数しか出兵につれて行かなかったようである。たとえばサヴォワとピエモンテを征服するための一五三六年の出兵のときには、約八一〇のフランス・ランス（二〇二五名、うち八一〇名が重騎兵）と、一〇〇〇名の軽騎兵が召集されただけだった。[*88]パヴィアの戦ではフランス側に重騎兵が一二〇〇名前後いたのとは対照的である。

変化しなかった点でほぼ同じくらい劇的だったのは、騎兵対歩兵の全体的比率である。重騎兵と軽騎兵を合わせると、パヴィアの戦ではおおよそフランスの騎兵一人につきフランスの歩兵八人がいた（三二〇〇の騎兵に対し二万六〇〇〇の歩兵）。サヴォワ＝ピエモンテ出兵のときも比率はほぼ同じで、騎兵一人につき歩兵九人がいた（三〇二五人に対し二万七〇二五人）。重騎兵の数を減らすという王の明らかな意向が果たして実行されたのかどうか、疑われても仕方ない点がいくつかある。なぜなら一五四三年にピエモンテを再び占領しようという皇帝側の企てを撃退するため集められたフランス軍には、一六〇〇〜一八〇〇名と見積もられる重騎兵と、一八〇〇名の軽騎兵が含まれていたからである。この出兵に加わった歩兵兵力は約二万四〇〇〇と見積もられている。一ランスごとに一人の重騎兵に対し一・五人の騎馬弓兵がいたとすれば、出兵に従軍したフランス騎兵全体では歩兵六人につき騎兵ほぼ一人の割合になる。この新たな比率に寄与したのは軽騎兵の増加（一五三六年の数字の八〇パーセント増し）よりも増えた重騎兵（一五三六年の数字の倍）であった。

そのような数字は、フランス側がパヴィアの戦の結果に対し、根本的な改革でなく伝統を守りながらの改善によって対処しようとしたことを示している。彼らの意図は、以前に成功した、ある程度バランスをとっての大砲と重騎兵との統合をなおもつづけることだったように思われる。王がこれらの明確な政策を正当化する声明を出す習慣はなかったが、政策の全体的な方向ははっきりしていたようである。フランス軍がパヴィアの戦でこうむった苦痛に対する反応は、熱戦の中で自軍の運用を誤ったことに集中し、自軍の兵力の構成やスペイン軍の変化しつつあった性格には思い及ばなかった。彼らの言い分は理解できよう。ペスカラの勝利は、すぐれた用兵の手腕というよりも、むしろフランス側のしくじり、とりわけ大砲と騎兵の協調が失敗したせいだった。効力が実証ずみの旧来の兵力構成をなお維持しながら、新しい脅威に対処する方法を見つけることができるという考えは、全く魅力的なものだったにちがいない。前に述べたように、「テルシオ」という通常のスペイン軍の編制からは、勝利者たちがパヴィアの戦の教訓を、戦場での兵力配置の根本的に新しい方法を提示するものと理解したことは窺えない。フランス側が自軍の編制で示した伝統尊重は、敗者の側の事情も同様だったことを示唆している。

イタリア戦争の中期で最も有名な戦闘（じつはこの時期にごく少数しかなかった会戦の一つ）はチェレゾーレの戦（一五四四年四月一一日）である。この戦は、火器戦術の進化におけるもう一歩の前進を表わしているが、またパヴィア戦以後でさえ騎兵がなお重要な役割を演じつづけたことをも明らかにしている。チェレゾーレでフランソワ・ド・ブルボン＝ヴァンドーム（ダンギャン伯というほうが有名な王子）が率いるフランス軍がデル・バスト侯率いる皇帝軍を見つけた。皇帝軍がいた場所の地形は騎兵の行動によく適しており、これはフランス軍にとって戦術的にかなり有利な状況だった。ブレーズ・ド・モンリュックはその『注解』の中でダンギャン伯にこう指摘したと主張している。「殿、殿、あなたは全能の神に願ってもこれ以上のものは得られなかったのではありませんか……敵が開けた野にいて、さえぎる生垣も壕もないとは？」[*89]

この戦をめぐる戦略上の事情は、チェレゾーレでフランス軍の兵力が小さかったわけを説明する一助となる。フェルディナン・ローは各軍の実働人員を、フランス側は一万一〇〇〇の歩兵、約五〇〇の重騎兵、約六〇〇の軽騎兵と見積もった。皇帝軍の側は約一万二五〇〇～一万三〇〇〇の歩兵部隊（そのうちたぶん四〇〇〇がアルケブス兵とマスケット銃兵）が少数の軽騎兵部隊（たぶんデル・バストが何とか集めることのできた全部で八〇〇）を断然引き離していた。両軍とも一世代前にふつうだった兵力よりもいくらか小さかった。フランス軍は出兵がはじまって以来、はじめの兵力のかなりの部分を失っていた。重騎兵はもとの数に比べて失った割合が最も大きく、一六〇〇〜一八〇〇から約五〇〇に減っていた。これとほぼ並行して歩兵の二万四〇〇〇から一万一〇〇〇への減少、軽騎兵の一八〇〇から約六〇〇への減少があった。十六世紀にあっては、軍隊が出兵中に「しだいに減る」のは全く正常であり、その冬にはフランス軍はすでにピエモンテを移動する間に多くの地点に守備隊をおくことを余儀なくされていた。そのうえ一五四四年にはピカルディーにイングランド＝皇帝軍が侵入する恐れがあり、フランスはここに第二の戦線が生じるのを恐れていた。

理由はいまだにはっきりしないが、チェレゾーレの戦では大砲は大きな役割を演じなかった。両軍とも砲列（たぶんどちらの側もそれぞれ二〇門あったろう）を使って相手の側の隊列を打ちのめそうとしたが、ほとんど効果がなかった。[*90] 指揮官たちは、敵の砲のあまりに近くに陣をとることや、自分たちの砲を敵の砲撃にさらすことにつきまとう危険を認識するようになっていた。チェレゾーレの戦では大砲はかなり背後におかれ、またどちらの軍の士官も防護のない歩兵が砲火にさらされないよう気を配った。たとえ地形が開けていても、小山もいくらかあり、そのためどちらの軍も戦線の両翼は反対側の翼にいる仲間をはっきり見ることができず、敵が見えるだけだった。[*91] このことは、その聖金曜日の行動が協調のとれていないものだったわけを説明してくれる。

パヴィア戦以後におこった戦術上の一つの技術革新は、アルケブス（少なくとも皇帝軍の側ではこの語はマスケット銃をも意味したらしい）兵と槍兵とを混成して、スイス槍兵隊が開発した方陣の修正版を形作ることだった。理想的には、ひとたび戦闘が決定されたなら、曹長と呼ばれる者が、均斉のとれた隊形になっている部隊を解き、装備と経験に従って正方形の部隊を作ることになっていた（これは、なぜ印刷された平方根の表がこの時期に印刷業の重要商品になったのかの理由の一つである）。彼らに望まれたのは、前進してくる敵の隊列めがけて射撃を浴びせた後、補助としてアルケブス兵が割り当てられた槍兵の正方形のおのおのに、正方形の内部に退いて防護を受けることだった。戦っている隊列の内部であれ、あるいは整列した部隊の間であれ、そのような兵科の異なる部隊を組みこむのはたいへん困難だった。この十六世紀の後半に確立された「システム」がすでにチェレゾーレの戦でどの程度まで機能していたのかははっきりしないが、皇帝軍でもフランス軍でも火器をもつ部隊の中に槍兵が点在していたことはわかっている。

交戦状態に入ったとき、アルケブス兵は主として最初の段階での小ぜり合いに使われた。そのあとで歩兵が歩兵と戦い、騎兵が騎兵と戦った。結果は驚くほど混沌としたものであった。戦線の北の端でも南の端でもフランスの騎兵は皇帝軍の騎兵を破るのに成功した。同じころ南の区域で皇帝軍の歩兵はフランスの歩兵を追い返した。中央部では闘いが最も激しかった。皇帝軍のドイツ傭兵部隊は、フランスの重騎兵に支援されたスイスとフランスの歩兵の襲撃に対し、なんとか持ち場を守ることができた。[*92] ハプスブルクの軍勢は攻撃されている間にきわめて難しい作戦行動を行なうことができた。つまり彼らは隊形を作りかえて、攻撃してくるヴァロワ部隊を同時に二正面で迎えうつことができるようにしたのである。[*93]

銃と槍を混用したため、そのような接近戦はきわめて血なまぐさいものとなった。モンリュックは「敵の隊長を全部真っ先に殺す」ために、アルケブス兵をフランスの槍兵隊の第一横列と第二横列の間に配置した。[*94] 計画では槍兵の最初の横列が攻撃を受けるまでは銃の発射を控えることになっていたらしい。前方の横列は伝統的に、給料を二倍払われる古参兵や槍隊の隊長がいる場所だった。モンリュックは、フランスのアルケブス兵を槍兵の第一横列の背後に位置させて安全を確保しつつ、ドイツ傭兵に対しておよそ槍一本の長さ、つまり五メートル以内の距離で発砲を開始することを計画したのだ。ところが、と彼はつづけて言った。「私たちは敵が私たちと同じほど悪賢いのを見出した。なぜなら彼らもまた同じことをやったからである」。[*95] そのような近距離からの射撃は特別すさまじい破壊力をもち、チェレゾーレの戦の戦術は両軍とも槍兵とアルケブス兵にとっては皆殺し——モンリュックはそれを「大虐殺」と呼んだ——を意味した。[*96] モンリュックはそのような虐殺を引きおこすのに一役買ったわけだが、どのようにして彼自身それに巻きこまれずにすんだのかについては何も語っていない。しかし彼は、フランスの歩兵が成功したのは銃兵の第二横列のおかげだったと言っている。第一列は全滅してしまったのだ。そんな虐殺にもかかわらず、両軍とも「槍の突き合い」のまま動かずにいたのだが、ついにフランスの重騎兵大隊が北方の皇帝軍の隊列の側面へ突入し、総崩れにさせた。[*97] その結果さらに虐殺がおこり、スイスとフランスの歩兵は、前年九月にモンダヴィに駐留していたスイス兵に皇帝軍が行なった仕打ちの復讐として、ドイツ傭兵を情容赦なく殺しまくった。

中央部から直接見ることのできない戦線の北の部分で、ダンギャン伯は皇帝軍部隊が自軍の歩兵を一掃し、そのあと支援のないフランス重騎兵の三回にわたる気ちがいじみた猛襲にも耐えてがっちり持ちこたえているのを見た（ダンギャンは大勢の重騎兵を引きつれていたらしい）。この行動でフランスの騎兵は大きな損害をこうむった。モンリュックは、この王子はあぶなくローマ人のやり方で自殺するところだったと主張している。そのとき中央部で皇帝軍が大敗したというニュースが彼のもとに届いた。[*98] 同じニュースはほぼ同じ時刻に皇帝軍にも達したらしい。なぜなら彼らは大あわてで退却したからである。ダンギャンは破られた自軍の翼部から多くの兵を集めることができ、増援部隊も加えて、退却する皇帝軍の分遣隊を攻めて大きな損害を与えた。中央部から再編した部隊を率いてダンギャンに追いついていたモンリュックは、皇帝軍の抵抗の終了を次のように鮮やかに描き出している。

敵は大急ぎで逃げながら、道々ずっと射ちつづけることによって［フランス騎兵を］ある距離以上近よらせなかったが、私たち［モンリュックの歩兵］が彼らに近づきつつあるのを発見した。そして私たちが彼らから四、五〇〇歩以内の距離にあり、私たちの前に［私たちの小部隊の］騎兵が攻撃の用意を整えているのを見るや否や……彼らは自分の槍を投げ捨てて［フランス騎兵のもっと大きい分遣隊に］降伏した。そのあと一部［のフランス兵］は殺戮をはじめ、ほかの者は［皇帝軍の捕虜を］助けようと努めた。一五人から二〇人の敵兵がまわりに集まった騎兵もいた。［皇帝軍の兵士は］なおも［フランス歩兵の］群からできるかぎり離れていた。彼ら全員の喉をかき切りたかった私たちを恐れたからである。騎兵も彼らをあまりよく守ることができなかった。[降伏した皇帝軍の]半分以上が殺された。私たち[の歩兵]が手の届くかぎりの敵兵をやっつけたからである。[99]

軍事史家の間では、チェレゾーレの戦の評価は小火器の使い方と、モンリュックの言う兵士の「大虐殺」に集中している。デル・バストの皇帝軍は兵力の二五～三〇パーセントも失ったが、フランス軍は約一二～一五パーセントを失ったにすぎなかった。[100] デルブリュックは、「この戦のユニークな特色はすべて火器によって決定されたように思われる」という意見を述べたが、この判断は戦術的行動だけに関するものだったようである。結果に関しては、デルブリュックは、「マスケット銃でさえフランスの騎士の前には敗れざるをえず」、したがって「現実の決着を生んだのはやはり槍兵の大きな方陣だった」ことを認める。[101] たしかに中央部での死傷はあまりにもすさまじかったから、チェレゾーレでの銃と槍の配置をもう一度試みようとする者は一人も出なかった。以後の戦闘ではアルケブスは大部分が小ぜり合いか、攻撃してくる歩兵または騎兵に向かって槍兵隊の側面から射撃を浴びせるのに使われた。そのような戦術はダンギャンがこうむった敗北の際には重要な役割を演じたかもしれない[102]が、ドイツ傭兵の槍もフランスの騎兵を大量に殺傷した。チェレゾーレの戦において、戦死者の比率でも数でも最大だったのは皇帝軍だったとはいえ、同軍の小火器の装備が相手側よりもまさっていたことは疑いない。デュ・ブレーによれば、フランス軍はまだマスケット銃を使っていなかったのだが、ドイツ軍はマスケット銃のほかに、中央部の歩兵の間にピストルをもった一横列をも含めていた。[103] この戦の最終結果からみると、この兵器装備のちがいは、チェレゾーレでの高い死傷率の原因としては、両軍の兵器の選び方よりもモンダヴィで体験した「ひどい戦争」に対するスイス兵の激しい怒りのほうがはるかに大きかったことを立証している。

伝統的な重騎兵が依然として役に立つことは、彼らが中央部のドイツ傭兵に対して演じた役割から明らかである。ここではフランス重騎兵隊の小分遣隊が時宜を得た攻撃をしただけで、すでに激しい交戦を経ていた皇帝軍の隊列の崩壊を開始させることができた。その一方で、支援がなくても重騎兵は規律正しい隊列を乱す力をもっているという信仰がフランス軍でなおつづいていたことは、ダンギャンが彼の北部戦線で勝ち誇ったスペインとドイツの歩兵に対して重騎兵の攻撃をくり返したことにはっきり現われている。しかしたとえそうだとしても、ダンギャンがその役に立たない攻撃を命じたとき、彼は戦術上の先祖返りという罪を犯したわけではなかったのかもしれない。重騎兵を支援する彼の歩兵はすでに皇帝軍によって一掃されており、皇帝軍は自身の戦線も、またもともとフランス軍が占めていた戦線をもこえて急速に前進していた。だから皇帝軍の隊列は多少乱れていただろう。少なくとも少しは息を切らしていたにちがいない。ダンギャンは、麾下の突撃する騎兵部隊が現実に達成したよりももっと大きい成果を期待してよい理由があったことは確かである。皇帝軍のドイツ傭兵隊がフランス騎兵を迎えうち、自軍の損害を最小にして相手側に手ひどい損害を与えたことは、野戦の指揮官たちが学び知っていた戦場の状況下での部隊統率法について、多くのことを物語っている。これは特に中央部の皇帝軍について言えることで、この軍勢は最後には虐殺されたが、その前にスイス＝フランス軍の二方面からの攻撃に対し隊形を整えることに成功した。これらの出来事は、個々の行動としてみれば、歩兵が騎兵より優位に立つようになったことを証明するものと主張することもできようが、しかし戦に勝ったのは、重騎兵部隊を備えたフランス軍だった。

皇帝軍の抵抗の終了についてのモンリュックの記述は、私たちを戦闘で人々が体験した出来事の道徳的核心の近くにまでつれて行き、なぜ騎兵があれほど長く生き残ったかについて、もう一つの理由を明らかにする。北のほうにいた皇帝軍部隊は、その地域ではフランスの歩兵とフランスの騎兵の両方に対して勝利をおさめていたにもかかわらず、自分たちが戻りたいと思っていた安全な戦線がなくなっているのに気づいた。彼らは分遣隊としてたいへんな困難におちいっていたのである。彼らの唯一の希望は、砲火がフランスの騎兵を食いとめている間に自軍のキャンプまでずっと後退する方法を何としてでも見つけることだった。彼らの後退がモンリュックとその歩兵の到着によってさえぎられると、皇帝軍はほとんど即座に降伏を決意した。その意向を示すために彼らは敵が見ている前で槍を投げ捨てはじめた。

戦闘員は、一方の側が降伏を申し出たとき、二つの道徳がぶつかる先端に自分がいることを知る。一方では、敵対する兵力は一人残らず殺すのが正当である。もう一方では、降伏の行為は認められ受け入れられるべきで、敗者は捕虜として扱われる権利があると考えられる。この時点で武器を捨てた人を殺すことはほとんど殺人行為に等しく、だからこそ自ら武器を捨てることは恭順のそれほど有力なしるしになるのである（もちろん戦闘の白熱状態の中では人々はしばしばこの微妙さを無視するし、戦闘の文献はまさにこの時点での不正な殺害の例であふれている）。[*104] チェレゾーレで皇帝軍はフランスの重騎兵隊に降伏を申し出ることによって、この瞬間につきものの危険を最小にしようと努めた。彼らは昔ながらの戦場での儀式を演じるために、馬に乗った人のまわりに小集団——一五人ないし二〇人までの——を作って集まった。だがその馬に乗った人々は、彼らを負かしたフランス兵、正常な状態なら降伏を申し出る相手の部隊員ではなかった。それと全く反対だった。フランス騎兵は、今降伏を申し出ているのと同じ皇帝軍のドイツ傭兵に（戦術的目標を拒まれて）「負かされて」いたのだ。しかしフランス部隊の中で降伏の申し出を受け入れるだろうとなんとか期待できるのは重騎兵隊だけだった。モンリュックの歩兵は、彼自身の言うところによれば、もしもドイツ兵が愚かにもフランス歩兵に降伏しようと試みたなら、「そいつらの喉をかき切る」だろう。暴力の歴史に残る出来事のその瞬間にもなお、フランス重騎兵隊は命令、統率、抑制という道義を代表していた。降伏した皇帝軍兵士はわが身を捕虜として提供することにより生きながらえようとしていた。捕虜という身分において、彼らは自分を捕らえた人に象徴的価値と（身の代金または交換を通じて）経済的価値をもたらすことになるのだった。

フランス重騎兵隊がこれらの嘆願を必ずや留意するであろうことは、ほとんど直観的に予想された。「文明化した」戦争はもっぱら敵の降伏を受け入れるほうを重視してきたし、今もそうである。人類の最も古くから演じてきたドラマの一つ、つまり敗者（そして社会的劣位者）の勝者（そして社会的優位者）に対する服従が、皇帝軍が自己をフランス重騎兵隊にゆだねることによって安全を求めたときに再演された。それにとってかわったものすごいものが、銃と槍の時代の新しい形の戦争が戦場で現実に重要性をもったもの、つまりスイス傭兵またはそれに協力したフランス兵だった。皇帝軍は、中央部での虐殺について詳しいことは知っていなかったものの、それら新しい兵士はもしも機会を与えられたらひたすら自分たちを皆殺しにするだろうと感づいていたように思われる。スイス兵は捕虜をとらなかった。彼らは自分たちの給料を集めて、独自のやり方で評価分配していた。モンリュックは感情を交えずに次のように語っているが、彼はそれを是認しているらしい。降伏を申し出た皇帝軍兵士は皆が皆受け入れてはもらえなかった。あるいは少なくとも結果的に受け入れられなかった。なぜならフランスの騎兵は自分たちの捕虜を「フランスの歩兵に逆らって」守ることができなかったからである。「[降伏した皇帝軍の]半分以上が殺された。私たち[の歩兵]が手の届くかぎりの敵兵をやっつけたからである」[*105]。十六世紀の戦争の新たな獣性をこれほど残酷に例証するものはほかにはまずありえなかっただろう。

騎士身分の終り

西ヨーロッパで重騎兵が消滅した主な原因は、歩兵部隊の間にアルケブスまたはマスケット銃が広まったことではなかった。それはむしろ、歯輪点火式（ホイールロック）ピストルが広まったことの直接の結果として、十七世紀後半にかなり突如としておこったのだった。十四世紀以来の歩兵戦術の全面的な変換——訓練、規律、社会的条件づけ、兵器の選択を通じて——は主として、かつて重騎兵が野戦で占めていた戦術上の優位を引き下ろす役をした。火器はこのように状況を覆すのに貢献したが、それはもっとずっと広範囲にわたる変化の一部にすぎなかった。一五五〇年になってさえ、銃砲は重騎兵を不要にするほど有効だとは立証されていなかった。そのような兵器を近代になってテストしたり、イタリア戦争の軍事史を公平無私に読んだりした結果はともに、歩兵の火器が戦争の技術にもたらした変化の影響をあまりに大きくみてはならないことを示唆する。とはいっても、一つの火器つまり歯輪点火式ピストルは、鎧を着た騎士を戦場から追い払うのに重要な役割を演じた。「騎士身分の消滅」は、この十六世紀の火器の中でいちばん小さいものの年代記を通して解釈するときはじめて意味がはっきりしてくる。簡単に言えば、騎馬ピストル兵は、殺傷力では伝統的な重騎兵にまさる一方、機動力でも互角であることができた。伝統的な重騎兵は、歩兵に対してはいくつかの戦術的構え（スタンス）をとることができ、それは野戦で騎兵が以前に占めていた優位のいくつかの面をなお保持するのに役立った。しかし騎馬ピストル兵を相手にするときには、重騎兵は差し迫った、しばしば命にかかわる脅威に直面した。まねによって適応することしか選択はなかったのである。

歯輪点火の機構は、固い鋼をかぶせた直径約二五～四〇ミリメートルの円板からなり、ばねを介して回される。この「歯輪（ホイール）」機構は、ばねにより、いくつかの歯車を経て動かされる。ばねをあらかじめ手で巻き上げ、準備をととのえておき、必要なときに引金を引いて放つのである。機構のもう一つの部分はごく小さな万力あるいは締め金で、これが一片の固い石――ふつうは黄鉄鉱（FeS_2）――を取りつけた可動腕の根元を押さえている。ばねを放して歯車の組が歯輪を回すと、黄鉄鉱との接触点で火花が打ち出される。外面上は現代のタバコのライターに似たしくみである。歯輪は火皿の内部に取りつけられる。火皿はふつう内部に空洞をもつ金属のブロックで、空洞に粒の細かい点火薬を入れておき、これが主銃身にあいている点火孔を通じて主発射薬へつながるようになっている。

歯輪点火に対する技術的要求はかなり高度である。歯輪は火皿の中に入りこんでいるので、歯輪と火皿の穴との間の隙間は完全に密閉しなければならない。さもないと粒の細かい点火薬が歯輪機構の中へこぼれおちて、その動きをわるくし、ついには動かなくしてしまう。ある最近の研究は、点火薬の粒（平均して直径約〇・一ミリ）が歯車の外おおいの中に入りこむのを防ぐには、可動歯輪と固定金属ブロックの間の隙間が〇・〇四〜〇・〇八ミリメートルの範囲になければならないことを示した。[*106] ばね、その巻上げ機構、引金、および湿気とほこりが入らないようにするいかなるカバーも、時計や精密な錠と同じくらい精密に作られねばならず、それでいて野戦で使えるほど頑丈でなければならない。そのような機構を作るための秘訣が十六世紀初めに発見された。つまり、歯輪が火皿の中に入りこむ穴をあけるのに、歯輪そのものをカッターとして使うのである。[*107] そのあとでたぶん錠前鍛冶が、この完成された小組立て部品のまわりに機構の残りを取りつけて組み立てた。

歯輪点火そのものは、十六世紀半ばにはむしろ古い発明になっていた。年代が特定できるかぎりでもっとも古い原始的な形の歯輪点火装置の図解が、ニュールンベルクの貴族マルティン・レッフェルホルツに関係づけられる一五〇五年の手稿の中に現われる。[*108] このことは、歯輪点火はドイツの発明だというテーゼを育んできた。[*109] これに対して、レオナルド・ダ・ヴィンチの『手稿』

の中に歯輪点火とそれに関連した機構、およびそれらの製作法を示すものが現われることは、それがイタリアの技術革新だったという結論へ導く。[*110] しかしどの国で始まったかという問題は、歯輪点火がどのようにして広まったか、またその速さはどのくらいかという問題より重要度は低い。もっと簡単な点火方式とは異なり、歯輪点火はいつも労働集約的、技術集約的だった。特別な修練と設備なしではどうしても作れなかったのである（ニュールンベルクやレオナルド・ダ・ヴィンチのミラノのような都市が発祥地だったにちがいない理由がここにあるのは、ほとんど確実である）。製造者に対するそのような要求が、この新しい銃が急速に普及するのを妨げる障壁になったことは確かである。

それればかりでなく、歯輪点火はほかの火器とちがって、完全に理屈に合った見方に基づくはっきりした偏見に直面した。つまり、くすぶる火縄または導火線をもたない銃は、あまりにも容易にかくして持ち運びできるというのである。一五一七年に皇帝マクシミリアンは、「いつでも発射できる自動点火式手銃」の生産と所有を彼のハプスブルク一族が支配する国々で禁止し、一五一八年にはこの禁止を帝国全体に広げようとした。同様な法的禁止がほぼ同じころイタリアで実施されていたのがわかっており、一五四二年になってさえヴェネチアは袖の中にかくせるほど小さい銃を禁止していた。[*111] 歯輪点火装置が一五二二年より前にイタリアで製造されていたという証拠はなく、[*112] 技術的に進んでいたニュールンベルク市でさえ、この禁令の効果全体、およびそれが最終的にはどう二五年まではごく少数しか現われなかった。[*113] マクシミリアンが死んだあとの一五なったのかは、どちらもわかっていないが、禁令はこの新兵器を完全に禁圧することは望めなかったにせよ、広がるのをおさえる役を大いに果たしたにちがいない。一五三二年にニュールンベルク市議会は、法律を守る市民は歯輪点火式銃の所持を禁じられているのに、こうした銃が追いはぎや泥棒の間で行きわたっていることは、その禁止令をニュールンベルクの市民に強制するのがきわめて困難になりつつあることを意味していると文句を言っている。[*114] マクシミリアンの後継者、カール五世[☆3]が前任者とは異なり、歯輪点火に反感をもたなかったことは確かである。彼は個人的にそのような兵器を大量に収集したのである。[*115]

生産がふえるにつれてこれら新兵器の値段は下がったらしく、それを組み立てるのがどんなに困難だったかを考えれば、十六世紀の後半には驚くほど安く売られていた。今もコレクションの中に残っている兵器の大部分は豊かな細工を施された高価そうな銃(言うまでもないが、だからこそ今日まで残ったのである)だが、ごくふつうの型について今日手に入るわずかなデータは、手ごろな市場価格を示している。一五四六年のある海軍の記録によれば、手銃(歯輪点火式ピストルだったことは確かである)の値段は一挺一二シリングだった。一五八二年のオックスフォードのニューカレッジは、一対のピストルを買ったが、やはり一挺一二シリングだった。一五五九年のロンドンの兵士の装備を列挙した記録には、二挺の「新しい銃」の値段が一挺につき一四シリング六ペンスと明記されているが、これも歯輪点火式だったのだろう。[*116] 一五九〇年代にフランドル軍の一兵士がマスケット銃兵の一カ月の給料より高かった一〇フロリン(大ざっぱに言って一五〇〇年代に一〇フロリンは一ポンドに等しかった)を払ってスペインのマスケット銃を買っているから、[*117] ロンドンの新しい銃はスペインのマスケット銃の値段より安かったことになる。

けれども手柄を立てたいピストル兵にとっては、ピストルが一挺だけでは役に立たなかったろう。少なくとも二挺必要であり、三挺もつのがふつうだったが、六挺ももつ場合がしばしばみられた。しかし弾丸と火薬の値段までひっくるめても、これらの兵器の値段は馬と鐙の値段に比べれば物の数ではない。イングランドで一五五七〜六一年の期間に売り買いされた馬の平均の値段は九三シリング九ペンスだった。[*118] ふつうの歩兵でも歯輪点火式銃を買うことはできなくはなかったろうが、そうしたところで、それに必要なふつうの銃より大きい維持費と補修費に見合うものは何も与えてくれなかった。火縄点火式でまずいことはほとんどなく、だからそれを捨てる理由もほとんどなかったのである。一方騎兵にとっては、燃えている火縄がないことは文字どおり重要な利点だった。歯輪点火式のアルケブスやマスケット銃もあるにはあったが、歯輪点火装置を備えた武器の中で群をぬいて広く用いられたのはピストルで、主に騎兵の用に供された。そういう武器の一組の値段は、騎兵が買う必要のあるほかの装備の値段に比べればわずかで、さらにより小さい、したがってより安い馬を使うことができたから、ピストルはたぶん長い目で見れば十分採算がとれただろう。

歯輪点火式ピストルは使用者に小さいながら重要な利益を提供した。馬に乗った人は三挺もつことができ、たぶんほかに馬に乗って近くに控える従者に両手に三挺ずつのピストルをもたせることができた。ふつう乗り手はゆっくりしたトロットで進みながら、射つ前に標的のごく近距離まで近よることができた。アルケブス兵も馬に乗ることができたし、時にそうしたこともあったが、ピストル騎兵はそれとちがって、射つ前に馬を止めることも、馬から下りることも、鐙を踏んで立つことも必要なかった。終始動きながら射つことができたのである。そればかりでなく、馬に乗ったアルケブス兵はただ一発しか射てなかったのに引きかえ、ピストル騎兵は、再装塡のため後退する前に三回も発射することができた（もしも彼の武器が多銃身式だったら、もっと多く射てただろう）[*119]。動いている馬の上から何かに命中させるのは容易ではなかったろうが、それでも鞍の上で歯輪点火式ピストルをあやつるほうが、たとえ最も小さい騎銃（カービン）タイプのアルケブスであっても、火のついたゆれる火縄があるものを使うよりはかなり容易だった。後者を操作するにはどうしても両手が必要で、手綱のための手は残らない。しかしピストルは片手で使うことができた。

もちろんピストルの命中精度が低いことは大きな欠点だった。フランソワ・ド・ラ・ヌーは、ピストルが有効なのは、距離が三歩以下、つまり約五メートル以内のときだけだと述べた[*120]。現代のテストが証明したように、銃身の短い火器でも短距離では印象的な初速度を生みだす。いま述べたような短距離なら、それら火器の命中精度は、銃身の長い滑腔兵器のもっと長い距離での命中精度より事実上まさっている。ピストル兵は自分の兵器の能力を利用する戦術を最大限に活用した。彼らは射つ前に一〇メートル以内、たぶん五メートル以内にも近づくことができた。そのような近距離でもなお的を外すことはありえたが、当たりさえすればきわめて大きい危害を与える傾向があった。ただし現代のテストが明らかにしたように、いつも死を招くとは限らなかった。

歯輪点火式の銃が戦場に大量に現われはじめたのは、一五四〇年代に入ってからだった。一五四三年にシュチュールルワイセンベルクがトルコ軍に降伏したとき、戦利品の中に歯輪点火式の銃が何挺か含まれていた。[*121] 一五四六年のシュマルカルデン戦争を目撃したヴェネチア人は、歯輪点火式の銃が皇帝軍の騎兵部隊の装備の一部になっているのを見た。[*122] フランス軍には、一五四四年にドイツ人の部隊を通して歯輪点火式の銃が導入されたらしい。そのとき出兵したドイツ人部隊には一〇〇〇人以上のピストル兵が含まれていた。[*123] デュ・ブレーは歯輪点火式ピストルを、「銃身の長さが一フィートしかない小さなアルケブス」だと言っている。[*124]「ピストル」（pistol）という言葉の起源については論争がくり返されてきたが、「発射筒」を意味する古いボヘミア語「ピスタラ」（pistala）に由来するように思われる。[*125] ピストルを使った騎兵部隊の中には独特の黒い鎧を着けたものがあった。シュマルカルデン戦争では彼らは「黒い騎手」と呼ばれたが、これはたぶん、イタリア戦争で活躍した馬に乗ったアルケブス兵「黒い部隊」にちなんだものだろう。ピストルを主な武器とする騎兵は後にドイツ語で単に「騎手」（ライター Reiter 英語ではライダー rider）と呼ばれるようになり、この語は外来語としてフランス語（レートル reitre）とイタリア語（ライトリ raitri）の中に現われている。

サン＝カンタンの戦（一五五七年八月一〇日）でフランス軍は、二年後にカトー＝カンブレジ和約に署名する原因となる二つの大敗北のうちの最初のものを喫したのだが、このときフランスの歩兵と騎兵は敏速に動ける皇帝軍の騎兵——ピストル騎兵と馬に乗ったアルケブス兵が多数を占めていた——に包囲された。[*126] フランス王アンリ二世は、父から受けついだ六〇〇〇名近くの重騎兵を軽騎兵で補おうとし、彼の命令によって一五五三年に約三〇〇〇名の統率者として「軽騎兵連隊長」が任命された。[*127] けれどもサン＝カンタンの戦では、ピストル兵になりえたのはこれらの部隊の中の少数にすぎず、つねに軍の近代化に努めたアンリは、敗北をこの欠陥のせいにして、そのあとの数カ月にわたる再建の期間に改善しようと努めた。一五五八年五月一日の召集閲兵式では、アンリは自軍の部隊の中に約八〇〇〇のピストル騎兵を数えることができた[*128]。そのうちどれくらいがフランス元帥ド・テルムの遠征に従軍し、グラヴリンの戦（一五五八年七月一三日）で悲惨な結末に出会ったのかははっきりしないが、ピストルで武装をした兵力では皇帝軍のほうがフランス軍より数でまさっていたようにみえる。実際に用いられた戦闘戦術は、火器を組み合わせた射撃がフランス槍兵の隊形を崩す可能性に大幅に依存していた。その射撃の一部はアルケブス兵が行ない、一部はイングランドの帆船から海岸のすぐそばにいたフランス兵に向けて行ない、さらに一部はピストル騎兵部隊が行なった。後者はこの会戦ではフランスの伝統的な重騎兵よりずっとよく戦った[*129]。

　ピストル騎兵という職業を軍事史家はこれまで軽視してきた。戦場での騎兵の「正規の」行動様式は、どんな場合でも、突撃の衝撃によって歩兵の隊列を崩そうとすることだった。突撃戦術は十六世紀後半にアンリ四世のもとで再び流行した――ただし馬上槍(ランス)のかわりにピストルとサーベルを使って。クートラの戦（一五八七年一〇月二〇日）とイヴリーの戦（一五九〇年三月一四日）でアンリの騎兵は、ピストルと突撃戦術という奇妙な組合せを用いて、伝統的な重騎兵とピストル騎兵の混成を協調させることなく使っていたカトリック同盟軍と戦った[*130]。これ以後はフランス軍は騎兵をもう一度効果的な突撃兵器とすることに努力を集中したが、この努力は一六二〇年代にグスタフ・アドルフの改革によっていくらかちがった方式で終結した[*131]。ピストルとサーベルを使った突撃戦術は、必要な変更を重ねながら、二十世紀に入って馬が使われなくなるまで、ずっと重騎兵の主たる使い道になっていた。だから、十六世紀半ばからアンリ四世の改革までの短い期間は、騎兵の歴史の上で、ピストルが騎兵を「例外的な袋小路」へ押しこんだ異常な時期を示していることは明らかである。[*132] ピストル騎兵が歩兵の隊列に対して自分の武器の使用を試みるときには、カラコール〔半回転〕またはリマソン〔蝸牛形〕と呼ばれるかなり繊細な戦術行動が用いられた。つまりピストル騎兵の次々の横列が射撃距離以内に前進しては、状況が命じるままに右か左のどちらかへ自分の馬を転回させ、形成されている歩兵の横列の中へピストルの弾丸を射ちこみ、そのあと引き下がって再装填するのである。

カラコールが戦術行動として大きな成功を収めたためしは一度もなかった。[*133] 新しいピストル戦術には概して好意的だった著述家のラ・ヌーでさえ、カラコールについては辛辣な批判を書いている。ラ・ヌーの主張によれば、部隊はあまりにも離れたところ——ラ・ヌーがピストルの射撃で命中精度が保たれる上限の距離だと感じていた三歩よりも遠く——から発射しがちだった。それよりもっと悪いことに、後ろの列の人々は、最初の発射音を聞くと多くの場合興奮して、当てもなしに自分のピストルも発射してしまうのだ。「たぶん彼らは、大きな音が敵を恐れさせるにちがいないと思うのだろう。相手が羊や牛ならそうなるだろうが、フランス人やスペイン人ではそう簡単にはいかない」。彼らは自分のピストルを射ちつくすと、敵に近づくのを嫌がりがちで、そのため部隊の行動全体が混乱におちいった。「そんなわけで、悪い戦い方が悪い結果を生みだしたのはちっとも不思議ではない」。[*134] ラ・ヌー以後の評者たちは、カラコールに対してさらに寛大ではなかったようで[135]、カラコール戦術は騎兵隊を訓練し錬磨するための演習としては意味があったかもしれないが、実戦には価値がなかったというデルブリュックの意見は、広く信じられてきたように思われる[136]。近代になって火器をテストした結果によれば、ピストル騎兵と歩兵との戦いでは歩兵のほうが有利であることが明らかになった。それは、歩兵がもつ火器は騎兵用ピストルより射程が長い——とはいってもどちらの兵器でも射程はかなり短いのだが——ので、ピストル騎兵は敵の横隊にあまり近づかないうちに自分のピストルを発射し後退しなければならなかったからである。

一方、騎兵がもつピストルに対するこれらの批判にはどれほど多くの正当性があったにせよ、騎兵対歩兵という点に注目が集まった結果、歴史家の目はこれまでピストルをもった騎兵部隊がフランス重騎兵に対してはもっと大きい成功をおさめたことを無視してきた。ラ・ヌーは、「宗教戦争」の間のピストル騎兵戦術を評して、その『論述』の中のまるまる一章を、ピストル騎兵の一大隊は同規模の重騎兵一大隊を負かすだろうという「逆説」にあてている[137]。これはフランス人の間では広く支持されている意見ではないが、スペイン人とイタリア人はほとんど疑いをもっていないと彼は認めている。ラ・ヌーは、不適切なピストル騎兵戦術がその有効性に有害な影響を及ぼした例があったのを認めた後、同じくらいよく訓練され、同じくらいよい指揮官に率いられたピストル騎兵大隊と重騎兵大隊とが衝突したなら、どんな結果になりそうかを考察した。

それゆえ私はこう言いたい。重騎兵大隊の突撃は華々しいけれども、たいした成果を生むことはできない。なぜなら重騎兵ははじめは一人も殺さず、もしも一人でも槍で殺されたら奇跡だからである。何頭かの馬を傷つけることができるだけである。突撃の衝撃については、それは小さい力の何倍もの大きさになる。一方完全なピストル騎兵は、出会って十分近づくまではけっして発砲せず、射つときはいつも顔面か太腿をねらって傷つける。二番目の横列もまた発砲し、そのため重騎兵大隊の前線は最初の出会いで半分が落とされ不具にされる。重騎兵の最初の横列は槍で敵を、特に馬を多少傷つけるかもしれないが、あとにつづくほかの横列はそうすることはできず、あるいは最小限二列目と三列目がそれをやれるだけで、槍を投げ捨てて剣で身を守らなければならない。ここで私たちは、経験が確証した次の二つのことを考慮しなければならない。一つは、ピストル騎兵は敵と入り混じったときが最も危険だということである。そうなったとき彼らは全員が発砲するからである。もう一つは、両大隊が出会ったとき、彼らは二つ目のピストルを射つとすぐさまどちらかの方向に向きを変えることである。なぜなら彼らは、かつてローマ人がほかの国民に対して度々したように、双方が引き下がるまで二時間も面と向かって野戦をつづけるような闘い方はもうしないからである。これまで述べたすべての理由から私は、ピストル騎兵の一大隊は、彼らの義務をつくすならば、重騎兵の一大隊を破るだろうと言わざるをえない。[*138]

フランス重騎兵がピストル騎兵と交戦したとき、もしも後者がカラコールを避けてまっすぐ重騎兵の横列に突っこんだなら、重騎兵は不利な立場におちいったことは明らかだろう。その結果は入り乱れての乱戦となり、その中では重騎兵の主武器である槍は概して役に立たず、彼らは剣にたよらざるをえなかったろう。しかし剣とピストルの間の闘争は対等のものではなく、ピストル騎兵が銃火を顔と太腿――鎧が関節で接合する形のものなら薄く弱くしなければならない箇所――に集中することを学び知ってからは特にそうだった。ピストル騎兵大隊は長時間戦をつづけなかった。彼らは二つ目のピストルを射ったあと後方へ下がった。銃身一本だけの武器が使われていたとすれば、これがたいていのピストル騎兵にとって発射能力の限界を定めることになっただろう。それからあとは敵も味方も剣にたよらざるをえなかったろうが、この闘いはピストル騎兵の好むところではなかった。

ラ・ヌーの以下のしめくくりの見解は、彼が書いたころ(一五八〇年代の初めから半ばにかけて)フランスの貴族が古い戦い方から新しい戦い方へと移行しつつあったことをはっきりさせる。

これに対して、重騎兵もまたピストルを一挺携帯し、槍が折れたらそれを使えばよいと反論されるかもしれない。しかしそれは言うにやさしいが、実行はされにくい。というのは、彼らの大部分は自ら突撃することを好まず、従者にやらせるのだが、従者は彼ら自身よりうまくやることができない。そして彼らが戦をはじめると、十分なくらいたびたび試されたことの半分も達成できず、あるいは少なくとも突撃がまずくて敵を傷つけることができない。[*139]

馬の背から槍(ランス)で戦うことになれたフランスの貴族は、新しい敵に面と向かうのを嫌がり(「彼らの大部分は自ら突撃することを好まず」）、といってまた敵の技術（それを彼らは「卑しい奴隷のする職業」だと考えた）を積極的に採用する気もなかったようである。これに対してラ・ヌーは、重要なのは行動の中の秩序と規律であり、新しい兵器ではこの資質が、古い兵器の場合より大幅に要求されるのだと主張する。

　私が意図するのは、フランス国民を槍（スピア）嫌いにさせることではない。フランス国民にとって槍は、彼らの心がこれまでとちがったほうへ向かわないかぎり、すばらしい正規の武器だと私は考える。そして彼らが、秩序を保つこと、および自分の武器に対してもっと注意を向けることをしっかりと学び知るまでは、彼らはピストルを使ってもピストル騎兵と同じほどの効果を引きおこさないだろう。ピストルがそれほど恐ろしくまた攻撃的な武器だと考えるのは、大きな的外れではない。[*140]

ラ・ヌーが「攻撃的」offensive〔いらいらさせる、癪にさわるという意味もある〕という語をしゃれをきかせて使っているのは、槍（ランス）についての忌々しげで力のない言、すなわち変化を受け入れたがらない人々にとってすばらしい正規の武器だという言い回しにぴったり合っている。
　フランス人にとって槍が最終的に敗北したと認めるのは、容易なことではなかったにちがいないが、結局彼らがそれを認めたのは論争の余地なく明白である。クロード・ゲーエルは一九七〇年にこの点をはっきり述べた。「馬上槍で武装した重騎兵の長い主権を終わらせたのは、歩兵ではなく馬に乗ったピストル兵である」[141]。フランスの十六世紀を研究する専門家の中にはこのゲーエルの見解を採用した人もいるが[142]、一般の軍事史家はたいていそれを無視してきた。しかしこの変質は十六世紀の人々にとってさえ明らかだった。モンリュックは『注解』の中で、並外れて長かった自分の生涯の中で見た変化の多くを要約している。（それは一五九二年になってやっと出版されたが、早くも一五七一年には手写本として流布しており、モンリュックは一五七七年に死ぬまで何度も手を加えていた）。モンリュックは追補の中で、フランスの馬上槍の墓碑銘を書いている。「一つのことを私は認識する。それは私たちが槍の効用を大いに失ったことである。原因はよい馬の不足（思うにこの種は目にみえて減っている）か、さもなければ私たちが先祖ほどにはあの種の戦闘に巧みでなくなったからである。なぜなら私たちが槍を手放してかわりにドイツのピストルを手に入れるのを私は知っているからだ。そして実際、粗雑な大部隊で戦うときには、ピストルは槍よりずっと使いやすい」[143]。重騎兵は、回避することも走って逃げることも突撃で勝つこともできない部隊が戦場に出現したとき、もはや生きながらえることはできなかったのだ。

もちろん、戦術上の保守主義をなお守ろうとする人々は、伝統的な騎兵がもつ由緒ある武器を残す道を求めつづけた。ヴェネチアの大使アルヴィゼ・コンタリーニは、一五七二年にフランス重騎兵隊の衰亡を報告し、重騎兵の中には鎧を丈夫にしてピストルの射撃に耐えられるようにしようとしている者がいると述べている[144]。これは前述のように、確かに不可能ではなかったが、実現するにはかなり費用がかかり、十六世紀後半の最良の鎧だけしかもてない特色だった。サー・

ロジャー・ウィリアムズの『戦争についての短い論述』（一五九〇年）にはオランダ独立戦争における敵・味方双方についての自身の経験が反映されているが、ウィリアムズはその中で、弾丸の貫通しない鎧の存在を記したものの、自分の経験ではほとんどの騎兵はそれを着ていないとつけ加えている。*145 ガスパール・ド・ソーのような軍事著述家は渋々ながらも槍を捨ててピストルを採用するよう勧告している。*146

二種の兵器だけでなく戦闘で騎兵を組織する方法も二つあって対立していたという事実が、戦術の状況を複雑にした。ピストル騎兵部隊は「閉じた」隊形をとり、正方形または長方形になることが多く、一方重騎兵部隊は細い横隊に展開し、厚みは一列または二列しかないことが多かった。「閉じた」隊列では、手の施しようがないほどもつれたり混乱状態に陥ったりすることなくうまく機能するためには、編成と練習が必要だった。横隊の隊形では、個々の騎士の強がりと、自分と乗馬を進んで危険にさらそうとする意気に多くがかかっていた。これらから生じた戦術上の複雑さは論争の火に油を注ぎ、それは十七世紀に入ってもまだつづいた。ヨーロッパで最初の騎兵学校を創立したヨハン・ヤコビ・フォン・ワルハウゼンはその『騎兵の軍事技術』の中で、騎士は銃弾を通さない板鎧を着て（図22を参照）、ピストル、剣、槍をたずさえるべしと精力的に論じたが、これはなんと一六一六年にもなってのことだった！*147

ピストルへの移行に伴って生じた適応のもっと典型的なものは、火器一般に対する態度が軟化したことだった。ペトラルカの時代以来火器にとりついていた道徳的非難は、嫌々ながらの容認へ変わり、ついには一種の感嘆にまでなった。セルバンテスのドン・キホーテは、時代おくれに

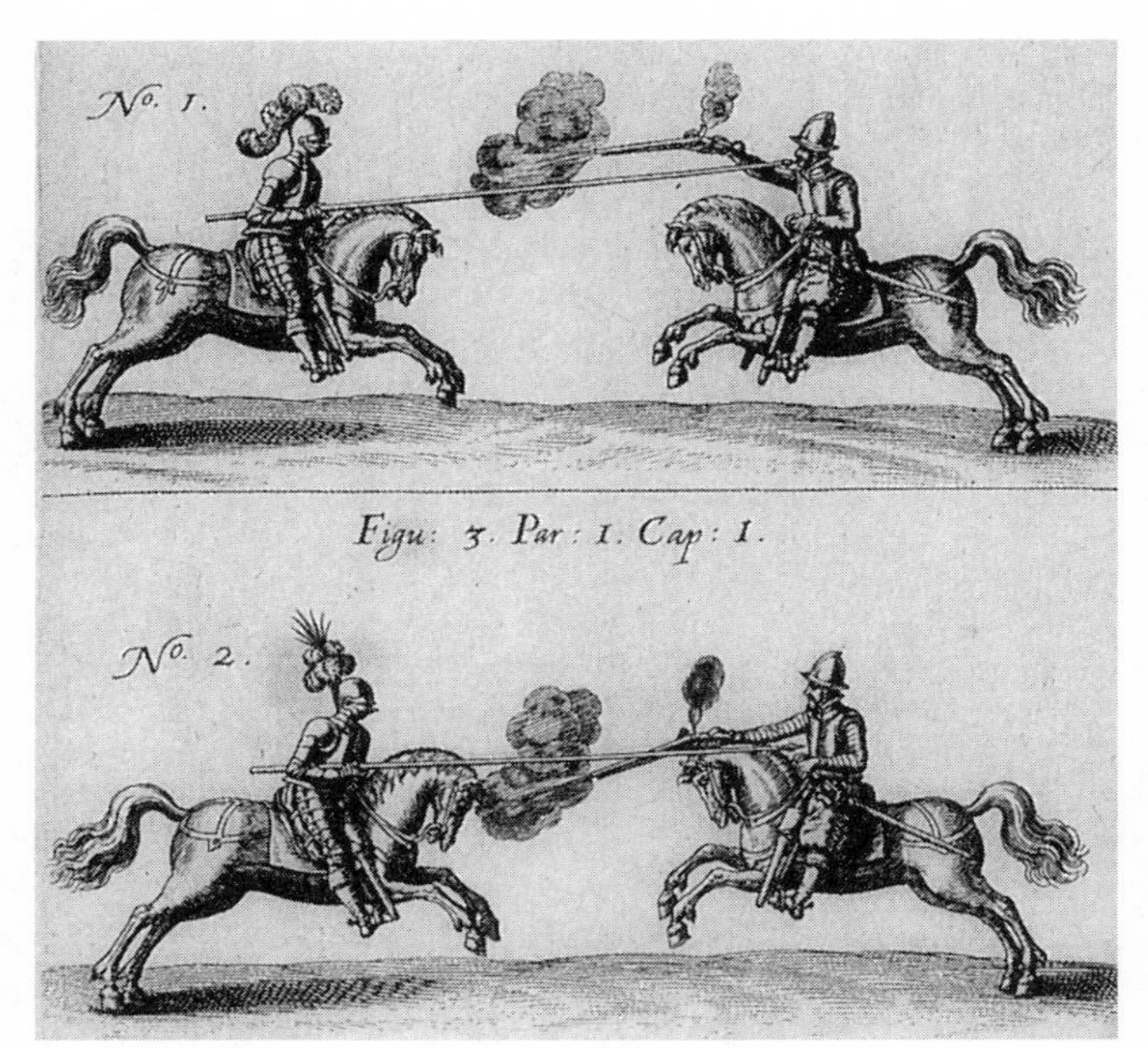

図22　実戦で歯輪点火式ピストルを使っているところ．ヨハン・ヤコビ・フォン・ワルハウゼンの『騎兵の軍事技術』（1616）はあらゆる種類の騎兵の技術について，図解入りで教訓を提供している．その中にはピストル騎兵に向けたピストルの使い方についての助言も含まれている．もしも何をやってもうまくいかなかったら，馬を撃て！（カリフォルニア州サン・マリノのハンチントン図書館の許可を得て使用）．

なった態度の文学的代弁者で、火器を「悪魔的な発明」と非難することができた[*148]が、十六世紀の後半になると、ドン・キホーテが口にしたような道徳的憤慨はめったにみられなくなった。[*149]最初に貴族の是認を獲得した火器は歯輪点火式ピストルだった。ラ・ヌーは、ひとたびピストルが貴族の必需品の一部になると、一種のりっぱな道徳的栄誉がしのびこんできたことを示唆している。彼はこう断言した。ピストルは「アルケブスの子孫であり」、同類のすべてと同様に、「悪魔的なもので、国全体を廃墟に変え、墓を死骸でいっぱいにするために、何らかの有害な仕事場で発明された。とはいえ人の悪意がそれをたいへん必要なものにしたため、もはやそれなしではすまされない」。彼はそれにつづく数ページで、ドイツのピストル騎兵戦術を賞賛し、フランス人にそれをまねるのがいちばんよいと忠告する。[*150]アルケブスをけなす一方でピストルをほめたたえることさえできたのだ。モンリュックはその長い生涯の大半、アルケブス兵を指揮してきたが、それにもかかわらず同じことを言っている（モンリュックに公平であるために、彼はアルケブスに顔を射たれて負傷し、以後慢性の痛みに苦しんだことをつけ加えねばなるまい）。[*151]ピストルにはいつもある種の上流階級の威信がつきまとった。それはデリケートで、ひんぱんに手入れを必要とした。まさに召使や軍人見習を引きつれて遠征におもむく人々にぴったりのものだった。十六世紀の卑しい平民には、ピストルを脇に吊って戦に出て行くことは望めなかった。ピストルは完全な貴族の武器だった。

ピストルに関連した最後の変質は、歩兵部隊の戦術の技術的変化にかかわるものだった。重騎兵が消滅したために、かつて下馬した重騎兵が歩兵に与えていた防御掩護がなくなってしまったが、もっと重要だったのは、そのため急襲攻撃の脅威もまた減ったことである。十六世紀の前半には、槍がすべての歩兵にとって重要な防御手段として役立っており、重騎兵による攻撃の脅威が存在するかぎり槍対銃の比を比較的高く保つことが必要だった。ラ・ヌーは七〇〇〜八〇〇の重騎兵は一万八〇〇〇のアルケブス兵を相手にしても勝つだろうと主張したが、もしもこれら歩兵のうち三分の一が槍兵だったら、歩兵のほうが勝つだろうと述べている。彼は、「槍のないマスケット銃は胴体のない手足のようなものだ」とつけ加えた。*152 しかし十六世紀の後半になって、歩兵に対する脅威の性格が変わってくると、歩兵の隊列は槍にたよることが少なくなり、火器にいっそう依存することができるようになった。銃対槍の比は増大しはじめた。それははじめは非公式だったが、後には書類上でも増大した。これまでも、歩兵の火器への依存が増したことはしばしば注目されてきたものの、ふつう火器が改良されたせいにされている。しかしこの解釈を支持する現実の証拠は一つもない。変化したのは状況であって技術ではなかった。騎兵はより軽装になり、ピストルで武装することが多くなった。それによって歩兵の火器への依存が増大することが可能になったのである。

同じ変化の組の一部として、歩兵の隊列を箱形からもっと横長にすることができ、また隊形の中の槍と火器の関係をもっとはっきりさせて、槍に銃を守らせるのでなく銃に槍を守らせるようにすることができた。これはすぐに十六世紀後半に特有の歩兵隊形を生みだすことになった。つまり槍兵の小さいブロックを、袖のように取りついた銃兵の分遣隊が守るというものである。そのような部隊は一つの複合隊列から別の複合隊列へ変化するよう訓練され、必要が生じたなら槍兵が銃兵を包みこむこともできた。十六世紀前半の、大きくて動かしにくいが防御面では安全な集団隊形にかわって、十六世紀後半にはもっと細長く、もっと線状の、梯形スタイルの隊形が際立って好まれた。[*153]

その反面、こうした隊形は以前のもっと単純な隊形よりも実行するのがずっと困難であり、複雑な「展開」のさなかに攻撃される危険性は、どの野戦指揮官にとっても痛切なまでにわかりきったことだった。複雑な戦術展開は、三つの主要な兵器――槍、アルケブス、ピストル――がおのおの歩兵の手の中でちがった「感触」をもっているという事実により、それだけよけい困難になった。その感触は、各種の兵士がある基本運動をどのくらい素早くやることができるか、また各人とすぐ隣の人との間の間隔をどのくらいの大きさにするか、その他に直接に影響した。その結果として、よく訓練された歩兵およびより多くのすぐれた士官と下士官の需要が増大し、それがこんどは兵士の基本訓練を定式化し、もっと型にはまったものにする努力を促した。これらの努力の中で最も有名なのは、一五九〇年代末にナッサウ家のいとこウィレム・ルイとマウリッツが世に広めたものである。それは後にはヨーロッパ全土で「オランダ式教練」と呼ばれるようになった。[*154]

教練やパレードに従事し、命令一下一糸乱れず行動する兵士を見て、当然この時代の人々はいかにも「ローマ風」だという印象を受けた。だからこの新システムを支持する人々がその歴史的先祖として引き合いに出すものは必然的に古典的で、ヴェゲティウス、アイリアノス〔ローマの軍事著述家〕、カエサルなどだった。このように大昔の先祖の権威にたよろうとするのは、この時代の気分に全くよく合ってはいたものの、これらの改革の歴史的な系譜をひどくぼんやりさせてしまった。野戦におけるこのような変化が意味をもつようになったのは、騎兵が馬上槍と急襲戦術を捨てたことで示される変化の予備的段階がすでにはじまってからのことだった。十六世紀後半にはじまったこの「革命的」な軍事状況は、古典主義の新しい精神の結実でもなければ、長期にわたる技術変化に適応した結果でもなかった。むしろそれは明らかに、歯輪点火式ピストルが広く手に入るようになったことが引金になって生まれたのである。ひとたびこの新兵器が階級と技術の障壁を突き崩すと、騎兵にとっても歩兵にとっても戦術状況の全体が全く急激に変化したのだった。

第七章　技術と軍事革命

戦争は軍隊の親である。軍隊から借金と税が生じる。そして軍隊、借金、税が多数者を少数者の支配下におくための手段であることはよく知られている。戦争中には……最高権力者の自由裁量の力が拡大される。……そして人民の心を惑わすためのあらゆる手段が、人民の力をおさえつけるための手段につけ加えられる。

（ジェームズ・マディソン『政治的所見』）

十六世紀は論争が交わされている歴史分野の代表的なものである。中世史家は十六世紀の中に見慣れたものをたくさん認め、そこでこの世紀を、十四世紀と十五世紀の出来事に関してすでに確立されている枠組の中にはめこもうと努める。これに対して近世初期を専門に研究する人は、十六世紀を近代ヨーロッパ史の始まりとみ、この世紀の出来事を、十七世紀さらには十八世紀に成熟に達したパターンに照らして解釈しようとする。専門家の解釈の間のこのような不一致が広がるのは、十六世紀を「近代性」の起源をめぐるもっとずっと広範な論争の一部にするときである。「近代的」であることは、中世的な行動・思考・存在様式の否定から出てくるのか？　近代の歴史的体験の中核には、中世に対する何らかの種類の革命が存在するのか？　それとも近代世界は、先祖に忠実ないわば中世が生んだ子として出現するのか？

十六世紀を最後の中世とみるか、それとも近代世界の苗床とみるか——二つの見方の間の緊張状態は、この時期の軍事的・政治的変化をどうみるかという特別な問題と関連して、避けることのできないものである。伝統的に、軍事史家はほかのすべての歴史研究家と似ていた。つまり彼らは直線的・進化的な変化のモデルを重視し、「近代の」軍の戦術、戦略、組織様式は中世のやり方からの劇的な転換を表わしていると主張した。彼らは近代の戦争のやり方を中世の過去からのある種の革命だとみたのである。だが、一般政治史でそのような直線的・進歩主義なモデルが事実上崩壊し、ほとんど同時期に中世のあらゆる面に関する知識が拡大したために、近世初期の始まりとともにおこった軍事的変化をもっと微妙な、極端に単純化されていない観点からみることが可能になった。[*1] この時期に軍隊がこうむった変質は、じつは十六世紀と十七世紀のユニークな状況に対する独自の反応だったのだが、同時にこれらの変化は中世後期の発展と有機的なつながりをもっていた。火器の成長と発展は、この変化の物語の中心を占めるが、唯一の推進力ではないし、また必ずしも最も重要なものではない。政治と大戦略、および戦術と技術が形づくった変化の母体の中で、近世初期の軍事組織が形成されたのである。

前に示したように、火薬兵器の出現とともに戦争に劇的な変化がおこったという概括的な考え方は、今日まで四世紀近くにわたって教養としては常識とされてきた。「火薬革命」は教科書にとり入れられて、主として政治的変化に貢献した因子——銃砲は権力のバランスを、国王に有利に貴族に不利なほうへ傾けたとみなされた[*2]——として扱われたり、あるいは、直接政治に関係するよりむしろ主として経済的な影響を及ぼした現象として扱われることも時々ある。[*3] けれども大体において、この特殊な変化の定式化は、大部分の歴史家にとってもはや大きな関心事ではない。[*4]

「火薬革命」はより広範な定式化、すなわち、十六世紀に集中して、近代の国民国家を形づくる鍵となった軍事変化を理解しようとする「軍事革命」の中にのみこまれてしまった。

軍隊成長のパターン

「軍事革命」(military revolution)は、一九五五年にマイケル・ロバーツがベルファストのクイーンズ・ユニヴァーシティでの就任公開講演ではじめて使った用語である。彼はスウェーデンの近世初期を研究する歴史家で、オランイエのマウリッツ[☆1]とグスタフ・アドルフ[☆2]の改革の中に一つの革命を見てとった。前者は新しい組織をつくりだし、後者は三十年戦争の時に、マウリッツの改革をスウェーデン軍に実地に応用すべく指導した。戦場での本質的な変化の中には、線状の隊形と、騎兵の「正規の機能」の復活、つまり急襲戦術を用いての拠点への突撃があった。[*5] これらは、スペインの「テルシオ」が成功したために一五六〇年ごろから蔓延していた戦術面での行き詰まりを打破するために必要なものだった。マウリッツとグスタフ・アドルフは、自分たちの戦術的目標を達成するために、規律と訓練を改善せざるをえなかったが、これは、直接の脅威がなくなったあともすぐには軍隊を解散させず、次の突発事態に備えてそのまま維持――そして訓練もつづける――する場合が多かったことを意味している。このことが次に、こうした軍務期間が長期にわたる軍隊を、ますます大きい野心を秘めた出兵に使う「戦略革命」をもたらした。いくつかの個別の軍が一人の総指揮のもとに同時に作戦行動をすることも多かった。戦争の規模、特に軍隊そのものの大きさが増大するとともに、課税（軍隊を養うため）や官僚による管理（軍隊を供給し指導するため）のような間接的なメカニズムを通じて社会全般に対する戦争の影響力も増大した。ロバーツはきっぱりと次のように主張している。一五六〇年には軍隊はまだ近代以前だった（とはいってもたぶん中世的ではなかった）が、一六六〇年には「近代的な戦争の技術が生まれており」、十七世紀半ばの軍隊から「モルトケとシュリーフェン」の軍隊へいたる断ち切ることのできないつながりを作りだした。[*6]

一九五八年に初版が出た別のエッセーではっきり述べているところによると、ロバーツはマウリッツの改革の背景には、携行火器の採用がもたらした有害な結果があったとみていた。彼は、採用された携行火器が、その戦術的役割には全く不向きだったと主張している。[*7] ロバーツの言では、この矛盾は、戦争の技術が「硬直化して不動状態になりつつあった」ことを意味し、戦争技術をそこから救い出すことができるのは急進的な行動しかなかった。改革がこんなに広範囲にわたる結果をもたらしたのは、改革者たちが意識的にねらったからではなくて、むしろ火器が生みだしていた決定的な軍事状況のせいだった。ロバーツにとっては、「戦術の革新が、本当に革命的だった変化を生みだす動因だった」。[*8] この見解は、彼の世代の大多数の人が技術と戦術について抱いた意見と合致する。とはいえ彼は技術を説明原理として用いた点で、一九五〇年代の大半の歴史家とはいちじるしく異なっていた。ロバーツのテーゼでは、火薬革命（彼はこれらのエッセーの中ではこの言葉を使っていない）は、単なる進歩を通じてでなく、否定と反応を含む弁証法的過程を通じて軍事革命を生みだした。銃砲は過去を否定して新しい総合を強制し、その新しい総合が未来へと導いたのである。[*9]

ロバーツの軍事革命は、依拠している限られた枠内ではあまり問題はないように思われる。マウリッツの改革とグスタフ・アドルフによるその実行が、すでに十四世紀から始まっていた軍事技術の変容の決定的段階を表わしていたことは明らかである。ロバーツの独創的な洞察が豊かな結果をもたらすように拡張したり磨きをかけたりすることができたかどうかは別にして、ジェフリー・パーカーは一九七六年に『近代史ジャーナル』にのせた論文『軍事革命一五六〇〜一六六〇は一つの神話か?』の中で、そして一九八四年のリー・ノウルズ講演(一九八八年に『軍事革命——軍事技術革新と西欧の興隆一五〇〇〜一八〇〇』として出版〔大久保桂子訳『長篠合戦の世界史』、同文舘、一九九五〕)の中で再度、このテーゼに徹底的な修正を加えることによって、ロバーツの洞察を事実上完全に葬り去ってしまった。パーカーはロバーツが導入した用語を使用しているが、ロバーツのアイディアにまるで奔流のような改訂を浴びせて完全におぼれさせてしまったのだ。パーカーにとっては、軍事革命は、軍事技術におこった長い一連の変化の中の単なる一つの変容(決定的な変容にはちがいないが)ではなくて、中世と近代世界との違いを特徴づける戦争の全面的変質なのだった。

パーカーは論文と著書の両方で、この長期にわたる革命の決定的段階の年代を動かして、出発点をロバーツの一五六〇年から一五三〇年ごろへさかのぼらせ、また、起源は十五世紀半ばにあると認めている。パーカーは重要な二つの点でロバーツの考えを覆した。すなわち、第一に彼は火器——大砲も小火器もともに——を、絶えず改良をつづけながら、軍事システムのほかの要素に新しい予期されていなかった課題への対処を迫ったものとみた。パーカーのテーゼはこのように、火薬に関して一様な技術的「進歩」を想定する古い考え方をもう一度述べ、技術と戦術の間に何らかの衝突があったとするロバーツの考えを消し去る。第二にパーカーは、ヨーロッパの陸戦でイタリア式築城術が広く用いられたことが、火薬を基礎にしたこの「軍事革命」の中心的要素だったと主張した。これが、パーカーによるテーゼの修正にとってなぜ一五三〇年があれほど決定的な年になっているのかの理由である。一五三〇年は、ヨーロッパ大陸で稜堡を備えた要塞の成熟と普及がはじまった時期なのだ。

パーカーは大砲の発展を、火薬技術の重要な側面とみた。大砲による挑戦は要塞化された場所の防御能力にとってきわめて深刻であり、それゆえ、鉄の弾丸を用い、粒化された火薬を火室で使用する大砲の攻撃に耐えられる新しい要塞化システムの発展を促進した。パーカーからみれば、イタリア式築城術は、火薬の初期の勝利によって一時取って代わられていた防御主義の優位を再確立した。けれども稜堡の本当の重要性は、軍隊の規模に影響を及ぼした点にあった。『イタリア式築城術』によって守られた町は、砲撃と突撃という従来の方法では攻めおとすことはできないのがすぐに明らかになった。取り囲み、飢えさせて降伏させるしかなかった」。このことは、戦争が以前の機動性と流動性を大幅に失い、そのかわりに「要塞をめぐる戦闘、一連の長びく攻城戦」になったことを意味した。[*10] この新しい戦略的現実は、「軍隊に人員をふやすよう強いた」。[*11]

「イタリア式築城術」がどのようにして軍隊の大きさを増加させたのかは、パーカーの書いたものの中ではあまりはっきりしない。一九七六年の論文ではパーカーは、「イタリア式築城術で守られた町を飢えさせるために必要な莫大な人数が強いる」要請に対応して軍隊が成長したと力説した。[*12] だが一九八八年の本では、兵士の数をどんどんふやしていったメカニズムは、攻城戦にたずさわる軍隊の大きさではなくて、これら新しい要塞に守備隊を供給する必要だったと強調した。どちらの観点からも、以前より強力な大砲によって守られる大規模化した要塞に対しては、攻城用工作物を城壁からより遠いところに設ける必要があったという議論が成り立つ。危険半径が大きくなるにつれて、包囲の円周が長くなったのである。パーカーは一例として一六二九年のヘルトゲンブッシュの攻城戦をあげており、このときは周囲一五〇〇メートルの城郭を約四〇キロメートルに及ぶ攻城用工作物が取り囲んだ。

イタリア式築城術の「幾何学的」考察と呼んでよさそうなもの——個々の攻城戦の規模が増大してより多くの人数を吸収するようになったこと——に納得した歴史家はほとんどいなかったらしい。ジョン・A・リンは論理と経験の両方の論拠から批判を加えた。彼は自分の幾何学的計算を用いて、要塞が拡大されたからといって必ずしも取り囲む塁壁の長さはそれに対応して長くなる必要はないことを明らかにしている。[*13] 単に砲列があるだけでは相手の軍——攻撃側であれ防御側であれ——が射程外へ下がるとは限らなかった。全く反対に、うまくやるには最短距離から射撃する必要があった（その理由は以前に論じた、弾道学的な不正確さから全く明らかである）。十九世紀になってからでさえ、J・G・ベントン大佐は、大砲は四〇ヤードという身の毛もよだつような近距離に据えつけるのがよいと忠告した。[*14] 前のパーカーの例をもう一度見ると、ヘルトゲンブッシュの攻城戦と同じ年、オランダ軍の兵力はほぼ二倍、つまり七万一〇〇〇強から一三万近くにまでふえたが、[*15]攻城戦そのものにたずさわったのは約二万五〇〇〇にすぎなかった。全体の数がこのようにふえたのは、ほかにどんな理由があったのか？

もっと多くを物語るのは経験的なデータで、攻城戦が占める面積も、それが必要とする人員の数も、大きくはならなかったことを示している。さらにリンの研究が明らかにしたところでは、十七世紀が進む間は攻城戦にたずさわる兵士はわずかに減少する傾向がみられ、つづいてこの世紀の終りごろには劇的な上向きに転じ、そのあと十八世紀に入ると下降傾向が生じた。[*16]同じく、この期間に要塞守備隊の規模が際立って増したことを示す経験的証拠は存在しない。「平均」の守備隊の規模を決定する問題は手に負えそうにないものである。防御兵力の大きさはおそろしく多様で、はっきりした傾向を示すこともなかったのだ。[*17]だが逸話の形で、一四一〇年にクリスチーヌ・ド・ピザンが「理想的な」守備隊として約六〇〇名を推奨していること、[*18]および十七世紀半ばの軍事通ライムンド・モンテクッコリが一〇〇〜五〇〇名を最良の守備隊規模としていることをあげてよいだろう。[*19]オランダ戦争での要塞の役割についての最近の研究は、たいていの守備隊が小さいものだったことを強調している。ナッサウのマウリッツは自伝的な『ナッサウの勝利』の中で、オランダの町や要塞を守った守備隊はそれぞれ数百人しかいなかったとくり返し述べている。[*20]攻城戦に及ぼした火器の一般的影響がどんなものだったにせよ、イタリア式築城術はそれだけでは軍隊の大きさの劇的な増大をもたらさなかったことは明らかである。

パーカーの独自のテーゼが軍隊成長の現象を説明できなかったからには、問題全体を考察し直すことがどうしても必要になる。要塞の側に新しい防御能力が発達したことはたしかに重要だったが、それはどの程度影響したのか？　イタリア式築城術と十六世紀初期に焦点が移ったとき、ロバーツによる独創的なテーゼの定式化が無視されたのは賢明でなかったのかもしれない。「軍事革命」という語句に含まれるいくつかの変化の中核をなすのは、軍隊の成長、特に十七世紀におこったそれである。「火器の初登場（デビュー）から……一九四五年の原子兵器の爆発までの間、西ヨーロッパでの軍事発展の中で、重要性で軍隊の成長に匹敵するものは一つもなかった。それは歴史を形作った」[*21]。軍隊の成長は、「軍事革命」のあとにおこった他の政治的・行政的変化の事実上すべての基底にあり、そうした変化がこのテーゼをヨーロッパの国家形成と国民構築というより広い歴史にとって重要なものにしている。[*22]「軍事革命」というテーゼは、近世初期の始まりのころヨーロッパの状況の中におこった多くの変化を軍隊の成長に関連させて説明できるので、一般政治史の研究家にとって魅力がある。実際このテーゼは軍事史の一片であるのと同じくらい政治史の一片でもあるのだ。ジェレミー・ブラックが指摘するようにこのテーゼはまた、近世初期の絶対主義の問題に圧制と暴力の面から取り組んだ修史学派にとって、特別共感を呼ぶものだった。[*23]だから軍隊の成長は、歴史の多くの分野に関連をもつ現象なのである。

軍隊の成長という観察された現象の基礎にある中心的仮定、したがってまた「軍事革命」テーゼの中心となる仮定は、火薬は成熟するにつれて、ともかくも軍隊の成長を推進する条件そのものを生みだしたというものである。「軍事革命」というテーゼは、その政治的意味合いゆえに一般史家にとって魅力的なものになったのだが、技術史家にとってこのテーゼをそれと同じくらい魅力的なものとしているのは、言うまでもなく前述の仮定である。[*24]しかし事態をこのように展望することは、原因をあらかじめ仮定して論を進めることにほかならない。軍隊の成長が含む意味はたしかに大きいが、火薬の歴史の中には、火薬が何らかの理由で軍隊の増大を促したという結論（これはじつは仮定である）を正当化するものはほとんど何もない。もっと基本的な疑問を問う必要がある。まず軍隊成長のパターンを慎重に検討することからはじめよう。

近世初期の軍隊の成長パターンを確認することは重要である。何らかのはっきりしたパターンの略図がなかったら、評者に残されるのは、情報を提供するが同じくらい誤解へと導く一般的な数字だけである。同じく重要なのは、十六世紀の軍隊を中世の軍隊と比較すること、その際大きさの比較を表にする過程全体を通じて確実に同じ基準が使われるようにすることである。統計ではよくあることだが、軍隊が実際よりもずっと急速に増大したように見せかけることは可能である。誤解へ導く例をいくつかあげよう。ヘンリー五世は一四一五年に約六〇〇〇の兵を率いてアジャンクールでフランス軍と会戦した。カール五世は一五五二年に約五万の兵でメッツを包囲攻撃した。一六三〇年ごろ、三十年戦争の最盛期に、スペイン王は約三〇万の武装兵を擁していた。[25]右の数字は明確かつ劇的な傾向の証拠であるようにみえるけれども、これらの例を額面どおりに受けとったらとんでもない間違いにおちいる。アジャンクールでのイングランド兵力の数字はたずさわった戦闘員の数を反映しているが、メッツでのカール五世の部隊の人数は、同盟軍部隊を含めた遠征に参加した実働人員の総数だった。これに対して三十年戦争の間のスペイン軍は、「書類上の（ペーパー）」兵力の見積り、つまり徴募リスト上の名目だった。[26]急激に上昇しているように見えるこの成長曲線は、表作成過程における人為的産物なのである。何が軍隊を構成するのかについて異なった基準を用いたため、右の例は釣り合いがとれないほど急速な成長をほのめかすことになったのだ。

例そのものの選び方から生ずるゆがみもある。一四一五年にアジャンクールで戦ったヘンリー五世の遠征軍は、中世の標準に照らしても少人数だった。中世の野戦軍にはもっとずっと大規模なものが認められるのである。一二九八年イングランドのエドワード一世の軍勢は、信頼できる見積りによれば二万九〇〇〇名で構成されていた。[27] 一三四六年にクレシーで戦ったエドワード三世の軍勢は、書類上でたぶん約三万二〇〇〇の兵力を擁し、そのうち約一万五〇〇〇が実働人員だったし、フランス軍はそれよりさらに多勢だった。[28] 軍隊の規模の成長を示す曲線は、一三四八～五〇年の黒死病流行以後の例を基準線に選ぶと、誤解を与えかねないゆがんだ形になってしまう。流行以後五〇年以上にわたって、軍隊は縮小したままだったのである。一三五六年にポワチエで黒太子（ブラック・プリンス）はわずか約六〇〇〇～八〇〇〇の部下を率いて戦ったが、これはクレシーで戦った父の軍隊のおよそ半分の規模しかなかった。[29] しかし黒死病に関連した人口減少がおさまって十五世紀に再び人口が増加しはじめるにつれて、軍隊の大きさも一般に増大した。アジャンクールでヘンリー五世に敵対したフランス勢でさえ、（見積もるのが若干難しいのだが）約二万四〇〇〇名にのぼったと見られる。[30] 一四八〇年代にスペインのカトリック軍が三万六〇〇〇から五万六〇〇〇（たぶんすべてが実働人員ではないだろう）の兵力でムーア人のグラナダと戦ったことがわかっている（表2を参照）。[31] もう一つ別の例では、ブルゴーニュ性急公シャルルは一四七六年の晩冬にスイスに侵攻したとき、二万五〇〇〇と見積もられる職業兵士を引きつれていた。[32]

こうした人数と、十六世紀前半に見出される人数との間に差異はほとんどない。一五二五年のパヴィアの戦で、ハプスブルク軍は総計約二万～二万五〇〇〇、フランス軍は約二万五〇〇〇～三万だった。[*33] 十六世紀には提携や同盟がますます頻繁に結ばれたため、単一国家の兵力が一定のままだったとしても見かけの数はふくれた。たとえば一五五二年にメッツを攻めたカール五世の軍勢は前述のように五万とされているが、実際には約三万五〇〇〇のハプスブルク部隊だけで、これは敵対するフランス軍の数にほぼ等しかった[*34]（悪天候の中、長期にわたる攻城戦の緊張にさらされたとき、メッツを包囲攻撃する諸軍の提携が危うくなったことは特記する価値がある）。[*35]十六世紀半ばでさえ、五万をこえる単一国家の軍隊はきわめてまれな一時的なものだった。たとえば一五五四年に、アンリ二世率いるフランス軍は短期間だったがピーク時には五万一〇〇〇名に達した。[*36] イタリア式築城術は十六世紀半ばの数十年間に広く用いられるようになったため、同時期に軍隊も急速に増大したという誤った印象が、その新しい要塞建設はいずれにせよ軍隊の増大に寄与したという誤った考えを増長させている。実際には、軍隊の成長の年代表と攻城戦の年代表とがぴったり合う例はたった一つしかない。それは北海沿岸低地帯でおこったハプスブルクのスペイン戦争である。

十六世紀半ばをすぎると軍隊の規模はほんとに増大しはじめた。もっと正確にいうと、「一つの」軍隊、つまりフランドルのスペイン軍の大きさが増した。同軍は十六世紀後半の大部分にわたって平均して六万～六万五

表2　グラナダ戦争における兵力

年	歩兵	軽騎兵	合計
1485	25,000	11,000	36,000
1486	40,000	12,000	52,000
1487	45,000	11,000	56,000
1489	40,000	13,000	53,000

出典：Contamine, *War*, 135.

〇〇〇の兵力を保ち、一五七四年三月には最高の八万六〇〇〇に達した。[37] 北海沿岸低地帯のハプスブルク軍は五〇年以上にわたってほかのどの軍隊より多勢だった。フランス軍の規模は比較的変動が小さく、宗教戦争の間でさえそうだった。アンリ四世は宗教戦争の最終段階で五万もの大軍を指揮下においたようだが、これでさえ例外的で、三万というのがより通常の状態だった。一六一〇年の戦争に向けたアンリの計画（彼が暗殺されたため挫折した）は五万四〇〇〇名しか必要とせず、そのうち三万名が野戦軍になるはずだった。[38] 小国ほどフランスに似た行動をとった。たとえばヴェネチアは一五〇九年と一五二九年に約三万名を出動させ、一五七〇年になってやっと約三万五〇〇〇名を出動させたが、一六一七年にヴェネチア共和国が出動させたのは二万六〇〇〇名にすぎなかった。[39] イングランドのヘンリー八世は一五四四〜四五年のブーローニュの包囲攻撃に四万の軍勢を出動させたが、彼のけちな後継者たちはこの世紀の残りの大部分にわたって、約二万〜三万の人員しか都合できなかった。[40]

数字の間のもう一つのずれが十六世紀の後半にはっきりしてくる。「書類上の」軍隊と野戦軍の間のくいちがいが大きくなるのである。カール五世の大臣たちは一五五二年の兵員を一四万八〇〇〇と計算したが、その年にカールが行なった最も重要な軍事的冒険、つまりメッツへの出兵に実際加わったのはその四分の一以下（つまり約三万五〇〇〇）にすぎなかった。この種のくいちがいはハプスブルク統治下ではありふれたものになった。そして一五〇〇年代の終りごろ、およびその後数十年間は、すべての軍隊の特徴だった。どの交戦国にせよ、戦場に集めることのできた実働人員の実際の数は、戦う両国の政策、資源、主張のいかんにかかわらず、不思議なほど著しく一致していた。どの程度の規模の軍隊を引きつれていけば実効ある遠征が可能だったかは、実際には十六世紀の野戦軍の大きさに対する「自然限界」によってきまることだった。三十年戦争の戦闘でさえ、十六世紀初めのレベルに近い規模の軍隊で戦われるのがふつうだった。サイモン・アダムズによれば、「［戦場で］数が四万をこえることはめったになく、三万〜四万ですらけっしてふつうではなかった」[*41]。デヴィッド・パロットの主張はそれ以上にもあからさまで、「一七万五〇〇〇人［スウェーデンの書類上の兵力の最高値］がただ一つの前線に集中したら飢えるだけだろう」[*42]と言い切った。しかし軍隊の書類上の兵力は十七世紀初めにはふえつづけてますます水ぶくれの数字になっていき、主要交戦国では数十万、少なくてもたぶん一五万に達した。アダムズはこの事情を次のように要約する。「野戦軍の規模はこの時期全体を通じて比較的一定だったのだが、三十年戦争がはじまると計画された軍隊の総兵力は劇的なまでに増大した」[*43]。

実際の野戦軍と書類上の兵力とのこのくいちがいは、十六世紀半ばにはじまったきわめて多数の要塞建設に大きな原因がある。八十年戦争（オランダ独立戦争）では、大規模な野戦がすたれて攻城戦が主体になるにつれて、地方を支配するために要塞化された場所が多数見られるようになった[*44]。オランダ独立戦争では、主として多数のスペインの砦の守備隊に充当するために、空前の規模で軍事要員が吸い上げられた。スペインの対ネーデルランド政策では、人員と資材が反乱軍へ流れるのを取り締まるとともに、信用できない都市住民を監視する砦の役をさせるため、要塞が重視された。オランダの抵抗を粉砕するには、地域全体に圧倒的に優勢な兵力を戦略的に配置するほかない、とスペイン側は感じた。会戦はできるかぎり避けるべきだった[*45]。それは消耗戦をめざす戦略であり、オランダ独立戦争はまさにそうなった。それはまた、大規模な、半永久的な軍事体制を必要とする戦略であり、スペインにとって供給と支援が大きな重荷になるものであった。

この「スペイン的戦略」はまた、兵士の総数と野戦での実働員数との差がなぜ増加したのかをも説明する。守備隊の任務にますます多くの兵力が注ぎこまれた。軍事史家のなかには、守備隊が野戦軍から人員を「しぼりとった」と文句を言ったものもいるが、他方、必要な戦闘兵力を超えた「過剰な」歩兵がいたのだという軍事史家もいる。これらは同じ現象を二つの方向から眺めたにすぎない。*46 人員を配置しなければならない要塞の数はふえたが、要塞の守備隊そのものの大きさは増さなかったのだ。*47 十六世紀後半から十七世紀初めにかけて軍隊に変化が見られたのは、戦争の戦略構想が変わって、要塞による領土の支配により大きい信頼をおくようになったからであり、要塞戦そのものが変化したからではないのである。

この時期の軍隊の増大は三つの主要段階をたどって進んだ。第一に、野戦軍は黒死病がもたらした人口減少の影響から立ち直り、兵站から考えて限界と思われる規模、つまり最大で約三万五〇〇〇人まで増加し、以後一五五〇年までの約一世紀間安定を保った。二番目の段階は十六世紀の後半、ハプスブルクのスペインがさらに多くの要塞を建設し、そこに守備隊として兵員を送りこむ政策を進めたときにはじまった。この政策がとられたのは、主として遠隔の敵地での反乱を押さえつけるためだったが、たいへん有効なことがわかったので、スペインの敵も、ほかのどんな戦術も成功しないことがはっきりしたとき、結局スペインの方法をまねせざるをえなかった。

これが第三の段階へ導いた。始まりは一六〇〇年ごろ、すべてのヨーロッパの軍隊がスペインの手本をまねたあとである。この最終段階は伝統的な軍事用語を使って理解できるように思われる。つまり脅威が反応を引きおこし、技術革新が模倣を生んだのだ。ひとたびスペインが軍隊の規模を段階的に拡大する道へ突き進むと、スペインの敵は何とかしてその方策に対抗せざるをえず、結局のところ増大した規模に追いつくよう全力をつくすほかなかった。

右の年代記的な記述は、兵士数の増加が象徴している現象が十六世紀というよりはむしろ十七世紀のものであることをきわだたせている。このことは数字自体によって裏づけられる。スペイン王朝で最大の兵士の総計三〇万は一六三〇年代に達せられた。オランダ共和国は、スペインに抵抗する必要に強く迫られていたにもかかわらず、一五九〇年代には武装兵は二万しかいなかった。この数字は一六三〇年代に五万に、十七世紀後半には一〇万～一一万に上昇した。[*48] スウェーデンは、兵力のレベルが約一万五〇〇〇から一六三〇年代に約一八万に増大するにつれて、戦力面での小国から三十年戦争に参加した大国の一つに成り上がった。戦後の一六五〇年代に兵力は低下してわずか五万ほどになったが、そのあと再度急激に上昇して一七〇〇年ごろには約一〇万になった。イングランドは、スウェーデンを駆り立てた王朝の野心とはおおよそ無縁だったが、この国でさえ兵力数はけちなエリザベスの時代の二万～三万から、十七世紀末の数十年間には七万～八万五〇〇〇かそれ以上にまでふえた。[*49]

フランスについてはもっと詳しく描写することができる。十五世紀後半から一六一〇年までの期間の大部分は、平時の兵力はほぼ一定の一万～一万五〇〇〇のレベルにとどまったが、戦時兵力のレベルは平均して十五世紀後半には四万〜四万五〇〇〇、十六世紀後半には五万〜八万だった。[*50] 増大がめざましくなったのは、フランスが三十年戦争で積極的な役割を演じたとき、つまり一六三五年から一六四八年にかけてである。フランス軍の理論上の規模は約二〇万に達したが、これはさまざまな理由から「割引(ディスカウント)」して実際の兵力を約一二万五〇〇〇とすることができる。その後、オランダ戦争〔フランスのルイ十四世が行なったオランダに対する侵略戦争〕の間(一六七二〜七八年)に理論上の数字は二八万近くに達し(割引すれば二五万三〇〇〇)、アウクスブルク同盟戦争の間には理論上の兵力レベルは約四二万(割引すれば三四万)に達した。政治史の観点からすればそれ以上にも重要なことだが、平時兵力は非常に高いレベルにとどまり、三十年戦争のあとで約七万二〇〇〇名、一六七八年以後は少なくとも一四万名であった。[*51] スペインを除けば、軍隊の成長の主な時期が十七世紀だったことは明らかである。

技術と戦術——長期の展望

軍隊の成長の問題を、十六世紀だけに集中して説明するのでは、この現象の主要な点を無視することになる。結果に見合った原因が示されねばならない。歴史的時間の中で特異な一時期をしめる単一の「軍事革命」という観念を乗りこえる必要がある。十四世紀から十七世紀初めまでのもっとずっと長い期間にわたって、一連の軍事上の変容がおこった。[*52] これらの変容(「軍事革命」とどうしても呼びたければそう呼んでもよいが)のうち最初のものは、十四世紀に、野戦での歩兵の重要性が増大するとともにおこった。攻城戦ではいつも重要な役目を果たしてきた歩兵が、攻城戦という影の中から表舞台に姿を現わしたことは、非常に重要な意味で、軍事システムの自立性を例証している。つまり軍事システムは、新しい技術からの重要な入力がなくても根本的な変化をすることができるのである。十四世紀に歩兵の地位が上がったのは主に、古い兵器――槍、長弓または弩、長柄の矛と斧槍――が組織化されて新しいもっと効果的なやり方で戦場に投入されたおかげだった。とはいえ、歩兵への転換は、いくつかの因子――たとえば歩兵は概して攻撃的な行動ができないこと――によって阻害されたが、最も主要な因子は、その時期には城の戦略的意義に何ら変化がなかったという事実だった。軍隊は野戦で勝利を勝ちとることができたかもしれないが、敵から拠点を奪うため攻城戦を行なう必要は、なおもすべての戦争の戦略的状況を支配していた。それはイングランド人が百年戦争の中でくり返し学んだ教訓だった。

城の重要性が変わらなかったので、火薬の主要な役割は非常に急速に攻城戦への寄与ということになった。ひとたび硝石の高い値段という経済的隘路が突破されると、化学的爆発物がもつ潜在能力は飛び道具を劇的なまでに改善し、それによって戦争を変化させた。イングランド軍はヘンリー五世の指揮下にはじまったランカスター家によるノルマンディー征服でこの新技術を利用したが、息を吹き返したフランス王朝がそれ以上にすぐれた攻城砲を考案すると、イングランド軍は最終的に同じ方法によってフランスから追い出された。この段階（十五世紀の初めから半ばまで）での火薬兵器の戦術的意義は、伝統的な野戦での主人公、重い鎧を着た騎士の重要性を明確にした。銃砲が重い鎧を着た騎士に対して示したかもしれない脅威は、騎士の襲撃を免れる安全な避難所としての要塞の価値を大砲がはなはだしく損じたため、相殺された。攻城戦はいつも騎士には歯の立たないものだった。なぜなら、城壁を少しずつこわしていくという手のかかる仕事では、騎士の身につけたわざはどれ一つとしてろくに役に立たなかったからである。けれども今や指揮官たちは、攻城戦にたよって攻撃軍に時間と金を使わせることができなくなった。野戦で攻撃軍に歯向かうことは、すべてを考慮すれば、以前よりはよい選択になった。大砲はもちろん野戦でもある役割を演じたけれども、やはり大きくて重いため不利な面があった。攻城戦でこれら重い砲を価値あるものにした特徴そのものが、野戦で使うには妨げになったのだ。十五世紀から十六世紀初めにかけて野戦は突如としてかつてほとんど例をみないほど盛んになり、要塞にたよる典型的な戦略に固執した国々、たとえばムーア人のグラナダは、自分たちが絶望的な負けいくさを戦っているのに気づいたのだった。

　次の変容がおこったのは、十五世紀後半にスイスが歩兵軍をなんとか新しく再生させることができたときである。十四世紀後半にフランドルの諸都市が敗北した結果槍は姿を消したようにみえたのだが、スイス軍が一四二二年のアルベドの戦でミラノの騎兵に負けたあと槍を大量に採用したとき、それが誤りであることが判明した。一四七六年と七七年にブルゴーニュ軍を負かして支配者の公爵を殺したスイスの槍兵隊は、ヨーロッパの政治史の進路を大きく変化させた。とりわけこの勝利は、槍という単純な武器で武装した歩兵軍の有用性をきわだたせた。フランス王は直ちに将来の紛争の際にスイスの槍部隊を使用する選択権（オプション）を買いとり、ハプスブルク家は有名なドイツ傭兵隊（ランツクネヒト）の中にスイスの槍兵隊にまねたものを作りださざるをえなくなった。もちろん槍はどんな技術革新にも縁のないもので、これまでの一〇〇〇年間のどの時点でも武器として出現することができただろう。戦場で槍を効果的に使えるかどうかは、ひとえに徴募の仕方、訓練、規律にかかっており、その点ではスイス軍はヨーロッパ全体の手本だった。フランドル軍の場合とちがって、スイス軍が槍での戦争に取り組む際の方法は、他の軍が学んでまねすることのできるものだった。ひとたびスイス軍が槍を使って何ができるかを明らかにすると、ほかの国はやむをえず同様な軍隊を作ることをやってみたのだ。

槍の広まりとほとんど同時に、砲撃に耐える新しい形の要塞がフランチェスコ・ディ・ジョルジョやサンガロ兄弟の図面に現われはじめた（じつはいくつかの都市は、進歩的な建築家の助けなしに、砲撃に耐えられるようにするためのつつましい方法を実行しだしていた）。火薬に生じた技術的変化（砕片状火薬、カリ硝石、粒をそろえる粒化法）および銃砲そのものにおこった変化（一体鋳造の先込め式）の大部分は、ほんの一時だが大砲の優位を生みだすのに貢献した。しかし銃砲の支配は始まったときとほとんど同じくらい突然に終わってしまった。攻城戦はより長くなった。というよりも中世の攻城戦とほぼ同じ長さに戻った。たとえば、一五〇〇年から一六〇〇年までのフランスの攻城戦は、平均して約六五日間つづいた。[*53] この数字は多くの中世の野戦指揮官にとってはありふれたものにみえただろう。この旧態の復活によって、攻城戦はまたもやすぐれた防御戦略、敵を長期間縛りつけておくことができる戦略になったのだった。

この期間にきわめて長期に及ぶ攻城戦があったのは確かで、中にはものすごく血腥いものもあった。たとえば一六〇一年七月から一六〇四年九月までつづいたオステンデの包囲攻撃では、たぶん四万かそれ以上の人命が失われた。[*54] とはいってもオステンデは海上から補給を受けることができた点で例外的だった。攻城戦が長くなったのは一般に、攻撃と防御の技術のせいというよりもむしろ戦略的・政治的考慮から生じた結果のように思われる。延々とつづく攻城戦は、いつの時代にも、またどんな包囲攻撃の方法が使えようと、おこるものだ。たとえばイギリス諸島でもっとも長期にわたった攻城戦は、ウェールズにある非常に中世的なハーレック城をめぐっておこっている。ここは後にヘンリー七世になる人物が一四六八年まで七年間憂鬱な生活を送ったところだった。イタリア式築城術は、攻城戦にかかる費用をおおよそ中世のレベルまで引き上げることによって、十六世紀の戦略に強大な影響を与えたが、その影響は革命的というよりはむしろ反動的とみなければならない。「軍事革命」の前には「軍事復古」、つまり新しい技術に基づく古いパターンへの回帰があった。そしてこの事情がこんどは深刻なまでにアンバランスな軍事状況を生みだしたのである。

まだ火と石のせめぎ合いが攻城戦でつづけられていたころでさえ、火薬技術でおこりつつあった変化が小火器の出現を可能にした。これらの小火器は初めて十分安価になったし、いずれ戦場環境の中の一般的で見なれた主役になれるほどの殺傷能力をもっていた。十五世紀にドイツの鉄砲鍛冶が発明した火縄式アルケブスは、十七世紀の末まで標準の軍用兵器になっていた。それ以後ですら、アルケブスの後をついだ燧石点火式(フリントロック)のマスケット銃は、あまりにも多くの特徴が前者に似ていたので、この二種類の銃は弾道学的には等価であるとみることができる。そのように長期間存続したことは、戦闘である程度有効だった証拠なのだが、ここから、アルケブスが採用されたのは以前の銃よりすぐれていたからだったという正しくない想定が導かれてしまう。戦闘の中での小火器の実際の歴史は、異なる論理を示唆している。これらの銃はもともとは、包囲攻撃されている市の城壁を守るために市民兵が好んで用いたのであり、野戦に採用されるのはもっとおそく、しかも全く保守的な状況のもとでなされたのだった。

十六世紀のごく初期、一五〇三年のチェリニョーラの戦以来、野戦での小火器戦術は攻城戦での小火器の用法をそっくりまねていた。アルケブス兵は自分が守ることのできる野戦築城を必要とした。アルケブスは槍と同じく主に防御兵器として有効で、短距離では大きな損害を与えることができた。けれども、命中精度が悪いこと、再装塡に時間がかかること、殺傷距離が限られていることで、能力にきびしい限界があった。重い、つまり「スペイン式」マスケット銃は、それ自体は大形の十五世紀の銃「ハッケンビュクセ」へ逆戻りしたものだったが、そういう現実の問題を解決するにはほとんど役立たなかった。重い弾丸を発射するこのマスケット銃は、歩兵の射撃による致死距離をほんの少し延ばしただけであり、命中精度や発射速度はもっと軽い銃とまるで変わらず貧弱だった。たいていの軍隊で、大きい銃から得られる利点は、余分の重さと全体的な扱いにくさがもたらす問題にほとんど引き合わなかった（十七世紀になって明らかにマスケット銃がアルケブスに勝ったのは、縮小されたマスケット銃、つまり「軽い」マスケット銃が十六世紀の「スペイン式」マスケット銃よりもアルケブスのほうに似るようになったことに原因があった）。*55

問題は、小火器を内側において守るという狭い戦術的状況に限定することなく、小火器の能力を利用する方法を見つけることだった。解答は歯輪点火式ピストルの中に見出された。この武器は、より重いアルケブスの短距離での貫通力の大部分と、すべての滑腔兵器につきものの命中精度の悪さを克服するために必要な機動性とを併せもっていた。ピストルはわずか数メートルしか離れていないところから弾丸を発射することを可能にしたのだった。中武装の騎兵つまり「ピストル騎兵」が手にするピストルは、馬上槍に依存する伝統的な重騎兵にとってきわめて大きな脅威だった。重騎兵は槍とアルケブスで構成される歩兵の防護能力によって負かされてきたものの、ピストルが現われるまではこれらの兵科の間には不安定ながらもある平衡状態が存在した。つまり重騎兵が依然として一兵力として戦場にとどまっているという事実そのものが歩兵戦術の進化を抑制し、互いに補強し合う槍と火器の大きな、比較的動きにくい方陣に引きつづき頼らざるをえないようにしたのである。しかし十六世紀の第三・四半期の戦場環境の中にピストルが広まってくると、重騎兵はほとんど壊滅に瀕した。重騎兵が衰微すると一時期歩兵が勝利を謳歌することになった。なぜなら歩兵の戦列に弾丸を射ちこむピストル騎兵の戦術、つまりカラコールは、ふつう歩兵の隊列を崩すには効果がなく、しかも騎兵を危険な短射程のアルケブスやマスケット銃の射撃にさらすことになったからである。

ひとたび重騎兵の脅威が除かれると、槍はもはや以前ほどには必要でなくなった。戦闘状態のもとで部隊を作戦的に動かすやり方が変化するにつれて、槍対銃の比率も変化しはじめた。十六世紀の後半に、兵科の比をいろいろに変えてみる、「運動」すなわち訓練を積んだ隊形変換の多くの方式を試す、一斉射撃で銃弾を浴びせるときのさまざまな体系を試すといった偉大な実験の時期がはじまった。兵士を訓練して実行させる隊形変換の焦点は、純粋に防御的な作戦行動から、さまざまな条件下で一つの敵に対抗する各種の兵士の数を最適にするような隊列へと移った。そのような「運動」を適切な時間内に学ぶために必要な訓練は、規律正しいグループの一員としての兵士の存在そのものの象徴になったし、兵士が自分は切り離された特殊な社会に属していると意識するようになるための肉体的基盤になったことも大いにありうる。[*56] 騎兵の観点からすれば、カラコールが貧弱な成果しかあげられなかったことは、急襲戦術（今では馬上槍のかわりにサーベルが主になった）への回帰を促したし、ピストルのさまざまな利用法を奨励することになった。フランスのアンリ四世はこれらの改革を最初に試みた一人で、グスタフ・アドルフがその改革をまね、かつ拡大した。[*57] 騎兵の急襲戦術が再び戦場に出現すると、槍の数の減少はくいとめられ、新たな平衡が成立した。歩兵はなおも槍を使った訓練をつづけたが、一六〇〇年代の終り近くになって銃剣が発明されるとマスケット銃が一種の槍になり、歩兵一般をいくつかの類に分ける必要はなくなった。

十六世紀におこったこれらのすべての変化が生んだ正味の結果は、戦術分野でも戦略分野でも防衛行動の可能性を高め、攻撃行動の可能性を低めたことだった。野戦の戦術では、槍と小口径火器との互いに補強し合う防御の偏重が支配的になった。槍は歩兵部隊の攻撃能力と防御能力とのバランスを、防御に有利なほうへ強く傾けさせた（スイス兵が槍での攻撃に成功したのは、スピードと単なる強がりのせいで、武器の特徴のおかげではなかった。ビコッカの戦のあと同じ戦術を再度試みた人はいなかった）。クレシーの戦での長弓と同じように、飛び道具部隊は常に主として防御的役割を演じ、弓がアルケブスにかわっても、この同じ防御偏重を強めたにすぎなかった。はじめ槍は重騎兵を骨抜きにしただけだったが、そのあとピストルの出現によって騎兵は歩兵に効果的に対抗することが全くできなくなり、ついに戦場から追い払われた。この時点で敵の隊形を崩して勝利をもぎとることはもはや不可能になった。戦場でのどんな行動の代価もずっと高いものにつくようになった。成功は「槍対槍の突き合い」の中で、特有の高い死傷率を伴いながら、苦痛のうちに少しずつ勝ちとるほかなかった。新しい要塞が攻城戦を中世の地位へ戻し、再度防御戦略の選択を好ましいものにした一方で、槍とアルケブスは戦術に強い防御偏重を生みだし、戦闘で攻撃側が勝利を収めるのを難しくしたのだった。

勇敢な指揮官や、大胆な攻撃的行動をとなえる人々の時代ではなかった。十六世紀のどの戦闘を眺めわたしても、防御側が優位に立ったことは歴然としている。十六世紀の三二の「精密な計画に基づいて行なわれた」戦闘[*58]のうち、攻撃を仕掛けた側が明らかな勝利を収めたのはたった五例しかなかった（ただしモンコントゥールの戦では攻撃側が勝ったものの、死傷者は負けた側より多く、古代のピュロスの勝利〔前二七九年〕のように引き合わないものだった）[*59]。ほかの三つのケースでは、攻撃を仕掛けた側ははじめは防御側に追い返されたが、防御側は勝ったと思って自分たちの有利な立場を捨て、防御工作物を出て敵を追いかけた。すると逃げていた攻撃側は再集結し、今や防護のなくなった防御側に反撃を加えたのだった。[*60]サン・ドニの戦（一五六七年）もこのケースで、このときはたった約三五〇〇のユグノー軍がずっと多勢の国王軍（約一万九〇〇〇）の攻撃を阻止するのに成功した。ユグノー側のプロテスタントの騎兵は退却する国王軍の追跡を思いとどまることができず、国王軍騎兵の反撃のためにすさまじい損害を被ったのだが、日が暮れると両軍は退き、勝敗はきまらなかった。

防御の力をそれ以上にまざまざと示す例が一五五三年マルチアノでおこった。このときパオロ・ストロッツィ率いるフランス＝シエナ軍はうっかりしてハプスブルク軍の中へ入ってしまい、一四〇メートル以内の距離まで突っこんだ。両軍はまる一週間その場にとどまり、互いにひっきりなしに狙い撃ちをくり返したが、けっして攻撃も後退もしなかった。モンリュックは次のように語っている。ストロッツィは、「もしも一度でも相手［ハプスブルク軍の指揮官ジャン・ジャコモ・デ・メディチ］を塹壕の外へ誘い出すことができたなら」戦っただろうが、相手は「もしも自分が先に動いたなら、［ストロッツィは］まちがいなく自分と戦うだろう」とさとっていた。[*61]どちらの指揮官も、進むにせよ退くにせよ動けば、それを合図にして相手がより強固な位置から攻撃してくることを認識していた。このため膠着状態がつづいたが、ついにストロッツィの補給が底をつきはじめた。そこで彼は大胆にも昼間の退却を試みたが、それは潰走に変わり、フランス軍は一万二〇〇〇の軍勢のうち約四〇〇〇から五〇〇〇を失った。[*62]マルチアノの戦は、十六世紀半ばの指揮官がどれほど強く防御戦術とそれに伴う思考パターンに執着したかを、ほかにほとんど類を見ないほど鮮やかに例証している。

いくつかの重要な時点で、出現しつつあった新兵器が決定的な役割を演じた。十五世紀の大砲と、十六世紀の歯輪点火式ピストルは、技術が積年の習慣をかなり素早く変えられることを示す模範例（モデルケース）である。けれども、もっと長期にわたる技術変化のさらに大きなパターンを見ると、一つの皮肉なねじれが浮かんでくる。十六世紀におこった軍事作戦の変容の原因は、技術と戦術の技術革新に帰されるのがふつうだが、実際におこったのは、さらなる技術がなかったために生じた一種の戦術的停滞だったのである。十六世紀半ばまでに、新（および旧）兵器の新しい使い方がもたらした軍事環境は、勝利を達成することをますます困難にした。まさにこの時点で軍備のめざましい技術革新は事実上止まってしまった。火薬製造と、大砲および小口径火器の両方の生産に技術革新があったのは確かだが、どちらも弾道学上の重要な結果は何ももたらさなかった。言いかえれば、粒をそろえる粒化法と歯輪点火式ピストルが導入されたあとにおこった技術革新は、新しいよりよい兵器を生みだす方向よりはむしろ既存のタイプの火薬や兵器の生産を改善する方向へ向けられる傾向があった。

十六世紀半ばの数十年間から、十七世紀後半に銃剣が広く使われるようになるまでの間、火器の技術はごくわずかしか変化しなかった。十六世紀のアルケブス兵は、もしも燧石式点火装置になれていたら、十八世紀ヨーロッパのどんな軍隊のマスケット銃の教練にも、たぶん全く容易に順応することができただろう。同じようにオランダ戦争時代の親方砲手は十八世紀の砲台に配置されたなら、たぶん実際の発射操作よりも砲架の変化のほうにまごついただろう。技術変化が少数で時間的にもひどくとびとびだった長い年月の間、技術はそのもっともよく知られた方式――ほかの変化を誘発する――で力を及ぼすのをやめて、そのかわりすべての行動を制限するものとして作用した。[*63] 十六世紀とその後に出現した技術――エッジローラーを用いて火薬の成分を混合する方法、[*64] 大口径の鉄製大砲の鋳造の成功、[*65] 小火器用の点火機構でのさまざまな技術革新――はすべて質的な目的よりもむしろ主として量的な目的に役立った。これらは火薬と火器を以前よりも安価に、より生産しやすくし、いっそう容易に手に入るようにしたが、銃砲そのものの基本的特徴を変えることはほとんどしなかったのである。戦争のパターンは、いったん確立されてからは、ほかの力に突き動かされないかぎり変化しなかった。新しい技術革新がつけ加わったからといって、それに反応して変化することはなかった。

十七世紀のもっと大胆な技術革新のいくつか、たとえばグスタフ・アドルフの「皮革砲（レザー・ガン）」[☆3]（軽くて機動性の大きい野戦砲を作ろうという試み）ははっきりした失敗だったが、[*66] ほかの技術革新、たとえば扱いにくい火縄点火技術の終りを約束した燧石式点火機構はごく徐々にしか採用されなかった。たぶんそれらが高くつき、また個々の兵士の射撃能力にはほとんど寄与しなかったからだろう。さらに他の変化、たとえば十八世紀に大砲の火薬に単一の粒径を用いたこと（イギリス海軍省の主張による）は絶対的な退歩だった。もしも長期にわたる比較をするならば、十五世紀と十六世紀前半は急速で根本的な革新の時代だった。十六世紀後半、十七世紀、十八世紀前半は技術が取るに足りない変化しかしなかった時代だった。この時代の指揮官たちは、以前の時代の技術が作りだした戦術的・戦略的限界の中で生きなければならなかった。

永遠に規則正しい歩調で進む技術的「進歩」という幻想をふり払うならば、変化する戦争の中で技術の演じる役割がもっとはっきり見えてくる。技術的変化の不規則なリズムは、極度に多様な結果を生みだした。はじめは火薬が攻城戦で短期間に勝利が得られそうな希望をもたらしたが、十六世紀半ばにはこれは惨めな期待になった。はじめは火薬兵器が、伝統的に野戦での勝利を約束した兵科つまり重騎兵の地位を強化したが、十六世紀後半になると重騎兵はひどく衰退した。火薬技術は成熟するにつれて、槍とともに攻撃的戦争の期待をぶちこわし、そのかわりに度を越した防御の可能性の期待だけを提供した。後世の人なら「決定的な」勝利と呼ぶであろうものは、可能性の地平線のかなたへ遠ざかってしまった。そのあと戦争の技術は、すべての交戦国が成功の希望を少しでももちたければ全く同じように振る舞わなければならないという局面へ入っていった。これは、ロバーツが独創的にもマウリッツとスウェーデンの改革の出発点とみた古い状態だった。彼にとってはそれは、事物の自然な状態の「ほとんど全面的な劣化」であり、「戦争の技術が硬直化して不動状態になりつつあった」状況だった。[*67] 彼の唯一の誤りは、これらの状況を、当時の兵器の誤用から生じたとみたことだった。じつはそれは、兵器に固有の技術的特徴から出てくる論理的帰結だったのである。

大規模化する軍隊

なぜ十六世紀に軍隊の規模が成長しはじめたのかについては、単一の理由は存在しないけれども、戦略面でも戦術面でも防御が第一となったことが軍隊の規模を増すための強力な「論理」を提供した。第一次世界大戦では機関銃と塹壕がもつ防御上の優越性のゆえに軍隊は未曾有の規模で拡大することになったが、それと同じように十六世紀の指揮官は、スペインを先頭に、敵に対抗する新しい方法を見つけ、最終的には自分たちの兵力を大幅に拡大した。槍軍団を負かすのは難しかった。戦争の基本的な論理が示唆するところによれば、戦術レベルでは攻撃側は兵力の大きさを増すことによって弱点を克服できると期待してよい。兵力が大きいほど防御側を側面から攻撃することも、あるいは包囲することさえ、やりやすくなる。攻撃兵力が大きくなったことに対して防御側が対応する方法は一つしかない。こちら側も兵力レベルを高めて、攻撃側に側面攻撃や包囲をする機会を与えないような隊形に展開するよう努めるのである。とはいえこれは軍を拡大するための理由としてはかなり弱かった。なぜならそれは、兵站上の限界が野戦軍の大きさを制限したこと、および野戦がますますおこりそうもなくなってきたという事実によって、相殺されたからである。

同様な線に沿って、戦闘の残虐性が増したことも、程度は大きくなかったとはいえ軍隊の成長を促した。戦闘の致死率は十六世紀にはそれ以前より高くなった。捕虜にして身の代金を要求する習慣は、隊形を保って戦う必要からも、また当時の歩兵部隊には捕虜にする価値のある人間の数が減ったことからも、弱まった。火器はよく高貴な家柄の人々の死者数をふやしたと非難される――これは事実でないか、せいぜいのところ半面真理にすぎない――けれども、スペインの「テルシオ」またはドイツ傭兵隊を構成する集団のほうがずっとよい標的になったことは確かである。彼らは防具をほとんど着けずにゆっくりと移動したからである。十六世紀の死傷率はそれ以前の時期に比べて劇的なほど高かった。「一四九五年から一六〇〇年までの二〇の戦闘で、負けたほうは人員の三八パーセントを失った［殺されたか捕虜になった数で、負傷者は含まない］が、勝ったほうは六パーセントしか失わなかった」[*68]。チェレゾーレの戦（一五四四年）では全戦闘員二万五〇〇〇のうち約七〇〇〇が死んだ。[*69] それに引きかえ、はるかに大きな中世の戦、たとえばブーヴィーヌの戦（一二一四年）では、敵味方合わせて約七万の実働人員のうち、殺されたのはたぶん一〇〇〇の歩兵と一〇〇以下の重騎兵で、はるかに低い死亡率だった。[*70] 実際、チェレゾーレの死亡率二八パーセントは、現代の標準からみても、あるいはナポレオン時代の標準に照らしてさえ、過大とみなされるだろう。十六世紀の野戦の指揮官はこんないやな現実に直面せざるをえなかった。たとえ会戦で技術的に勝利をおさめたとしても、その代償はあまりにも高くついたので、彼らはその後しばらくの間手も足も出せなかったろう。人道的考慮はその論理の中では何の役割も演じなかった。訓練を積んだ兵士はあまりにも貴重だったから、気まぐれに無駄使いするわけにはいかなかった。だから戦闘は、絶対に必要なものでないかぎり避けられた。

　この問題に対する十六世紀の解決は、軍隊の成長に刺激をもたらした。槍をふるう軍隊は、戦闘の道具としてよりも、領土を占有し、陣地を互いに補強し、一般市民を支配し、どんな攻撃軍にも局地的な数の優位を許さないようにするための手段として用いられるようになった。[*71] 新しいスタイルの要塞は、大規模な軍隊のための本拠地と、人と物資の流れを支配下におくのに使うことのできる攻めおとしにくい拠点の両方を提供したから、この新しい政策の重要な一面だった。この「領土的な」戦略をとった結果、戦争は極端に戦闘を避けるようになった。戦略的行動はゆっくりとした動きで行なわれ、軍隊は出撃が可能な（といってもたいていの場合出撃しなかった）位置につくためにたえず移動させられた。駐留部隊をおいた要塞による領土の占領・支配が、戦争をするときの支配的論理である積極的な戦闘の追求にとってかわった。このタイプの戦争のたぶん最もよい例は、一五九〇〜九二年にパルマ公がカトリック同盟軍を支援するために行なったフランス出兵だろう。三回の夏を通して行軍がつづいただけで、その間ただの一度の戦闘もなかった！[*72]

けれども、シュマルカルデン戦争へのスペインの寄与が予示したようなスペイン式スタイルは、戦争を行なう方法としてはきわめて高くつくものだった。[*73] そのような戦略を目論むのは、ハプスブルク家のスペインのような富裕な国なら可能だったかもしれないが、資源がスペインに比べてはるかに限られている小国にとっては、もっと少しで間に合わせて、その不利はもっと攻撃的な戦争によって埋め合わせるほかどうしようもなかった。オランダ人でさえはじめはそう考えたらしい。オランダ議会は、一五七二年にフランドルのスペイン軍が擁していた八万六〇〇〇の兵力に追いつこうという努力はほとんどしなかった。たぶん彼らは、そのような大軍が押しつける財政上の無理がスペイン軍の破滅をもたらすにちがいないと期待したのだろう（実際そのとおりになった）。しかしオランダも徐々にだが、スペインの兵力にほぼ同等の規模で対抗しなければならないこと、またスペインがやったことをそっくりまねて要塞を建て領土を守る必要があることを認めたのだった。スペインの成功を、スペインのやり方を敵がどの程度まねたかを尺度にして測ることも可能である。

このことは、厳密に軍事に限った考察だけで、より大規模な軍隊へ向かう傾向を完全に説明できるかどうかという疑問を引きおこす。スペインの戦争のやり方は、一部にはハプスブルク家のスペインが演じようとした国際的な役割に根ざしたものであった。ハプスブルク家はヨーロッパの覇権を握ろうと企てる中で、その莫大な財源を、軍隊をどんどん増勢していくのにあてることができたが、これは当時の最強国にしか適さない戦略だった。皮肉なことに、結局のところこの戦略は自滅へと向かうものであり、スペインは疲弊し、フランスは戦場での成功を待つことなしにスペインをしのぐ政治的優位に立つことになった。同じくらい皮肉なのは、フランスがスペインからヨーロッパ最強国の役割を引きつぐと、この国もまた自分の軍隊の規模をますます大きくしはじめたという事実である。そんなわけで、軍隊の大きさの変化をある世代から次の世代へとたどっていくと、いつのまにか主だったヨーロッパの覇権国と、その主たるライバルの戦略的努力をたどっていることが多い。戦略的・戦術的考察はこの物語の一部にすぎない。もっと深いところにある社会的・経済的状況もまた軍隊の大きさを増す動きに油を注いだのだった。

十六、十七世紀に軍隊の規模が増大したのは、農民と都市労働階級に対する大規模な経済的収奪と、近代初期の国家が歳入を増したり操作したりできるようになったことが大きな要因であった。十四世紀半ばから十五世紀末までの期間は、西ヨーロッパの経済史においては、全般的繁栄というかなり注目すべき時期の一つだった。だが十六世紀はひどく異なり、実質賃金は一四九〇～一五〇〇年のおよそ半分かそれ以下に下がった。人口水準が上昇するにつれて、農業部門（近代以前はつねに人口の大多数を占めた）のほとんどと都市労働貧困層の実質所得の水準が下がった。商品一般の価格が上昇し、基本食糧の値段は貧民がとても買えないほどまで上がった。

アメリカ大陸からの金銀はヨーロッパの経済を刺激するよりむしろ沈没させ、一五〇〇年ごろ銀量の増大と軌を一にした人口の上昇とともに始まっていたインフレ傾向に油を注いだ。二十世紀にはあまりにもおなじみになったインフレーションが、十六世紀をも悩ませたのである。その理由もほぼ同じで、過度に大量の貨幣が流通したからだった。貨幣はありあまり、多すぎて価値はどんどん下がった。どんな形のものであれ貨幣を所有しているよりも、固定資産特に土地を保有したほうがもうかることがわかった。上昇する商品価格が小規模生産者の取り分をふやすことも時にはあったが、それよりは多くの場合、地代が上がったことで、新しく生じた富を地主の手へ移すだけだった。[*74] 物価が上がっただけでなく、賃金の上昇がはるかにおくれた。この現象は国によってちがっていたが、スペイン、フランス、イングランドで特別ひどかったようにみえる。もっと東の中部ドイツやポーランドではそれほどひどくはなかったようだが、傾向はどこも同じで、ただ社会の最貧層の生活水準の低下の度合いが異なるだけだった。[*75] 価格上昇の大部分は農産物に集中していた。一五〇〇年から一六〇〇年までの間に小麦の価格はイングランドで四二五パーセント上がった。ユトレヒト同盟諸州では三一八パーセント、フランスで六五一パーセント、オーストリアで二七一パーセント、カスティリャで三七六パーセント、ポーランドで四〇三パーセントだった。この上昇の大部分は十六世紀の後半におこった。[*76] 農産物以外の産物の価格はこれほど鋭くは上がらなかった。フェルプス・ブラウンとホプキンズがまとめた指数は、地域による変動と、商品や産物の間の差の両方を示している（表3を参照）。[*77]

表3　1601～20年の物価指数（1451～75年＝100）

物価指数	アルサス	南イングランド	フランス
食糧	517	555	729
工業製品	294	265	335

注　フェルプス・ブラウンとホプキンズによる指標.
出典：Kamen, *European*, 57.

そのような価格情勢のもとで名目賃金は上昇した。スペインでは賃金は一五一一〜二〇年の指数を一〇〇として一六一一〜二〇年には一六五に上がった。南イングランドでは労働者は一五四八年には一日当り四ペンスを稼ぎ、一六四二年には一シリング稼いだ。けれども物価は賃金を大きく引き離して上昇したので、一世帯当りの実質所得は急激に下がった。フェルプス・ブラウンとホプキンズは南イングランド、バレンシヤ、ウィーンの実質所得を計算し、一四七六〜一五〇〇年から一五九一〜一六〇〇年までに半分以下になったとしている。[*78] スペインの賃金はそれほど速くは物価から引き離されなかったが、物価は、特にカスティリャでは、十六世紀に鋭く上昇した。[*79] それだけでなく、スペインが直面したもう一つの問題は大規模な牧羊業が成長したことだった。これは、農民による穀物栽培を労働集約度の小さい収益のより多い土地利用形態におきかえたものだが、その代償として農村部の貧窮化をもたらした。カール五世とそのあとをついだ君主たちの政策は、大地主をこの移行の主たる受益者にした。これに反してイングランドでは、耕地から牧草地への同様な移行から利益を得たのは小地主だった。イングランドでは牧羊業の推進によって発生した農民の失業は地方の手工業の発展によって一部吸収されたが、スペインでは農村の困窮が増しただけだったようである。[*80]

これが生活水準にとって何を意味したかは、一般労働者の賃金を見れば理解できる（表4を参照[*81]）。データから判断すると、南イングランドで大工として働いて最も豊かに暮らせた時期は、黒死病がヨーロッパに入ってきてからあとの二世紀間（おおよそ一三五〇〜一五五〇年）だった。労働階級の生活水準が最も急激に下がったのは十六世紀で、その絶対的な最低点に達したのは十七世紀前半の終り近くだった。地方の生活も同様な衰退のパターンを示したが、地方に住む人々は都会に住む人々よりは賃金に全面的に依存する度合いが少なかったということからすれば、いくらかは緩和されただろう。とはいえ貨幣以外の指数も同様なパターンをたどっている。たとえばシチリアの食肉消費は、十五世紀の平均一年間一人当り一六〜二二キログラムから、一五九四〜九六年には一年間一人当りたった二〜一〇キログラムに落ちた。[*82] 十六世紀はまさに現代の研究者の一人が名づけたとおり、「鉄の世紀」[☆4] だったのだ。[*83]

表4　イングランドの大工の賃金指数（1721〜45年＝100）

年	賃金指数	年	賃金指数
1251〜1300	81.0	1551〜1600	83.0
1301〜1350	94.6	1601〜1650	48.3
1351〜1400	121.8	1651〜1700	74.1
1401〜1450	155.1	1701〜1750	94.6
1451〜1500	143.5	1751〜1800	79.6
1501〜1550	122.4	1801〜1850	94.6

出典：Wallerstein, *Modern*, 1: 80.

十六世紀の著述家たちは、自分たちの世界で物価と賃金に何かがおこりつつあることに気づいていたが、彼らの苦情をジャン・ボダン〔一五三〇〜九六。フランスの政治家、思想家〕ほどうまく言い表わした人はまずいない。ボダンは一五六八年に「五、六〇年前のすべてのものの値段は現在の一〇分の一だった」と書き、アメリカの銀と金の流入が物価騰貴の主な理由だと示唆した。[*84] 生活水準が低下したことを最も明白に最も広範に示すものは、極貧者の数が著しく増加したことと、彼らの生活条件が目立って悪化したことだった。どの町でも、国勢調査員と町議会は人口の二〇〜四〇パーセントをひどい貧困の中で暮らしている層と分類したが、これらの数字はふつう、町の定住人口の一五パーセント以上にのぼったかもしれない放浪者や渡り乞食は除外し象とみなされた。

てある。[*85] 十六世紀後半になると特に放浪者が、悪化していく時代状況に根ざした新しい危険な現

人口のかなりの部分の貧窮化は課税基盤を衰退させるから、政府の行動を抑制しただろうと予想されるかもしれないが、そんなことには全くならなかった。国の歳入は十六世紀を通じて概して増加した。それればかりでなく、上昇する物価と貨幣供給の増加はまた、政府による空前の規模の財政操作を促進した。実際十六世紀の政府と以前の時代の政府との主なちがいの一つは、強国が本物の「国債」に似たものを確立する新たな能力をもったことだった。以前の時代にも国王が借金をすることはあったが、十六世紀になると、王のために歳入を確保する国家の能力が増大し、また国家が前貸しされた金の保証として将来の歳入を担保に入れることを進んでするようになったのに対応して、国家そのものの名義での負債が急増した。この種の負債が生じうるのは、国家が完全返済を先のばしする（必要なら際限なく）力をもったか、さもなければ住民のある部分に強制して、何らかのきわめて有利な条件で王に金を貸させる力をもったときだけである。今日の私たちなら赤字財政と呼ぶものが、十六世紀の君主にとっては、自分たちの拡大する財政的義務に対応する手段なのだった。[*86] 将来の歳入を、理にかなった利率で借入れを確保するための一種の担保物件として譲渡する習慣が広がった。多くの国家が平均して六パーセントの利子のついた「戦時債」を売り出した。[*87]

これらはすべて、たえず膨らんでいく国家歳入を背景としておこった。カール五世の歳入は治世の間に三倍になり、フェリペ二世の歳入は一五五六年から一五七三年までの間に二倍になり、

彼の治世が終わったとき（一五九八年）にはさらに二倍になったと見積もられている。[*88] 同じころカスティリャの債務は一五五一年から一五五六年までに、フランドルのスペイン軍（まだ小さかった）を維持する費用にほぼ等しい約二五五〇万フロリンにのぼった。ハプスブルク帝国の金融の中心だったカスティリャは、一五五一年から一五五六年までの間に、一五六一年までの歳入の全額を「前払い」（asientos）に譲渡した。「前払い」は短期借入の一種で、王は借金が確実に即座にできるように、将来の歳入、ふつうは新世界の銀鉱山からあがる収入を抵当に入れた。資金を借りる日付と、歳入を譲渡する日付との間の時間間隔があまり長くなると、「前払い」に要求される利率はとてものめないものになった（あらゆる先物市場と同様に、投資者のリスクは契約に含まれる時間の長さとともに増すと考えられたのである）。

借金に困ったときの王の解決法は、高利の「前払い」を長期で低利の「債券」（juros）に変えることだった。これは、フェリペ二世が即位してからまだまる一年たたない一五五七年一月一日に実施された「破産の布告」の主な趣意だった。これの主たる欠点は、王がもはや信用状を使って資金をフランドルのスペイン軍へ渡すことができなくなり、その結果兵員の給料が払われなくなって上官抵抗が頻発したことだった。一方この操作の主たる利点は、歳入、特に新世界の金銀の制約を取り払って王が直接使えるようにしたことだった。そうなれば将来の歳入を譲渡するというくり返しをまた新しくはじめることができた。この種の「破産」は一五六〇、一五七五、一五九六、一六〇七、一六二七、一六四七、一六五三の各年にくり返された。破産を布告したあと、スペイン王が銀行家たちと交渉して債務の一部を債券ばかりでなく土地で返済することもよくあり、時にはその上に銀行家たちに無理矢理新しい「前払い」を承諾させることさえあった！　王がこのように債権者をいたぶることをくり返したせいで、当然ながら「前払い」の利率は鋭く上昇し、一六〜二〇パーセントに達した。それに引きかえ、「債券」のほうは、ほかのたいていの国の戦争債券の範囲をこえることはなく、ふつう年五パーセントかそれ以下の利回りだった。[*89]

アウグストゥス時代のローマ人の道徳がローマ帝国の衰退と没落を引きおこしたとみなされるように、スペインの金融はほとんどいつも、強国スペインが結局は衰退・没落したことに関係づけて考察される。一四〇年以上にわたって行なわれてきたこれらの金融操作が、国家の信用とスペインの貨幣流通の両方を荒廃させたことは事実である。そんなわけで、財政は公正であれという主張には文句のつけようがない——長い目で見るならば。たいして豊かでないスペインの資源は、西ヨーロッパでの覇権を維持しようとする君主の奮闘によってあらゆる限界をこえて濫用された。スペインの没落は、一部はその財政崩壊によって引きおこされたのだった。[*90]しかし、長期的には適正な財政という錦の御旗に頭を下げざるをえないにしても、これらの事態を別の観点からみることも可能である。財政上の問題をこのように処理できたこと自体が、近代初期の国家が富を支配する力を新しく見出したこと、およびこの力に伴って行動の自由を手に入れたことを表わしているのだ。課税の体系は、ハプスブルク家がそれに押しつけた要求にはけっして十分にこたえられず、アメリカの富すら戦争のための消費にはまるきり追いつかなかったのだが、それでもスペインは、陸海軍による世界的規模の冒険事業の消費を、衰亡が始まるまでの長い年月にわたって賄うことができたのだった。

この視点からみると、スペインがなしとげたことは、国家財政技術の一つのすばらしい表出だったのである。「破産」を宣言する中での王の行動は、高利・短期の債務を低利・長期の手形に交換することにすぎなかった（現代の大蔵大臣に同じような交換を行なうチャンスが提供されたら、だれでもそれに飛びつくにちがいない！）実際ある意味では、今日政府債券または大蔵省手形が売り出されているのは、すべてフェリペ二世の人為的「破産」が達成しようとしたのと全く同じ目的を達成するためなのである。現代国家で当座勘定の歳入だけを使って戦争をする国が一つもないように、近世初期のヨーロッパの君主たちもまた、債務運営の面で革新的な手段をとらざるをえなかった。スペインは債券の販売を通じて自国の金持階級を「金利生活者」の身分にし、彼らの財政的健全さが国家の繁栄と切っても切れないつながりをもつことになった。

国家が手に入れた新しい能力のもう一つの面は、出兵に対する「私的」融資にみることができる。王は一部の貴族に対しては実際の税をかけることはほとんどできなかったが、富裕な貴族に陸軍や海軍を使う王の計画の一部への融資を「認める」ことによってほぼ同じ目的を達成できた。アルバ公は陸軍の作戦、特にネーデルランドの作戦に資金を提供するために自分のかなりの領地を担保に入れ、彼の死後相続人は、五〇万ドゥカートをこえる債務金額に対して毎年約三万五〇〇〇ドゥカートの利子を払わなければならないという問題に直面した。[*91]同じようにメディナ・シドニア公は主として富裕なことから一五八八年の無敵艦隊（アルマダ）の司令官に選ばれ、同じ理由からアンブロシオ・スピノーラは一六〇三年にフランドルのスペイン軍を指揮した。これらの任命は、付随していた官職の売り渡しと同様に、現代人の目には許すことのできない国家権力の腐敗と映るが、一面ではそれ以外の方法では手の届かない源、つまり富と権力を持つ者の財布から金をぬきとるためのたいへん巧妙な方便とみることもできる。

それぱかりでなく、軍事作戦に〔私的に〕融資する問題は、後世の政府が用いることを恐れた十六世紀の一つの方策から生じたものだった。それは、作戦を遂行するための金を全額は提供しないという単純な手段である。パーカーの見積りによれば、一五七〇年代初めスペイン王がフランドルにいる軍隊を維持するのに一カ月当り約一二〇万フロリンが必要だったが、スペインが提供したのはそのうち約半分にすぎなかった。[*92] 戦場の部隊は、信用貸の取決めによるか、必要とあれば暴力を使っても、手に入る現地の財源によって生きていくだろうと期待されるのがふつうだった。「戦争は自らを養う」(Bellum se alet)である。十六世紀の諸条件を考えるならば、そのような想定が適切でないことは現代の目からは分かりきったことだが、当時の人々の多くは伝統的な形の軍務がいまだに適切だということで意見が一致していた。こうした軍務はいつの場合も、短期のもので、出兵がもたらす利益と略奪によって出費の少なくとも一部は取り戻せると考えられていた。これらは十六世紀後半に変化した戦争の条件のもとでは極端に非現実的な想定だが、その想定が生きつづけている間は、国家は本来兵士たちに支払って生計を立てさせるために見つけなければならない金を、兵士自身から借りることができたのである。十六世紀の国家がこんな形の収用を実行できたこともまた、国家がその業務を自らが適当と思うとおりに運用できる新しい力を見出したことを証拠立てている。結局のところ戦争は、商人の物差では測りきれないほど大きかったのだ。

こうした制度は、採用している国家に政治的・外交的自由を与えたので、赤字財政は強大国の地位を占めるための事実上の必要条件になった。十九世紀の慎重な保守的な財政運営の手本と言えるエリザベス治下のイングランドのような国家は、国際政治の大ゲームの中ではまぎれもない端役だった。面白いことにフランスは、政府の収入のふえ方がスペインより緩慢だった。フランス政府の歳入は一四五三年から一五八八年までの間に約六〇パーセントふえたと見積もられている（インフレの調整をした上で）。フランスの国家歳入は一六二六年以後急激に増加した。[*93] 注目すべきことに、これはまたフランス軍の規模が著しく増大した時期でもあった。[*94] スペインは敵国に、戦場でどのように戦うべきかを教えただけでなく、この時期のいつも高くつく戦争事業の資金をどのようにして調達するかをも教えたのだ。ちがいは、スペインの敵のほうが戦争のための財源を引き出せる基盤がスペインよりも大きく、あるいは豊かになったことだった。短期的にはこのちがいはけっして目立たなかったが、長期的には決定的になった。スペインの政策は戦争と財政の両面において、ハプスブルク側の諸国家は長びく消耗戦をスペインの敵よりもうまく処理できるという信念に基づいていた。最後になってはじめてこの信念は誤っていたことが判明したのだった。

市民に課税するという国家の新しい権力と、それら税収入によって養われる新しい軍隊との間にどんな関連性が存在したのだろうか？　いささか循環的な議論を主張することができる。つまり、軍隊が大きく強くなるに従って課税を全般的に高めることが必要になった。上がっていく税は賃金の上昇を物価の上昇よりおくらせた。この状態に対する庶民の不満を見てとった国家は、反乱のきざしを抑圧するため武装軍隊により強くたよるようになった。このように軍隊への依存が増したため、国家はいっそう大きくて強い軍隊を必要とするようになった。より大きくて強い軍隊は税をさらに高めることを必要とした。これで初めに戻ったわけだ。[*95] 課税と軍隊という問題を単一の焦点に合わせて眺めると教えられるところが多い。この時期には税負担に反抗する人々の反乱が数多くおこり、そのような蜂起を鎮圧するために軍隊がひんぱんに使われた。[*96] 軍事にかかる経費が税負担の増大の主な理由だったことも事実だが、このふえた税負担が、賃金が物価に比べて下がった理由だったかどうかは明らかでない。

面白いことに、税負担のゆえに反乱をおこした人々は、軍事支出と税とを結びつけて考えてはいなかったようである。そのかわりに彼らは、自分たちの不平を昔からつづいている課税一般に対する不満の中に表現し、負担がもっと少なかった「古きよき時代」へのあこがれを口にした（けれども、ある地域に部隊が宿営したためにそこの困窮の度合いが、住民が暴力をもって抗議するほどまでに増したときには、そのつながりは直接的でだれの目にもはっきりしていた）。それればかりでなく、近世初期のヨーロッパの中ではたぶんまちがいなく最悪の扱いを受けていたカスティリャの納税者たちは、在郷軍以外の、国王の税を強要することのできる外からの部隊に対してても宿営地を提供した。歳入を徴収したり税に関して不満をもつ者に対処するのは民間の当局の責務だった。

軍隊と課税との関係はふつう原因と結果の関係だと考えられている。概して私たちはジェームズ・マディソンとともに「戦争は軍隊の親である。軍隊から借金と税が生じる」[*97] と信じている。

けれども十六世紀に関してはこう尋ねるのがよいかもしれない。兵を徴募するのと軍隊をつくりだすために税金を徴収するのとは、どちらが先だったのか？　ニワトリと卵の関係と同じく、この二つが手に手をとって進行するのは明らかだが、国家が、抑えきれない勢いで成長しつづける軍隊をまかなうのに必要な財政的手段を手に入れようとあくせくしていたとみるのは、事実からはるかにかけ離れていると思われる。じつはその逆だったケースが多いのである。たとえばフランスでは、一四三〇年代からシャルル七世の政府は「全国三部会」（États généraux）の同意なしで国王軍の規模に比例させて税を課した。[*98]フランス史上画期的なこの出来事は、その後数十年の間、強力な国王軍の保持を可能にしたのであり、その逆ではなかったのだ。

特権、権威、および国家の統治能力といった無形の要素、ならびに多くの国王が得ていた国の象徴としての明白な人気はすべて、ある権限を与えられた市民への課税を可能にする上で、武力よりも大きい役目を果たした。近世初期の政府が手にした世論を操作する能力は、政府が巧みに金融市場をあやつったのと同じく、たぶん暴力よりも重要だったろう。このこともまた、軍隊の拡大という何世紀にもわたる現象全体を推進したのは、技術上あるいは戦術上の必要というよりも、近代初期の国家が手にした歳入を増すための能力だったことを示唆している。近代初期の国家は、適当とみたとおりに歳入を使うことができたのである。

軍隊の構成と軍隊の大きさ

十六世紀に軍隊の見かけの規模を増すのに寄与した一つの要素は、兵役の期間が全般的に長くなったことだった。槍に依存したことで王侯たちは、個々の兵士の兵役期間を他の戦術体制のもとでの通例よりも長くする政策をとらざるをえなかったのである。十六世紀には重要な戦争は概して傭兵軍だけで戦われた。この問題では選択の余地はほとんどなかった。封建時代の兵役義務は、一般に名目上義務のある人々に課税するための口実にすぎなかった。地方の市民兵は当時の職業軍人に比べて絶望的なまでに質が劣っていた。*99 現実に軍事義務を負う人々（ふつう古い貴族の家系に属する）でさえ、自分たちの時間、装備、補助兵員に対する補償を期待した。戦争は、たぶんこれまでけっしてなかったほど、職業軍人の仕事になった。傭兵部隊は、いつも多額の費用がかかったけれども、金額に見合う見返りを提供し——雇い主が支払いをひどく滞らせないかぎり——どんな敵が現われようと戦って職務を全うすると、当てにすることができた。

非常にさまざまな技能をもった兵士が傭兵になったのだけれども、一五〇〇年ごろに最も高く評価され最も高い給料を支払われたのは槍兵の部隊だった。これは、槍が野戦戦術で中心的な役割を果したからだけではなくて、一社会集団としての槍兵の団結が、戦闘で発揮する彼らの能力そのものにとって決定的だからでもあった。槍兵は、彼らの隊列を崩そうとする騎兵の突撃や銃砲の射撃に耐えねばならなかった。どちらの場合にせよ、戦闘の緊張のもとでまとまりを維持して応戦しつづけられるかどうかは、槍兵の士気、訓練、規律にかかっていた。スイス兵は一世紀間の大部分にわたって、西ヨーロッパで抜群の傭兵部隊だったが、それはまさに彼らが、雇い主または雇い主の政治的目的よりも自分たち同士の信義を重んじたからである。スイス人部隊は時に扱いにくいことがあり、ともすれば独自の「職業行動」をとりやすかったが、反面こうした資質のせいで戦場では他国の兵とは比べものにならないほどよく戦い、損害を気にせず、とても勝ち目はないと思われる場合にも効果的な行動をとることができた。彼らの雇用者が金の見返りに得たものは、単にスイス人の技能の集合体や彼らの際限ない訓練の成果だけにとどまらず、彼らを生みだした社会秩序そのものの表現でもあったのだ。

何とかしてその社会秩序をまねないかぎり、ほかの軍隊に同様な効果を生みだすことは望めなかった。ドイツ傭兵隊には戦術や兵器のほかにもスイス兵に似たところがあった。ドイツ傭兵はもともと北スイスとよく似た社会と経済をもつシュワーベン地方から徴募されており、スイス兵がもっているのとよく似た類の団結心、仲間を第一に思う習慣、雇い主の政治方針には職業上無関心な態度をもっていた。ドイツ傭兵がスイス人の永遠に消えない敵意を買うまでに名声を高めたことは、彼らの職業上の仲間としての団結心の強固さだけでなく、武器の扱いの巧みさをも証明するものである。*[100] ドイツ傭兵隊の生みの親であるハプスブルク家は、カール五世が統治または支配していた広大な領土から軍事に熟練した有能な労働力を雇うことができた点で、ほかの大半の国よりも恵まれていた。ドイツ傭兵は主としてカールが相続したオーストリア出身だったから、ドイツ傭兵の奉仕に対する報酬は、例外がなかったわけではないが、通常はハプスブルクの財源から支払われた。

スペインには北ヨーロッパとは全く異なる独自の兵役の伝統があった。ヨーロッパの覇権をめざす争いの中心へと動いていくにつれて、スペインもその争いにたずさわるための軍事的手段をつくりだした。それが有名な「テルシオ」であり[*101]、周辺地域からくる傭兵とちがって、少なくともはじめのうちは主としてカスティリャから徴募された。スイス兵やドイツ傭兵隊と同じくらい申し分なく戦うためには、「テルシオ」を均質の社会単位に変換する必要があった。彼らの隊列の内部に、スイス兵やドイツ傭兵隊があれほど見事に機能する元になったのと同じ種類の集団に対する忠誠心を生みださねばならなかった。けれども、従来の槍傭兵隊はいわば自然に、自分たちが徴募される前に属していた地域社会に社会的絆を見出していたのに対して、スペインでは自国の兵士たちから、訓練と、兵士としての生活条件そのものを通して、一つの社会を「人工的に」つくらなければならなかった。

兵士は社会の中の社会的・経済的周縁部を出とする傾向があることがしばしば注目されてきた。イングランド人はウェールズ人、後にはスコットランド人を雇い、フランスはブルターニュ人、ピカルディー人、ガスコーニュ人の人材を用い、ハプスブルク家はシュワーベン人の徴募に努めた。このリストは限りなく広げることができた。そのような「外国の」傭兵部隊は単に一つの特殊なケース、つまりすべての兵士に共通する疎外のいわば拡張を表わしているにすぎない[*102]。この疎外の現象をうまく操って、政治的危険でなくむしろ国家の政策遂行の道具の一つにするのがルネサンスの戦争の特質の一部だった。すべての兵士がある程度まで外国人のようなものとみられるようになった。当時の人々はそういう事態に対し、特に歩兵を槍玉にあげて悪口を浴びせた。「兵隊はだれもかれもが根性曲がり、とりわけ何かといえば神様、マリア様、聖人様の名を口にする。とても勇ましいりっぱな人にはみえない。だからろくに手柄も立てられないのはちっとも不思議じゃない」[*103]。

社会から疎外されている兵士はある種の危険を表わしている。これは特に傭兵に当てはまる。彼らの忠誠は、ひとたび買いとられたからには、譲渡することも全く容易だったからである。それ以上に不安にさせられるのは、自分たちの要望が満たされることはありえないとわかったなら、彼らは当然支払われるべきだと信じているものを強奪しようとあっさり決意するかもしれないと予想されることである。自国の地方住民が、高度の訓練を積み、深く不満を抱いた職業軍人の略奪行動にさらされることは、たいていの中世末期と近世初期の支配者にとって、あまりにもよく知られた危険だった。スイス傭兵とドイツ傭兵が示した大きな利点の一つは、概してこの方法で自分の収入を補おうとはしなかったことだった。訓練を積んだ最盛期ルネサンスの傭兵は、軍人の疎外は必ずしも国家にとって受け入れがたい危険を表わしはしなかったことを証明した。傭兵部隊は、もしも適切な支払いを受けるなら、市民兵よりずっと信頼をおくことができた。市民兵の忠誠心はたぶん自分が生まれた土地の中にあまりにも深く根を張っていたのだろう。外国人の部隊はいつも現地軍よりも賞賛された。アイトナ侯が一六三〇年に王に「外国人の兵士よりも確実な兵力は存在しません」と書き送ったとき、彼は一世紀以上にわたる武装兵士を統率する経験から得られた知恵を要約していたのだった[*104]。

「テルシオ」はスペイン軍の安定した中核であり、それが表わしているまとまりをもった「人工」の社会秩序は、訓練によって植えつけられ、ほとんどどんな状況のもとでも信頼がおけるものであった。この「軍の大黒柱」は、スペイン王が指揮する最良の部隊だった。そして彼らは可能なときはいつも最高の給料をもらい、最良の生活条件を享受した。部隊は古参兵で構成され、少なくとも十六世紀にあっては、その大部分が最初カスティリャから徴募されて訓練の期間をイタリアの要塞、つまり「無敵のスペインの『テルシオ』を育んだ学校」ですごした兵士だった。[*105] この制度はすべての部隊の必要にかなうものだった。イタリアでの生活はほかのどこでの生活よりも快適だと考えられたので、カスティリャではイタリアでの兵役につく兵士を集めるのが、他のいかなる場所での兵役を募集するよりも容易だった。こうして、しばしばいらだたしい思いをさせられてきたイタリアの諸都市にスペインの部隊を駐留させる必要は満たされ、要塞での軍務は新兵たちに、戦闘でとるべき行動と王に仕える兵士としての生活の両方を訓練し教えこむ機会をたっぷり提供した。訓練を受けた部隊は、北へ送ってオランダの反乱に対抗するための任務につけることができた。フェリペ二世の総督アルバ公がネーデルランドへ赴いたときに創設したこの訓練制度は、オランダ戦争の間ずっとスペインに役立ち、最終的には一六三二年に行政法の中に成文化された。

スペインは「テルシオ」を中核とし、状況が必要とするときはそのまわりに傭兵の「志願兵（ボランテイア）」を雇って、はるかに大規模な軍隊を徴募した。十六世紀の軍事作戦のもっと注目すべき特色の一つは、一つの軍隊をいかに速く集めることができたかという点である。フランドルにいる軍隊の規模を増そうとしたスペインの奮闘がよい例になる。アルバ公が率いた最初の兵力はわずか一万三〇〇〇だった。一五七二年四月一日に「海の乞食（シー・ベガーズ）」がブリルを占領すると、アルバ公はドイツとネーデルランドの地方動員請負業者を通して真摯な徴募努力を開始した。同じ年の八月三一日には約六万七〇〇〇人が雇われていたが、この数字は八十年戦争の大部分を通じてフランドル派遣軍の平均値だった。

一五七二年にアルバ公の人員要求がこれほど速やかに満たされたことは、軍隊を徴募し維持するための制度がすでにしっかりと確立されて用意されていたことを示唆している。この制度にたずさわった中心人物は、フリッツ・レドリヒが「軍事企業家」と呼んだ傭兵隊長たちだった。*106 これらの企業家は多くの国々でさまざまな名称を帯びて出現しており、たぶん最もよく知られた名称はイタリア語のコンドッティエリ（condottierri）だろうが、最初期のこのタイプの人物のうち、行動の素早さと弁舌の淀みなさにかけては、一五六〇年ごろ以後に中央ヨーロッパに現われた一人の傭兵隊長にかなう者はいなかった。この企業家的傭兵隊長は、人員の要求を受けると請負契約を交わしたが、それには費用を前払いすること、および前払い金を使って隊長が雇った必要数の責任者のおのおのに、特定の地域での徴募を許す特許証を付与することが盛られていた。各責任者は一般の兵士を徴募する責任を負ったが、最も豊かな収穫をあげられる土壌はまさに解散の瀬戸際にある部隊だった。この場合責任者たちは「まるごと徴募」とでも呼べるものを実行し、部隊全体を事実上手つかずのまま以前の雇い主からそっくり雇い入れることが多かった。これは現代の建築請負人が別の建築業者が手放した労働力を雇い入れるのとよく似ている。このようにすれば部隊員の団結心や練度を以前の雇い主に証言してもらうことができた。そのような兵員は未経験の新兵よりも高い給料を要求したが、すぐれた技能からすればプレミアムがつくのは当然だったろう。

以前の兵役記録があってすぐに使える人員の供給が十分でなかったときには、徴募責任者はふつうその地の行政長官に助けを求めた。長官は彼に徴募運動をするのに適した舞台装置（セッティング）と宣伝を提供した。一つの地域での募集はふつう二〇日以内で終了した。一つの地域にあまり長くとどまっていると、新規の入隊によって獲得できた人員よりも多数が脱走によっていなくなるというのが、徴募係の常識だったのだ。[*107] 部隊からの脱走はどんな軍隊であれどんな状況のもとであれ、ありふれたことだったが、徴募直後の数日間が最高だったらしい。ひとたび入隊特別手当とたぶん新しい衣服一組が新兵に給与されたなら、隊にとどまろうと決意した直接の誘因は多かれ少なかれ満たされたことになる。徴募係は、新しく入隊した人員が欠落する割合が大きいと言ってひどく嘆いた。ふつう、入隊契約した人数の七分の一から六分の一、時には四分の一から半分もが、船に乗る前に脱走してしまったのである。脱走者がすぐさまほかの部隊と契約して支給金を二倍にすることもしばしばであった。地方の行政長官は逃げた者についてはいっさい負わなかったし、逃げた者が住んでいた町も代わりの者を出す必要はなかった。そんなわけで、実際の兵役を全くしないで何度もくり返し入隊することができ、なかには虚偽入隊の常習者もいたらしい。[*108]

兵役についてからでさえ、脱走は軍隊生活がたまらなく嫌になった人々にとって多くの実行可能手段の一つだった。「損耗」と呼ばれたものは、規則的な、たいていある程度まで予想できる割合で生じた。一五七〇年代初めのフランドル派遣軍の場合、平時に一月当り〇・七パーセント、つまり年間にすれば約一〇パーセントと計算されている。その一部は戦死または病気が原因だったが、大部分は単なる脱走だった。ひとたび積極的な敵対行動が突発すれば、脱走率は増加した。一五七二年半ばから一五七三年末までは一月当り二パーセントに近づき、そのあと戦闘が激しくなるにつれてさらに増し、最悪では月間約三パーセントに達した。これはたとえば十八世紀のフランスの数字より高い。後者は平時に一月当り〇・五パーセント、戦時に一パーセントの損耗を数えた。[*109] これと比べると、現代の軍隊では脱走率はきわめて低い。ヴェトナム戦争の最も激しい期間には、アメリカ陸軍の脱走率は年間約二パーセント（一九六七年）から年間五・二パーセント（一九七〇年）の範囲にあった。[*110] これに対して近世初期の注釈家たちは、出兵中の軍隊が春の雪のようにしだいに減っていくことを十分に予期していた。リシュリューによれば、ドイツ国内に移動させられるかもしれないという単なる風説だけで、あるフランスの軍隊の兵力は一晩のうちに五〇パーセントがた減ってしまったという。[*111] あまり注目されていないが、このときいちばん多く残ったのは、最も給料の少ない人々（「テルシオ」の場合にはアルケブス兵）だった——実際には給料は何カ月もつづいてだれにも支給されていなかったのだけれども。[*112]

少なくとも書類上では、脱走には厳罰が科せられた。しかし注目すべきことに、この犯罪は実際にはきわめて穏便に処理されるのがふつうだった。原則的には脱走は死刑だったが、ふつうそのような極刑は、きわめて凶悪な、高度に計画的な集団脱走で、暴力と上官抵抗を伴う場合にしか適用されなかったことを示す証拠がたくさんある。たいていの場合、罰金か体罰が標準だったようである。兵員が必要なのだから、逃げたいという衝動に負けた者をすべて殺すのは軍事当局には無駄と思われた。[*113] それ以上に驚かされるのは、脱走に成功した者が別の軍隊の一員として再び姿を見せることがよくあったことである。それはたぶん、「非公認の休暇」期間を終えて新たな徴募に応じたのだろう。脱走者ががまんできないと感じたのは一時のつらさにすぎなかったことがきわめて多く、市民生活を味わったあと再び軍隊に入隊したがるのだった。ほかに、ある王侯から別の王侯へ、たとえばフランドル派遣軍からカトリック同盟軍へと、勤務の対象を簡単に変えることもあった。政府の中にはこの種の労働力の易動性を実際に奨励するものもあった。それによって訓練の費用が減ったし、未経験者を徴募するより金のわりにはよい働きが得られたからである。「人材スカウト係（ヘッドハンター）」は特にフランドル派遣軍の中で活躍したらしい。ここでは人々は楽な兵役が約束されればどこへでも移ったのだった。[*114] 脱走と再入隊についての以上の概観は、兵士たちが多くの場合、そのような移動を単に自分が獲得した軍事技能を資本として利用する一方法にすぎないとみていたことを示唆している。

人々はひとたび軍務の訓練を受け経験を重ねると、兵隊稼業をそのままつづけて、どこかの王侯に仕える傾向があった。十六世紀の連隊の年齢構成はよくわかっていないが、フランドル派遣軍のいくつかの部隊の調査結果がスペインの記録の中に残っている。パーカーの要約によると、一五九六年から九九年まで勤務したスペインとイタリアの兵員三七九名は、三〇歳以下と三一歳以上でおおよそ等分されていたようである。非常に年長の人が数多くこれらの記録の中に含まれている。三七九名のうちおよそ二〇パーセントが四〇歳以上、一人の半白の古参兵は自分は八〇歳だと言っていた！　成人年齢の一〇歳ごとの人数分布を見ると、どこもあまりちがいはない。六〇歳以後になるとはじめて数は減る。このたった一つの例から判断すると、フランドル派遣軍は現代の軍隊に比べてはるかに高齢の人々で構成されていた。とはいえほかの数字は、高齢であったことを支持するほうに傾いてはいない。たとえば一五九八年にカレーで反乱をおこしたスペイン人について報告されているデータ、および一六三〇年のワロン人〔ベルギー南東部の住民〕新部隊についてのデータは、現代の兵員について予想されるのと似た年齢分布を示している。けれども、もう一つのワロン人部隊四八六名についての一六三〇～三四年の記録が残っていて、それによると人員の四〇パーセントが三〇歳以上だったと見積もられる。一般的にいって次の結論は避けることができない。すなわち、これらの軍隊では、古参兵が現代の経験から予想されるよりもはるかに大きな役割を占めていたということである。一度兵士になると、この世では兵士でありつづける以外、ほかに何かすることはほとんど期待できなかったのだ。[*115]

十六世紀以後あらゆる国で、貧民の実質所得と、国家の見かけの歳入と呼んでよいものとの間に、消えることのないはっきりしたくいちがいが存在した。現代の状況下では、人口の多数の実質所得が少しでも減少すれば、それは徴税からの実質収入の減少に反映されるだろう。これは北ヨーロッパの工業国が一九八〇年代以来経験してきた現象である。十六世紀にあっては事情は全くちがっていた。税は君主国が自由に使える金融手段の一部を構成するにすぎなかった。国家は人民の窮乏化が進行したからといって行動を自制することはまるでなく、このくいちがいを全く顧慮しない政策を進めた。国家はどのようにでも望むとおり行動できると感じ、ひたすら国際的覇権を求めて相争い、そのような争いに必要な大軍を大金かけて維持することに専念した。ここにみられるパラドックスは、個人の実質所得は減ったにもかかわらず、国家の歳入も、金融経済をあやつってますます多くの財源を手に入れる能力も、明らかに増大したことである。[*116] 人民の新たな貧窮と、国家の新しい富との間の大きく広がったギャップが、十六世紀からあとの軍隊の成長の糧であった。国王は兵士に給料を払う新たな能力を手に入れ、貧民にとっては徴募係の呼びかけに耳を傾けざるをえない新しい誘因が生じた。

人々が兵役に応募したのが経済的理由からだったことはほとんど疑いをいれない。もう少しあとの時期についてアンドレ・コルヴィジエが言ったように、「募兵に応じることは……悲惨な貧困から逃れ出る一手段だった」。[*117] 確かにそれは、多くの人々が全く自由に選んだ「職業」ではなかったし、もしもほかの選択が可能だったら特別魅力のあるものでもなかった。とはいえ多くの人にとっては、兵士にならないかぎり貧乏のどん底にとどまることになったろう。人口はほとんどどこでも増加しつつあり、小農階級をふくらませて小地主と日雇労働者を圧迫し、後者がおしまいにはすべての軍隊の主要部分を構成した。この人口膨張は、募兵に応じる可能性のある人員の予備(プール)を増加させたばかりでなく、民間経済の中に収入の多い雇用が見つかる見込みをひどく乏しいものにした。農民にとって人手が多すぎることは一人当りの土地がそれだけ狭くなることを意味した。これはつねに農業経済にとって危機的状況であり、その圧力によって結婚して所帯をもてる可能性も減った。

働きたい人々の数があまりに多くなると、日雇労働でさえ見つけにくくなり、たとえ見つかったとしても報酬は低かった。地方のインフレは地代を上昇させて、生きていくのがやっとだった農民たちの、すでに乏しかった余剰をさらに大幅に切りつめ、それ特有の重荷をつけ加えた。都市の労働者も同じような圧力を感じた。多すぎる働き手は賃金を固定させた（インフレを考慮に入れれば賃金は低下した）だけでなく、もっと悪いことに、そもそも仕事に就くことを容易ならぬ問題にした。インフレによる実質賃金の減少は、人並みの生活の糧を稼ぐ見込みをぶちこわす最も由々しき因子だった。西ヨーロッパの多くの町では一六〇〇〜一六二〇年に、零細な職人や熟練労働者は彼らの曾祖父が一五〇〇年に受けとった実質所得の三〇〜五〇パーセントで暮らしていた。しかし都市をさすらう浮浪者と乞食の新しい波を作りだしたのと同じ条件が、兵士徴募係の仕事をも容易にしたのだった。

当時の人々は経済的条件と募兵とのつながりをはっきり認識してはいなかった。だれもが兵隊暮しがつらいことを知っており、当時の人々はその中に、たいていの市民が避ける特殊な神学的危険性があるのをみてとった。戦争で敵を殺すことと殺人罪を犯すこととは、紙一重の差しかなかった。その境を乗りこえるとき、人の不滅の霊魂は差し迫った危難に直面する。名誉のために、そして義務感から働くというのが、たいていの道徳学者や知識人にとって、そのような恐るべき危険を冒すことの言い訳として唯一受け入れることのできるものだった。ところがたいていの軍隊の定員がそんなに高尚ではない理由から応募した人々で満たされているのがはっきりしてくると、幻滅から生まれた批判が一般的な反応になった。ヴェネチア軍の指揮官ジウリオ・サヴォルニャンは、フリウリとイタリア本土での戦の経験から兵士についてかなりすぐれた洞察をもつようになっていて、募兵に応じる誘因を全く率直に説明している。彼は言う。たいていの人は「何とか暮らしていけるだけのものと、もう少しだけ余分のもの、たとえば靴とか、生活をがまんできるようにする何か些細なものを手に入れることを当てにして軍隊に入ってくる」[*118]。サー・トマス・ウィルソンの著書『イングランドという国』(一六〇〇年)もこの意見をくり返している。「兵隊勤務へ押しやられる人々は……貧乏で、主に肉と飲み物とわずかの賃金を手に入れるために田舎で日雇労働をして暮らしている」[*119]。セルバンテスは、ドン・キホーテが路上で出会ったこれから新兵になるという男に、嘆きをこう歌わせている。「私の財布はすっからかん、だから私は戦争へ行く。もしもお金があったなら、もちっとましなことを考えるのだが」[*120]。

地方の状況が一時改善されたとき、兵員徴募係は生活条件と応募が反比例するというきびしい事情を教えられた。一五八〇年代後半以後イベリアでは、徴募係が割り当てられた人数を達成するには困難が増した。一五九〇年以後、特に一五九〇〜一六〇二年のペスト流行期には、派遣される人員の年間総数は少しずつ減少していった[*121]。同時に地方の労働賃金が上昇したが、これはたぶん、いくつかの地域で労働力が不足して、そのため収穫労働者が一日当り兵士の基本給よりわずかながら多い額を稼げるようになったからだろう[*122]。これは収穫時の賃金で、恒常的な仕事ではなかったが、この時期には兵士の給料は全くそれに追いつかないことが多く、万事高くつくネーデルランドでは兵士の支出は故国にいるときよりずっと多額になることがあった。さらに、故国の事情がわずか改善されただけでも徴募に応じる割合は目に見えて下がった。人民のつらい時は徴募係にとっては味方であり、人民が楽な時は彼には敵だった。一世紀以上後になってヴィラール元帥が飢饉の脅威に関して述べたように、「大衆の不幸は王国にとって救済だった[*123]」。

金持になれると期待して軍隊に入るほどのバカはいなかった。スペインの兵士の基本給は一五三四年から一六二〇年がすぎるまで、名目貨幣で固定したままだった。この間に一般物価は少なくとも三倍に上昇した（これらの基本給が、兵士の給料を計算するのに使われた計算貨幣の平価切上げによって実質的に上げられたことは確かである[*124]）。J・R・ヘールはヴェネチアのデータを使って、歩兵の戦時基本給の実額は十六世紀前半の一日当り一〇ソルディ強から、一六〇〇年の約一四ソルディ、さらに一六一七年には一八ソルディ以上に上がったと計算した。額としては、この時期の初めにはヴェネチア兵器廠での未熟練労働者の賃金に比べて高かったが、終りごろには、少なくとも一日当りの賃金でみれば明らかに低くなって大きな差がついていた。基本給そのものが誤解を招きやすい。たいていの兵士は、その技能または特殊任務の危険性に基づいて一つかそれ以上の付加給を受ける資格があったが、未熟練労働者では、恒常的に働いて取得できる賃金の最大限を得る者はほとんどいなかったからである。休日や祭日だけでも労働者の働ける時間を約三分の一減らした。これらの事情を考慮に入れるなら、先の比較は兵士にとってそうひどく不利ではなくなってくる。せいぜいのところ、ふつうの兵士の年間所得はふつうの労働者の賃金の約八四パーセントといったところだったろう[*125]。

ほかの資料からのデータもほぼ同じことを示している。レドリヒは上（オーバー）オーストリアの古文書から調べた賃金を比較して、日雇労働者は一五二五年に一月当り一・六六フロリンを稼ぎ、一五七五年には一月当り二・五フロリンを稼いだのを知った。一人前の大工の場合は一月当り二・五フロリンと三・五フロリンを稼いだ。一人前の石工はさらに稼ぎがよかったようで、一五二五年の一月当り二・五フロリンから一五七五年には一月当り五・〇〇フロリンにまでなっている。農業労働ではかなりのばらつきがあり、低いほうで家畜番の一年当り四フロリンから、収穫時の季節労働者の一月当り一〇フロリンもの多額にわたっている。これをある森林官の給料と比べてみよう。この男は一年当り二七フロリンを稼ぎ（一月当り二・二五フロリン）、ほかにたぶん住居を含むいくつかの特典を与えられていた。[*126] この時期のドイツ傭兵の基本給は一月当り四フロリンに固定されていた。そんなわけで、兵士の給料は熟練職の賃金よりは少なかったものの、ヴェネチアや上オーストリアの未熟練労働で一般的だった賃金に比べれば高かった。

個々の兵士は、支払いの不規則な労働者のすべてと同じように、地方の商人が行なう信用貸（クレジット）にたよって暮らした。兵士と貸主との関係はいつもかなりあぶなっかしいものだった。兵士たちはだまされて金を巻き上げられていると文句を言ったが、一方商人のほうはいつも兵士たちが金を払わずにずらかるのではないかと恐れていた。そんなときの借金の踏み倒しは、もしも当の兵士が最終的に自分の給料を手に入れることができたら、彼にとってもっけの幸いの丸儲けだった。スペイン側はフランドル派遣軍を支援するような、そして一部には戦地での状態を改善し武装軍隊の生活を安定化させるような種類の支払いシステムへ移行した。このことは、兵士個人でなく、軍当局が地方の商人を相手に借金を契約することを意味した。当局のほうは、兵士の給料に課す差引き制度を通じて、その兵士の生活費を回収することができた。これらの取立ては、毎日配給されるパンから、火器要員なら軍行動の間に使った火薬や弾丸まで、ありとあらゆる支出の弁済にあてられた！[*127] しかしこの制度にはそれなりの欠点があった。一つには、王がフランドル軍の費用の一部を軍の兵士自体に押しつけようとしてもあまりうまくいかなくなったことである。もう一つには、兵士の「手取り」給料の差引きはたいへんな憤慨を引きおこした。この新しい制度は古いやり方よりはうまく機能したが、国庫にとってはより大きな費用を要した。兵士は事実上自分の金の使い方を自分できめることができなくなったからである。これはすべて兵士の給料が規則的に誠実に支払われていたことを前提にしているが、そんなことはまれにしかなかったように思われる。兵士たちが不服だったのは、名目上の給料の額ではなくて、実際には給料がまれにしか受け取れなかったことと、差引きによって受け取る額が減らされていたことだった。

しかし、法外な財産を作れるチャンスはサー・ジョン・ファストルフの時代（第一章を参照）ほど多くはなかったとはいえ、兵役についている間に金持になった人もいた。国王の貧窮、軍の会計係の共謀、地方の商人や農民の敵意をなんとか切りぬけて生きのびた人々は、決算が最終的に確定したとき、全く豊かになっていることがありえた。何年間も支払いが滞ってたまった給料は、もしも決算が公正になされたなら、一種の強制貯金として戻ってきた。パーカーは、フランドル派遣軍の個々の部隊が決算をしたところ、一人当りの合計額が二〇〇フロリンから三〇〇フロリンまでの範囲にわたったという例をあげている。[*128] 略奪、あるいは略奪のかわりの余禄は、勝ちを収めた軍隊のメンバーの財布をふくらませたかもしれないが、そんな機会はまれだった。そういうわけで、兵役につけば金がもうかるという見込みは乏しかったとはいえ、もしも家にとどまっていたら何事によらず将来の見込みはそれ以上にも乏しかったにちがいない。少なくとも新兵には食べ物と住むところが与えられるという公約が存在したのだ。兵士の給料は、日雇労働者の賃金とちがって、月給制で支払われ、税金も十分の一税もかけられなかった。結局のところ、

もしも兵士が生きのびて自分の略奪品と給料を集めたならば、彼は金持だった。多くのふつうの志願兵は、入隊したときは貧乏だったが、フランドル派遣軍を除隊したときは財布の中に一〇〇〇ドゥカートもっていた。そして少なくともカスティリャの田舎では、一〇〇〇ドゥカートもっている人は金持であり、村を治める富農の一人だった。突然の富が何年かの悲惨な暮しのあとに生じた。フランドル派遣軍のならずもの的生活のパラドックスは完璧だった。*[129]

入隊したうち何パーセントが生きながらえて、給料支払者から後払いの一部でも集めて裕福な農民として故郷へ帰れたか、それはもちろんわからない。

そのような選択に迫られたとき、人々は必ずしも喜んで徴募に応じたり、あるいは深く考えもせずに応じたりしたわけではないが、ともかく彼らは応募し、その数は十六世紀から十七世紀へと進むにつれてほとんど常にふえていった。兵役につくことは、貧困に苦しんでいる地域、*[130]特に将来の希望がまるでもてない地域の若い人々にとって、いつも本当に人気のある選択である。実際、社会経済的に「疎外された」地域は伝統的に、ごく近代の戦争も含めあらゆる戦に、不釣合いなほど多数の新兵を供給してきた。*[131]十六世紀には、ふつうは辺境地域の特徴になっている状態

があらゆる地域でもっとありふれたものになった。この世紀が進んでいくにつれ、地方と都会の周辺地域での生活はますます苦しくなり、徴募係は、若者たちにとって最後の頼みの綱の雇い手となった。

近世初期の兵役と、現代の国営宝くじの間に類似を認めることができる。[*132] どちらの場合も、一枚加われというアピールが最も強く効くのは、自分の経済的地位を改善するためのそれ以外の手段が最も乏しい人たちである。現実に報酬が手に入る見込みはほとんど絶望的と言ってよいが、それほど可能性は少なくても、予想される支払金額の大きさに目をくらまされてしまう。現代の宝くじの関係者がみな経験から知っているように、賞金額が十分大きければ、わずかな報酬もけっして受け取れないことはほとんど確実なのにもかかわらず、人はくじを大量に買うのだ。近世初期のこれに相当するものはいくぶんちがっていた。農民経済の内部での可能性が乏しくなればなるほど、兵役から報酬を得ることの相対的価値は反比例して大きくなり、賭けをいっそう価値あるものにしたのである。

技術と兵士の地位

募兵、応募、市民生活からの兵士の疎外、そして脱走と再入隊のくり返し。これらはすべて、十六世紀に兵士であることの意味に生じた重大な変化を指し示している。以前の支配者たちが徴募したのは、戦争を行なうのに必要な技能をすでにもっていた人々だった。ヘンリー五世はフランスとの戦争を再開するとき、長弓を射る練習に青春を費やした人々を求めた。戦闘に参加するために必要な技芸は市民生活の一部として教えられた。適切な事態のもとではこれらの技能はある程度の市場価値をもった。それに引きかえ、十六世紀にあっては、戦争に備える支配者たちはいかなる戦闘技能をももっていない多くの人々を徴募しようとした。スペインのフェリペ二世は、きわめてわずかな技能しかもたず市民経済の中で仕事を得られる見込みの最も少ない人々を、ネーデルランドにいるアルバ公の手勢にするために徴募した。言うまでもなく、ちがっていたのは、フェリペの部隊長たちはヘンリーの騎士たちには不可能だったことができた点だった。つまり、どんな新兵をも、アルケブスか槍の使い方を訓練して一人前の兵士に仕上げることができたのである。産業革命が、経験のいらない賃金の低い工場の仕事を、ほかには働ける見込みがほとんどない何百万という女や男に開放したように、槍や小火器もまた、もっと旧式な軍隊だったら勤務することはけっしてできなかった多数の人々に、兵役につくことを選択肢の一つにしたのだった。

一方で、十六世紀には兵役につくことは、パートタイムあるいは一時的な就職ではなくて、むしろ長期間の「職業」になった。徴募担当者が、兵士として確かな経歴をもつ人々を採用したがったこと、脱走さえ見て見ぬふりをしようとしたことは、兵役のための技能の必要性が低くなる一方、あるほかの資質の必要性が上昇したことを示唆している。その資質とは、兵役の全体的な経験、部隊の中で暮らしていける能力、兵士の生活のつらさ・時折の残酷さ・つねに変わることのない疎外に耐えられることだった。ある部隊を除隊した兵士がほかの部隊に勤め口をみつけることは容易だった。それは主として彼が、兵士に要求される種類の生活に耐えられること、たぶんうまくやっていくことさえできることを自ら証明してみせていたからだった。ここでもまた産業革命との類似が示唆される。工場で上司（ボス）が「よい」働き手と認めるのに、その人がもつ技能はほとんど関係がなかった。技能は数日か数週間で教えることができたのだから。そうではなくて、工場の環境の中でのみ形づくられる態度や習慣が大いに関係した。つまり時間の規律、つらくて危険な条件に耐えること、権威への服従、である。[*133] 十六世紀の兵役の基盤は、「テルシオ」のような長期に勤務する部隊だろうと、特定の出兵のために徴募された臨時雇の部隊だろうと、後になって工業生産がこうむったのと同様な脱技能過程によって「プロレタリアート化」されたのだった。[*134]

もちろん長い目でみれば、そのような軍隊の発展は、食糧の入手が難しいことからして限界があった。最も強大な国でさえ十六世紀から十七世紀初めにかけてのたえず上昇する食料費の影響を免れなかった。[*135] 経済的条件は兵員の徴募を容易にしたし、技術は軍隊を戦場に配置するのを容易にしたが、十分な兵站上の支援を提供するのは実際上不可能だった。十七世紀が進むにつれて、大規模な軍隊の制度はそれ自体の重みによってつぶれはじめた。その結果、一般徴兵制度が開始され、また占領した地域に強制的に占領にかかる費用を払わせる悪名高い「軍税」(contribution) が生まれた。[*136] ますます大きくなる軍隊は、スペインが自分の資源上の優位を利用したいという欲望からはじまったのだが、結局は一つのレヴィアタン〔聖書に出てくる巨大な怪物〕となって、「戦争の費用を何倍にも増し……巨大な文官官僚制度を生み……国家を破産させ、革命を勃発させ、強大国の興隆と没落を引きおこした」のだった。[*137]

訳者あとがき

本書は、Bert S. Hall, *Weapons and Warfare in Renaissance Europe: Gunpowder, Technology, and Tactics*, The Johns Hopkins University Press, 1997 の全訳です。

著者B・S・ホールは原書刊行時トロント大学「科学と技術の歴史・哲学研究所」の準教授ですが、「まえがきと謝辞」を読みますと、本書を書いたおかげで準教授の地位を得たというほうが当たっているのかもしれません。巻末の文献集を見ますと、いくつかの学術論文を書いているほか、『近代以前の技術と科学』『中世文化の中の健康・病気・治療』といった論文集を共同編集しています。

著者ホールは「まえがきと謝辞」の中で、大学院の学生だったころ、「火器がどのようにしてヨーロッパの戦争の中に組みこまれたのか」について当時なされていた説明に納得のいかないものを感じたのが出発点となり、その後約二五年かかって本書が生まれたと書いています。そして「序論」で、「私の研究の目標は、火薬兵器の初期の歴史、および銃砲に依存する軍事行動の歴史のさまざまな様相を明らかにすることにある」、つまり技術史と軍事史の両分野にまたがるものであることを明らかにしています。本書が書かれた動機と内容をひとことでしめくくれば、以上のようになりましょうか。

火薬や大砲がいつ、どのようにして発明されたかについては、ヨーロッパ人の身びいきもあって、いろいろな俗説が伝えられてきました（たとえば十四世紀にドイツのベルトルト・シュワルツという修道僧が、硝石と硫黄と木炭を混ぜた薬を近隣の百姓のためにつくってやっていて、偶然あかりをつけるために燧石を打ったところ火花が薬を入れた乳鉢の中へ入り、大きな爆発をおこしたため、その力が知られたという伝説）が、ホールはさすがにそんなものには目もくれず、ジョゼフ・ニーダムたちの中国科学史研究なども参考に、火薬および大砲の知識は中国で生まれ、キリスト教圏・イスラム教圏・オリエントの間で人、物品、思想の交流がめざましかった十三世紀に、中国からヨーロッパとアラビア語圏に伝えられたのだろうと推定しています。その際火薬は古代の神秘として渡ってきたのでなく、いわば現代の「技術移転」プロジェクトによく似た形で広められたのだろうと言っています。

ヨーロッパに残っている火薬に関する資料の中で最も古いのは、ミリミート手写本（一三二六年）に載っている図で、このころ火器は弾丸よりも矢を射ち出すのに使われていたようです。そのころ、つまり一三二〇年代には火器はかなりありふれたものになっていましたが、まちがいなく戦争で大砲が最初に使われた例はイタリアのチヴィダーレ攻城戦（一三三一年）で、その後有名な百年戦争中のクレシーの戦（一三四六年）をはじめ、数々の戦に大砲が参加するようになりました。

とはいえ、その後の戦争の歴史の中で火器はそういう決定的な役割を演じるまでにはいたらず、火器が戦争の遂行において中心的役目を果たすのは主に十六世紀に入ってからだったとホールは言います。現在知られている火薬と大砲の実力からすれば、それらが敵味方双方で先を争って導入され、改良・進歩も加えられて、戦争ひいては歴史そのものの進行におそろしいまでの影響を及ぼしたにちがいない、と考えて不思議はないでしょう。しかしそうなるまで、火器の出現から二〇〇年ほどの年月がかかりました。なぜそのようにおくれたのでしょう？　火器の進歩は、なぜそのようにゆっくりとしか進まなかったのでしょう？　この「一つの特別な問題が私の研究の形をきめた」とまでホールは言っています。本書の第二章から後の記述は、この疑問を解き明かすための資料的証拠と、説得力ある議論のオンパレードという印象さえ私は受けました。

ホールの研究の基本的な立場は、科学や技術の進歩の要因として政治、社会、宗教など外的なものの影響を重視する、いわゆるエクスターナリストの方法を強力に実践しているものといえましょう。火器がどのようにして旧来の戦術の中に組みこまれていったのかを明らかにするために、第一章で火器以前の兵器・戦術を詳しく紹介しているのはその典型的な現われの一つでしょう。兵器や技術は、ただ性能的にすぐれているからというだけで、即座に採用され普及するのではない、そこには必ず偶発的な要素が強く働いている。一本道の直線的な進化論はここでは適用しない。新旧の技術は、ある時期を境に、明確に入れかわるのではなく、両者が混在し共に使われる時期が必ず存在し、時にはそれが驚くほど長くつづくこともある。こういった、あちこちに見られるホールの鋭い指摘は、やはり科学史・技術史の勉強にたずさわる私にとっては、とても教えられるところの多いものでした。

初期の火器には、硝石が高価で品不足のため火薬が十分使えなかったこと、ライフルのついていない滑腔銃砲から丸い弾丸を発射したため射程も短く狙いもろくに定まらなかったこと、装塡に手数がかかるため発射速度がひどくのろかったこと、といった重大な欠点がありました。戦がくり返される間にそれらが徐々に改善されていったのですが、火薬については第三章で硝石の醸成法や火薬の粒化を中心に詳しい解説があり、第五章では滑腔銃砲の弾道学という、現在ではほとんど関心をもたれない分野について珍しい実験結果と理論的説明が紹介されています。火器が活躍した主な戦争について、第四章で十五世紀、第六章で十六世紀の出来事が詳しく物語られていますが、この時代はこれまで私たちにはあまりよく知られていませんでしたし、フロワサールやグイッチャルディーニなど当時の年代記その他を引用して戦闘の様子がいきいきと描写されていますので、結構おもしろく読めるのではないでしょうか。最後の第七章は、本書の扱っている時期になぜ軍隊が急に巨大なものに成長し、戦術も大きく変わったのかを、いわゆる「軍事革命」論にも関連させて総合的に分析しています。しかし私などには、そこに描かれている兵士の生活実態とか、戦争遂行のための国家の赤字財政の始まり、スイスやドイツの傭兵隊の強さの秘密、兵隊の徴募をめぐるいざこざ、脱走兵の多さ、といった小さいエピソードのほうがもっと印象深く感じられました。

本書を通読しますと、火薬と火器の誕生が、それ以後のあらゆる戦争の形をきめ、今日の核兵器やら無差別爆撃、押しボタン戦争へいたる道を敷きならしたのだということが今更ながら痛切に感じられます。本書にも記されているように、火薬戦争のはじめごろ、ドン・キホーテの作者セルバンテスのように、火器の非人道性を弾劾する声がいくつもあがりました。しかし時とともにその声はうすれ、火器が発達すればするほど、その効率、ひいては残虐性はますます高まっていきました。これの行きつく先は、いったいどこにあるのでしょうか。

私は科学史や技術史では一通りの勉強はしましたが、軍事史や戦史についての知識は豊かではありません。本書のように内容が技術史と軍事史の両方にまたがり、しかも分量的には戦史が圧倒的に多いとなると、翻訳とはいえ十分な自信がもてるわけではありません。おまけにおそろしく多種類の外国語が、古い綴りのものやフランドル語など、ろくに辞書も使えないものまで登場するときては、本当に苦労させられました。何とか大過なく出来上がっていることを心から祈る次第です。

きわめて多数の人名、地名、戦名が出てきますが、特に重要なもの以外は訳注をつけませんでした。本文中に説明を補いたいときには、〔 〕でかこんで挿入しましたが、引用文の中などには原著者が挿入した字句もあり、こちらは［ ］でかこんであります。

例によって、平凡社でのかつての同僚、阪本芳久君が、訳文と原文を一字一句つき合わせ、誤りをことごとく指摘してくれました。特殊な軍事用語も調べて訂正してくれました。そのうえ、リライトといってよいくらい、文章にもていねいに手を加えてくれました。本書は、著者も言っているとおり、準教授の地位を得るためのいわば資格試験の対象だったせいもあってか、文章もかなり硬く、訳もそれに引きずられてずいぶん直訳調になっていたのですが、阪本君の手入れのおかげでぐっと読みやすくなり、自分ながら読んでおもしろいと感じるほどになりました。図版や索引その他もすべてお世話になりました。改めて心からお礼申し上げます。

一九九九年九月

市場泰男

平凡社ライブラリー版解説　技術から見たヨーロッパ軍事史

鈴木直志

火器の歴史ときいて、はたしてどのようなイメージが思い浮かぶだろうか。織田信長が鉄砲隊を用いて武田軍を壊滅させた長篠合戦は、多くの人にとって火器の威力を示す印象深い事例であろう（この見方は近年かなり否定されているようだが）。あるいは、幕末に欧米列強の見せつけた圧倒的な火力が、その後の日本の運命を左右したことに思い至る人もいるかもしれない。そして現在、火器の重要性は不動であるどころか、従来以上に高まったと見る向きも多かろう。とすると「火器は歴史的につねに右肩上がりの発展を遂げ、銃砲の発達こそが軍隊や戦争の変化の主要因である」といったイメージが一般的に共有されているといえようか。しかし、歴史の事実を探ると、興味深いことにこのイメージは必ずしも適切でないことが分かる。火器はつねに右肩上がりに発達したのでもなければ、戦争を変える要因であり続けたわけでもないのである。本書はこの興味深い火器の歴史を、軍事技術の観点から教示する軍事史の名著である。

原著の表題（*Weapons & Warfare in Renaissance Europe*）が示すように、本書が考察対象にする時期はルネサンス期、すなわち十四〜十六世紀である。この三世紀はヨーロッパ軍事史上、屈指の変革期であった。それは、十四世紀はじめに現れた火器が、その二〇〇年後には絶対不可欠の兵器となっていたことを想起すれば、ただちに明らかだろう。ホールによれば、火器が急速で根本的な革新を遂げたのは十五世紀から十六世紀半ばまでで、銃砲は硝石の低価格化をきっかけに一気に普及したのであった。その結果、ヨーロッパの戦場の光景は一変した。攻城戦においては、これまで都市を守ってきた市壁が大砲によって破壊され始め、十五世紀頃からは稜堡を伴う要塞が新たに登場した。野戦では、戦場の花形だった重騎兵の優位が失われ、軍隊はこれ以降、歩兵、とりわけ銃兵中心の構成になっていった。こうして時代は大きく中世から近世へと移り変わってゆく。その主要因はたしかに火器であった。

ただし、本書で示される歴史の実態はもっと複雑である。ホールによれば、一つの技術が生まれるまでにはあまたの試行錯誤が繰り返される時期があり、やがて技術が確立されると、今度は技術的に安定する（＝基本部分に変化のない）時期が比較的長期間続くという。例えば火薬製造の場合なら、十五世紀に多くの実験が集中して行われ、十六世紀に粒化技術が確立すると、その後は十八世紀半ばまで基本的な進歩が見られないとされる。技術の発達はこのように、独特のパターンを伴ったプロセスであった。直線的な発展図式では必ずしも説明しえないものなのである。本書の最大の魅力は、こうした観点から火器の普及の歴史を緻密に跡づけたことに求められよう。

ホールはまた、ルネサンス期の火器がどれほどの性能を有していたか、もしくはどの程度のものに過ぎなかったかを詳しく述べている。わが国ではこの点について、まだ十分に理解されていないように思われるので、ここで改めて取り上げておこう。当時の火器といえば、銃砲身の内面にライフリング（施条）のない滑腔銃砲であった。火薬は黒色火薬であり、弾丸は丸弾、装塡方式は先込め式（前装式）であった。これらの意味するところは、当時の火器がわれわれのイメージする銃砲と比べて、大幅に性能が劣るということである。小銃の場合だと、そもそも射程距離が短く（有効射程は一〇〇〜一二〇メートルほど）、おまけに命中精度も低かった（平均五パーセント）。さらに先込め式のため、装塡に時間がかかり発射速度が遅かった（一分間に一発か二発程度）。この時代の小銃はもっぱら一斉射撃で運用されたが、その主な理由は、銃がこのように貧弱な性能だったことによる。銃砲はたしかにヨーロッパの戦争を新次元へ導いたが、ルネサンス期におけるそれは、今のわれわれが想定するほどの破壊力と殺傷力を備えていたわけではなかったのである。

さて、先に十四〜十六世紀はヨーロッパ軍事史上、屈指の変革期であると述べたが、その後の時代に起きた軍隊や戦争の変化もまた、負けず劣らず重要である。というのも、これを知ることで先の一般的イメージを改め、軍事と技術の相互関係をより正確に見定めることが可能になるからである。その出発点となるのは「十六世紀後半の砲術と、十九世紀前半、一八六〇〜七〇年ごろまでの砲術との間には、非常に高度の一貫性が存在した」（三一一頁）とのホールの指摘である。ヨーロッパの砲術は、ちょうど日本の戦国時代から幕末維新までの間、ほぼ変わらなかったということであるが、逆に言えばそれは、他ならぬこの期間こそ、火器以外の要因によって、非技術的要因によって、軍隊や戦争が変化したということである。では、その要因は何だったのだろうか。以下ではこの問いを意識しながら、十七世紀から十九世紀後半までの軍事の変化を大づかみに示してみたい。

十九世紀後半に至るまで、ヨーロッパの軍隊や戦争は二度ほど大きく変化している。一つ目の変化は、十七世紀半ば以降の統治体制の変容とともに生じた。絶対主義と呼ばれる集権的統治体制がヨーロッパの趨勢となり、君主は軍隊を常備し始めたのである。それ以前の軍隊は、もっぱら軍事企業家＝傭兵隊長によって提供される傭兵軍であった。君主は傭兵隊長に金銭を支払うだけで、軍隊を直接掌握するわけではなかった。またこの軍隊は戦争が終われば解散したので、失業した兵士は路頭に迷い無頼者と化した。しかし今や、軍事企業家は斥けられて軍隊は君主直属となり、常備化によって失業兵問題も解決されるに至ったのである。この変化を可能にしたもの、それは十七世紀半ば以降のフランスやプロイセンに顕著に見られる、統治体制の集権化であった。

常備軍の第一の特徴は、厳しい紀律を備えた上意下達の組織であったことである。傭兵軍の場合、例えば給金の未払いなどで兵士が困窮した時には、彼らによる暴動が頻発した。しかし常備軍の時代になると、これが脱走という消極的抵抗に変わる。ここには、集権的統治体制が軍隊の中で確立した、厳格な命令秩序を見て取ることができよう。第二に、軍隊の大規模化はまさにこの時代にもっとも顕著であった。例えばフランス軍の場合、従来平均して五万人程度だった兵力が、十七世紀半ば以降になると一気に二〇万人規模に増加する。ホールは本書の終章で十六世紀の軍隊の大規模化をしきりに論じるが、直接の考察対象とすべきはやはり、兵力がもっとも増加するルイ一四世の時代の方ではなかろうか。君主にこの大規模化を可能にさせたものこそ、それ以前よりはるかに多額の資金の調達・管理を可能にした集権的統治体制に他ならないのである。軍事史の泰斗マイケル・ハワードが見事に言い当てているように、この時代における「本当に重要な変化は、軍隊が使った道具の中にではなくして、軍隊自体の構造と軍隊を使った国家の構造の中に起こった」(『ヨーロッパ史における戦争』奥村房夫・奥村大作訳、中公文庫、一〇九頁)のである。

第二の大変化は、フランス革命に代表される、十八世紀後半以降の政治社会の原理的転換によってもたらされた。周知のように、中世に由来する貴族社会は十八世紀にはすでに多くの地域で形骸化しており、機能不全に陥っていた。貴族＝騎兵が軍事的な主役であった時代はとうに過ぎ去っていたし、集権体制が整うにつれ、領民の保護者としての彼らの役割も掘り崩されていた。つまり、貴族が社会的上位を占める前提が大きく失われたにもかかわらず、身分差や既得権だけはそのままだったのである。こうした状況を批判する一部の平民は、貴族の保護や後見はもはや不要であり、それに代わって自らを政治主体＝主権者とする共同体を作る、というプログラムを提示した。そして、このプログラムに従って革命が発生し、不平等な身分制社会が覆されるに至ったのである。

この巨大な社会的変化は、国民軍という新しい軍隊をもたらした。これは質量ともに、それ以前とはまったく異なる軍隊であった。軍隊はまず、基本的に均質な国民から構成される組織となり、不均質(外国人兵士や身分差など)を本質的特徴とする近世軍隊とは決定的に断絶した。また兵士は士気を持つようになった。王の私兵が戦う近世の戦争では士気は必要とされなかったが、今や祖国のため、革命のためといった動機で兵士は戦うようになったのである。さらに指摘すべきは、兵員や資源の調達が国民国家規模で可能になったため、国民軍では兵力が激増したことである。近世の上限兵力は二〇万人ほどだったのに対し、ナポレオン時代には一〇〇万人になった。すでに明らかなように、この近代国民軍という新たな軍隊を生み出したのは、革命という社会の側の激変に他ならない。

こうして、二度の非技術的要因による変化を経た後で、ヨーロッパの軍隊と戦争は十九世紀半ばに、いよいよ火器や技術を主要因とした抜本的な変化の時代を再度迎えることになる。しかも今回は、十七世紀の科学革命を経て一皮も二皮もむけた近代科学によって、火器の破壊力や殺傷力が桁違いに向上したのであった。銃砲身は今や、滑腔式から施条式へと代わり、黒色火薬は無煙火薬に、丸弾は椎実弾（一八八〇年代以降は尖頭弾）に代わった。これらの変化を通じて、銃砲の有効射程と命中精度は劇的なまでの向上を遂げたのである。さらに装塡方式は先込め式から元込め式（後装式）に代わった。後者は前者よりずっと簡単に装塡できるため、従来とは段違いの速度での持続射撃を可能にし、歩兵の運用を伝統的な密集隊形から解き放ったのであった。要するに、十九世紀後半は軍事技術の第二の大変革期と呼ぶに値するほど、銃砲が劇的に高性能化した時代なのである。

冒頭で述べた火器の一般的なイメージは、もっぱらこの十九世紀後半に到達した巨大な破壊力によって規定されたものである。したがって、このイメージを無造作にそれ以前の時代へ持ち込むのは控えねばならないだろう。そして、繰り返しになるが、ここで見逃してはならないのは「十六世紀後半の砲術と、十九世紀前半、一八六〇～七〇年ごろまでの砲術との間には、非常に高度の一貫性が存在した」とのホールの言葉である。技術の発展は、基本構造ともいうべきテクノロジーが確立するまで開発や実験が集中的に行われる時期と、その構造が比較的長期間、安定的に機能する時期という、二つの時期を通して進行する。少なくともルネサンス期から十九世紀に至るヨーロッパの火器の歴史はそうであった。技術の歴史はこのように、イノベーションのたんなる蓄積としては理解しえない、固有の発達過程を示すのであって、われわれはこの点についても十分に留意せねばならないのである。

（すずき　ただし／ドイツ近世史・軍事史）

当時ヨーロッパで最も近代化された軍隊となった.

☆2 ――グスタフ・アドルフ（スウェーデン王グスターヴ2世．1594～1632, 在位1611～32）は,「北方の獅子」と呼ばれた文武両道にすぐれた英王で, スウェーデンを経済的繁栄に導き, 戦術にすぐれ, 彼の軍隊は精鋭を誇った. 数々の戦に勝利をおさめたが, ワレンシュタインとの戦いで重傷を負って陣没した.

☆3 ――皮革砲は, 金属製の薄い砲身を鋳造し, 何本かをロープで束ねて, 丈夫な皮革でおおったもの. しかし皮革の熱伝導率が小さいため, 2, 3回発射すると過熱して使えなくなった.

☆4 ――ギリシア神話で歴史を金の時代, 銀の時代, 鉄の時代に分け, 鉄の時代 Iron Age を最後のもっとも堕落した時代だとする.「鉄の世紀」Iron Century とはその意味を含めて命名したのだろう.

成立した．その後レコンキスタのテンポは落ちたが，15世紀末にカスティリャとアラゴンが統一してスペイン王国が成立した後，最後まで残っていたイスラム教徒のグラナダ王国を奪回し，これによって全国土が回復された．

☆４――織田信長は長篠の戦（1575）でこれと同様な戦術を使って武田軍を破った．「ヨーロッパでは，この解決法は1594年まで考案されていなかったし，ひろく普及するのは1630年代のことにすぎない．ところが織田信長は．1560年代にマスケット銃の斉射戦法を実験しており，ヨーロッパ人が開発する20年も前の1575年には，この戦法で最初の大勝利を手にしていたのである」（ジェフリー・パーカー著，大久保桂子訳『長篠合戦の世界史』，188ページ）．

第５章

☆１――サー・ジョン・フレッチヴィル・ダイクス・ドンリー（1902年没）は英国陸軍士官学校の卒業生で，英国陸軍工兵隊の一員としてクリミア戦争に従軍し，最後には少将に昇進した．

第６章

☆１――イタリア戦争は，政治的統一を欠くイタリアの支配権をめぐり，フランスのヴァロワ家とドイツのハプスブルク家との対立を軸として展開された大規模な国際紛争．ナポリ王国の継承権を主張するフランス国王シャルル７世のイタリア侵入（1494）が発端になり，戦闘と複雑な外交的かけ引きがくり返された後，1559年にカトー＝カンブレジ和約が結ばれて幕を閉じた．

☆２――グイッチャルディーニ（1483〜1540）はフィレンツェの歴史家，政治家で，『イタリア史』や『フィレンツェ史』の現実主義的な扱い方から，近代史の祖といわれる．

☆３――ハプスブルク家のカール５世（1500〜58）は母方の祖父フェルナンド５世のあとをついでスペイン国王になり（在位1516〜56，カルロス１世），そのあと父方の祖父マクシミリアン１世のあとをついで神聖ローマ帝国皇帝となった（在位1519〜56）．かくしてドイツとスペインを中軸に全ヨーロッパに散在する諸地域を手におさめ，空前の大帝国を実現した．

第７章

☆１――マウリッツ（英語ではモーリス，1567〜1625）はオランイエ公，ナッサウ伯で，父ウィレム１世のあとをついでネーデルランド連合州最高行政官（つまりオランダ共和国統領）になった（在位1585〜1625）．彼は軍事戦略，戦術，軍事技術を発展させ，それによってオランダ軍はンダ，ベルギー，ルクセンブルグに相当する.

☆5 ——フランドルはほぼ今日のベルギーに相当する地域で，862年に伯爵領となり，11世紀以来毛織物業の発達とともに諸都市が繁栄した. 13世紀末から百年戦争にかけてフランスとイングランド，支配者のフランドル伯，フランドル諸都市内部の都市貴族とこれに対立する職人層が入り乱れて複雑な対立と抗争をくり返した. 1384年ブルゴーニュ公領となったが，1482年にハプスブルク家の手に移り，以後近世を通じておおよそスペイン系の支配を受けた.

第2章

☆1 ——アルケブス arquebus（英語の発音はアーケバス）は辞書にはふつう「火縄銃」と訳されているが，火縄点火装置を使う銃にはさまざまな名称のものがあり，最も有名なマスケット銃も本来は火縄銃である. この訳書ではアルケブスのまま使う.

☆2 ——ジャン・フロワサール（1337ころ～1410ころ）はフランスの歴史家で，その『年代記』は14世紀の封建文明と騎士の社会生活を鋭く観察し記述したことで知られる.

第3章

☆1 ——つまり数枚の鉄の厚板で円筒形に囲み，その外側に丈夫なたがをはめて作った. 酒樽（バレル）の作り方と同じで，英語で銃身，砲身のことをバレルと呼ぶのはその名残である.

☆2 ——鉄の鍛造は，青銅の鋳造より多くの労働を要し，したがってコストは大きくなった. このため製品の価格の差は，原料の価格の差よりずっと縮まった.

第4章

☆1 ——ジョン・ウィクリフ（1220ころ～84）はイギリスの宗教改革者で，カトリック教会を批判し，聖書を重んじ，化体説を否認，イギリスが教会から政治的にも宗教的にも独立するよう主張した. 彼の説はコンスタンツ公会議（1414～18）で異端と宣告された.

☆2 ——ヴォーバン侯（セバスチアン・ル・プレートル. 1633～1707）はフランスの築城家，戦術家，経済家. フランドルでの戦で功を立て（1655～59）その後各地に参戦，1703年に元帥となる.

☆3 ——レコンキスタ（国土回復運動）は8世紀から15世紀にかけて，イベリア半島のイスラム教徒占領地域をキリスト教徒の手に取り返していった運動. 西方ではアストゥリア王国が起点となってレオン王国やカスティリャ王国へ成長して，13世紀半ばごろまでに中・西部の全土を回復した. 東方ではスペイン辺境伯領を基盤に広がってアラゴン王国が

訳注

まえがきと謝辞

☆1 ――アメリカの大学では，下級教職の講師と助教授は任期制で雇われており，契約期間がすぎれば審査を受けて，契約を更新されるか打ち切られる．終身身分保証（テニュア）を得た上級教職つまり準教授と教授は特に任期がきめられていない．

☆2 ――ここでいう研究休暇（サバティカル・リーヴ）は7年に1回，1学期（半年）の休暇をもらい，その間給料は全額受けとる制度．ただサバティカルというときには，7年に1回，1年間の休暇をもらい，その間給料は半分になる．

第1章

☆1 ――ギリシア火は，12世紀にラテン訳されたマルクス・グラエクスの処方によると，硝石6，硫黄1，松脂1を粉末にしてアマニ油などに溶かし，これを管や筒の中に入れて点火すると，思いのままの方向に飛んでいき，その火によってすべてのものを灰にするという．673年にコンスタンチノープルが包囲攻撃されたとき，ヘリオポリスの建築技師カリニコスがこれを用いて成功した．主に建造物や船舶の焼払いに利用された．

☆2 ――クリスチーヌ・ド・ピザン（1364～1430ころ）はフランスの女流詩人．ヴェネチア生れ．多くの恋愛詩のほか，婦女教育のための本などを書いた．

☆3 ――百年戦争は1337年から1453年まで，フランスを戦場に，イングランドとフランスの間で断続的に行なわれた．その原因として，フランス領内にあったイングランド領土をめぐる争い，フランスの王位継承問題，毛織物の大産地であるフランドルをめぐる対立があげられる．戦争の第一期（1337～60）ではクレシーの戦，ポワチエの戦でイングランド軍がフランス騎士軍を破り，1360年ブレスティニーの和約が結ばれた．第二期（1369～80）にはフランスが一時戦勢を回復し，75年に和約が成立，その後散発的な戦闘が行なわれたが，96年に28年間の休戦協定が結ばれた．第三期（1413～28）には，アジャンクールの戦（1415）でフランス軍が大敗し，フランス王シャルル7世はオルレアンで包囲されたが，ジャンヌ・ダルクの登場によって危機を救われた．以後フランスの優勢のうちに戦争は終わり，イングランドの勢力は大陸から一掃された．

☆4 ――北海沿岸低地帯 Low Countries は現在のベネルクス三国，つまりオラ

＊130—Redlich, *German*, 1:118.
＊131—Corvisier, *Armies*, 133-43; Baritz, *Backfire*, 282-85.
＊132—合衆国での宝くじを買う行動の分析については，Clotfelter and Cook, *Selling*, 96-104を見よ．
＊133—Thompson, "Time."
＊134—「プロレタリアート化」という語はRice, *Foundations*, 16から．
＊135—Hale, *War*, 236は，1人当りの食糧費は約3倍になったと記している．
＊136—軍税については，Parker et al., *Thirty*, 198-99を見よ．以下も見よ．Parker, *Flanders*, 142-43; Redlich, "Contributions."
＊137—Lynn, "Pattern," 1.

*103—Seyssel, *Monarchy*,126.
*104—Parker, *Flanders*, 30.
*105—Ibid., 29-33. 引用は33.
*106—Redlich, *German*, 1:38.
*107—Parker, *Flanders*, 37.
*108—Thompson, *Government*, 112.
*109—Parker, *Flanders*, 207-9.
*110—Baritz, *Backfire*, 314. とはいえ，これらの数字はアメリカ軍内部の深刻な危機の兆候として扱われた.
*111—Parrott, "Strategy," 20.
*112—Parker, *Flanders*, 207-9, 217-18.
*113—Ibid., 216.
*114—Ibid., 213-15.
*115—Ibid., 36. Parker はこれらの記録を図示的に与えているだけで，そのため提示している年齢群の正確な分析はできない.
*116—イングランドのデータに基づいた実質賃金と物価についてはBraudel, *Civilization*, 3:616.
*117—Corvisier, *Armies*, 133.
*118—Hale, *War*, 109に引用されている.
*119—Wilson, *England*, 20. Wilson は金持のヨーマンもやはり兵器の練習をすることを認めたが，彼らは自ら志願しないかぎり国外へ送られることはないとつけ加えた.
*120—Cervantes Saavedra, *Don Quixote*, 627.
*121—Thompson, *Government*, 104. 関係する年代をもっとはっきり理解するには，Thompsonの数字を年度別に計算し直す必要がある.
*122—Ibid., 107.
*123—Parker, *Revolution*, 47に引用されている.
*124—Parker, *Flanders*, 158-60. Hale, *War*, 110では28パーセントの平価切上げと見積もられている.
*125—Hale, *War*, 112は，あるヴェネチアの歩兵は支払い停止までにせいぜい１日当り23ソルディしか稼げなかったろうと見積もっている．これに引きかえある未経験の建築労働者は41.63ソルディ稼いだ．しかし理論上は兵士の支払いは固定されていたが，労働者は働いたときしか支払われなかった．240日間で労働者が9991ソルディの支払いを受けたのに対して，兵士のほうは8395ソルディ稼いだ.
*126—Redlich, *German*, 1:127-28.
*127—Parker, *Flanders*, 161-65.
*128—Ibid., 182.
*129—Ibid., 183.

て控えめに１万6000人の兵士数をあげている.

＊71——これはAdams, "Tactics"のテーゼである.

＊72——Jones, *War*, 207-9.

＊73——Maltby, *Alba*, 55-64.

＊74——16世紀の経済についての議論は, Wallerstein, *Modern*, 1:41-73を見よ. Kamen, *European*, 11-44も見よ.

＊75——Wallerstein, *Modern*, 1:77-85. Braudel and Spooner, "Prices" は賃金の実質購買力は全般的に約50パーセントに減ったと見積もっている.

＊76——Kamen, *European*, 53.

＊77——Kamen, *European*, 57より. Phelps Brown and Hopkins, "Wages," "Consumables," *Perspective* も見よ.

＊78——Kamen, *European*, 58.

＊79——Wallerstein, *Modern*, 1:77-82.

＊80——Ibid., 109-10.

＊81——Ibid., 80.

＊82——Kamen, *European*, 59. Pettengill, "Firearms," 7に要約されている諸研究も見よ.

＊83——Kamen, *European*, 9. 彼の本の前のタイトルを言っている.

＊84——Ibid., 52. Bodin, *Discourse... et response aux paradoxes de M. de Malestroict* を引用している.

＊85——Kamen, *European*, 167-71.

＊86——Wallerstein, *Modern*, 1:138.

＊87——Hale, *War*, 231.

＊88——Kennedy, *Rise*, 47.

＊89——Parker, *Flanders*, 148-52.

＊90——Kennedy, *Rise*, 41-55.

＊91——Parker, *Flanders*, 199.

＊92——Ibid., 136.

＊93——Pettengill, "Firearms," 7を見よ. 税制改革の役割については, Wolfe, *Fiscal*, 230-39を見よ.

＊94——Lynn, "Recalculating," 902.

＊95——Pettengill, "Technology," "Firearms."

＊96——Kamen, *European*, 258-91.

＊97——Madison, "Observations," 491-92.

＊98——Wolfe, *Fiscal*, 25-52.

＊99——Thompson, *Government*, 126-33.

＊100——ドイツ傭兵については, Fiedler, *Kriegswesen*, 56-97を見よ.

＊101——Lynch, *Spain*, 1:84-85; Parker, *Flanders*, 13-20.

＊102——Kiernan, "Foreign," はこの問題の古典的取り扱いをしている.

(table 1)を見よ.

*49——スウェーデンとイングランドについては，Porter, *War*,67 (table 3-1)を見よ.

*50——Lynn, "Recalculating," 887-89.

*51——Ibid., 902 (table 1).

*52——Rogers, "Hundred," 243.

*53——Hall, "Changing," 272 (table 1). データはLynn,"*Trace Italienne*," 324から.

*54——Duffy, *Siege*, 85-89.

*55——この過程の初期の歩みについては，Roberts, *Gustavus*, 2:227を見よ.

*56——教練の重要性については，McNeill, *Pursuit*, 125-39を見よ.

*57——Love, "Horsemen," 517-31（アンリ）; Roberts, "Gustav," 68-69および*Gustavus*, 2:255-57（グスタフ・アドルフ）.

*58——以下の戦闘がOman，*Sixteenth*の索引にのせられている．Cerignola (1503), Garigliano (1503), Ravenna (1512), Novara (1513), Guinegate (1513), Flodden Field (1513), La Motta (1513), Tchaldiran (1514), Marignano (1515), Dabik (1516), Ridanieh (1517), Bicocca (1522), Pavia (1525), Mohacs (1526), Gavignara (1530), Ceresole (1544), Mühlberg (1547), Pinkie (1547), Marciano (1553), St. Quentin (1557), Gravelines (1558), Dreux (1562), St. Denis (1567), Heiligerlee (1568), Jemmingen (1568), Moncontour (1569), Mookerheyde (1574), Coutras (1587), Arques(1589), Ivry (1590), Kerestes (1596), Nieuport (1600).

*59——勝利は年代順には，Guinegate，Gavignara，Ceresole，Gravelines，Moncontour．奇襲の結果，攻撃側が勝利を収めたものは除いてあるが，それらはGarigliano, Novara, Pavia, Mühlbergである.

*60——これらの例は年代順に，Ravenna, Jemmingen, Kerestesである.

*61——Monluc, *Commentaires*, 264, *Commentaries*, 121.

*62——Oman, *Sixteenth*, 218-19; Jones, *War*, 202-3.

*63——Braudel, *Civilization*, 335.

*64——Howard, "Manufacture," 7-8.

*65——Cipolla, *Guns*, 30-54. Wertime, *Steel*, 168-75; Schubert, "First"; Awty, "Parson." Hammersley, "Technique"で表明されている批判的見解を参照.

*66——皮革砲については，Carman, *History*, 61-63を見よ.

*67——Roberts, "Gustav," 59.

*68——Jones, *War*, 204.

*69——Lot, *Les effectifs*, 85. さらにLotは皇帝軍の約3150名が捕虜になったと見積もっている.

*70——Oman, *Middle Ages*, 1:473-74. Delbrück, *History*, 3:416-17はきわめ

＊22――概要については，Porter, *War*, 63-104を見よ．Downing, *Revolution* も見よ．
＊23――Black, *European*, 4.
＊24――1990年の技術史学会の会合で読みあげられたこの言については，*Technology and Culture* 32 (1991): 575-78を見よ．この会合では，同年の技術史分野における最高の著作として，Geoffrey Parker, *Military Revolution* にデクスター賞が贈られた．
＊25――Burne, *Agincourt*, 90-94（ヘンリー5世）; Hale, *War*, 62（カール5世）; Parker, *Flanders*, 6, 271-72; Kennedy, *Rise*, 56, 99; Porter, *War*,67（スペイン王）．
＊26――軍隊規模の見積りに伴う方法論的論争については，Lynn, "Growth" を見よ．
＊27――Contamine, *War*, 116-18.
＊28――Burne, *Crecy*, 166-68（エドワードの軍隊），186（フランスの兵力）．
＊29――Ibid., 298, 312-26; Hewitt, *Expedition*, 114.
＊30――Burne, *Agincourt*, 90-94.
＊31――Ladero Quesada, *Castilla*, 251-79. Contamine, *War*, 135に要約されている．
＊32――Brusten, "Compagnies,"158.
＊33――Hale, *War*,62; Lot, *Les effectifs*, 56. Parker, "Revolution," 207は両軍とも約1万人しかいなかったと主張している点で誤りを犯している．
＊34――Adams, "Tactics," 30; Lot, *Les effectifs*, 133.
＊35――Maltby, *Alba*, 79-81.
＊36――Lot, *Les effectifs*, 184.
＊37――Parker, *Flanders*, 271-72; Hale, *War*, 63.
＊38――Lynn, "Pattern," 2-3; Adams, "Tactics," 34.
＊39――Adams, "Tactics," 33.
＊40――Ibid., 31（ブーローニュにおけるヘンリーの兵力）; Parker, "Revolution," 206（イギリス部隊の一般的レベル）．
＊41――Adams, "Tactics," 32. Parrott, "Strategy," 16-21も見よ．
＊42――Parrott, "Strategy," 20.
＊43――Adams, "Tactics," 35.
＊44――Oman, *Sixteenth*, 541-46.
＊45――Adams, "Tactics,"39-42; Maltby, *Alba*, 151-52. ここでは要塞の建設に重きがおかれている．Kingra, "*Trace Italienne*," 443-44.
＊46――Adams, "Tactics," 36-38.
＊47――Lynn, "*Trace Italienne*," 315-19. ここでは主として17世紀後半の数字が引き合いに出されている．
＊48――スペインとネーデルランドについては，Parker, "Revolution," 206

出ている．Delbrück, *History*, 4:132はワルハウゼンを「現代における最も著名な理論家」と呼んでいる．

＊148—Cervantes Saavedra, *Don Quixote* (trans. Cohen), 344.

＊149—Hale, "Gunpowder," 126-35.

＊150—La Noue, *Discours*, 356; idem, *Discourses*, 198.

＊151—Ibid., 125.

＊152—La Noue, *Discours*, 366, 370. 引用は312.

＊153—Jones, *War*, 198-99.

＊154—Parker, *Revolution*, 19-22; Jones, *War*, 221-22; Delbrück, *History*, 4:155-71; Hahlweg, "Aspekte."

第7章

＊1 ——12世紀を対象とした中世研究の概要については，Cantor, *Inventing* を見よ．

＊2 ——Rice, *Foundations*, 16.

＊3 ——Bean, "Birth."

＊4 ——しかしながらこの用語は，Porter, *War*, 32で使われている．

＊5 ——Roberts, "Revolution," 196. これは1955年に小冊子として出版された1955年の講義（Belfast: Queens University）に多少手を加えたものである．

＊6 ——Ibid., 217-18.

＊7 ——Roberts, "Gustav," 56-58.

＊8 ——Roberts, "Revolution," 217.

＊9 ——Roberts, *Gustavus*, 2:169-89.

＊10——Parker, "Revolution."引用は204にある．

＊11——Ibid., 208.

＊12——Ibid.

＊13——Lynn, "*Trace Italienne*," 304-7.

＊14——Benton, *Ordnance*, 482-84.

＊15——Parker, *Revolution*, 13-14.

＊16——Lynn, "*Trace Italienne*," 308.

＊17——Ibid., 324-28にある表のデータを見よ．

＊18——Christine de Pizan, *Fayttes* (Byles), 142 ff., bk. 2, chap. 16.

＊19——Kingra, "*Trace Italienne*," 436. Delbrück, *History*, 4:317 n. 18を引いている．

＊20——Kingra, "*Trace Italienne*." これはナッサウのマウリッツ，すなわちオラニエ公の *The Triumphs of Nassau*, (W. Shute の英訳，London, 1613), 122, 126, 132, 149を引き合いに出している．

＊21——Lynn, "Pattern," 1.

＊117—Parker, *Flanders*, 165.
＊118—Thorold Rogers, *Prices*, 3.194 ff.
＊119—La Noue, *Discours*, 367. Aggasによる同時代の英訳*Discourses*の199も見よ．歯輪式（ホイールロック）ピストルの中には多銃身のものもあった（Hoff, *Feuerwaffen*, 1:58, 70, 83, 97を見よ）．
＊120—La Noue, *Discours*, 360.
＊121—Delbrück, *History*, 4:42.
＊122—Ibid., 119.
＊123—Oman, *Sixteenth*, 85; Lot, *Les effectifs*, 92.
＊124—Du Bellay, *Mémoires*, 4:266.
＊125—Delbrück, *History*, 4:42.
＊126—Koss, *St. Quentin*, 103; Lot, *Les effectifs*, 151-71; Oman, *Sixteenth*, 254-66.
＊127—Baumgartner, *Henry II*, 138.
＊128—Lot, *Les effectifs*, 176-86; Baumgartner, *Henry II*, 138, 259. しかし，もっと小さな数字を与えているRabutin, *Commentaires*, 2:223-29も見よ．
＊129—Koss, *St. Quentin*, 126-36.
＊130—Love, “Horsemen,” 510-33. 以下も見よ．Lynn, “Evolution,” 183; Oman, *Sixteenth*, 470-80（クートラの戦），495-505（イヴリーの戦）．
＊131—Roberts, “Gustav,” 68-69; Jones, *War*, 223.
＊132—Roberts, “Gustav,” 57.
＊133—正反対の見解については，Jones, *War*, 197-99を見よ．
＊134—La Noue, *Discours*, 360（英語訳は，La Noue, *Discourses*, 201を見よ）．
＊135—Oman, *Sixteenth*, 41-42, 86-87, 226; Roberts, “Gustav,” 58.
＊136—Delbrück, *History*, 4:123-24.
＊137—La Noue, *Discours*, 355-62; idem, *Discourses*, 198-202.
＊138—La Noue, *Discours*, 360-61; idem, *Discourses*, 201-2.
＊139—La Noue, *Discours*, 361-62; idem, *Discourses*, 202.
＊140—La Noue, *Discours*, 362; idem, *Discourses*, 203.
＊141—Gaier, “L’opinion,” 743.
＊142—Baumgartner, “Demise”を見よ．Baumgartnerはまた馬上槍試合でのアンリ2世の死も要因の一つであったと強調している．
＊143—Monluc, *Commentaires*, 814.
＊144—Albèri, *Relazioni*, 232-33. Delbrück, *History*, 4:126も見よ．
＊145—Williams, *Briefe*, 36.
＊146—Delbrück, *History*, 4:127.
＊147—Wallhausen, *Art militaire à cheval*はフランス語版が1616, 1621, 1647年に出，ドイツ語版は*Kriegskunst zu Pferd*の名で1616年と1633年に

彼の「ブルボン王朝の後裔たち」と比較している.

*87——Lot, *Les effectifs*, 62.

*88——Ibid.

*89——Monluc, *Commentaires*, 152; idem, *Memoirs*, 101.

*90——Delbrück, *History*, 4:96. Jones, *War*, 194も見よ.

*91——Du Bellay, *Mémoires*, 4:224.

*92——Jones, *War*, 192-93.

*93——Du Bellay, *Mémoires*, 4:221.

*94——Monluc, *Memoirs*, 111.

*95——Ibid.

*96——Monluc, *Commentaires*, 162. Du Bellay もこの行為を描写している(*Mémoires*, 4:222を見よ).

*97——Du Bellay, *Mémoires*, 4:222; Monluc, *Memoirs*,108; *Commentaires*, 159.

*98——Monluc, *Memoirs*, 109-11; *Commentaires*, 161; Du Bellay, *Mémoires*, 4:223-25.

*99——Monluc, *Memoirs*, 112. Monluc, *Commentaires*, 163も見よ.

*100—Jones, *War*, 193; Lot, *Les effectifs*, 85. これに加えて, 約3150人の皇帝軍が捕虜になった.

*101—ここで引用したコメントはすべてDelbrück, *History*, 4:96より.

*102—Du Bellay, *Mémoires*, 4:224は皇帝軍のアルケブス兵に言及している.

*103—Du Bellay, *Mémoires*, 4:222.

*104—Keegan, *Face*, 47-51は近代の例をあげている.

*105—Monluc, *Memoirs*, 112; *Commentaires*, 163.

*106—Foley et al., "Wheel Lock," 403.

*107—Ibid., 404-7.

*108—Feldhaus, "Nürnberger Bilderhandschrift"に記述されている Berlin, Staatsbibliothek Preussischer Kulturbesitz, Ms. germ. quart 132. Reicke, "Löffelholtz"も見よ.

*109—Willers, *Nürnberger*, 47-51も見よ.

*110—Blair, "Notes"はこの論争を概括している. Morin, "Wheel-Lock"も見よ.

*111—Hoff, *Feuerwaffen*, 1:47-48.

*112—Morin, "Wheel-Lock," 82-83.

*113—Willers, *Nürnberger*, 51.

*114—Blair, "Notes," 36, n. 28.

*115—Ibid., 36.

*116—Thorold Rogers, *Prices*, 3:572 (海軍の記録), 582 (ニューカレッジ), 575 (兵士の装備).

*60——Bayard, *Histoire*, 260.
*61——Willers, *Nürnberger*, 5-8.
*62——Guilmartin, *Gunpowder*, 149.
*63——マスケット銃の教練については，De Gheyen, *Wapenhandelinghe*を見よ.
*64——Dillon, “Letter,” 171.
*65——Parker, *Flanders*, 274.
*66——Oman, *Sixteenth*, 59-60はSerrafin Maria de Soto, Conde de Clonard, *Historia organica de las armas de infantria y cabelleria españoles*, 16 vols.（Madrid, 1851-59）の第3巻を引き合いに出している（この著作は私には利用できなかった).
*67——Parker, “Revolution,” 198-99.
*68——Ibid.
*69——Parker, *Flanders*, 274.
*70——Taylor, *Italy*, 39.
*71——Giovio, *Pescara*, 331-37. Taylor, *Italy*, 53-54も見よ.
*72——Bayard, *Histoire*, 260; Du Bellay, *Mémoires*, 3:313-14.
*73——Casali, *Battaglia*, 100. 戦の全容については，Giono, *Pavie*を見よ．また以下も見よ．Brandt, “Schlacht,” 73-86; Oman, *Sixteenth*, 196-207.
*74——Du Bellay, *Mémoires*, 3:350-58; Guicciardini, *Storia*, 3:1754-63 (bk. 15. chap. 15); Giovio, *Pescara*, 419-32; Fleuranges, *Mémoires*, 2:222-42. さらなる文献については，Pieri, *Crisi*, 362を見よ．Casali, *Battaglia*, 108-9も見よ.
*75——Giovio, *Pescara*, 424-25. この英語訳はDelbrück, *History*, 4:43にあり，同書にはジオヴィオの文章のラテン語によるものも収録されている。
*76——Giovio, *Pescara*, 425. Delbrück, *History*, 4:43も見よ.
*77——Joseph Ben Joshua Ben Meir, *Chronicles*, 2:48.
*78——Giovio, *Pescara*, 429. Delbrück, *History*, 4:43も見よ.
*79——Knecht, *Francis I*, 169.
*80——この議論はGiono, *Pavie*, 203-12 (*Pavia*, 153-59) の再現に従っている．ジオノの記述はパヴィアの戦におけるマスケット銃，アルケブス，重騎兵の間の決定的な対立を際立たせている.
*81——Joseph Ben Joshua Ben Meir, *Chronicles*, 2:50.
*82——Taylor, *Italy*, 128.
*83——Oman, *Sixteenth*, 217.
*84——Knecht, *Francis I*, 246-47; Oman, *Sixteenth*, 46-47.
*85——Parker, *Flanders*, 30.
*86——Lot, *Les effectifs*, 53; Taylor, *Italy*, 66. 後者は，フランソワがパヴィアの戦の戦術的教訓を学ぶことも，学び直すこともできなかったことを，

えを反映している．これがアルケブスの射撃のことを言っているのかどうかは知りようがない．

*36——Taylor, *Italy*, 45.

*37——Bayard, *Histoire*, 103-4.

*38——Taylòr, *Italy*, 42 n.2.

*39——Fleuranges, *Mémoires*, 1:81.

*40——Hale, "Venetian," 98.

*41——Porto, *Lettere*, 181.

*42——Bayard, *Histoire*, 104.

*43——Jones, *War*, 186-87; Taylor, *Italy*, 180-204; Oman, *Sixteenth*, 130-50.

*44——Guicciardini, *Storia*, 2:1127 (bk. 10, chap. 13); Guicciardini, *History*, 246.

*45——Oman, *Sixteenth*, 71, 137; Taylor, *Italy*, 185-87; Guicciardini, *Storia*, 2:1127; Guicciardini, *History*, 246; Porto, *Lettere*, no. 66 (30 April 1512), 299.

*46——Bayard, *Histoire*, 206. グイッチャルディーニはそれらを "artiglierie minute"〔小火器〕と呼んでいる (*Storia*, 2:1127).

*47——Nardi, *Istorie*, 1:420で示されているように，別の可能性として後のマスケット銃の祖型だったとも考えられる．

*48——たとえば，Hall, *Hussite*, fol. 43v.

*49——たとえば，"Spencer's," 654-704の中でWestによって．

*50——Taylor, *Italy*, 187.

*51——Guicciardini, *History*, 248; *Storia*, 2:1128 (bk. 10, chap. 13).

*52——Guicciardini, *History*, 249; *Storia*, 2:1130 (bk. 10, chap. 13).

*53——Taylor, *Italy*, 200-202.

*54——Oman, *Sixteenth*, 151-59; Taylor, *Italy*, 122-23; Delbrück, *History*, 4:78-81; Jones, *War*, 187-88; Fleuranges, *Mémoires*, 1:124-30; Du Bellay, *Mémoires*, 1:24-29; Guicciardini, *Storia*, 2:1240-55 (bk. 10, chap. 12).

*55——Fleuranges, *Mémoires*, 1:127.

*56——Usteri, *Marignano*, 478-86; Taylor, *Italy*, 123-25; Oman, *Sixteenth*, 160-71; Jones, *War*, 188; Fleuranges, *Mémoires*, 1:184-99; Guicciardini, *Storia*, 2:1366-69 (bk. 12, chap. 15); Du Bellay, *Mémoires*, 1:70-75; Knecht, *Francis I*, 33-46.

*57——Usteri, *Marignano*, 480; Giovio, *Historiarum*, 290-322 (bk. 15), 特に309-16; Taylor, *Italy*, 46.

*58——Oman, *Sixteenth*, 172-85; Taylor, *Italy*, 125-26; Guicciardini, *Storia*, 3:1624-26 (bk. 14, chap.14); Giovio, *Pescara*, 290-94.

*59——Du Bellay, *Mémoires*, 1:189.

＊6 ——Duffy, *Siege*, 15.
＊7 ——Van Hoof, "Fortifications," 99-101.
＊8 ——De Vries, *Technology*, 267.
＊9 ——Alberti, *Building*, 特に bk. 4. 以下も見よ．Hale,"Bastion," 47-81; De Vries, *Technology*, 269.
＊10——Taylor, *Italy*, 148-50.
＊11——以下を見よ．Francesco di Giorgio Martini, *Trattati*, 2:414-84; Duffy, *Siege*, 25-40.
＊12——Hale, "Bastion," 466-95. 若干異なる見解については，Pepper and Adams, *Firearms*, 3-31を見よ．Contamine, *War*, 204-5はHaleに従っているように思われる．
＊13——Parker, *Revolution*, 6-44.
＊14——たとえば以下を見よ．Black, *Revolution*; Dorn, "Revolution"; Hall, "Changing"; Hall and De Vries, "Revisited"; Rogers, "Hundred."
＊15——Hall, "Changing," 272.
＊16——Ibid., 260-62.
＊17——Guilmartin, *Gunpowder*, 85-94, 253-72.
＊18——Hallie, "Warfare," 74-99; McNeill, *Gunpowder*, 27-40. McNeill, *Pursuit*, 95-98も見よ．
＊19——Parker, *Revolution*, 12.
＊20——Pepper and Adams, *Firearms*.
＊21——Oman, *Sixteenth*, 105-14.
＊22——Ibid., 54-55.
＊23——Prescott, *Ferdinand and Isabella*, 2:341. Contamine, *War*, 131-32も見よ．
＊24——De Lojendio, *Gonzalo*, 110 ff.
＊25——Pieri, "Consalvo," 211-13.
＊26——Taylor, *Italy*, 43-44.
＊27——Rodriguez Villa, *Crónicas*, 156.
＊28——Jähns, *Kriegwesens*, 1:1044.
＊29——以下を見よ．Rodriguez Villa, *Crónicas*; Giovio, *Pescara*, 99-115; De Gaury, *Captain*, 83-87.
＊30——Pieri, *Crisi*, 217.
＊31——D'Auton, *Chroniques*, 3:172-73によれば，ヌムール公は弾丸を4発以上浴びて負傷したという．
＊32——Delbrück, *History*, 4:73.
＊33——Oman, *Sixteenth*, 52-53.
＊34——Hobohm, *Kriegkunst*, 2:518.
＊35——D'Auton, *Chroniques*, 3:172は射撃はやまなかったとのフランスの考

ている．*OED*の“volley”の項は，1580年代以降の多数の言及例をあげている．18世紀については，Quimby, *Background*, 42 n.14を見よ．またShowalter, “Tactics,” 24も見よ．

*65——矢作り職人については，Reid, *Arms*, 112-14を，鉄砲鍛冶については，Carman, *History*, 105を見よ．

*66——De Gheyen, *Wapenhandelinghe*は，アルケブスの教練のための42ほどの命令をあげている．Held, *Firearms*, 93, 111-13も見よ．

*67——Hughes, *Firepower*, 165.

*68——Chandler, *Napoleon*, 341を見よ．

*69——Showalter, “Tactics,” 21.

*70——Calloway, *Crown*, 232に引用されている．

*71——Hughes, *Firepower*, 32 n. 1. これはMadras Recordsのデータをあげているが，大きな兵器ほど速度が小さくなっているのは奇妙に思える．

*72——Hughes, *Firepower*, 32. そこではMüllerの*Elements*を引き合いに出している．

*73——Benton, *Ordnance*, 488-93. 引用は489から．

*74——Hughes, *Firepower*, 35-36; Benton, *Ordnance*, 449.

*75——Benton, *Ordnance*, 449; Eldred, *Gunners*, 10-11.

*76——Eldred, *Gunners*, 164-65.

*77——Vauban, *Siegecraft*, 60-61 (table 1).

*78——Austro-Hungarian Monarchy: Kriegsarchiv, *Feldzüge des Prinz Eugen*, 1:231.

*79——Benton, *Ordnance*, 449.

*80——Ibid., 209-11.

*81——Ibid., 483-84.

*82——Vauban, *Siegecraft*, 28, 160. 約350ヤードの距離にある砲列を示しているPlates 9-21（現代の単位で寸法を示した縮尺図）を見よ．

*83——Benton, *Ordnance*, 489.

*84——Davies, *Raymond*, 39. Parker, *Revolution*, 18も見よ．

*85——Vauban, *Siegecraft*, 60-61.

第6章

* 1 ——Contamine, *War*, 132-33を見よ．

* 2 ——Hale, *War*, 53; Lot, *Les effectifs*, 18.

* 3 ——Taylor, *Italy*, 13.

* 4 ——Guicciardini, *Ricordi*, item no.64 (p.85). 英訳はHale, “Relations,” 275にある．Pepper and Adams, *Firearms*, 11も見よ．

* 5 ——Guicciardini, *Storia*, 1:92. 英語については，Guicciardini, *History*, 50-51を見よ．

与えている．

＊36——Charters and Thomas, "Aerodynamic"はこの分野における数少ない厳密な研究の一つであるように思われる．

＊37——最初*Poggendorfs Annalen*で発表されたマグヌスの"Über die Abweiching der Geschosse"は，ベルリン科学アカデミーで公表されたものだった．英語版の題名は*Projectiles*である．

＊38——マグヌス効果については，Fox and McDonald, *Fluid*, 481-82を見よ．

＊39——Magnus, *Projectiles*, 214.

＊40——ロビンズについては，Steele, "Muskets"を見よ．

＊41——Robins, *Gunnery*, 210-17.

＊42——Ibid., 212.

＊43——Barkla and Auchterlonie, "Magnus," 438-39, fig.1 and 2より．Robins, *Gunnery*, 211-12.

＊44——Robins, *Gunnery*, 213-14.

＊45——Ibid., 214.

＊46——Baker, "Experiments," 274.

＊47——Ibid., 287.

＊48——Benton, *Ordnance*, 462.

＊49——Ibid., 463.

＊50——Biggar et al., *Works*, 94-99. 以下も見よ．Morison, *Champlain*, 109-10; Bishop, *Champlain*, 146-48.

＊51——Jones, "Metallography."

＊52——Kalaus, "Schiessversuche," 71.

＊53——Ibid., 83 (table 3). 最大の銃ドッペルハーケンには30cmの距離でのテストは実施されなかった．またピストルについても100mの距離でのテストは行なわれていない．

＊54——Ibid.

＊55——Williams, "Firing."

＊56——Jones, "Metallography," 115 (table 2)では，標本として選ばれた15，16世紀の鎧について，ほぼ一致する寸法を報告している．

＊57——Kalaus, "Schiessversuche," 73. 弾丸の速度は銃口から5.2mのところで測定された．衝突は銃口から8.5mの位置．

＊58——Ibid.

＊59——De Vries, "Surgical."

＊60——以下の記述については，Kalaus, "Schiessversuche," 73-78を見よ．

＊61——Ibid., 81 (table 1)を見よ．

＊62——Williams, "Knight," 487.

＊63——引用は，Dillon, "Letter," 171-72から．

＊64——16世紀についてはDigges, *Stratioticos*, 105で斉射背面行進が論じられ

*12——Ibid., 294.
*13——Shapiro, *Shape*, 148.
*14——Kalaus, "Schiessversuche," 46.
*15——Robins, *Gunnery*, 133. McShane, Kelly, and Reno, *Ballistics*, 768も見よ.
*16——Kalaus, "Schiessversuche," 67.
*17——Ibid., 67, 81 (table 1), 91 (diagram 8)を見よ.
*18——Hughes, *Firepower*, 80-83.
*19——Showalter, "Tactics," 20（10〜20パーセント）; Hughes, *Firepower*, 165（5パーセント未満).
*20——Brett Steelから著者宛の私信. そこではJean-Louis Lombardの1787年の数表を引き合いに出していた. Lombardはロビンズの研究をフランスに紹介し, またナポレオンに弾道学を教えたことで知られる.
*21——Thierbach, *Handfeuerwaffen*, 1:115. Kalaus,"Schiessversuche,"67を参照. Chandler, *Napoleon*, 342も見よ.
*22——Thierbach, *Handfeuerwaffen*, 115. Guillaume Piobert (1793-1871)は, フォンテンブローの砲術専門学校で教鞭をとった. 彼の*Traité d'artillerie theorique et pratique* (1836) と*Cours d'artillerie* (1841) は出版されてから1859年までの間何度も版を重ねた (最後は1869年). Georg Heinrich von Berenhorst (1733-1814) は, 影響力の大きかった*Betrachtungen über die Kriegskunst* (1798)を著し, 同書も何回も版を重ねた.
*23——Guibert, *Essai*, 50-69. Quimby, *Background*, 118-20はこれを引用して議論している.
*24——Mauvillon, *Bohème*, 1:100-101（Duffy, *Experience*, 209に引用されている). Jähns, *Kriegswissenschaften*, 3:2425も見よ.
*25——Duffy, *Experience*, 209.
*26——Benton, *Ordnance*, 469.
*27——Hughes, *Firepower*, 27で言及されている.
*28——ドイツで軍務についていた一大佐の計画（Held, *Firearms*, 114に引用されている).
*29——Keegan, *Face*, 172.
*30——Showalter, "Tactics," 19.
*31——Kalaus, "Schiessversuche," 54.
*32——これらおよび以下の結果はKalaus,"Schiessversuche," 82 (table 2) から. 比較のためにあげておくと, 同様のテストを実施した現代のライフルでは, 13cm^{2}および6cm^{2}の成績だった.
*33——Ibid., 69を見よ.
*34——Ibid.
*35——McShane, Kelly, and Reno, *Ballistics*, 742 ff. は歴史的概要を簡潔に

＊89——Vigón, *Artilleria*, 73.
＊90——以下を見よ. Blackmore, *Armouries*, 225; Vogt, "Santa Barbara's," 180.
＊91——Ladero Quesada, *Castilla*, 121.
＊92——Harvey, *Islamic*, 282；たとえば, Pulgar, *Crónica*, 2:75-76を見よ.
＊93——Cook, "Cannon," 50; Bernáldez, *Memorias*, 51.
＊94——Cook, "Cannon," 51.
＊95——Ibid., 51 n.36.
＊96——Vigón, *Historia*, 53.
＊97——Ladero Quesada, *Castilla*, 124, 125.
＊98——Hillgarth, *Spanish*, 2:377; Ladero Quesada, *Castilla*, 126.
＊99——Ladero Quesada, *Castilla*, 127.
＊100——Vigón, *Historia*, 58.
＊101——Ladero Quesada, *Castilla*, 128.
＊102——Pulgar, *Crónica*の64, 224, 288ページの図.
＊103——Cook, "Cannon," 46 n.13. エスプリンガルダはトレドの彫刻にも見られる. 特に224ページの図を見よ.
＊104——Freire, "Cartas," 168, no.16（1513年の日付).
＊105——Cook, "Cannon," 56.
＊106——Contamine, *War*, 200.
＊107——Parker, *Revolution*, 18-19.

第5章

＊１——Showalter, *Railroads*はこの分野ではいまだに基本的な研究である.
＊２——以下を見よ. Kalaus, "Schiessversuche"; Krenn, "Test-Firing." これらの研究については, 内部圧力に関して第４章でふれている.
＊３——使用された火薬はディナミート・ノーベル・A. G. 社が製造し, 0.3～0.6mmの標準サイズに粒化したJagdschwartzpulver Marke Köln-Rottweil Nr.0である（Kalaus, "Schiessversuche," 45).
＊４——これらの兵器は, モデル58－7.62mm口径襲撃用ライフル, モデル77－口径5.65mm襲撃用ライフル, モデル80－口径8.82mmピストル, モデル11－口径11.43mmピストルだった（Ibid.,44). もちろん, 現代の薬筒とニトロセルロース基剤の発射薬が使われた.
＊５——Ibid., 66.
＊６——Hughes, *Firepower*, 26.
＊７——Benton, *Ordnance*, 316-18; Robins, *Gunnery*, 133.
＊８——Benton, *Ordnance*, 319.
＊９——Williams, "Firing."
＊10——Ibid., 117-18.
＊11——Baker, "Experiments," 267.

"L'artillerie," 557-61を見よ.
*56——McNeill, *Pursuit*, 87.
*57——Gaier, *L'industrie*, 115-69.
*58——De Vries, *Technology*, 146.
*59——Dubled, "L'artillerie," 571, 579, n.76.
*60——明細目録については, Napoleon and Favé, *Études*, 1:375を見よ.
*61——Cipolla, *Guns*, 94.
*62——Gaier, *L'industrie*, 302 ff.
*63——たとえば, Zinn, *Kanonen*, 128やBrusten, "Compagnies"の137と138の間にある挿絵を見よ.
*64——Charles the Bold of Burgundy to Claude de Neuchâtel, 27 May 1475 (Vaughan, *Charles*, 198-203, 特に200-201に翻訳・編集されている).
*65——Contamine, *War*, 133-34; Brusten, "Compagnies," 146-50.
*66——Nell, *Landsknechte*, 115-28. 以下も見よ. Basin, *Louis XI*, 3:96-103; Lot, *L'art*, 2:137-38; Delbrück, *History*, 3:4-7.
*67——Nell, *Landsknechte*, 134-47.
*68——Contamine, *War*, 133-34. Basin, *Louis XI*, 3:334-37も見よ.
*69——たとえば, Pulgar, *Crónica* および Bernáldez, *Memorias* の随所を見よ. 現代の例についてはHall, *War*, 48を見よ.
*70——ナスル朝については, Harvey, *Islamic*を見よ.
*71——Hillgarth, *Spanish*, 2:60.
*72——Cook, "Cannon," 50.
*73——Hillgarth, *Spanish*, 2:376, 377.
*74——Harvey, *Islamic*, 284.
*75——Ibid.
*76——Cook, "Cannon," 63.
*77——Pulgar, *Crónica*, 170-71. Harvey, *Islamic*, 286にある訳も見よ.
*78——Pulgar, *Crónica*, 286; Harvey, *Islamic*, 296.
*79——Pulgar, *Crónica*, 291.
*80——Ibid., 301.
*81——Harvey, *Islamic*, 296; Pulgar, *Crónica*, 291.
*82——Pulgar, *Crónica*, 2:292.
*83——Harvey, *Islamic*, 199-200.
*84——Pulgar, *Crónica*, 314-16; Harvey, *Islamic*, 298-99; Prescott, *Ferdinand and Isabella*, 2:25-27.
*85——Ladero Quesada, *Castilla*, 121.
*86——Prescott, *Ferdinand and Isabella*, 2:28-31; Pulgar, *Crónica*, 323-25.
*87——Hillgarth, *Spanish*, 2:384.
*88——Bernáldez, *Memorias*, 125.

*28 ——Allmand, *Normandy*, 187-91.
*29 ——Griffiths, *Henry VI*, 516-17.
*30 ——Berry, "Recouvrement," 316-19.
*31 ——Neillands, *Hundred*, 282-83; Blondel, "De reductione," 170-76. Berry, "Recouvrement," 330-38も見よ．この文章を現代英語に訳したものは，Myers, *English Historical Documents*, 4:260-61にある．Lot, L'art, 2:80-82も見よ．
*32 ——Berry, "Recouvrement," 337は，それらを単に「2門のクルヴェリン」と呼んでいる．
*33 ——Berry, ibid., 336は，3774人のイングランド人と「5，6人」のフランス人が死んだか捕まったと主張している．
*34 ——Berry, "Recouvrement," 340-43, 345-57; Blondel, "De reductione," 209-12, 213-20.
*35 ——Chartier, *Chronique*, 2:231-32; Blondel, "De reductione," 235. Griffiths, *Henry VI*, 521も見よ．
*36 ——Berry, "Recouvrement," 366; Blondel, "De reductione," 235.
*37 ——Griffiths, *Henry VI*, 531.
*38 ——Burne, "Castillon"はそう主張している．
*39 ——Lot, *L'art*, 2:84-86; Labarge, *Gascony*, 224-26. 同時代の記述については以下を見よ．Basin, *Charles VII*, 2:194-201: Chartier, *Chronique*, 3:1-9.
*40 ——Chartier, *Chronique*, 3:4から引用．
*41 ——De Vries, *Technology*, 148.
*42 ——Vale, "Gascony," 136.
*43 ——Labarge, *Gascony*, 228; Basin, *Charles VII*, 2:200-202.
*44 ——Griffiths, *Henry VI*, 546 n.213.
*45 ——Goodman, *Roses*, 19-40.
*46 ——以下を見よ．Allmand, *Normandy*, 241-67; Keen, "Hundred."
*47 ——Berry, "Recouvrement," 372-73. Chartier, *Chronique*, 2:237も見よ．Chartier の現代英語版については，Myers, *English Historical Documents*, 4:262-63を見よ．
*48 ——Berry, "Recouvrement," 373. Chartier, *Chronique*, 2:237も見よ．
*49 ——Dubled, "L'artillerie," 571, 579, n.76,568.
*50 ——Vale, "Techniques," 62-63.
*51 ——Ibid., 66.
*52 ——Hall, *Hussite*, 55, n.4.
*53 ——Keen, "Lancastrian," 299.
*54 ——Vale, "Techniques," 61-63.
*55 ——ジャンおよびガスパールのビュロー兄弟の経歴については，Dubled,

った）については，Guilmartin, *Gunpowder*, 159-62およびfig.7を見よ．Smith, *Grammar*, 70も見よ．

第4章

＊1 ――この戦闘については，Kaminsky, *Hussite*を見よ．

＊2 ――Schmidtchen, "Karrenbüchse,"85にある*Deutsche Reichstagakten*, 7, item no.280からの引用．

＊3 ――社会的様相については，Klassen, *Nobilily*を見よ．マルクス主義者の見解については，Macek, *Hussite*を見よ．

＊4 ――Schmidtchen,"Karrenbüchse," 90-92.

＊5 ――Heymann, *Žižka*, 16-35. Schmidtchen, "Karrenbüchse," 86-87も見よ．

＊6 ――Durdík, *Heerwesen*, 117には現代の推測図が載っている．Heymann, *Žižka*, fig. 3には15世紀半ばのスケッチが再録されている．Kaminsky, *Hussite*, pl.5にはプラハ国立博物館にある模型が載っている．

＊7 ――Schmidtchen, "Karrenbüchse," 97.

＊8 ――Heymann, *Žižka*, 90.

＊9 ――記述については以下を見よ．Von Wulf, *Wagenburg*, 23-24; Durdík, *Heerwesen*, 89ff.; Wagner, Drobna, and Durdík, *Costumes*, pt.10.

＊10――Schmidtchen, "Karrenbüchse," 100.

＊11――Rathgen, *Geschütz*, 317.

＊12――Schmidtchen, "Karrenbüchse," 100. Rothe, *Düringische*, 3:659から引用している．

＊13――Durdík, *Heerwesen*, 196-97, 200-206, 207-12, 213-21; Heymann, *Žižka*, 93-94, 136-40, 291-304, 410-14.

＊14――Durdík, *Heerwesen*, 221-28; Bartos, *Revolution*, 15-16.

＊15――Durdík, *Heerwesen*, 228-36.

＊16――Schmidtchen, "Karrenbüchse," 85.

＊17――Durdík, *Heerwesen*, 241-48; Bartos, *Revolution*, 112-18.

＊18――Hall, *Hussite*, 55, n.4.

＊19――Oman, *Middle Ages*, 2:369-70.

＊20――Durdík, *Heerwesen*, 253-57.

＊21――Palacky, *Geschichte*, 53. Haymann, *George*, 457, 492-95を参照．

＊22――Jähns, *Kriegswissenschaften*, 323-28. Neubauer, *Kriegsbuch*も見よ．

＊23――Fürstlich zu Waldberg-Wolfegg'sche Bibliothek, *Das mittelalterliche Hausbuch*, fol.53 a（Filedt Kok, *Master*, p1. IVa-bに再録されている）．

＊24――Contamine, *War*, 136.

＊25――Du Boulay, *Germany*, 27.

＊26――Willers, *Nürnberger*, 6.

＊27――Clephan, "Ordnance," 105にあげられている数字を見よ．

＊91――以下を見よ. Reimer, "Pulver," 165; Reimer, "Schwartzpulver," 372-73.
＊92――Rathgen, *Geschiitz*, 73.
＊93――Williams, "Firing,"114. C. Brusten, *Compagnies* (Brussels, 1953), 108を引用している.
＊94――Willers, *Nürnberger*, 5 ff.
＊95――たとえば, Held, *Firearms*, 26-29.
＊96――Vienna, 3069 fol.38v. Reid, *Arms*, 58, illus. 60-61も見よ.
＊97――Benton, *Ordnance*, 294.
＊98――これを兵器としてあげている図については, たとえばTschachtlan, *Chronik*の全編中の図を見よ. 水鳥の狩猟用として図示しているものについては, Fürstlich zu Waldberg-Wolfegg'sche Bibliothek, *Das mittelalterliche Hausbuch*, fol.17a, "Children of Luna"（Filedt Kok, *Master*, p1.Ibに再録されている）を見よ.
＊99――Biringuccio, *Pirotechnia*, 412.
＊100――たとえば, Kenyon, "Ordnance," 179.
＊101――Willers, *Nürnberger*, 17-18.
＊102――Du Boulay, *Germany*, 141 ff. を見よ.
＊103――Hale, "Bastion," 477に引用されている.
＊104――Eltis, "Towns," 92, 94.
＊105――Rathgen, *Geschütz*, 62.
＊106――Whitehorne, *Certain Waies* (1562), fol.28. 初版（1560年）にはこのくだりが欠けている.
＊107――Biringuccio, *Pirotechnia*, 415.
＊108――Whitehorne, *Certain Waies*, fol.27.
＊109――Tartaglia, *Colloquies*, 78-79を見よ.
＊110――Blackmore, *Armouries*, 260-66.
＊111――Lombarès et al., *Histoire*, 40-41.
＊112――Bourne, *Arte*, 65 ff. 以下も見よ. Blackmore, *Armouries*, 393; Sheriffe, "Secrets." Scheriffeの短い手稿（P.R.O.sp 12/242/64）の日付については, Blackmore, *Armouries*, 393を見よ. Laughton, *State Papers*は, 1592年だと考えているが, Lewis, *Armada*, 19を見よ.
＊113――Smith, *Grammar*, 71.
＊114――Reimer, "Pulver," 166.
＊115――Gay, *Glossaire*, 2:270.
＊116――Biringuccio, *Pirotechnia*, 412-13; Whitehorne, *Certain Waies*, fols. 31r ff.
＊117――Howard, "Manufacture," 9.
＊118――この小口径・円錐状内腔の旋回砲（イベリア半島の方言でversosとい

*61——Rathgen, *Geschütz*, 77.
*62——Garnier, *L'artillerie*, 91-92. ここでも，この記載に注意を向けさせてくれたことに対して，合衆国軍事アカデミーのClifford Rogers博士に感謝する.
*63——Napoleon and Favé, *Études*, 1:375にこの明細目録が印刷されている.
*64——Rathgen, *Geschütz*, 77.
*65——Leguay, *Rennes*, 286 n.44.
*66——Leonardo da Vinci, *Codex Madrid II*, fols.98r-98v.
*67——Rogers, "Hundred," 270-72.
*68——Needham et al., *Science*, 354-58は彼ら自身の実験報告に加え，他の人によるものを要約している.
*69——Guilmartin, "Ballistics," 77.
*70——Fawiter, "Documents," 372.
*71——Deuchler, *Burgunderbeute*, 310 ff.
*72——Reimer, "Schwartzpulver," 374-75.
*73——Contamine, *War*, 144.
*74——Schmidtchen, *Bombarden*, 44.
*75——Bull, "Evidence," 3-8. Caruana, *Tudor*, 14-15も見よ.
*76——Schmidtchen, *Bombarden*, 49-50. 1445年の手稿を引用している.
*77——たとえば，Bartholomeus Freysleben, *Zeugbuch* [1495年から1500年の間に，皇帝マクシミリアン1世のためにつくられた兵器目録], Munich, Bayerische Staatsbibliothek, cod. icon.222. Blackmore, *Armouries*, 255-59は，1405年と1495年の明細目録を対照している.
*78——Contamine, *War*, 142-43 and table 4.
*79——Hassenstein, *Feuerwerkbuch*, 71.
*80——Hogg, *English Artillery*, 21 (from 1574).
*81——Schmidtchen, *Bombarden*, 50.
*82——Ibid., 51-80; Taccola, *De ingeneis*; Taccola, *De machinis*.
*83——Hogg, *English Artillery*, 21 (from 1574), 26 (from 1592).
*84——Contamine, *War*, tables 6 and 7 (pp.146-47).
*85——Hogg, *English Antllery*, 29. Robert NortonとWilliam Eldredの表を編纂している.
*86——Smith and Brown, *Bombards*, 23 ff. ("Dulle Griet") and 1 ff. ("Mons Meg").
*87——Schmidtchen, *Bombarden*, 53-54.
*88——Cipolla, *Guns*, 42 and app. 1.
*89——Gaier, *L'industrie*, 345-46は，1436年から55年までの間につくられた鉄製クルヴェリン27門をあげている.
*90——Awty, "Blast Fuenace," 69.

＊35——Kyeser, *Bellifortis*, vol.1, fol.106v, and vol.2, p.80; Partington, *Greek Fire*, 150.
＊36——Wright, "Report," 32. Napoleon and Favé, *Études*, 205も見よ.
＊37——Hassenstein, *Feuerwerkbuch*, 59.
＊38——Urbanski, *Explosives*, 3:342. Prinzler, *Pyrobolia*, 205も見よ.
＊39——Hassenstein, *Feuerwerkbuch*, 17. フランス語版については，以下を見よ．Napoleon and Favé, *Études*, 3:146; Paris, Bibliothèque nationale, Départment des manuscrits, Ms. lat. 4653, item 10, "Livre secret de l'art de l'artillerie et canonnerie." *Livre de cannonerie*, fols.39 ff. には，MS 4653の印刷版が"Petit traicté contenant plusieurs artifices du feu, très-utile pour l'estat de canonnerie, recueilly d'un vieil livre escrit à l main et nouvellement mis en lumière" のタイトルで含まれている．Linet and Hillard, *Bibiliothèque*, item 1217も見よ.
＊40——Hassenstein, *Feuerwerkbuch*, 25.
＊41——Rathgen, *Geschütz*, 119.
＊42——Biringuccio, *Pirotechnia*, 412-13.
＊43——Blackwood and Bowden, "Initiation," 304.
＊44——Ibid., 291.
＊45——Ibid., 295.
＊46——Ibid., 296.
＊47——Hassenstein, *Feuerwerkbuch*, 16, 43 ff., 100 ff.; Schmidtchen, *Bombarden*, 49 ff. この手順の原理については，以下も見よ．Reimer, "Pulver," 164-66, and "Schwartzpulver," 372.
＊48——Guilmartin, "Ballistics," 95. Williams, "Firing," 114-20, 134-38も見よ.
＊49——Benton, *Ordnance*, 28. Urbanski, *Explosives*, 3:330では現代の火薬の粒径が与えられている.
＊50——Hahn, Hintze, and Treumann, "Safty," table 4 (p.132).
＊51——Rodman, *Reports*, 174 ff. ロドマンのデータについては, Hime, *Origin*, 166も見よ.
＊52——Noble, "Tension," 273-83. Guilmartin, "Ballistics," 79も見よ.
＊53——Noble, "Fifty," 452.
＊54——Noble and Able,"Researches" (1875), table 10 (p.112).
＊55——Kalaus, "Feuerwaffen," 41-113. Krenn, "Test-Firing," 34-38も見よ.
＊56——Noble and Able, "Researches" (1875), table 10 (p.112).
＊57——Guilmartin, "Ballistics," 87.
＊58——Ibid., 79.
＊59——Hahn, Hintze, and Treumann, "Safty," 132 and table 5. 実験者たちはこれらのテストの際の平均の粒径は与えていない.
＊60——Ibid., table 3 (p.132).

ていると主張しているのは以下のものである．Köhler，*Entwicklung*，3:i，336; Hime，*Origin*，141; Hassenstein，*Feuerwerkbuch*，101; Schmidtchen, *Bombarden*, 115. クノレンの工程を理解している（一次資料はあげていないが）のは以下のものである．Marshall, *Explosives*, 17-18; Guttman, *Explosives*, 1:17; Koch, *Medieval*, 207.

＊12――Vienna, Österreichische Nationalbibliothek, cod.2952, fols.27r-27v.

＊13――Lorenzo Fernandez, *Etnografia*, in Otero Pedrayo, *Galizia*, 2:601-7.

＊14――Napoleon and Favé, *Études*, 3:198で言及されている．

＊15――北海沿岸低地帯諸国の資料については，Gaier, *L'industrie*, 282を，中国の資料については，Needham et al., *Science*, 358-59を見よ．18世紀の中国における同様の手法に関するイエズス会士J. J. A. Amiotの言を引用しているPartington, *Greek Fire*, 253-54を参照.

＊16――Norton, *Gunner*, 147.

＊17――Williams, "Saltpetre."反応式はRussell, *Conditions*, 330より．Russell, *World*, 68-70も見よ．

＊18――Needham et al., *Science*, 95. Multhauf, "Crash," 163-64も見よ．

＊19――Massey, "Saltpetre," 195.

＊20――Kyeser, *Bellifortis*, vol.1, fol.106v, and vol.2, p.80.

＊21――Partington, *Greek Fire*, 315.

＊22――Biringuccio, *Pirotechnia*, 404-9; Agricola, *Metallica*, 560 ff.; Ercker, *Ores*, bk.5, pp.291-313.

＊23――ホンリックの文章については，Williams, "Saltpetre," 128-30を見よ．

＊24――Rubin, Kleeman, and Lamdin, "Alcohol," 440, fig.2を見よ．Beard and Knott, "Alcohol"も見よ．

＊25――Partingtonは*Greek Fire*, 319で自身による結果と他の人々による結果を報告している．Williams, "Saltpetre," 128 n.16も見よ．

＊26――Partington, *Greek Fire*, 315-20; Multhauf, "Crash," 162.

＊27――Russell, *Conditions*, 89, 604-6.

＊28――Ibid., 24.

＊29――Beard and Knott, "Alcohol," 359.

＊30――Agricola, *Metallica*, 561-64. Partington, *Greek Fire*, 317はエルカーの記述をくり返している．

＊31――溶解度に関する全データは，Weast, *Handbook*からとった.

＊32――Urbanski, *Explosives*, 3:329.

＊33――Biringuccio, *Pirotechnia*, 406-7.

＊34――Hime, *Origin*, 19 ff. 以下も見よ．Quatremère, "Observation," 224 ff.; Reinaud and Favé, "Feu"; Partington, *Greek Fire*, 200. 私は，トロント大学科学と技術の歴史・哲学研究所のMuna Saloumが手助けしてくれたことに感謝している．

＊118──Newhall, *English*, 264.
＊119──Credland, "Fire," 34-35を見よ．
＊120──カーンの戦についてはNewhall, *English*, 60-61を見よ．ルーアンについてはRogers, "Hundred," 262-63およびNewhall, *English*, 110-22を見よ．ファレーズについてはNewhall, *English*, 78-79を見よ．シェルブールについてはIbid., 114およびRogers, "Hundred," 263を見よ．ドゥルーについてはNewhall, *English*, 282を見よ．モーについてはRogers, "Hundred," 262およびNewhall, *English*, 287を見よ．
＊121──Roberts, "Gustav," 56-57.

第3章

＊1──Norton, *Gunner*, 9.
＊2──Bernstein, "Gunpowder,"; Urbanski, *Explosives*, 3:30. Blackwood and Bowden, "Initiation," 285-306も見よ．
＊3──Urbanski, *Explosives*, 3:340. Ibid., 335-36も見よ．
＊4──Needham et al., *Science*, 109-10, および特に110 n.a.
＊5──Howard, "Manufacture," 11-13. 自身の論文を送ってくれたこと，および黒色火薬の技術について議論してくれたことに対して，Howard博士に感謝している．
＊6──粉末火薬を意味するserpentineは，ある特殊な銃砲の名に由来する．Kurath, Kuhn, and Lewis, *Middle English Dictionary*, "serpentine"の項を見よ．以下も見よ．Blackmore, *Armouries*, 256-60; Oppenheim, *Naval*, 19, 20, 129-30.
＊7──Conway and Sloane, *Sphere*, 2-3.
＊8──Vienna, Österreichische Nationalbibliothek, cod. 3069, fol.2r（1411年の日付）; Munich, Bayerische Staatsbibliothek, cod. germ. 600, fol.2r（日付はないが，1400年から1420年の間）．これらのくだりについて議論してくれたこと，およびVienna 3069の日付のことに関して，合衆国軍事アカデミーのClifford Rogers博士に感謝する．
＊9──Partington, *Greek Fire*, 154. はっきりと日付を記している最古の文章は，Conrad Schongauという名の人物の手になるものである（Munich, Staatsbibliothek, cod. germ. 4902）．現在では時代遅れになっているが，写本のリストについてはHassenstein, *Feuerwerkbuch*, 85-88を見よ．このリストはHall, *Hussite*, 210で更新されている．
＊10──Hassenstein, *Feuerwerkbuch*, 25.
＊11──『火薬の本』は「真」の粒火薬にはふれていないとする資料には以下のものがある．Jähns, *Kriegswissenschaften*, 401（以前の*Kriegswesens*, 1:804での判断をくつがえしている）; Romocki, *Sprengstoffchemie*, 179-230; Partington, *Greek Fire*, 179.『火薬の本』は実際に粒火薬にふれ

*92——Blackmore, *Armouries*, item 125; Hogg, *Artillery*, 211-12; Smith, "HM Tower," 193-95. さらなる例については, Contamine, *War*, 142を見よ.

*93——Hassenstein, *Feuerwerkbuch*, 71には, 装塡の手順が述べられている. 以下を参照. Contamine, *War*, 143; Schmidtchen, *Bombarden*, 50-51.

*94——"bricolles"については, *Oxford English Dictionary*の"bricole"の項を見よ. ここではCaxtonには言及していない. Kurath, Kuhn, and Lewis, *Middle English Dictionary*は明らかにbricoleという語を削除している. Godefroy, *Dictionnaire*はこの語をもとは狩猟用の罠を意味する"briche"に由来するとしている. Huguet, *Dictionnaire*も見よ. 同書は, "bricole"は17世紀には石を投げる機械の意味で用いられたとしている. "couillart"については, Godefroy, *Dictionnaire*, "couiller"の項を見よ. 同項ではその唯一の意味として「睾丸」をあげている. Huguet, *Dictionnaire*は"couillard"を「睾丸の大きい人」および「戦争の機械の一種」と定義している.

*95——Le Noir [Christine de Pizan], *L'arbre*, 83-84.

*96——Christine de Pizan, *Fayttes* (Byles), 159.

*97——Willard, "Christine," 185-87.

*98——Contamine, *War*, 200.

*99——Ibid.

*100——Ibid., 148.

*101——Garnier, *L'artillerie*, 57; Contamine, *War*, 148.

*102——Gaier, *L'industrie*, 328.

*103——Christine de Pizan, *Fayttes* (Byles), 155-56.

*104——Religieux de Saint-Denys, *Chronique*, 4:652.

*105——Allmand, "L'artillerie," 73-83.

*106——Brie, *The Brut*, 2:382.

*107——Allmand, "L'artillerie," 73.

*108——Burne, *Agincourt*, 42.

*109——Hutchison, *Henry V*, 112.

*110——Religieux de Saint-Denys, *Chronique*, 5:536-37.

*111——Taylor and Roskell, *Gesta Henrici Quinti*, 36 ff.

*112——Ibid., 34-35.

*113——Labarge, *Henry V*, 81.

*114——Burne, *Agincourt*, 45を見よ. 同書はこの焼夷物質は火器だったとしている.

*115——Taylor and Roskell, *Gesta Henrici Quinti*, 46-47.

*116——Labarge, *Henry V*, 81.

*117——Allmand, "L'artillerie," 74. Newhall, *English*も見よ.

*62——Froissart, *Chroniques* (Raynaud), 11:38-39.
*63——Ibid., 38; Brereton, *Froissart*, 244. Froissart, *Istore*, 2:267では，その数を4万と与えている．以下も見よ．Orville, *Chronique*, 170; Mohr, *Schlacht*, 34 ff.
*64——Froissart, *Chroniques* (Raynaud), 11:49; Brereton, *Froissart*, 245.
*65——たとえばReligieux de Saint-Denys, *Chronique*, 1:212. Delbrück, *History*, 3:450も見よ．
*66——Froissart, *Chroniques* (Raynaud), 11:50; Brereton, *Froissart*, 246.
*67——Froissart, *Chroniques* (Raynaud), 11:54; Brereton, *Froissart*, 248.
*68——Religieux de Saint-Denys, *Chronique*, 1;218.
*69——Orville, *Chronique*, 171-72.
*70——Froissart, *Chroniques* (Raynaud), 11:55; Brereton, *Froissart* 249.
*71——Froissart, *Chroniques* (Raynaud), 11:58; Brereton, *Froissart*, 250.
*72——Delisle, *Histoire*, 2:181 ff.; Burkholder, "St.-Sauveur-le-Vicomte."
*73——Delisle, *Histoire*, 2:238, doc. no. 160 (13 March 1375); Burkholder, "St.-Sauveur-le-Vicomte," 49.
*74——Delisle, *Histoire*, 2:340-42, doc. no. 250; Burkholder, "St.-Sauveur-le-Vicomte," 72-73.
*75——Froissart, *Oeuvres* (Lettenhove), 8:342.
*76——Burkholder, "St.-Sauveur-le-Vicomte," 26.
*77——Ibid., 35では，1門の砲につき366リーヴル近い費用であったことを示している．
*78——Ibid., 40. Contamine, *War*, 197も見よ．
*79——Contamine, *War*, 141. Burkholder, "St.-Sauveur-le-Vicomte," 40も見よ．
*80——Contamine, *War*, 141.
*81——Tout, "Firearms," 683.
*82——Contamine, *War*, 198.
*83——Rathgen, *Geschütz*, 96, 97; Contamine, *War*, 198.
*84——Thorold Rogers, *Prices*, 3:552-81.
*85——Williams, "Saltpetre," 125-33.
*86——15世紀の前半に，鉄製の砲の価格は約3分の2になった（Rogers, "Hundred," 269-70, n. 127）．
*87——De Vries, *Technology*, 145-46.
*88——Christine de Pizan, *Fayttes* (Byles), 154 ff. Hall, "Notable," 219-40も見よ．
*89——Schmidtchen, "Büchsen," xv.
*90——Rogers, "Hundred," 260.
*91——Hogg, *Artillery*, 210; Schmidtchen, "Büchsen," xvi.

*36——Froissart, *Chroniques* (Raynaud), 10:212-24. 以下を参照. Froissart, *Chronicle* (Berners), 3:299 ff.; Brereton, *Froissart*, 231 ff. フロワサールの book 2の日付については以下を見よ. Brereton, *Froissart*, 25; Van Herwaarden, "Low Countries," 110. Contamine, "Froissart," 132-44も見よ.

*37——ヘントの軍勢については, Froissart, *Chroniques* (Raynaud), 10:217, 219, 224を, またルイ・ド・マルの軍勢については225を見よ.

*38——Froissart, *Istore*, 2:247.

*39——Froissart, *Chroniques* (Raynaud), 10:219.

*40——Froissart, *Chroniques* (Raynaud), 10:200; *Chronicle* (Berners), 3:312, "a sevyn myle."

*41——Froissart, *Chroniques* (Raynaud), 10:223-24, *Chronicle* (Berners), 3:315. Brereton, *Froissart*, 236も見よ.

*42——Froissart, *Chroniques* (Raynaud), 10:375 (cf. 9:x-xi); Froissart, *Oeuvres* (Lettenhove), 10:28. Froissart, *Chroniques* (Buchon), 196も見よ.

*43——Froissart, *Chroniques* (Raynaud), 10:225; *Chronicle* (Berners), 3:316.

*44——Froissart, *Chroniques* (Raynaud), 10:226; *Istore*, 2:246-47.

*45——Froissart, *Chroniques* (Raynaud), 10:226, *Chronicle* (Berners), 3:316; Brereton, *Froissart*, 236.

*46——Froissart, *Istore*, 2:247.

*47——Froissart, *Chroniques* (Raynaud), 10:226; Brereton, *Froissart*, 236.

*48——Froissart, *Chroniques* (Raynaud), 10:227; Brereton, *Froissart*, 237.

*49——Froissart, *Chroniques* (Raynaud), 10:227-33; Brereton, *Froissart*, 237-40.

*50——Gay, *Glossaire*, "ribaudequin"の項.

*51——Froissart, *Chroniques* (Raynaud), 10:376nを見よ.

*52——Froissart, *Istore*, 2:247.

*53——ローゼベーケの戦の記述については, Mohr, *Schlacht*, 74-75を見よ. また以下も見よ. Autrand, *Charles VI*, 132; Delbrück, *History*, 3:442-45; idem, "Perceptions," 314 ff.; Lot, *L'art*, 1:452; Pirenne, *Belgique*, 2:198; Vaughan, *Philip*, 27.

*54——Froissart, *Istore*, 2:262-63. Mohr, *Schlacht*, 10-11も見よ.

*55——Froissart, *Chroniques* (Raynaud), 11:iiを見よ.

*56——Delbrück, *History*, 3:444-45.

*57——Froissart, *Chroniques* (Raynaud), 11:8-10; *Istore*, 2:263.

*58——Froissart, *Chroniques* (Raynaud), 11:10-13.

*59——Ibid., 15.

*60——Froissart, *Chroniques* (Raynaud), 11:23.

*61——Mohr, *Schlacht*, 44 ff.

＊13——Gay, *Glossaire*, “artillerie”の項からすると，このくだりは「鉄の矢ないし鉄の弾丸」を意味しているのかもしれない（Du Cange, *Glossarium* の“pilus”“pila”あるいは“pilum”の項を見よ）.
＊14——Oxford, Christ Church, Ms. 92, fol. 70v（しばしば複製されている）. 以下も見よ. De Vries, *Technology*, 144; Finó, *Forteresses*, 291, fig. 68; Partington, *Greek Fire* の扉ページ.
＊15——British Library, Ms. Add. 47680, fol. 44v（しばしば複製されている）.
＊16——Contamine, *War*, 139.
＊17——*Oxford English Dictionary*, 2d ed., “gun”の項.
＊18——Du Cange, *Glossarium*, “gunna”の項での記述.
＊19——数多くの例については, Kurath, Kuhn, and Lewis, *Middle English Dictionary*, “gonne”の項を見よ.
＊20——フランス語についてはGay, *Glossaire*, 1:76を見よ. またDu Cange, “bombarda”の項も見よ. 英語についてはKurath, Kuhn, and Lewis, *Middle English Dictionary*, “canon”の項を見よ.
＊21——Dyboski and Arend, *Knyghthode*, 104, line 2854.
＊22——Tout, “Firearms,” 670-71, 688. Robert de Mindenhaleによる1344年12月25日のPrivy Waldrobeの記録を引用している. *Oxford English Dictionary*, “ribald”“ribaudekin”の項も見よ.
＊23——Faral, “Jean Buridan,” 542.
＊24——Contamine, *War*, 139-40; Pasquali-Lasagni and Stefanneli, “Noti,” 150-51.
＊25——Burne, *Crecy*, 178, 192-202.
＊26——Tout, “Firearms,” 672-73.
＊27——懐疑的見方については, De Wailly, *Crécy 1346*, 特に91ページを見よ.
＊28——Contamine, *War*, 199.
＊29——Do Paço, “Aljubarrota.”
＊30——Russell, *English*, 385-99.
＊31——Gatari and Bartolomeo, *Cronaca*, 266-78.
＊32——Temple-Leader and Marcoti, *Hawkwood*, 198 ff. 以下も見よ. [フィレンツェの名前不詳の人物による], *Cronica volgare di Anonimo Fiorentino dell'anno 1385 al 1409*, 25-27; *Chronicon Estense*, cols. 514-15; Oman, *Middle Ages*, 2:296-300.
＊33——Contamine, *War*, 199. Mallett, *Mercenaries*, 160はより慎重である. Ricotti, *Storia*, 185-86も見よ.
＊34——たとえばConrad Kyeserの*Bellifortis*, (ca. 1405), あるいは“Hussite Anonymous” (ca. 1470-80) (Hall, *Hussite*)を見よ.
＊35——Nicholas, *Van Arteveldes*, 99 ff. Van Herwaarden, “Low Countries,” 101-17を参照.

*88——Ibid., 236-40. Neillands, *Hundred*, 119も見よ.
*89——Le Baker, *Chronicon*, 143.
*90——Pope and Lodge, *Black Prince*, 162-63. Neillands, *Hundred*, 165も見よ.
*91——Pope and Lodge, *Black Prince*, lines 1188-89 (French); 145 (English).
*92——Le Baker, *Chronicon*, 150.
*93——Burne, *Agincourt*, 76-90. Keegan, *Face*, 78-116も見よ.
*94——Keegan, *Face*, 95-96.
*95——Verbruggen, *Art*, 164-66.
*96——Ibid., 167-73. 以下も見よ. Contamine, *War*, 258; Delbrück, *History*, 3:431-38; Funck-Brentano, *Courtrai* and *Origines*, 404-15; Oman, *Middle Ages*, 2:112-18; Strayer, *Philip*, 334.
*97——死傷者についてはDe Vries, "Perceptions," 65を見よ.
*98——Delbrück, *History*, 3:540; Funck-Brentano, *Origines*, 471-77; Lot, *L'art*, 1:267-69; Lucas, *Low*, 42; Strayer, *Philip*, 335; Verbruggen, *Art*, 176-83.
*99——Contamine, *War*, 258; De Vries, "Perceptions," 126 ff.; Lot, *L'art*, 1:274-77; Lucas, *Low*, 84-90; Oman, *Middle Ages*, 2:118; Viard, "Guerre," 362-75.
*100——Delbrück, *History*, 3:551-59; Oman, *Middle Ages*, 2:239-41.
*101——Winkler, "Swiss," 52. 以下のほとんどは, Winklerを典拠としている.
*102——Brusten, "Compagnies," 112-69; Delbrück, *History*, 3:606-12.
*103——Delbrück, *History*, 3:612-24.
*104——Lane, "Crossbow," 161-71.
*105——Seward, *Hundred*, 242-43.

第2章

*1——Needham et al., *Science*, 96-117, 特に107.
*2——Ibid., 127 ff.
*3——Lu, Needham, and Phan, "Bombard."
*4——Needham et al., *Science*, 346-52.
*5——De Vries, *Technology*, 143; Partington, *Greek Fire*, 42 ff.
*6——Needham et al., *Science*, 40; Partington, *Greek Fire*, 42-61. Foley and Perry, "*Liber ignium*," 200-218も見よ.
*7——Biringuccio, *Pirotechnia*, 412-13.
*8——Contamine, *War*, table 9 (p.196).
*9——Needham et al., *Science*, 349-51; Urbanski, *Explosives*, 3:330-40.
*10——Rathgen, *Geschütz*, 97.
*11——Tout, "Firearms," 671.
*12——De Vries, *Technology*, 144; Contamine, *War*, 139.

＊66――以下を見よ．Gough, *Scotland*, xv-xxxii; Delbrück, *History*, 3:392-94. 次も見よ．Nicholson, *Scotland*, 57-58.
＊67――Barrow, *Robert Bruce*, 201-32. 以下も見よ．Morris, *Bannockburn*; Oman, *Middle Ages*, 2:84-100; Delbrück, *History*, 3:438-42.
＊68――Barrow, *Robert Bruce*, 243-44.
＊69――Le Bel, *Chronique*, 1:48-75; Barrow, *Robert Bruce*, 252-54; Nicholson, *Edward*, 26-39.
＊70――Allmand, *Hundred*, 62-63.
＊71――Nicholson, *Edward*, 171-76. App.3および4も見よ．
＊72――数字はOman, *Middle Ages*, 2:102に基づく．Nicholson, *Edward*, 75も見よ．
＊73――Bridlingtonの名前不詳の人物による*Gesta Edwardi Tertii*, 106. 以下も見よ．Morris, "Archers," 427-36, 431; Oman, *Middle Ages*, 2:103 ff.; Nicholson, *Edward*, 75-90.
＊74――Burton, *History*, 2:315.
＊75――引用についてはNicholson, *Edward*, 89を見よ．
＊76――Ibid., 121.
＊77――ハリドン・ヒルのことを論じているMorris, "Archers," 431-32は，ブリドリントンの聖堂参事会員の年代記を引用しているが，それには「弓兵は一翼に配置された」としか述べられていない（Bridlingtonの名前不詳の人物による*Gesta Edwardi Tertii*, 114）．Burne, *Crecy*, 37-39も見よ．
＊78――Nicholson, *Edward*, 135は未刊行の当時の記録（British Library, Ms. Harl. 4690, fol.82）を引用している．
＊79――Nicholson, *Edward*, 119 ff.; Oman, *Middle Ages*, 2:106-8.
＊80――クレシーの戦についてはBurne, *Crecy*, 169-92のみならずNeillands, *Hundred*, 98-105を見よ．De Wailly, *Crécy 1346*は期待はずれである．ポワチエの戦については以下を見よ．Burne, *Crecy*, 291-307; Hewitt, *Expedition*, 113 ff.; Oman, *Middle Ages*, 2:164-74; Seward, *Hundred*, 88 ff. アジャンクールの戦については以下を見よ．Burne, *Agincourt*, 76-96; Hibbert, *Agincourt*, 92-117; Oman, *Middle Ages*, 2:380-86. Burne, *Crecy*, 192も見よ．
＊81――Brune, *Crecy*, 47-49.
＊82――Ibid., 71-75.
＊83――Ibid., 88-89.
＊84――Ibid., 178, 192-202.
＊85――Neillands, *Hundred*, 165.
＊86――Le Baker, *Chronicon*, 148. Burne, *Crecy*, 301も見よ．
＊87――Burne, *Crecy*, 233.

＊37——Bradbury, *Archer*; Heath, *Archery*.
＊38——Bradbury, *Archer*, 15-16; Hardy, *Longbow*, 36-42.
＊39——Rees, "Longbow's Deadly Secrets," 24-25ではマリー・ローズ製の弩を分析している. Foley, Palmer, and Soedel, "Crossbow," 107を参照.
＊40——Neillands, *Hundred*, 61.
＊41——Seward, *Hundred*, 55.
＊42——Guilmartin, "Technology," 541には反対の見解が示されている.
＊43——Seward, *Hundred*, 53.
＊44——Ibid.
＊45——Neillands, *Hundred*, 61.
＊46——Guilmartin, "Technology," 541. Stirland, "Diagnosis"を参照.
＊47——Esper, "Replacement."
＊48——Rogers, *Latin*, app. 3, "The Problem of Artillery," 254-73.
＊49——Needham, "China's Trebuchets."
＊50——以下を見よ. Hill, "Trebuchets," 102; Chevedden, "Artillery." この研究のタイプ原稿を送ってくれたChevedden教授に感謝する.
＊51——David, *De expugnatione Lyxbonensi*, 142-43; Tarver, "Traction," 161.
＊52——Rathgen, *Geschütz*, 612はザーラおよびキプロスの攻城戦におけるそのような巨大な飛び道具に言及しているものの, 出典は明示していない. Paul Chevedden は（私信の中で）それでもこれらの錘は妥当だったと考えている. イギリスの愛好家 Hew Kennedy について報告している Mapes, "Scud"を見よ.
＊53——Contamine, *War*, 103. Schmidtchen, *Mittelalterliche*, 122-27を参照.
＊54——Marsden, *Historical Development*, 90-91は古代の弾丸の平均の重さは27kgだったと主張しているが, Lawrence, *Greek*, 45-46は13〜14kgを推している.
＊55——Contamine, *War*, 103; Hill, "Trebuchets," 114.
＊56——Contamine, *War*, 104.
＊57——Freeman, "Wall-Breakers," 14-15.
＊58——Contamine, *War*, 194.
＊59——Ibid., 195. Religieux de Saint-Denys, *Chronique*, 3:276-78も見よ.
＊60——Hall, "Notable."
＊61——Contamine, *War*, 195.
＊62——Oman, *Middle Ages*, 2:69-70. Morris, *Welsh*, 182-84も見よ.
＊63——Trivet, *Annales*, 335はイングランドの飛び道具部隊は弩兵（balistarii）と弓兵（sagitarii）で構成されていたと主張している. Rowlands, "Edwardian," 48も見よ.
＊64——Oman, *Middle Ages*, 2:70-71. Morris, *Welsh*, 256. 79-82も見よ.
＊65——Oman, *Middle Ages*, 2:78-81; Morris, *Welsh*, 284-93.

302 ff.
＊10——Gillmor, “Cavalry,” 202; Guilmartin, “Technology,” 535.
＊11——Guilmartin, “Technology,” 535-36. Davis, “Warhorse” も見よ.
＊12——Bachrach, “*Caballus*,” 193-96.
＊13——Buttin, “La lance,” 77-178.
＊14——Contamine, *War*, 230; Verbruggen, *Art*, 39.
＊15——Bennett, “*Règle*,” 15-18.
＊16——Bachrach, “*Caballus*,” 186-93.
＊17——Gilmor, “Cavalry,” 204は，とくにブーヴィーヌについて，共同行動が見られたことに言及している.
＊18——この文章と以下の議論はGaier, “Cavalerie” の中の考え方に基づいている.
＊19——Bachrach, “*Caballus*,” 184. その他の例についてはContamine, *War*, 231も見よ.
＊20——たとえばSmail, *Crusading*, 119-20を見よ.
＊21——以下を見よ. Gillingham, “Richard I,” 90; Contamine, *War*, 110-13.
＊22——Rogers, *Latin*は攻城戦の技術や技法の発達を論じている.
＊23——中世の攻城戦の「平均の」長さを示す体系的研究は見たことがない. Contamine, *War*, 101に載っている12世紀の八つの攻城戦に関する逸話的記述は，５カ月から１年つづいたことを示している.
＊24——Parker, “Warfare,” 203を見よ. GillinghamによるParker (“Richard I,” 91)への批判は，Parker, *Revolution*, 156に記されている. パーカーが抱いていた中世の戦争についての印象は大幅に改められた（Idem, 6-7も見よ）が，彼の見解はほぼ不変のままだった. Bartlett, “Technique” も見よ.
＊25——Nickle, “Tournament.”
＊26——Hatto, “Archery.”
＊27——Contamine, *War*, 255-59.
＊28——Pétrin, “Crossbow” は，４世紀のヴェゲティウスのmanuballistaとarcuballistaは弩ではなかったことを明らかにしている.
＊29——Joinville, *Histoire*, 86, 97.
＊30——*Histoire*, 86.
＊31——*Histoire*, 85-86.
＊32——*Histoire*, 81.
＊33——Contamine, *War*, 71-72, O’Connell, “Crossbow,” 46-49.
＊34——Foley, Palmer, and Soedel, “Crossbow,” 109.
＊35——Harmuth, *Armbrust*, 81-113. 偏心カム装置についてはHall, *Hussite*, 74-75を見よ.
＊36——Verbruggen, *Art*, 165.

原注

序論

＊1 ——Bacon, *Selection*, 373-74 (*Novum Organum*, aphorism, 129).
＊2 ——たとえば以下を見よ．Hale, "Gunpowder"; Needham et al., *Science,* 17-18.
＊3 ——たとえばDelbrück, *History*, 4:23-52を見よ．
＊4 ——Hale, *War*, 248-51を見よ．
＊5 ——たとえば以下を見よ．Cipolla, *Guns*; Kennedy, *Rise*; McNeill, *Gunpowder* and *Pursuit; O'Connell, Of Arms and Men*; Parker, *Revolution*.
＊6 ——たとえば以下を見よ．Raudzens, "Weapons"; Van Creveld, *Technology*.
＊7 ——Braudel, *Civilization*, 430.
＊8 ——Ibid., 334-35.
＊9 ——Keegan, *Face*, 61-72.
＊10——以下を見よ．Robins, *Gunnery*; Hutton, *Tracts*; Benton, *Ordnance*.
＊11——以下を見よ．Parker et al., *Thirty*; Parrott, "Strategy."
＊12——Parker, *Revolution*, 83.
＊13——Cipolla, *Guns*; Guilmartin, *Gunpowder*, 643-46.
＊14——Hellie, "Warfare," 97. 以下も見よ．Idem, *Enserfment*; Parker, *Revolution*, 38-39.

第1章

＊1 ——Rice, *Foundations*, 10-18.
＊2 ——*Orlando Furioso* 11.26（Ibid., 15に引用されている）.
＊3 ——Cervantes Saavedra, *Don Quixote*, 344.
＊4 ——Hale, "Gunpowder," 117-26.
＊5 ——Bumke, *Knighthood*, 44:「騎士道は騎馬兵に発するものではなかった」.
＊6 ——中世の出兵におけるまとまりの緊密さと合理性を強調する中世史家には以下の者がいる．Bachrach（"Animals"and"*Caballus*"），Contamine (*War*)，Gillmor（"Cavalry"and"Chivalry"），Smail (*Crusading*)，Verbruggen (*Art*)．これよりも伝統的な見解，すなわち騎兵の威力を重視する見解については以下を見よ．Parker，"Warfare"; Guilmartin, "Technology," 535-39.
＊7 ——Bachrach, "*Caballus*," 183.
＊8 ——Ibid., 179 ff.; Bachrach, "Animals," 716-26.
＊9 ——Lyon, "Horses," 86-87. 以下も見よ．Lyon, Lyon, and Lucas, *Wardrobe*,

of the Historical Metallurgy Group 6, no. 2 (1972): 15-23.
———. "The Production of Saltpetre in the Middle Ages." *Ambix* 22 (1975): 125-33.
———. "Slag Inclusions in Armour." *Historical Metallurgy* 24 (1991): 69-80.
———. "Some Firing Tests with Simulated Fifteenth-Century Handguns." *Journal of the Arms and Armour Society* 8 (1974): 114-20, 134-38.

Williams, A. R., and J. R. Paterson. "A Turkish Bronze Cannon in the Tower of London." *Gladius* 17 (1986): 185-205.

Williams, Roger. *Briefe Discourse of Warre* [1590]. In *The Works of Sir Roger Williams*, ed. John X. Evans, 1-51. Oxford: Clarendon, 1972.

Wilson, Sir Thomas. *The State of England (1600)*. Ed. F. J. Fisher. Camden Third Series, 52 (Camden Miscellany, 16). London: Royal Historical Society, 1936.

Winkler, Albert Lynn. "The Swiss and War: The Impact of Society on the Swiss Military in the Fourteenth and Fifteenth Centuries." Ph.D. diss., Brigham Young University, 1982.

Wolfe, Martin. *The Fiscal System of Renaissance France*. New Haven: Yale University Press, 1972.

Wright, Thomas. "Report on the Municipal Records of Winchester and Southampton." In *Transactions of the British Archaeological Association at Its Second Annual Congress Held at Winchester, August, 1845*, 28-39. London: Bohn, 1846.

Zinn, Karl Georg. *Kanonen und Pest: Über die Ursprünge der Neuzeit im 14. und 15. Jahrhundert*. Opladen: Westdeutscher Verlag, 1989.

Zupko, Ronald. *A Dictionary of English Weights and Measures from Anglo-Saxon Times to the Nineteenth Century*. Madison: University of Wisconsin Press, 1968.
———. *Italian Weights and Measures from the Middle Ages to the Nineteenth Century*. Memoirs of the American Philosophical Society, 145. Philadelphia: American Philosophical Society, 1981.

Vogt, John. "Santa Barbara's Legions: Artillery in the Struggle for Morocco, 1415–1578." *Military Affairs* 41 (December 1977): 176–82.

von Wulf, Max. *Die hussitische Wagenburg*. Berlin: Gustav Schade, 1889.

Wagner, Eduard, Zoroslava Drobna, and Jan Durdík. *Medieval Costumes, Armour, and Weapons*. London: P. Hamlyn, 1989.

Wallerstein, Immanuel. *The Modern World System: Capitalist Agriculture and the Origins of the European World-Economy in the Sixteenth Century*. 3 vols. New York: Academic Press, 1974.

Wallhausen, Johann Jacobi von. *Art militarie à cheval*. Frankfurt: P. Jacques, 1616. 2d ed., Zutphen: André d'Aelst, 1621. 3d ed., Amsterdam: Jansson, 1647.

———. *Kriegskunst zu Pferd*. Frankfurt: de Bry, 1616. 2d ed. Frankfurt: W. Hofmann, 1633.

Watanabe-O'Kelly, Helen. "Tournaments and Their Relevance for Warfare in the Early Modern Period." *European History Quarterly* 20 (1990): 451–63.

Weast, R. C., gen. ed. *CRC Handbook of Chemistry and Physics*. 51st ed. Cleveland, Ohio: Chemical Rubber, 1971.

Wertime, Theodore A. *The Coming of the Age of Steel*. Chicago: University of Chicago Press, 1962.

West, Michael. "Spenser's Art of War: Allegory, Military Technology, and the Elizabethan Mock-Heroic Sensibility." *Renaissance Quarterly* 41 (1988): 654–704.

Whitehorne, Peter. *Certain waies for the orderyng of Souldiers in battlray & settyng of battailes, after diuers fashions, with their maner of marchyng: and also Fygures of certaine new plattes for fortificacion of townes*. London: Nicolas Englande, 1562. Reprint. The English Experience, 135. New York: Da Capo, 1969.

Willard, Charity Cannon. "Christine de Pizan's Treatise on the Art of Medieval Warfare." In *Essays in Honor of Louis Francis Solano*, ed. Raymond J. Cormier and Urban Tigner Holmes, 179–91. University of North Carolina Studies in the Romance Languages and Literatures, 92. Chapel Hill: University of North Carolina Press, 1970.

Willers, Johannes Karl Wilhelm. *Die Nürnberger Handfeuerwaffe bis zur Mitte des 16. Jahrhunderts: Entwicklung, Herstellung, Absatz nach archivalischen Quellen*. Nürnberger Werckstücke zur Stadt-und Landesgeschichte, 11. Nuremberg: Schriftenreihe des Stadtarchivs, 1973.

Williams, A. R. "The Knight and the Blast Furnace." *Metals and Materials* 2 (1986): 485–89.

———. "Metallographic Examination of Sixteenth Century Armour." *Bulletin*

Tout, T. F. "Firearms in England in the Fourteenth Century." *English Historical Review* 26 (1911): 666-702.

Trivet, Nicholas. *Annales sex regum Angliae*. Ed. Thomas Hog. London: English Historical Society, 1845.

Tschachtlan, Benedicht [*sic*]. *Berner Chronik 1470: Handschrift A 120 der Zentralbib liothek Zürich*, ed. Hans Bloesch, Ludwig Forrer, and Paul Hilber Geneva. Zürich: Künzli, 1933.

Urbanski, Tadeusz. *Chemistry and Technology of Explosives*. Vols. 3-4. Trans. M. Jurecki and S. Laverton. New York: Pergamon, 1983-84.

Usteri, Emil. *Marignano: Die Schicksalsjahre 1515/1516 im Blickfeld der historischen Quellen*. Zürich: Kommissionsverlag Berichthaus, 1974.

Vale, Malcolm. "The Last Years of English Gascony." *Transactions of the Royal Historical Society*, 5th ser., 19 (1969): 119-38.

———. "New Techniques and Old Ideals: The Impact of Artillery on War and Chivalry at the End of the Hundred Years War." In Allmand, *War, Literature, and Politics*, 57-72.

———. *War and Chivalry: Warfare and Aristocratic Culture in England, France, and Burgundy at the End of the Middle Ages.* London: Duckworth, 1981.

Van Creveld, Martin. *Technology and War: From 2000 B.C. to the Present*. New York: Free Press, 1989.

Van Herwaarden, J. "The War in the Low Countries." In *Froissart: Historian*, ed. J. J. N. Palmer, 101-17. Totowa, N. J.: Rowan & Littlefield, 1981.

Van Hoof, J. P. C. M. "Fortifications in the Netherlands (c. 1500-1940)." *Revue internationale d'histoire militaire* 58 (1984): 97-126

Vauban, Sebastien le Prestre. *A Manual of Siegecraft and Fortification*. Trans. and intro. George A. Rothrick. Ann Arbor: University of Michigan Press, 1968.

Vaughan, Richard. *Charles the Bold: The Last Valois Duke of Burgundy*. London: Longmans, 1973.

———. *Philip the Bold: The Formation of the Burgundian State*. London: Longmans, 1962.

Verbruggen, J. F. *The Art of Warfare in Western Europe during the Middle Ages: From the Eighth Century to 1340*. Trans. S. Willard and S. C. M. Southern. Amsterdam: North Holland, 1977.

Viard, Jules. "La guerre de Flandres (1328)." *Bibliothèque de l'école des chartes* 83 (1922): 362-75.

Vigón, Jorge. *Historia de la Artilleria Española*. Vol. 1. Madrid: Instituto Jeronimo Zurita, 1947.

ed. D. J. Ortner and A. C. Aufderheide, 40-47. Washington, D.C.: Smithsonian Institution, 1991.

Strayer, Joseph. *The Reign of Philip the Fair*. Princeton: Princeton University Press, 1980.

Swanson, W. M. "The Magnus Effect: A Summary of Investigations to Date." *Journal of Basic Engineering* 83 (September 1961): 461-70.

Taccola, Mariano di Jacopo. *Mariano Taccola and His Book De ingeneis*. Ed. and trans. Frank Prager and Gustina Scaglia. Cambridge: MIT Press, 1972.

———. *Mariano Taccola, De machinis*. Ed and trans. Gustina Scaglia. Wiesbaden: Reichert, 1971.

Tartaglia, Niccolo. *Quesiti, e inventione diverse*. Venice: Venturino Ruffinelli, 1546.

———. *Three Bookes of Colloquies Concerning the Arte of Shooting*. Trans. Cyprian Lucar, with his appendix, *Lucar Appendix*. London: John Harrison, 1588.

Tarver, W. T. S. "The Traction Trebuchet: A Reconstruction of an Early Medieval Siege Engine." *Technology and Culture* 36 (1995): 136-67.

Taylor, F. L. *The Art of War in Italy, 1484-1529*. London, 1921. Reprint. Westport, Conn.: Greenwood, 1973.

Taylor, Frank, and John Roskell, trans. *Gesta Henrici Quinti: The Deeds of Henry the Fifth*. Oxford: Clarendon, 1975.

Temple-Leader, John, and Giuseppe Marcoti. *Sir John Hawkwood (L'Acuto): Story of a Condottiere*. Trans. Leader Scott. London: Fisher Unwin, 1889.

Thierbach, Moritz. *Die Geschichtliche Entwicklung der Handfeuerwaffen*. 2 vols. Dresden, 1886. Reprint. Graz: Akademische Druck-u. Verlagsanstalt, 1965.

Thompson, E. P. "Time, Work-Discipline, and Industrial Capitalism." *Past and Present* 38 (1967): 56-97.

Thompson, I. A. A. "The Impact of War." In *The European Crisis of the 1590's*, ed. Peter Clark. London: Allen & Unwin, 1985.

———. "Spanish Armada Gun Procurement and Policy." In *God's Obvious Design: Papers for the Spanish Armada Symposium, Sligo, 1988*, ed. P. Gallagher and D. W. Cruickshank, 69-84. London: Tamesis Books, 1990.

———. *War and Government in Habsburg Spain, 1560-1620*. London: Athlone, 1976.

Thorold Rogers, James E. *A History of Agriculture and Prices in England: From the Year After the Oxford Parliament (1259) to the Commencement of the Continental War (1793)*. 7 vols. Oxford: Clarendon, 1866-1902.

Seyssel, Claude de. *The Monarchy of France*. Ed. J. H. Hexter. Trans. D. R. Kelly. New Haven: Yale University Press, 1981.

Shapiro, Ascher H. *Shape and Flow: The Fluid Dynamics of Drag*. Garden City, N.Y.: Doubleday, 1961.

Sheriffe, John. The "Secrets of the [Use] of Great Ordnance." In Laughton, *State Papers*, vol. 2, app. C, 350-51.

Showalter, Dennis E. "Caste, Skill, and Training: The Evolution of Cohesion in European Armies from the Middle Ages to the Sixteenth Century." *Journal of Military History* 57 (1993): 407-30.

———. *Railroads and Rifles: Soldiers, Technology, and the Unification of Germany*. Hamden, Conn.: Archon, 1975.

———. "Tactics and Recruitment in Eighteenth Century Prussia." *Studies in History and Politics / Etudes d'Histoire et de Politique* 3 (1983-84): 15-41.

Simmons, Joe J., III. "Early Modern Wrought Iron Artillery: Microanalysis of Instruments of Enforcement." *Materials Characterization* 29 (1992): 129-38.

Sixl, P. "Entwickelung [*sic*] und Gebrauch der Handfeuerwaffen." *Zeitschrift für historische Waffenkunde* 2 (1900-1902): 13-16, 44-48, 77-79, 116-19, 163-70, 264-69, 316-20, 386-87, 407-17, 441-48.

Smail, R. C. *Crusading Warfare (1097-1193)*. Cambridge: Cambridge University Press, 1956.

Smith, John. *A Sea Grammar*. London: 1627. Reprint. The English Experience, 5. New York: Da Capo, 1968.

Smith, Robert D. "HM Tower Armouries: Wrought Iron Cannon Project." *Journal of the Historical Metallurgical Society* 19 (1985): 193-95.

Smith, Robert D., and Ruth Rhynass Brown. *Bombards: Mons Meg and Her Sisters*. Royal Armouries Monograph No. 1. London: Royal Armouries, 1989.

Smith, Robert D., ed. *British Naval Armaments*. Royal Armouries Conference Proceedings, 1. London: Royal Armouries, 1989.

Smyth, John. *Certain discourses...concerning the forms and effects of divers sorts of weapons* [1590]. In *Bow versus Gun*, ed. E. G. Heath. Wakefield, Yorkshire.: E. P. Publishing, 1973.

Steele, Brett. "Muskets and Pendulums: Benjamin Robins, Leonhard Euler, and the Ballistics Revolution." *Technology and Culture* 35 (1994): 348-82.

Stevenson, J., ed. *Narratives of the Expulsion of the English from Normandy, 1449-1450*. Rolls Series, 32. London: HMSO, 1863.

Stirland, Ann. "Diagnosis of Occupationally Related Paleopathology: Can It Be Done?" In *Human Paleopathology: Current Syntheses and Future Options*,

Cardiff: University of Wales Press, 1988.
Rubin, M. E., C. R. Kleeman, and E. Lamdin. "Studies on Alcohol Diuresis I: The Effect of Ethyl Alcohol Ingestion on Water Electrolyte and Acid-Base Metabolism." *Journal of Clinical Investigation* 34 (1955): 439-47.
Russell, E. J. *Soil Conditions and Plant Growth*. 10th ed. London: Longman, 1973.
———. *The World of the Soil*. 3d ed. London: Collins, 1963.
Russell, Peter Edward. *The English Intervention in Spain and Portugal in the Time of Edward III and Richard II*. Oxford: Clarendon, 1955.
Schmidtchen, Volker. *Bombarden, Befestungen, Büchsenmeister: Von den ersten Mauerbrechern des Spätmittelalters zur Belagerungsartillerie der Renaissance*. Düsseldorf: Droste Verlag, 1977.
———. "Büchsen, Bliden und Ballisten: Bernard Rathgen und das mittealterliche Geschützwesen." In Rathgen, *Das Geschütz im Mittelalter*, v-xlviii.
———. *Die Feuerwaffen des deutschen Ritterordens bis zur Schlacht bei Tannenberg 1410: Bestände, Funktion und Kosten, Dargestellt anhand der Wirtschaftsbücher des Ordens von 1374 bis 1410*. Lüneberg: Nordostdeutsches Kulturwerk, 1977.
———. "Karrenbüchse und Wagenburge—Hussitische Innovationen zur Technik und Taktik des Kriegswesens im späten Mittelalter." In *Wirtschaft, Technik und Geschichte: Beiträge zur Erforschung der Kulturbeziehungen in Deutschland und Europa: Festschrift für Albrecht Timm*, ed. Volker Schmidtchen and Eckhard Jäger, 83-109. Berlin: Verlag Ulrich Camen, 1980.
———. *Kriegswesen im späten Mittelalter: Technik, Taktik, Theorie*. Weinheim: VCH Acta Humaniora, 1990.
———. "Militärische Technik zwischen Tradition und Innovation am Beispiel des Antwerks." In *Gelêrter der arzenîe, ouch apotêker, Beiträge zur Wissenschaftsgeschichte: Festschrift zum 70. Geburtstag von Willem F. Daems*, ed. Gundolf Keil, 91-194. Würzburger medizinhistorische Forschungen, 24. Pattensen/Hannover: Horst Wellm Verlag, 1982.
———. *Mittelalterliche Kriegsmaschinen*. Sonderdrucke für das Osthofentormuseum Soest. Soest: Westfälische Verlagsbuchhandlung Mocker & Jahn, 1983.
Schnitter, Helmut. "Zu einigen Aspekten der Kriegstechnik und der Kriegskunst in der Renaissance." *Militärgeschichte* 14 (1975): 401-10.
Schubert, H. R. "The First Cast Iron Cannon Made in England." *Journal of the Iron and Steel Institute* 146 (1943): 131P-140P.
Seward, Desmond. *The Hundred Years War*. New York: Atheneum, 1978.

Religieux de Saint-Denys. *Chronique*. Ed. L. Bellaguet. 6 vols. Paris: Crapelet, 1839-52.

Rice, Eugene F., Jr. *The Foundations of Early Modern Europe*. New York: Norton, 1970.

Ricotti, Erole. *Storia delle Compagnie di Ventura in Italia*. Vol. 2. Turin: Pomba, 1845.

Roberts, Michael. "Gustav Adolf and the Art of War." In *Essays in Swedish History*, 56-81. London: Weidenfeld & Nicolson, 1966.

———. *Gustavus Adolphus: A History of Sweden, 1611-1632*. 2 vols. London: Longmans, Green, 1958.

———. "The Military Revolution, 1560-1660." In *Essays in Swedish History*, 195-225. London: Weidenfeld & Nicolson, 1966.

Robins, Benjamin. *New Principles of Gunnery: Containing the Determination of the Force of Gun-Powder, and an Investigation of the Difference in the Resisting Power of the Air to Swift and Slow Motions*. London: Nourse, 1742. Reprinted in *Mathematical Tracts of the Late Benjamin Robins, Esq.; Fellow of the Royal Society and Engineer General to the Honourable East India Company*. Ed. James Wilson, M.D. 2 vols. London: J. Nourse, 1761.

Rodman, Thomas Jefferson. *Reports of Experiments on the Properties of Metals for Cannon and the Qualities of Cannon Powder....* Boston: Crosby, 1861.

Rodman, Thomas Jefferson, et al. *Reports of Experiments on the Strength and Other Properties of Metals for Cannon....* Philadelphia: H. C. Baird, 1856. Often cataloged under U.S. Ordnance Department.

Rodriguez Villa, Antonio. *Crónicas del Gran Capitán*. Nueva Biblioteca de Autores Españoles, 10. Madrid: Libreria Editorial de Bailly-Bailliére é Hijos, 1908.

Rogers, Clifford J. "The Military Revolutions of the Hundred Years War." *Journal of Military History* 57 (1993): 241-79.

Rogers, Randall. *Latin Siege Warfare in the Twelfth Century*. Oxford: Clarendon, 1992.

Romocki, S. J. von. *Geschichte der Sprengstoffchemie, der Sprengtechnik....* Hamburg: Gebr. Jäncke, 1895. Reprinted as *Geschichte der Explosivstoffe*, vol. 1. Berlin: R. Oppenheim, 1896.

Rosenberg, Nathan. *Inside the Black Box: Technology and Economics*. Cambridge: Cambridge University Press, 1982.

Rothe, Johann. *Düringische Chronik*. Ed. R. von Lileincron. Vol. 3 of *Thüringische Geschichtsquellen*. Jena: G. Fischer, 1859.

Rowlands, Ifor. "The Edwardian Campaign and Its Military Consolidation." In *Edward I and Wales*, ed. Trevor Herbert and Gareth Elwyn Jones, 40-72.

itary Tactics in Eighteenth Century France. Columbia Studies in the Social Sciences, 596. New York: Columbia University Press, 1957.

Rabutin, François de. *Commentaires des guerres en la Gaule belgique (1551-1559)*. Ed. Charles Gailly de Taurines. 2 vols. Paris: Société de l'Histoire de France, 1932.

Randall, L. M. C. *Images in the Margins of Gothic Manuscripts*. Berkeley and Los Angeles: University of California Press, 1966.

Rangström, Lena, et al. *Riddarlenk och Tornerspel: Tournaments and the Dream of Chivalry*. Stockholm: Royal Armoury, 1992. Catalogue of an Exhibition at the Royal Armoury.

Rathgen, Bernard. *Das Geschütz im Mittelalter: Quellenkritische Untersuchungen*. Berlin, 1928. Reprint, with an introduction by V. Schmidtchen. Berlin: VDI-Verlag, 1987.

Raudzens, George. "War-Winning Weapons: The Measurement of Technological Determinism in Military History." *Journal of Military History* 54 (1990): 403-33.

Redlich, Fritz. "Contributions in the Thirty Years War." *Economic History Review* 12 (1959-60): 247-54.

———. *De praeda militari: Looting and Booty, 1500-1815*. Vierteljahrschrift für Sozial-und Wirtschaftsgeschichte, Beiheft 39. Wiesbaden: F. Steiner, 1956.

———. *The German Military Enterpriser and His Work Force*. 2 vols. Wiesbaden: F. Steiner, 1964.

Rees, Gareth. "The Longbow's Deadly Secrets." *New Scientist* 138 (5 June 1993): 24-25.

Reicke, Emil. "Martin Löiffelholtz, der Ritter und Techniker." *Mitteilungen des Vereins für Geschichte der Stadt Nürnberg* 31 (1933): 227-39.

Reid, William. *The Lore of Arms*. London: Beazley, 1976.

Reimer, Paul. "Die älteren Hinterladungsgeschütze." *Zeitschrift für historische Waffenkunde* 2 (1900-1902): 3-9, 39-43.

———. "Die Erscheinung des Schusses und seine bildliche Darstellung." *Zeitschrift für historische Waffenkunde* 2 (1900-1902): 393-402, 435-41.

———. "Das Pulver und die ballistische Anschauungen im 14. und 15. Jahrhundert." *Zeitschrift für historische Waffenkunde* 1 (1897-99): 164-66.

———. "Vom Schwartzpulver." *Zeitschrift für historische Waffenkunde* 4 (1906-8): 367-83.

Reinaud, Joseph Toussaint, and Ildéfonce Favé. "Du feu grégois, des feux de guerre, et les origines del la poudre à canon chez les Arabes, les Persans, et les Chinois." *Journal asiatique*, 4th ser., 14 (1849): 257-327.

Pepper, Simon, and Nicholas Adams. *Firearms and Fortifications: Military Architecture and Siege Warfare in Sixteenth-Century Siena*. Chicago: University of Chicago Press, 1986.

Pétrin, Nicole. "Philological Notes on the Crossbow and Related Missile Weapons." *Greek, Roman, and Byzantine Studies* 33 (1992): 265-91.

Pettengill, John S. "Firearms and the Distribution of Income: A Neo-Classical Model." *Review of Radical Political Economics* 13, no. 2 (1981): 1-10.

———. "Income Distribution and Military Technology in Early Modern Europe." *Journal of Interdisciplinary History* 10 (autumn 1979): 201-25.

Phelps Brown, E. H., and Sheila Hopkins. *A Perspective of Wages and Prices*. London: Methuen, 1981. A collection of older studies.

———. "Seven Centuries of Building Wages." In *Essays in Economic History*, ed. E. H. Carus-Wilson, 168-78. London: Edward Arnold, 1962.

———. "Seven Centuries of the Prices of Consumables, Compared with Builders' Wage-Rates." In *Essays in Economic History*, ed. E. H. Carus-Wilson, 179-96. London: Edward Arnold, 1962.

Pieri, Piero. "Consalvo di Cordova e le origine del moderno esercito spagnolo." In *V Congreso del Historia del la Corona de Aragon*, 3:209-24. Zaragosa: Institución Fernando el Católico, 1954.

———. *Il Rinascimento e la crisi militare italiana*. 2d ed. Turin: Giulio Einaudi, 1970.

Pirenne, Henri. *Histoire de Belgique*. 7 vols. Brussels: Lamertin, 1902-32.

Pope, Mildred K., and Eleanor C. Lodge, eds. *Life of the Black Prince by the Herald of Sir John Chandos*. Oxford: Clarendon, 1910. Reprint. New York: AMS, 1974.

Porter, Bruce D. *War and the Rise of the Nation State: The Military Foundation of Modern Politics*. New York: Free Press, 1994.

Porto, Luigi da. *Lettere storiche di Luigi da Porto*. Ed. Bartolomeo Bressan. Florence: F. le Monnier, 1857.

Prescott, William H. *History of the Reign of Ferdinand and Isabella, the Catholic*. Ed. J. F. Kirk. Rev. ed. 3 vols. Philadelphia: Lippincott, 1830.

Prinzler, Heinz W. *Pyrobolia: Von griechischem Feuer, Schießpulver und Salpeter*. Leipzig: VEB Verlag für Grundstoffindustrie, 1981.

Pulgar, Fernando del. *Crónica de los Reyes Católicos*. Vol. 2, *Guerra de Granada*. Colección de Crónicas Españoles, ed. Juan de Mata Carriazo, 6. Madrid: Espasa-Calpe, 1943.

Quatremère, E. M. "Observation sur le feu grégois." *Journal asiatique*, 4th ser., 15 (1850): 214-74.

Quimby, Robert A. *The Background of Napoleonic Warfare: The Theory of Mil-*

the Industrial Revolution. London: Lutterworth, 1978.

O'Connell, Robert L. *Of Arms and Men: A History of War, Weapons, and Aggression.* New York: Oxford University Press, 1989.

———. "Arms and Men: The Life and Hard Times of the Crossbow." *MHQ: Military History Quarterly* 1, no. 2 (1989): 46-49.

Oman, Charles. *A History of the Art of War in the Middle Ages*. 2 vols. 2d ed. London: Methuen, 1924.

———. *A History of the Art of War in the Sixteenth Century*. London: Methuen, 1937.

Oppenheim, M., ed. *Naval Accounts and Inventories of the Reign of Henry VII, 1485-88 and 1495-97*. London: Naval Records Society, 1896.

Ortenburg, Georg. *Waffe und Waffengebrauch im Zeitalter der Landsknechte*. Koblenz: Bernard & Graefe, 1984.

Orville, Jean Cabaret d'. *La chronique du bon duc Loys de Bourbon*. Ed. M. A. Chazaud. Paris: Librairie Renouard, 1876.

Palacky, Franz. *Geschichte von Bîhmen*. Vol. 4, pt. 2. Prague: Tempsky, 1860.

Parker, Geoffrey. *The Army of Flanders and the Spanish Road, 1567-1659*. Cambridge: Cambridge University Press, 1972.

———. "The 'Military Revolution,' 1560-1660—A Myth?" *Journal of Modern History* 48 (1976): 195-214.

———. *The Military Revolution: Military Innovation and the Rise of the West, 1500-1800*. Cambridge: Cambridge University Press, 1988.

———. "Warfare." In *The New Cambridge Modern History*, vol. 13, *Companion Volume*, ed. P. Burke, 201-19. Cambridge: Cambridge University Press, 1979.

Parker, Geoffrey, et al. *The Thirty Years War*. London: Routledge & Kegan Paul, 1984.

Parkinson, E. Malcolm. "Sidney's Portrayal of Mounted Combat with Lances." *Spenser Studies: A Renaissance Poetry Annual* 5 (1985): 231-305.

Parrott, David A. "Strategy and Tactics in the Thirty Years War: The 'Military Revolution.'" *Militärgeschichtliche Mitteilungen* 38, no. 2 (1985): 7-25.

Partington, J. R. *A History of Greek Fire and Gunpowder*. Cambridge: Cambridge University Press, 1960.

Pasquali-Lasagni, Alberto, and Emilio Stefanneli. "Noti di soria dell'artigleria nel secoli XIV e XV." *Archivio della Reale Deputazione Romana di Storia Patria* 60 (1937): 149-89.

Payne-Gallwey, Ralph. *The Crossbow, Medieval and Modern, Military and Sporting: Its Construction, History, and Management*. London, 1903. Reprint. New York: Bramhall House, 1958.

Needham, Joseph. "China's Trebuchets, Manned and Counterweighted." In Hall and West, *On Pre-Modern Technology and Science*, 107-45.

Needham, Joseph, Ho Ping Yü, Lu Gwei-Djen, and Wang Ling. *Science and Civilisation in China*. Vol. 5, *Chemistry and Chemical Technology*, pt. 7, *Military Technology; The Gunpowder Epic*. Cambridge: Cambridge University Press, 1986.

Neillands, Robin. *The Hundred Years War*. London: Routledge, 1990.

Nell, Martin. *Die Landsknechte: Entstehung der erste deutschen Infantrie*. Berlin, 1914. Reprint. Vaduz: Kraus, 1965.

Neubauer, Kurt. *Das Kriegsbuch des Philip von Seldeneck vom Ausgang des 15. Jahrhunderts*. Inaugural diss., University of Heidelberg, 1963.

Newhall, Richard A. *The English Conquest of Normandy: A Study in Fifteenth-Century Warfare*. New Haven: Yale University Press, 1924.

Nicholas, David. *The van Arteveldes of Ghent: The Varieties of Vendetta and the Hero in History*. Ithaca: Cornell University Press, 1988.

Nicholson, Ranald. *Edward III and the Scots: The Formative Years of a Military Career, 1327-1335*. London: Oxford University Press, 1965.

———. *Scotland: The Later Middle Ages*. Edinburgh: Oliver & Boyd, 1974.

Nickel, Helmut. "The Tournament: An Historical Sketch." In Chickering and Seiler, *Study of Chivalry*. 213-62.

Noble, Andrew. "Fifty Years of Explosives (Talk Given 18 January 1907)." *Proceedings of the Royal Institution of Great Britain* 18 (1909) 449-66.

———. "On the Tension of Fired Gunpowder (Talk Given 3 March 1871)." *Proceedings of the Royal Institution of Great Britain* 6 (1872): 273-83.

———. "Some Modern Explosives (Talk Given 23 March 1900)." *Proceedings of the Royal Institution of Great Britain* 16 (1902): 329-345.

Noble, Andrew, and F. A. Abel. "Researches on Explosives-Fired Gunpowder." *Proceedings of the Royal Society of London* 22 (1874): 408-19.

———. "Researches on Explosives-Fired Gunpowder." *Philosophical Transactions of the Royal Society of London* 165 (1875): 49-155.

———. "Researches on Explosives. No. II (Fired Gunpowder)." *Proceedings of the Royal Society of London* 29 (1879): 408-19.

———. "Researches on Explosives. No. II.—Fired Gunpowder." *Philosophical Transactions of the Royal Society of London* 171 (1880): 204-79.

Norton, Robert. *The Gunner: Shewing the Whole Practise of Artillerie: With all the Appertenances thereunto belonging, Together with the Making of Extraordinary artificiall Fireworks*. London: Humphrey Robinson, 1628. Reprint. The English Experience, 617. New York: Da Capo, 1973.

Oakeshott, Ewart. *European Weapons and Armour: From the Renaissance to*

and Sites, Environment Canada-Parks, 1988.
McNeill, William H. *The Age of Gunpowder Empires*. Washington, D.C.: American Historical Association, 1989.
———. *The Pursuit of Power: Technology, Armed Force, and Society since A.D. 1000*. Chicago: University of Chicago Press, 1982.
McShane, E. J., J. L. Kelly, and F. V. Reno. *Exterior Ballistics*. Denver: University of Denver Press, 1951.
Mohr, Friedrich. *Die Schlacht bei Rosebeke*. Berlin: G. Nauk, 1906.
Monluc, Blaise de. *Commentaires*. Ed. P. Courteault. 3 vols. Paris, 1911-25. Reprint, with an introduction by Jean Giono. 3 vols. in 1. Paris: Bibliothèque de la Pléiade, 1964. Published in English as *The Commentaries of Messire Blaize de Montluc*, trans. Charles Cotton (London: A. Clark, 1674).
———. *Military Memoirs: Blaise de Monluc, The Habsburg-Valois Wars, and the French Wars of Religion*. Ed. Ian Roy. London: Longmans, 1971.
Morin, Marco. "The Origin of the Wheel-Lock: A German Hypothesis: An Alternative to the Italian Hypothesis." *Art, Arms, and Armour* 1 (1979-80): 80-99.
Morison, Samuel Eliot. *Samuel de Champlain: Father of New France*. Boston: Little, Brown, 1972.
Morris, John E. "The Archers at Crecy." *English Historical Review* 12 (1897): 427-36.
———. *Bannockburn*. Cambridge: Cambridge University Press, 1914.
———. "Mounted Infantry in Medieval Warfare." *Transactions of the Royal Historical Society*, 3d ser., 8 (1914): 77-102.
———. *The Welsh Wars of Edward I: A Contribution to Mediaeval Military History*. Oxford: Clarendon, 1901.
Müller, Wilhelm. *The Elements of a Science of War*. 3 vols. London: Longman, 1811.
Multhauf, Robert P. "The French Crash Program for Saltpeter Production, 1776-1794." *Technology and Culture* 12 (1971): 163-81.
Myers, A. R., ed. *English Historical Documents*. Vol. 4, 1327-1485. London: Eyre & Spottiswoode, 1969.
Napier, George. "Observations on Gun-Powder." *Proceedings of the Royal Irish Academy* 1 (1788): 97-117.
Napoleon III and Ildéfonce Favé. *Études sur le passé et l'avenir de l'artillerie*. 4 vols. Paris: J. Dumaine, 1846-71.
Nardi, Jacopo. *Istorie della Città di Firenze*. 2 vols. Ed. Lelio Arbib. Florence: Società Editrice della Storie del Nardi e del Varchi, 1838-41.

de Norwell, 12 July 1338 to 27 May 1340. Brussels: Comission Royale d'Histoire de Belgique, 1983.

MacColl, John W. "Aerodynamics of a Spinning Sphere." *Journal of the Royal Aeronautical Society* 28 (1928): 777-98.

Macek, Josef. *The Hussite Movement in Bohemia*. 2d ed. Prague: Orbis, 1958.

Madison, James. "Political Observations (1795)." In *Letters and Other Writings of James Madison*, 4:485-505. Philadelphia: Lippincott, 1865.

Magnus, Gustav. "On the Deviation of Projectiles: And On a Remarkable Phenomenon of Rotating Bodies." In Francis and Tyndall, *Scientific Memoirs*, 210-31.

Mailles, Jacques de [Pierre Bayard, pseud.]. *Histoire du Seigneur de Bayart, le chevalier sans paour et sans reprouche composée par le Loyal Serviteur*. Paris: Droz, 1927.

———. *The very Joyous, Pleasant and Refreshing History of the Feats, Exploits, Triumphs and Achievements of the Good Knight without Fear and without Reproach, the gentle Lord Bayard*. Trans. E. C. Kindersley. London: Longman, 1848.

Mallagh, C. "Science, Warfare, and Society in the Renaissance with Special Reference to Fortification Theory." Ph.D. diss., University of Leeds, 1982.

Mallet, Robert. "On the Physical Conditions Involved in the Construction of Artillery." *Transactions of the Royal Irish Academy* 23 (1856): 141-436.

Mallett, Michael. *Mercenaries and Their Masters: Warfare in Renaissance Italy*. London: Bodley Head, 1974.

Maltby, William S. *Alba: A Biography of Fernando Alvarez de Toledo, Third Duke of Alba (1507-1582)*. Berkeley and Los Angeles: University of California Press, 1983.

Mapes, Glynn. "A Scud It's Not, but the Trebuchet Hurls a Mean Piano." *Wall Street Journal*, 30 July 1991.

Marsden, E. W. *Greek and Roman Artillery*. Vol. 1, *Historical Development*. Oxford: Clarendon, 1969.

Marshall, Arthur. *Explosives: Their Manufacture, Properties, Tests, and History*. Philadelphia: P. Blakiston, 1915.

Massey, James. "A Treatise on Saltpetre." *Memoirs of the Manchester Literary and Philosophical Society* 1 (1785): 184-223.

Mauvillon, Éléazar. *Histoire de la dernière guerre de Bohème*. 4 vols. Amsterdam: Mortier, 1756.

McConnell, David. *British Smooth-Bore Artillery: A Technological Study to Support Identification and Acquisition*. Ottawa: National Historic Parks

1787.

Lombarès, Michel de, et al. *Histoire de l'artillerie française*. Paris: Charles-Lavauzelle, 1984.

Lorenzo Fernandez, Xaquín. *Etnografia: Cultura material*. In *Historia de Galizia*. Ed. Ramón Otero Pedrayo. 2 vols. Buenos Aires: Editorial Nós, 1962. Reprint. 3 vols. Madrid: Akal Editor, 1979.

Lot, Ferdinand. *L'art militaire et les armées au moyen âge en Europe et dans le proche orient*. 2 vols. Paris: Payot, 1946.

———. *Recherches sur les effectifs des armées françaises des guerres d'Italie aux guerres de religion, 1494-1562*. Paris: École Pratique des Hautes Études, 1962.

Love, Ronald S. "'All the King's Horsemen': The Equestrian Army of Henri IV, 1585-1598." *Sixteenth Century Journal* 22 (1991): 510-33.

Lowry E. D. *Interior Ballistics: How a Gun Converts Chemical Energy into Projectile Motion*. Garden City, N.Y.: Doubleday, 1968.

Lucas, Henry Stephen. *The Low Countries and the Hundred Years War*. Ann Arbor: University of Michigan Press, 1929.

Lugs, Jaroslav. *Firearms Past and Present: A Complete Review of Firearms Systems and Their Histories*. 2 vols. London: Grenville, 1973.

Lu Gwei-Djen, Joseph Needham, and Phan Chi-Hsing. "The Oldest Representation of a Bombard." *Technology and Culture* 29 (1988): 594-605.

Lynch, John. *Spain under the Habsburgs*. 2 vols. 2d ed. Oxford: Blackwell, 1981.

Lynn, John A. "The Growth of the French Army during the Seventeenth Century." *Armed Forces and Society* 6, no. 4 (1980): 568-87.

———. "The Pattern of Army Growth." In Lynn, *Tools of War*. 1-27.

———. "Recalculating French Army Growth during the *Grand Siècle*, 1610-1715." *French Historical Studies* 18 (1994): 881-906.

———. "Tactical Evolution in the French Army, 1560-1660." *French Historical Studies* 14 (1985): 176-91.

———. "The *Trace Italienne* and the Growth of Armies: The French Case." *Journal of Military History* 55 (1991): 297-330.

———, ed. *Tools of War: Instruments, Ideas, and Institutions of Warfare, 1445-1871*. Urbana: University of Illinois Press, 1990.

Lyon, Bryce. "The Role of Cavalry in Medieval Warfare: Horses, Horses All Around and Not a One to Use." *Mededelingen van de Koninklijke Academie voor Wetenschappen, Letteren en Schone Kunsten van Belgiè, Klasse der Letteren* 49, no. 2 (1987): 77-90.

Lyon, Mary, Bryce Lyon, and Henry S. Lucas. *The Wardrobe Book of William*

Lambertini, Daniela. "Practice and Theory in Sixteenth Century Fortifications." *Fort: The International Journal of Fortification and Military Architecture* 15 (1987): 5-20.

Lane, Frederic C. "The Crossbow in the Nautical Revolution of the Middle Ages." *Explorations in Economic History* 7 (1969): 161-71; Reprinted in his *Studies in Venetian Social and Economic History* (London: Variorum, 1987).

La Noue, François de. *Discours politiques et militaires*. Ed. F. E. Sutcliffe. Geneva: Droz, 1967.

———. *The Politick and Military Discourses of the Lord de la Novve*. Trans. Edward Aggas. London: Thomas Orwin, 1587.

Latham, J. D., and W. F. Holland. *Saracen Archery: An English Version and Exposition of a Mameluke Work on Archery (ca. A.D. 1368)*. London: Holland, 1970.

Laughton, John K., ed. *State Papers Relating to the Defeat of the Spanish Armada*. Navy Records Society, vols. 1 and 2. London: Navy Records Society, 1894.

Lawrence, Arnold Walter. *Greek Aims in Fortification*. Oxford: Clarendon, 1979.

Le Baker, Geoffrey [the Baker of Swynebroke, Galfridi le Baker de Swynebroke]. *Chronicon*. Ed. E. M. Thompson. Oxford: Clarendon, 1882.

Le Bel, Jehan. *Chronique*. Ed. Jules Viard and Eugène Déprez. 2 vols. Paris: Renouard, 1904-5.

Leguay, Jean-Pierre. *La ville de Rennes au XVme siècle à travers les comptes des Miseurs*. Rennes: Université de Rennes, 1968.

Le Noir, Philippe [Christine de Pizan]. *L'arbre des batailles et fleur de chevalerie selon Végèce, avecques plusieurs hystories et utilles remonstrances du fait de guerre par luy extraictes de Frontin, Valere et de plusieurs aultres aucteurs comme pourrez veoir cy apres*. Paris: A. Vérard, 1488.

Leonardo da Vinci. *The Madrid Codices*. 5 vols. Ed. Ladislao Reti. New York: McGraw-Hill, 1974.

Lewis, Michael Arthur. *Armada Guns: A Comparative Study of English and Spanish Armaments*. London: Allen & Unwin, 1961.

Lindegren, Jan. "The Swedish 'Military State,' 1560-1720." *Scandinavian Journal of History* 10 (1985): 305-36.

Linet, Jacqueline, and Denis Hillard, eds. *Bibliothèque Saint Genviève Paris: Catalogue des ouvrages imprimés au XVIe siècle*. Paris: Saur, 1980.

Livre de canonnerie et artifice de feu. Paris: Vincent Sertenas, 1561.

Lombard, Jean-Louis. *Tables du tir du canon et des obusiers*. Auxonne: n. p.,

Antiquaries MS. 129, Folios 250-374." *Archaeologia* 107 (1982): 165-213.

Kiernan, V. G. "Foreign Mercenaries and Absolute Monarchy." *Past and Present* 11 (April 1957): 66-86.

Kilgour, R. L. *The Decline of Chivalry: As Shown in the French Literature of the Late Middle Ages*. New York: Peter Smith, 1966.

King, D. J. Cathcart. *The Castle in England and Wales: An Interpretative History*. London: Croon Helm, 1988.

Kingra, Mahinder S. "The *Trace Italienne* and the Military Revolution during the Eighty Years' War." *Journal of Military History* 57 (1993): 431-46.

Klassen, John M. *The Nobility and the Making of the Hussite Revolution*. New York: Columbia University Press, 1978.

Kleinschmidt, Harald. "Die Schneckenformation der Landsknechte und die Entwicklung der Feuerwaffentaktik von Maximilian I. bis zu Elisabeth I." In Cauchies, *Art de guerre*, 105-12.

Knecht, R. J. *Francis I*. Cambridge: Cambridge University Press, 1982.

Koch, Hannsjoachim Wolfgang. *Medieval Warfare*. New York: Prentice-Hall, 1978.

Kîhler, Gustav. *Die Entwicklung des Kriegswesens und der Kriegführung in der Ritterzeit*. 3 vols. Breslau: Koebner, 1886-89.

Koß, Henning von. *Die Schlacht bei St. Quentin (10. August 1557) und bei Gravelingen (13. Juli 1558)*. Historische Studien, Heft 118. Berlin, 1914. Reprint. Vaduz: Kraus, 1965.

Kramer, Gerhard W. "Das Feuerwerkbuch—The Fire Work Book." Paper read at the Twenty-second International Symposium of the International Committee for the History of Technology, Centre for the History of Technology, University of Bath, Bath, England, 31 July-4 August 1994. Publication forthcoming.

Krenn, Peter. "Test-Firing Selected 16th-18th Century Weapons." Trans. Erwin Schmidl. *Military Illustrated Past and Present*, no. 33 (February 1991): 34-38.

Kurath, Hans, Sherman M. Kuhn, and Robert E. Lewis. *Middle English Dictionary*. 14 vols. to date. Ann Arbor: University of Michigan Press, 1964-.

Kyeser, Conrad. *Bellifortis*. Ed. Gotz Quarg. 2 vols. Dusseldorf: VDI-Verlag, 1967.

Labarge, Margaret Wade. *Gascony, England's First Colony: 1204-1453*. London: Hamish Hamilton, 1980.

———. *Henry V: The Cautious Conqueror*. London: Secker & Warburg, 1975.

Ladero Quesada, Miguel Angel. *Castilla y la conquista del Reino de Granada*. Valladolid: Universidad de Valladolid, 1967.

Huguet, E. *Dictionnaire de la langue française du siezième siècle*. Paris: Honoré Champion, 1932.

Hutchison, Harold F. *Henry V: A Biography*. London: Eyre & Spottiswoode, 1967.

Hutton, Charles. *Tracts on Mathematical and Philosophical Subjects*. London: Rivington, 1812.

Jähns, Max. *Geschichte der Kriegswissenschaften vornehmlich in Deutschland*. 3 vols. Munich and Leipzig: R. Oldenbourg, 1889. Reprint. New York: Johnson, 1965.

———. *Handbuch einer Geschichte des Kriegswesens*. 2 vols. Leipzig: Grunow, 1880.

Joinville, Jean de. *Histoire de Saint Louis*. Ed. Natalis De Wailly. Paris: Renouard, 1868. Published in English as *The History of Saint Louis*, trans. Joan Evans (London: Oxford University Press, 1938).

Jones, Archer. *The Art of War in the Western World*. Oxford: Oxford University Press, 1987.

Jones, Peter N. "The Metallography and Relative Effectiveness of Arrowheads and Armor during the Middle Ages." *Materials Characterization* 29 (1992): 111-17.

Joseph Ben Joshua Ben Meir, Rabbi [The Sephardi]. *The Chronicles*. Trans. C. H. F. Bialloblotzky. 2 vols. London: Bentley, 1835-36.

Kaeuper, Richard W. *War, Justice, and Public Order: England and France in the Later Middle Ages*. Oxford: Clarendon, 1988.

Kalaus, P. "Schießversuche mit historischen Feuerwaffen des Landeszeughauses Graz und der Prüf-und Versuchsstelle fur Waffen und Munitionen des Amtes für Wehrtechnik." In *Von alten Handfeuerwaffen: Entwicklung, Technik, Leistung*, ed. Peter Krenn, 41-113. Veröffentlichungen des Landeszeughauses Graz, 12. Graz: Landesmuseum Johanneum, 1989.

Kamen, Henry. *European Society: 1500-1700*. London: Hutchinson, 1984.

Kaminsky, Howard. *A History of the Hussite Revolution*. Berkeley and Los Angeles: University of California Press, 1967.

Keegan, John. *The Face of Battle*. London: Jonathan Cape, 1976.

Keen, Maurice. "The End of the Hundred Years War: Lancastrian France and Lancastrian England." In *England and Her Neighbours, 1066-1453: Essays in Honour of Pierre Chaplais*, ed. Michael Jones and Malcolm Vale, 297-311. London: Hambledon, 1989.

Kennedy, Paul. *The Rise and Fall of Great Powers: Economic Change and Military Conflict from 1500 to 2000*. New York: Random House, 1987.

Kenyon, J. R. "Ordnance and the King's Fortifications in 1547-48: Society of

Heer, Eugène. "Armes et armeures au temps des guerres de Bourgogne." In *Grandson—1476: Essai d'approche pluridisciplinaire d'une action militaire du XVe siècle*, ed. Daniel Reichel, 170-200. Lausanne: Centre d'Histoire, 1976.

———. "Notes on the Crossbow in Switzerland." *Arms and Armor Annual* 1 (1973): 56-65.

Held, Robert. *The Age of Firearms*. 2d ed., rev. Northfield, Ill.: Gun Digest, 1970.

Hellie, Richard. *Enserfment and Military Change in Muscovy*. Chicago: University of Chicago Press, 1971.

———. "Warfare, Changing Military Technology, and the Evolution of Muscovite Society." In Lynn, *Tools of War*, 74-99.

Henger, G. W. "The Metallography and Chemical Analysis of Iron-Base Samples Dating from Antiquity to Modern Times." *Bulletin of the Historical Metallurgy Group* 4, no. 2 (1970): 45-52.

Hewitt, Herbert J. *The Black Prince's Expedition of 1355-1357*. Manchester: Manchester University Press, 1958.

Heymann, Frederick G. *Jan Žižka and the Hussite Revolution*. Princeton: Princeton University Press, 1955.

Hibbert, Christopher. *Agincourt*. 2d ed. London: Batsford, 1978.

Hill, Donald. "Trebuchets." *Viator* 4 (1973): 99-116.

Hillgarth, J. N. *The Spanish Kingdoms, 1250-1516*. 2 vols. Oxford: Clarendon, 1978.

Hime, Henry W. L. *The Origin of Artillery*. London: Longmans Green, 1915.

Hobohm, Martin. *Machiavellis Renaissance der Kriegkunst*. 2 vols. Berlin: K. Curtius, 1913.

Hoff, Arne. *Feuerwaffen*. 2 vols. Braunschweig: Klinkhardt & Biermann, 1969.

Hogg, O. F. G. *Artillery: Its Origins, Heyday, and Decline*. London: C. Hunt, 1970.

———. *English Artillery: 1326-1716*. London: Royal Artillery Institution, 1963.

Howard, Robert A. "The Manufacture of Powder from an American Perspective." Paper read at the Twenty-second International Symposium of the International Committee for the History of Technology, Centre for the History of Technology, University of Bath, Bath, England, 31 July-4 August, 1994. Publication forthcoming.

Hughes, Basil Perronet. *Firepower: Weapons Effectiveness on the Battlefield, 1630-1850*. London: Armour & Armaments Press, 1974.

Mattingly, ed. C. H. Carter, 113-45. New York: Random House, 1966.
———. "International Relations in the West: Diplomacy and War." In *The New Cambridge Modern History*. vol. 1, *The Renaissance, 1493-1520*, ed. G. R. Potter. Cambridge: Cambridge University Press, 1957.
———. *Renaissance Fortification: Art or Engineering*? London: Thames & Hudson, 1977.
———. *Renaissance War Studies*. London: Hambledon, 1983.
———. *War and Society in Renaissance Europe, 1450-1620*. Fontana History of War and Society. London: Fontana, 1985.
Hall, Bert S. "The Changing Face of Siege Warfare: Technology and Tactics in in Transition." In *The Medieval City under Siege*, ed. I. Corfis and M. Wolfe, 257-75. London: Boydell & Brewer, 1994.
———. "'So Notable Ordynaunce': Christine de Pizan, Firearms, and Siegecraft in a Time of Transition." In *Culturhistorisch Kaleidoskoop: Een Huldealbum aangeboden aan Prof. Dr. Willy L. Braekman*, ed. C. De Backer, 219-40. Brussels: Stichting Mens en Kultuur, 1992.
———, ed. and trans. *The Technological Illustrations of the So-Called "Anonymous of the Hussite Wars."* Wiesbaden: Reichert, 1979.
Hall, Bert S., and Kelly DeVries. "The Military Revolution Revisited." *Technology and Culture* 31 (1990): 500-507.
Hall, Bert S., and D. C. West, eds. *On Pre-Modern Technology and Science: Studies in Honor of Lynn White, Jr*. Malibu: Undena, 1976.
Hammersley, G. "Technique or Economy? The Rise and Decline of the Early English Copper Industry, ca. 1550-1660." *Business History* 15 (1973): 1-27.
Hardy, Robert. *Longbow: A Social and Military History*. Cambridge: Patrick Stephens, 1976.
Harmuth, Egon. *Die Armbrust*. Graz: Akademische Druck-u. Verlagsanstalt, 1975.
Harvey, L. P. *Islamic Spain, 1250 to 1500*. Chicago: University of Chicago Press, 1990.
Hassenstein, Wilhelm. *Das Feuerwerkbuch von 1420: 600 Jahre deutsche Pulverwaffen und Büchsenmesterei*. Munich: Verlag der deutsche Technik, [1941].
Hatto, A. T. "Archery and Chivalry: A Noble Prejudice." *Modern Language Review* 35 (1940): 40-54.
Haymann, Frederick G. *George of Bohemia: King of Heretics*. Princeton: Princeton University Press, 1965.
Heath, E. G. *Archery: A Military History*. London: Osprey, 1980.

Guicciardini, Francesco. *The History of Italy*. Ed and trans. Sidney Alexander. New York: Macmillan, 1968.

———. *Ricordi*. Ed. Emilio Pasquini. Milan: Garzanti, 1978.

———. *Storia d'Italia*. Ed. Ettore Mazzali. 3 vols. Milan: Garzanti, 1988.

Guilmartin, J. F. "Ballistics in the Black Powder Era." In Smith, *British Naval Armaments*, 73-98.

———. "Early Modern Naval Ordnance and the European Penetration of the Caribbean: The Operational Dimension." *The International Journal of Nautical Archaeology and Underwater Exploration* 17 (1988): 35-53.

———. *Gunpowder and Galleys: Changing Technology and Mediterranean Warfare in the Sixteenth Century*. Cambridge: Cambridge University Press, 1974.

———. "Technology of War" *Encyclopaedia Britannica*. 15th ed., rev. 1991.

Guttman, Oscar. *The Manufacture of Explosives*. 2 vols. New York: Macmillan, 1895.

———. *Monumenta Pulveris Pyrii: Reproductions of Ancient Pictures concerning the History of Gunpowder*. London: privately printed, 1906.

Hahlweg, Werner. "Aspekte und Probleme der Reform des niederländischen Kriegswesens under Prinz Moritz von Oranien." *Bijdragen en mededelingen betreffende de geschiednis der Nederlanden*, no. 86 (1971): 161-77.

Hahn, H., W. Hintze, and H. Treumann. "Safety and Technological Aspects of Black Powder." *Propellants and Explosives* 5 (1980): 129-35.

Hale, J. R. "Armies, Navies, and the Art of War." In *The New Cambridge Modern History*, vol. 2, *The Reformation, 1520-1559*, ed. G. R. Elton, 481-509. Cambridge: Cambridge University Press, 1958.

———. "Armies, Navies, and the Art of War." In *The New Cambridge Modern History*, vol. 3, *The Counter-Reformation and Price Revolution, 1559-1610*, ed. R. B. Wernham, 171-208. Cambridge: Cambridge University Press, 1968.

———. *Artists and Warfare in the Renaissance*. New Haven: Yale University Press, 1991.

———. "Brescia and the Venetian Militia System in the Cinquecento." In *Armi e cultura nel Bresciano, 1420-1870*, by the Ateneao di Brescia, 97-119. Brescia: Ateneao di Brescia, 1981.

———. "The Early Development of the Bastion: An Italian Chronology, c. 1450-c. 1534." In *Europe in the Later Middle Ages*, ed. J. R. Hale, 466-95. London: Faber & Faber, 1965.

———. "Gunpowder and the Renaissance: An Essay in the History of Ideas." In *From Renaissance to Counter-Reformation: Essays in Honor of Garret*

Galluzzi, Paolo. "The Career of a Technologist." In *Leonardo da Vinci: Engineer and Architect*, ed. Paolo Galluzzi and Jean Guillaume, 41-109. Montreal: Montreal Museum of Fine Arts, 1987.

Garnier, Joseph. *L'artillerie des ducs de Bourgogne, d'après les documents conservés aux archives de la Côte-d'Or*. Paris: Honoré Champion, 1895.

Gatari, Galleazo, and Andrea Bartolomeo. *Cronaca Carrarese*, ed. Antonio Medin and Guido Tolomei. Vol. 17, pt. 1, of *Rerum Italicarum Scriptores: Raccolta degli Storici*, ed. G Carducci and V. Fiorini. Castello: Lapi, 1909.

Gay, Victor. *Glossaire archéologique du moyen âge et de la Renaissance*. 2 vols. Paris: Librairie de la Société Bibliographique, 1887.

Gillingham, John. "Richard I and the Science of War in the Middle Ages." In *War and Government in the Middle Ages: Essays in Honor of J. O. Prestwich*, ed. John Gillingham and J. C. Holt, 78-91. New York: Barnes & Noble, 1984.

Gillmor, Carroll. "European Cavalry." In *Dictionary of the Middle Ages*, ed. Joseph Strayer, 3:200-208. New York: Scribners, 1983.

———. "Practical Chivalry: The Training of Horses for Tournaments and Warfare." *Studies in Medieval and Renaissance History*, n. s. 13 (1992): 5-29.

Giono, Jean. *Le désastre de Pavie*. Paris: Gallimard, 1963. Published in English as *The Battle of Pavia, 24th February 1525*, trans. A. E. Murch (London: Peter Owen, 1965).

Giovio, Paolo. *Opera quotquot extant omnia*. Basil: Petrus Perna, 1578.

———. *Pauli Iovii Opera*. Vol. 3, pt. 1, *Historiarum sui temporis*, ed. D. Visconti. Rome: Libreria dello Stato, 1957.

———. *Le vite del Gran Capitano e del Marchese di Pescara*. Trans. L. Domenichi. Ed. C. Panigada. Bari: Laterza, 1931.

Godefroy, Frederic. *Dictionnaire de l'ancienne langue française: et de tous ses dialectes du IXe au XVe siècle*. Paris, 1881-1902. 10 vols. Reprint. Nendeln, Liechtenstein: Kraus, 1969.

Goetz, Dorothea. *Die Anfänge der Artillerie*. Berlin: Militärverlag der Deutschen Demokratischen Republik, 1985.

Goodman, Anthony. *The Wars of Roses*. New York: Dorset, 1981.

Gough, Henry, ed. *Scotland in 1298: Documents relating to the Campaign of King Edward the First in that Year and especially to the Battle of Falkirk*. Paisley: Alexander Gardner, 1888.

Griffiths, Ralph A. *The Reign of King Henry VI*. London: Ernest Benn, 1981.

Guibert, Jacques-Antoine de. *Essai général de tactique*. Vol. 1. Liege: Plomteux, 1775.

from Transactions of Foreign Academies of Science. London: Taylor, 1853.
Franz, G. "Von Ursprung und Brauchtum der Landesknechte." *Mitteilungen des Instituts für Österreichische Geschichtsforschungen* 61 (1953): 79-98.
Freeman, A. Z. "Wall-Breakers and River-Bridgers: Military Engineers in the Scottish Wars of Edward I." *Journal of British Studies* 10, no. 2 (May 1971): 14-15.
Freire, Anselmo Braacamp. "Cartas de quitaçao del Rei D. Manuel." *Archivo historico portuguez* 1 (1903): 89-96, 161-68, 200-208, 240-48, 276-88, 328, 356-68, 398-408, 447-48.
Froissart, Jean. *The Chronicle of Froissart Translated Out of the French by Sir John Bourchier Lord Berners, Annis 1523-25*. Ed. W. P. Ker. London: 6 vols. Nutt, 1901-3.
———. *Chroniques*. Ed. J. A. Buchon. *Collection des chroniques nationales françaises*, vol. 7. Paris: Carez, 1824.
———. *Chroniques de Jean Froissart*. Vols. 10-11. Ed. Gaston Raynaud. Paris: Renouard, 1897-99.
———. *Istore et croniques de Flandres*. Ed. Baron J. M. B. C. Kervyn de Lettenhove. 2 vols. Brussels: Hayez, 1880.
———. *Oeuvres de Froissart: Chroniques*. Ed. Baron J. M. B. C. Kervyn De Lettenhove. Vols. 8 and 10. Brussels: Devaux, 1869 and 1870.
Funck-Brentano, Franz. *Mémoire sur la bataille de Courtrai*. Mémoires présentés à l'Académie des Inscriptions et Belles-Lettres, 10, pt. 1. Paris: Imprimerie Nationale, 1891.
———. *Les origines de la guerre de cent ans: Philippe le Bel et Flandres*. Paris: H. Champion, 1896.
Gaier, Claude. "L'opinion des chefs de guerre français du XVIe siècle sur les progrès de l'art militaire." *Revue internationale d'histoire militaire* 29 (1970): 723-46.
———. "La cavalerie lourde en Europe occidentale du XIIe au XVIe siècle: Une problem de mentalité." *Revue internationale d'histoire militaire* 31 (1971): 385-96.
———. "Le commerce des armes en Europe au XVe siècle." In *Armi e cultura nel Bresciano, 1420-1870*, by the Ateneao di Brescia, 155-68. Brescia: Ateneao di Brescia, 1981.
———. "Le rôle des armes à feu dans les batailles liègeoisies au XVe siècle." In Cauchies, *Art de guerre*, 31-55.
———. *L'industrie et le commerce des armes dans les anciennes principautés belges du XIIIme siècle à la fin du XVme siècle*. Paris: Les Belles Lettres, 1973.

Fawtier, Robert. “Documents inédits sur l’organisation de l’artillerie royale au temps de Louis XI.” In *Essays in Medieval History Presented to Thomas Frederick Tout*, ed. A. G. Little and F. M. Powicke, 367-77. Manchester: For the Subscribers, 1925.

Feldhaus, Franz Maria. “Eine Nürnberger Bilderhandschrift.” *Mitteilungen des Vereins für Geschichte der Stadt Nürnberg* 31 (1933): 222-26.

Ferguson, Arthur B. *The Indian Summer of English Chivalry: Studies in the Decline and Transformation of Chivalric Idealism*. Durham: Duke University Press, 1960.

Fiedler, Siegfried. *Kriegswesen und Kriegführung im Zeitalter der Landsknechte*. Koblenz: Bernard & Graefe, 1985.

Filedt Kok, J. P., ed. *The Master of the Amsterdam Cabinet, or The Housebook Master, ca. 1470-1500*. Amsterdam: Rijksmuseum; Princeton: Princeton University Press, 1985.

Finó, J. F. “Les armées françaises lors de la Guerre de Cent Ans.” *Gladius* 13 (1977): 5-23.

———. “L’artillerie en France à la fin du moyen âge.” *Gladius* 12 (1974): 13-31.

———. *Forteresses de la France médiévale*. 3d ed. Paris: Picard, 1977.

———. “Machines de jet médiévales.” *Gladius* 10 (1972): 25-43.

Fleuranges de la Marck, Robert, III. *Mémoires du Maréchal de Florange dit le Jeune Adventureux*. 2 vols. Ed. R. Goubaux and P. -A. Lemoisne. Paris: Renouard, 1913-24.

[Florentine Anonymous]. *Cronica volgare di Anonimo Fiorentino dell’anno 1385 al 1409*. Edited by Elina Bellondi. Vol. 27, pt. 2, of *Rerum Italicarum Scriptores: Raccolta degli Storici*, ed. G Carducci and V. Fiorini. New ed. Castello: Lapi, 1949.

Foley, Vernard, George Palmer, and Werner Soedel. “The Crossbow.” *Scientific American* 252 (January 1985): 104-10.

Foley, Vernard, and K. Perry. “In Defence of *Liber ignium*: Arab Alchemy, Roger Bacon, and the Introduction of Gunpowder into the West.” *Journal of the History of Arabic Science* 3 (1979): 200-218.

Foley, Vernard, S. Rowley, and D. F. Cassidy. “Leonardo, the Wheel Lock, and the Milling Process.” *Technology and Culture* 24 (1983): 399-427.

Fox, Robert W., and Alan T. McDonald. *Introduction to Fluid Mechanics*. 3d ed. New York: Wiley, 1985.

Francesco di Giorgio Martini. *Trattati di architettura, ingegneria, e arte militare*. 2 vols. Ed. C. Maltese. Milan: Polifilio, 1967.

Francis, William, and J. Tyndall, eds. and trans. *Scientific Memoirs Selected*

Du Boulay, F. R. H. *Germany in the Later Middle Ages*. London: Athlone, 1983.

Du Cange, Charles du Fresne. *Glossarium mediae et infimae latinitatis*. 10 vols. Niort: L. Fave, 1883-87.

Duffy, Christopher. *The Military Experience in the Age of Reason*. London: Routledge & Kegan Paul, 1987.

———. *Siege Warfare: The Fortress in the Early Modern World, 1494-1660*. London: Routledge & Kegan Paul, 1979.

Duffy, Michael. *The Military Revolution and the State, 1500-1800*. Exeter Studies in History, 1. Exeter: University of Exeter, 1980.

Durdík, Jan. *Hussitisches Heerwesen*. Berlin: Deutscher Militärverlag, 1961.

Dyboski, R., and Z. M. Arend. *Knyghthode and Bataile: A XVth Century Paraphrase of Flavius Vegetius Renatus De re militari*. Publications of the Early English Text Society, 201. London: E. E. T. S., 1935.

Dyer, Christopher. *Standards of Living in the Later Middle Ages: Social Change in England, c. 1200-1520*. Cambridge: Cambridge University Press, 1989.

[Dykes Donnelly, Sir John Fretcheville]. "The How and Why of Long Shots and Straight Shots." *Cornhill Magazine* 1 (1860): 505-12.

Ehlert, Hans. "Ursprünge des modernen Militärwesens: Die nassau-oranischen Heeresreformen." *Militärgeschichtliche Mitteilungen* 38, no. 2 (1985): 27-56.

Eldred, William [Sometime Master Gunner of Dover Castle]. *The Gunners Glasse... Set forth by way of Dialogue betweene An Experienced Gunner and a Scholler*. London: T. Forcet for Robert Boydel, 1646.

Eltis, David. "Towns and Defense in Later Medieval Germany." *Nottingham Medieval Studes* 33 (1989): 91-103.

Ercker, Lazarus. *Lazarus Ercker's Treatise on Ores and Assaying*. Ed and trans. A. G. Sisco and C. S. Smith. Chicago: University of Chicago Press, 1951.

Errard De Bar-le-Duc, Jean. *La fortification demonstrèe et rèduite en art*. 2d ed. Paris, 1620.

Esper, Thomas. "The Replacement of the Longbow by Firearms in the English Army." *Technology and Culture* 6 (1965): 382-93.

Fann, W. R. "On the Infantryman's Age in Eighteenth Century Prussia." *Military Affairs* 41 (December 1977): 165-70.

Faral, Edmond. "Jean Buridan, Maître ès [sic] Arts de l'Université de Paris." In *Histoire litteraire de la France*, vol. 38, *Suite du Quatorzième Siècle*. Paris: Imprimerie Nationale, 1949.

ricultural History Society, 1983.

De Gaury, Gerald. *The Grand Captain: Gonzalo de Cordoba*. London: Longmans, Green, 1955.

De Gheyen, Jacob. *Wapenhandelinghe van Roers, Musquetten ende Speissen* [1607]. Intro. and trans. J. B. Kist. New York: McGraw-Hill, 1971.

Delbrück, Hans. *History of the Art of War within the Framework of Political History*. Trans. Walter J. Renfroe Jr. 4 vols. Westport, Conn.: Greenwood, 1975-85.

Delisle, Léopold. *Histoire du château et des sires de St-Sauveur-le-Vicomte*. 2 vols. Paris, 1867. Reprinted as *Histoire de St-Sauveur-le-Vicomte*. Paris: Res Universis, 1989.

De Lojendio, Luis Maria. *Gonzalo de Córdoba: El Gran Capitán*. Madrid: Espasa-Calpe, 1942.

Deuchler, Florens. *Die Burgunderbeute*. Bern: Stämpfli, 1963.

DeVries, Kelly. *Medieval Military Technology*. Peterborough, Ontario: Broadview, 1992.

———. "Military Surgical Practice and the Advent of Gunpowder Weaponry." *Canadian Bulletin of Medical History* 7 (1990): 131-46.

———. "Perceptions of Victory and Defeat in the Southern Low Countries During the Hundred Years War." Ph.D. diss., University of Toronto, 1987. Abstract in *Dissertation Abstracts International* 48 (1988): 3176A.

De Wailly, Henri. *Crécy 1346: Anatomy of a Battle*. Poole, Dorset: Blandford, 1987.

Digges, Leonard. *Stratioticos*. London, 1579. Reprint. The English Experience, 71. New York: Da Capo, 1968.

Dillon, Harold A. "A Letter of Sir Henry Lee, 1590, on the Trial of Iron for Armour." *Archaeologia*, 2d ser., 1 (1888): 167-72.

Do Paço, A. "The Battle of Aljubarrota." *Antiquity* 37 (1963): 264-69.

Dorn, Harold. "The 'Military Revolution': Military History or History of Europe?" *Technology and Culture* 32 (1991): 656-58.

Downing, Brian M. *The Military Revolution and Political Change: Origins of Democracy and Autocracy in Early Modern Europe*. Princeton: Princeton University Press, 1992.

Du Bellay, Martin, sieur de Langey. *Mémoires de Martin et Guillaume du Bellay*. Ed. V. -L. Bourrily and F. Vindry. 4 vols. Paris: Société de l'Histoire de France, 1908-19.

Dubled, H. "L'artillerie royale française à l'époque de Charles VII et au début du règne de Louis XI (1437-1469): Les frères Bureau." *Memorial de l'artillerie française* 50 (1976): 555-637.

America. Cambridge: Harvard University Press, 1989.

Cockle, Maurice J. D. *A Bibliography of Military Books up to 1642*. London: 1900. Reprint. London: Holland, 1978.

A Colonel in the German Service. *A Plan for the Formation of a Corps Which Has Never Been Raised as Yet in Any Army in Europe*. London, 1805.

Comnena, Anna. *The Alexiad*. Trans. E. R. A. Sewter. Harmondsworth: Penguin, 1969.

Contamine, Phillipe. "L'artilerie royale française à la veille des guerres d'Italie." *Annales de Bretagne* 71 (1964): 221-61.

———. "Froissart: Art militaire, pratique et conception de la guerre." In *Froissart: Historian*, ed. J. J. N. Palmer, 132-44. Totowa, N. J.: Rowan & Littlefield, 1981.

———. *La guerre au moyen âge*. Paris: Presses Universitaires de France, 1980.

———. "La guerre au moyen âge d'après quelques travaux récents." *Revue internationale d'histoire militaire* 61 (1985): 41-59.

———. "Les industries de guerre dans la France de la Renaissance: L'exemple de l'artillerie." *Revue historique*, no. 550 (April-June 1984): 249-80.

———. *War in the Middle Ages*. Trans. Michael Jones. Oxford: Basil Blackwell, 1984.

Conway, J. H., and N. J. A. Sloane. *Sphere Packings, Lattices, and Groups*. New York: Springer Verlag, 1988.

Cook, Weston F., Jr. "The Cannon Conquest of Nasrid Spain and the End of the Reconquista." *Journal of Military History* 57 (1993): 43-70.

Corvisier, André. *Armies and Societies in Europe, 1494-1789*. Trans. A. T. Siddall. Bloomington: Indiana University Press, 1979.

———. "Le moral des combattants, panique et enthousiasme: Malplaquet, 11 Septembre 1709." *Revue historiques des armées*, no. 3 (1977): 6-32.

Credland, Arthur G. "Fire Shafts and Musket Arrows." *Journal of the Society of Archer Antiquaries* 29 (1986): 34-51.

D'Auton, Jehan. *Chroniques de Louis XII*. 3 vols. Paris: Renouard, 1893.

David, Charles W., ed. *De expugnatione Lyxbonensi. The Conquest of Lisbon*. Ed. and trans. Charles W. David. New York: Columbia University Press, 1936.

Davies, G., ed. *Autobiography of Thomas Raymond and Memoirs of the Family of Guise, Elmore, Gloustershire*. Camden Third Series, 28. London: Royal Historical Society, 1917.

Davis, R. H. C. "The Medieval Warhorse." In *Horses in European Economic History*, ed. T. F. M. Longstreith, 4-20. Reading, Berkshire: British Ag-

Caruana, Adrian B. *Tudor Artillery: 1485-1603*. Historical Arms Series, 30. Bloomfield, Ontario: Museum Restoration Service, 1992.

Casali, L. *La battaglia di Pavia: 24 Febbraio 1525*. Pavia: Iuculano, 1984.

Cauchies, Jean-Marie, ed. *Art de guerre, technologie et tactique en Europe occidentale à la fin du moyen âge et à la Renaissance: Rencontre de Bruxelles (19-22 Septembre 1985)*. Centre Européen d'Etudes Bourguignonnes [XIVe-XVIe s.], 26. Basel: C. E. E. B., 1986.

Cervantes Saavedra, Miguel de. *Don Quixote*. Trans. J. M. Cohen. Harmondsworth: Penguin, 1950.

Chandler, David G. *The Art of War in the Age of Marlborough*. New York: 1976.

———. *The Campaigns of Napoleon*. New York: Macmillan, 1966.

Charters, A. C., and R. N. Thomas. "The Aerodynamic Performance of Small Spheres from Subsonic to High Supersonic Velocities." *Journal of Aero/Space Studies* 12, no. 4 (October 1945): 468-76.

Chartier, Jean. *Chronique de Charles VII*. Ed. A. Vallet de Viriville. 3 vols. Paris: P. Jannet, 1858.

Chevedden, Paul E. "The Artillery Revolution of the Middle Ages: The Impact of the Trebuchet on the Development of Fortifications." Paper made available to the author, 5 April 1991.

Chickering, Howell, and Thomas H. Seiler, eds. *The Study of Chivalry: Resources and Approaches*. Kalamazoo, Mich.: Medieval Institute Publications, 1988.

Christine de Pizan. *The Book of Fayttes of Armes and of Chyualrye*. Ed. A. T. P. Byles. Early English Text Society, 189. London: E. E. T. S., 1937.

Chronicon Estense. Edited by G. Bertoni and E. P. Vicini. Vol. 15, pt. 3, of *Rerum Italicarum Scriptores: Raccolta degli Storici Italiani*, ed. G. Carducci and V. Fiorini. New ed. Castello: Lapi, 1908-38.

Cipolla, Carlo. *Guns, Sails, and Empires: Technological Innovation and the Early Phase of European Expansion, 1400-1700*. New York: Pantheon, 1965.

Clephan, R. Coltman. "The Military Handgun of the Sixteenth Century." *Archaeological Journal* 67 (1910): 109-50.

———. "The Ordnance of the Fourteenth and Fifteenth Centuries." Pts. 1 and 2. *Archaeological Journal* 68 (1911): 49-84 and 85-138.

———. "An Outline of the History of Gunpowder and That of the Handgun, from the Epoch of the Earliest Records to the End of the Fifteenth Century." *Archaeological Journal* 66 (1909): 145-70.

Clotfelter, Charles T., and Philip J. Cook. *Selling Hope: State Lotteries in*

Brown, R. Allen. "The Status of the Norman Knight." In *War and Government in the Middle Ages: Essays in Honor of J. O. Prestwich*, ed. John Gillingham and J. C. Holt, 18-32. New York: Barnes & Noble, 1984.

Brusten, Charles. "Les compagnies d'ordonnance dans l'armée Bourguignonne." In *Grandson—1476: Essai d'approche pluridisciplinaire d'une action militaire du Xve siècle*, ed. Daniel Reichel, 112-69 and plates 9-16. Lausanne: Centre d'Histoire, 1976.

Bucholtz, Arden. *Hans Delbrück and the German Military Establishment: War Images in Conflict*. Iowa City: University of Iowa Press, 1985.

Bueil, Jean de, comte de Sancerre. *Le Jouvencel: Suivi du commentaire de Guillaume de Tringant*. Ed. C. Favre and L. Lecestre. 2 vols. Paris: Renouard, 1887-89.

Bull, S. "Evidence for the Use of Cartridges in Artillery, 1560-1660." In Smith, *British Naval Armaments*, 3-8.

Bumke, Joachim. *The Concept of Knighthood in the Middle Ages*. Trans. W. T. H. Jackson and Erika Jackson. New York: AMS, 1982.

Burkholder, Peter. "The Manufacture and Use of Cannons at the Siege of St.-Sauveur-le-Vicomte, 1375." Master's thesis, University of Toronto, Institute for the History and Philosophy of Science and Technology, 1992.

Burne, Alfred H. *The Agincourt War: A Military History of the Latter Part of the Hundred Years War from 1369 to 1453*. London: Eyre & Spottiswoode, 1956.

———. "The Battle of Castillon, 1453." *History Today* 3 (1953): 249-56.

———. *The Crecy War: A Military History of the Hundred Years War from 1337 to the Peace of Bretigny, 1360*. London: Eyre & Spottiswoode, 1955.

Burton, John Hill. *The History of Scotland*. 2d ed. 8 vols. Edinburgh: Blackwood, 1873.

Buttin, C. "Notes sur les armures à l'épruve [XIVe-XVIe s.]." *Revue savoisienne* 42 (1901): 60-92, 150-210.

Buttin, F. "La lance et l'arrêt de cuirasse." *Archaeologia* 99 (1965): 77-178.

Calloway, Colin G. *Crown and Calumet: British Indian Relations, 1725-1815*. Norman: University of Oklahoma Press, 1987.

Cantor, Norman. *Inventing the Middle Ages*. New York: Morrow, 1991.

Carlson, David. "Technology and The Idea of Chivalry: Pieces from the Royal Armoury at Greenwich, c. 1510-1590." Paper delivered at the Centre for Reformation and Renaissance Studies, Victoria College, University of Toronto, 27 March 1987.

Carman, W. Y. *A History of Firearms from the Earliest Times to 1914*. London: Routledge, 1955.

1800. Atlantic Highlands, N. J.: Humanities Press International, 1991.

Blackmore, Howard L. *The Armouries of the Tower of London*. Vol. 1, *Ordnance*. London: HMSO for the Department of the Environment, 1976.

Blackwood, J. D., and F. P. Bowden. "The Initiation, Burning, and Thermal Decomposition of Gunpowder." *Proceedings of the Royal Society of London*, ser. A, 213 (1952): 285-306.

Blair, Claude. *European Armour*. London: Batsford, 1958.

———. "Further Notes on the Origins of the Wheellock." *Arms and Armor Annual* 1 (1973): 28-47.

Bloch, Marc. *Feudal Society*. Trans. L. A. Manyon. London: Routledge & Kegan Paul, 1961.

Blondel, Robert. "De reductione Normanniae." In Stevenson, *Narratives*, 1-238.

Bosson, Clément. "La mis à feu et l'amélioration de la ballistique dans l'arme portative." Pts. 1 and 2. *Armi Antiche*, 1971, 117-76, and, 1972, 79-111.

Bourne, William. *The Arte of Shooting in Great Ordnaunce*. London, 1587. Reprint. The English Experience, 117. New York: Da Capo, 1969.

Bradbury, Jim. *The Medieval Archer*. Woodbridge, Suffolk: Boydell, 1985.

Brandt, Felix. "Die Schlacht bei Pavia 1525." *Militärgeschichte* 18 (1979): 73-86.

Braudel, Fernand. *Civilization and Capitalism, 15th-18th Century*. Vol. 1, *Structures of Everyday Life*; vol. 2, *The Wheels of Commerce*; vol. 3, *The Perspective of the World*. Trans. Siân Reynolds. New York: Harper & Row, 1981-84.

Braudel, Fernand, and Frank C. Spooner. "Prices in Europe from 1450 to 1750." In *The Cambridge Economic History of Europe*. ed. E. E. Rich and C. H. Wilson, 4:378-486. Cambridge: Cambridge University Press, 1966.

Brereton, Geoffrey, trans. *Froissart Chronicles*. Harmondsworth: Penguin, 1968.

Bridgman, J. M."Gunpowder and Governmental Power: War in Early Modern Europe (1494-1825)." In *War: A Historical, Political and Social Study*, ed. L. Farrar. Santa Barbara: Clio, 1978.

Bridlington, Anonymous of. *Gesta Edwardi Tertii Auctore Bridlingtoniensi*. In *Chronicles of the Reigns of Edward I and Edward II*. vol. 2, ed. Wiliam Stubbs. Rolls Series, 76. London: HMSO, 1883.

Brie, Friedrich W. D., ed. *The Brut; or, The Chronicles of England*. 2 vols. Early English Text Society, 131 and 136. London: Kegan Paul, 1906-8.

Brown, D. L. "The Impact of Firearms on Japanese Warfare, 1543-1598." *Far Eastern Quarterly* 7 (1948): 236-53.

Baumgartner, Frederick J. "The Final Demise of the Medieval Knight in France." In *Regnum, Religio, et Ratio: Essays Presented to Robert M. Kingdon*, ed. Jerome Friedman, 9-17. Sixteenth Century Essays and Studies, 8. Kirksville, Mo.: Sixteenth Century Journal Publishing, 1987.

———. *From Spear to Flintlock: A History of War in Europe and the Middle East to the French Revolution*. New York: Praeger, 1991.

———. *Henry II: King of France, 1547-1559*. Durham: Duke University Press, 1988.

Bean, Richard. "War and the Birth of the Nation State." *Journal of Economic History* 33 (1973): 203-21.

Beard, James D., and David H. Knott. "The Effect of Alcohol on Fluid and Electrolyte Metabolism." In *The Biology of Alcoholism*, vol. 1, *Biochemistry*, ed. Benjamin Kissin and Henry Begleiter, 353-76. New York: Plenum, 1971.

Beelaerts van Blokland, J. J. G. "Le développement de la tactique et de l'armement au temps de Maurice de Nassau." In Cauchies, *Art de guerre*, 113-21.

Beeler, John. *Warfare in Feudal Europe: 730-1200*. Ithaca: Cornell University Press, 1971.

Bennett, Matthew. "*La Règle du Temple* as a Military Manual." In *Studies in Medieval History Presented to R. Allen Brown*, ed. Christopher Harper-Bill et al., 7-19. Woodbridge, Suffolk: Boydell, 1989.

Benton, J. G. *Course of Instruction in Ordnance and Gunnery: Compiled for Use of the Cadets of the United States Military Academy*. 2d ed., rev. New York: Van Nostrand, 1862.

Bernáldez, Andréas. *Memorias del reinado de los Reyes Católicos*. Ed. M. Gómez-Moreno and J. de la Mata Carriazo. Madrid: Real Academia de la Historia, 1962.

Bernstein, Charles. "Gunpowder." *Encyclopedia Americana*. 1970 ed.

Berry, Herault du Roy [Gilles le Bouvier]. "Le recouvrement de Normandie." In Stevenson, *Narratives*, 239-376.

Biggar, H. P., et al., eds. *The Works of Samuel de Champlain*. Vol. 4, 1608-1620. Toronto: Champlain Society, 1932.

Biringuccio, Vanoccio. *The Pirotechnia*. Ed. and trans. C. S. Smith and M. Gnudi. 2d ed. New York: Basic Books, 1959.

Bishop, Morris G. *Champlain: The Life of Fortitude*. New York: Knopf, 1948.

Black, Jeremy. *European Warfare, 1660-1815*. New Haven: Yale University Press, 1994.

———. *A Military Revolution? Military Change and European Society, 1550-*

———. "Animals and Warfare in Early Medieval Europe." In *L'uomo di fronte al mundo animale nell'alto medioevo*, vol. 31 of *Settimane di Studio del Centro Italiano de studi sull'alto medioevo*, 707-51. Spoleto, 1985.

———. "*Caballus et Caballarius* in Medieval Warfare." In Chickering and Seiler, *Study of Chivalry*, 173-211.

———. "Early Medieval Fortifications in the 'West' of France: A Revised Technical Vocabulary." *Technology and Culture* 16 (1975): 531-69.

———. "Fortifications and Military Tactics: Fulk Nerra's Strongholds, c. 1000." *Technology and Culture 20* (1979): 531-49.

———. "William the Conqueror's Horse Transports." *Technology and Culture 26* (1985): 505-31.

Bacon, Francis. *Francis Bacon: A Selection of His Writings*. Ed. Sidney Warhaft. Toronto: Macmillan, 1965.

Baker, H. A. "Hutton's Experiments at Wollwich: 1783-1791." *Journal of the Arms and Armour Society* 11 (1985): 257-98.

Baritz, Loren. *Backfire: A History of How American Culture Led Us into Vietnam and Made Us Fight the Way We Did*. New York: Morrow, 1985.

Barker, Thomas M. *Army, Aristocracy, Monarchy: Essays on War, Society, and Government in Austria, 1618-1780*. Boulder Social Science Monographs. New York: Distributed by Columbia University Press, 1982.

———. *The Military Intellectual and Battle: Raimondo Montecuccoli and the Thirty Years War*. Albany: State University of New York Press, 1975.

Barkla, H. M., and L. J. Auchterlonie. "The Magnus or Robins Effect on Rotating Spheres." *Journal of Fluid Mechanics* 47 (1971): 437-47.

Barrow, G. W. S. *Robert Bruce and the Community of the Realm of Scotland*. Edinburgh: Edinburgh University Press, 1988.

Barry, Gerrat. *A Discourse of Military Discipline*. Brussels, 1634. Reprint. Ilkey, Yorkshire: Scolar, 1978.

Bartlett, Robert J. "Technique militaire et pouvoir politique, 900-1300." *Annales* 41 (1986): 1135-59.

Bartos, F. M. *The Hussite Revolution*. Ed. John Klassen. Boulder, Colo.: East European Monographs, 1986.

Barwick, Humfrey. *A Breefe discourse concerning the force and effects of manuall weapons of fire* [1594]. In *Bow versus Gun*, ed. E. G. Heath. Wakefield, Yorkshire: E. P. Publishing, 1973.

Basin, Thomas. *Histoire de Charles VII*. Ed. and trans. C. Samaran. 2 vols. Paris: Les Belles Lettres, 1933-44.

———. *Histoire de Louis XI*. Ed. and trans. C. Samaran and M. C. Garand. 3 vols. Paris: Les Belles Lettres, 1963-72.

Albèri, Eugenio, ed. *Le Relazioni degli ambasciatori Veneti al Senato*. Vol. 4, *Relazione di Francia de Alvise Contarini... Febbraio 1572*. Florence: Società Editrice Fiorentina, 1860.

Alberti, Leon Battista. *L'Architettura [De re aedificatoria]*. Ed. and trans. Giovanni Orlandi. Milan: Polifilio, 1966.

———. *On the Art of Building in Ten Books*. Trans. J. Rykwert et al. Cambridge: MIT Press, 1988.

Allmand, C. T. "L'artillerie de l'armée anglaise et son organisation à l'époque de Jeanne d'Arc." In *Jeanne d'Arc: Une époque, un rayonnement*, Colloque d'histoire médiévale, Orléans—Octobre 1979, 73-83. Paris: Editions du Centre National de la Recherche Scientifique, 1982.

———. *The Hundred Years War: England and France at War, c. 1300-c. 1450*. Cambridge: Cambridge University Press, 1988.

———. *Lancastrian Normandy*. Oxford: Clarendon, 1983.

———, ed. *War, Literature, and Politics in the Late Middle Ages: Essays in Honour of G. W. Coopland*. Liverpool: Liverpool University Press, 1975.

Alm, Jost. *European Crossbows: A Survey*. Trans. H. Bartlett Wells and G. M. Wilson. Royal Armouries Monograph No. 3. London: Royal Armouries, 1994.

Anderson, Perry. *Lineages of the Absolutist State*. London: NLB, 1974.

Ascherl, Rosemary. "The Technology of Chivalry." In Chickering and Seiler, *Study of Chivalry*, 263-311.

Atiya, Aziz S. *The Crusade of Nicopolis*. London: Methuen, 1934.

Austro-Hungarian Monarchy: Kriegsarchiv. *Feldzüge des Prinz Eugen von Savoyen nach den... Quellen*. Vol. 1. Vienna: Generalstabes, 1876.

Autrand, François. *Charles VI*. Paris: Fayand, 1986.

Awty, Brian G. "The Blast Furnace in the Renaissance Period: *Huat Fourneau or Fonderie?*" *Transactions of the Newcomen Society* 61 (1989-90): 65-78.

———. "The Continental Origins of Wealden Ironworkers, 1451-1544." *Economic History Review* 34 (1981): 524-39.

———. "The Origin of the Blast Furnace: Evidence from Francophone Areas." *Historical Metallurgy* 21 (1987): 96-99.

———. "Parson Levett and English Cannon Founding." *Sussex Archaeological Collections* 127 (1989): 133-45.

Ayalon, David. *Gunpowder and Firearms in the Mamluk Kingdom: A Challenge to a Medieval Society*. 2d ed. London: Vallentin, Mitchell, 1955. Reprint. Totowa, N. J.: F. Cass, 1978.

Bachrach, Bernard. "The Angevin Strategy of Castle Building in the Reign of Fulk Nerra, 987-1040." *American Historical Review* 88 (1983): 533-60.

文献一覧

手稿・写本

London. British Library. Ms. Add. 47680. Anonymous, *Secretum secretorum*. Ca. 1330.

London. HM Tower of London. Ms. I-34. *Feuerwerkbuch*. Main text ca. 1450; with additions ca. 1475.

Munich. Bayerische Staatsbibliothek. Cod. germ. 600. Anonymous, illustrations of saltpeter and gunpowder, precursor to *Feuerwerkbuch*. Between 1400 and 1420.

———. Cod. germ. 734. *Feuerwerkbuch* and related material. Late fifteenth century.

———. Cod. germ. 4902. Conrad Schongau, ed. *Feuerwerkbuch*. 1429.

———. Cod. icon. 222. Bartholomeus Freysleben, *Zeugbuch*. For Emperor Maximilian I between 1495 and 1500.

Oxford. Christ Church. Ms. 92. Walter of Milemete, *De notabilibus, sapientiis et prudentiis*. 1326.

Paris. Bibliothèque nationale. Département des manuscrits. Ms. lat. 4653. Latin miscellany assembled by Colbert; item 10, "Livre secret de l'art de l'artillerie et canonnerie," in French.

Vienna. Österreichische Nationalbibliothek. Cod. 3062. *Feuerwerkbuch* and material from Kyeser's *Bellifortis*. 1437.

———. 2952. *Feuerwerkbuch*. Ca. 1450.

———. Cod. 3069. Anonymous, illustrations of saltpeter and gunpowder, precursor to *Feuerwerkbuch*. 1411.

Wolfegg. Fürstlich zu Waldberg-Wolfegg'sche Bibliothek. *Das Mittelalterliche Hausbuch*. Ca. 1485.

Zurich. Zentralbibliothek. Ms. Rh. hist. 33b. Anonymous, illustrations of saltpeter and gunpowder, precursor to *Feuerwerkbuch*. Between 1420 and 1440.

印刷物

Adams, Simon. "Tactics or Politics? 'The Military Revolution' and the Hapsburg Hegemony, 1525-1648." In Lynn, *Tools of War*, 28-52.

Agricola, Georgius. *De re metallica*. Ed. and trans. Herbert Clark Hoover and Lou Henry Hoover. London: Mining Magazine, 1912. Reprint. New York: Dover, 1950.

マ行

ラ行

ワ行